"十二五"职业教育国家规划教材
经全国职业教育教材审定委员会审定
普通高等教育"十一五"国家级规划教材

制冷工艺设计

第3版

主　编　李建华
副主编　王振辉　曲春民
参　编　段守和　王守玉　张丽清
　　　　裴宝印　刘迎福
主　审　葛茂泉

机械工业出版社

本书是“十二五”职业教育国家规划教材，经全国职业教育教材审定委员会审定。本书针对冷库制冷装置及其他制冷装置，系统地阐述制冷工艺设计的基本知识和方法，重点介绍制冷系统的方案确定、制冷负荷计算、机器设备选型与布置、管道设计、制冷工艺施工图的阅读与绘制等内容。结合新版《冷库设计规范》《气调冷藏库设计规范》的实施，修订、补充了工业金属管道设计要求、氢氟烃类制冷系统、气调库设计相关内容。作为新技术、新产品、新工艺在制冷装置中的应用，书中还介绍了多机头并联压缩机组、翅片铝排管、CO_2/NH_3 及 CO_2/R507 复叠式制冷系统等新内容。

本书可作为高职高专制冷与空调技术、制冷与冷藏技术专业“制冷工艺设计”课程的教材，也可作为高等院校、高职高专院校相关专业的教学用书，以及从事制冷空调设计、制造、安装施工的工程技术人员和系统管理、操作人员的参考用书。

本书配有电子课件，凡使用本书作为教材的教师可登录机械工业出版社教育服务网 www.cmpedu.com 注册后下载。咨询邮箱：cmpgaozhi@sina.com。咨询电话：010-88379375。

图书在版编目（CIP）数据

制冷工艺设计/李建华主编．—3 版．—北京：机械工业出版社，2015.12（2025.2 重印）

“十二五”职业教育国家规划教材　经全国职业教育教材审定委员会审定　普通高等教育“十一五”国家级规划教材

ISBN 978－7－111－52799－2

Ⅰ.①制…　Ⅱ.①李…　Ⅲ.①制冷装置－工艺设计－高等职业教育－教材　Ⅳ.①TB657

中国版本图书馆 CIP 数据核字（2016）第 019820 号

机械工业出版社（北京市百万庄大街 22 号　邮政编码 100037）

策划编辑：张双国　责任编辑：刘良超

版式设计：霍永明　责任校对：李锦莉

责任印制：刘　媛

涿州市般润文化传播有限公司印刷

2025 年 2 月第 3 版·第 7 次印刷

184mm×260mm·17.25 印张·1 插页·424 千字

标准书号：ISBN 978－7－111－52799－2

定价：49.80 元

电话服务

客服电话：010-88361066

010-88379833

010-68326294

封底无防伪标均为盗版

网络服务

机　工　官　网：www.cmpbook.com

机　工　官　博：weibo.com/cmp1952

金　　书　　网：www.golden-book.com

机工教育服务网：www.cmpedu.com

前　　言

《制冷工艺设计》自2008年出版发行以来，深得国内本专业各相关院校任课教师、学生以及广大读者的认可与好评，被许多院校作为“制冷装置设计”“制冷工艺设计”等课程的首选教材。该教材从2008年出版以来已经第7次印刷，从另一个侧面印证了该教材的使用效果。

随着改革开放进程的深入，国内制冷空调行业也出现了日新月异的变化。不断有新型国产制冷空调产品问世，加之国外新型制冷空调装置的引进，使得在制冷空调领域尽快熟悉新产品性能、了解新工艺结构、掌握新技术知识的需求日益突出。

根据《蒙特利尔议定书》的要求，近年来制冷空调业界逐步淘汰了包括常用制冷剂R12等在内的氯氟烃类物质，开发了多种环保型的替代制冷剂。与此相应，需弱化原教材中淘汰制冷剂、制冷系统的学习内容，补充适应新型制冷剂的制冷系统相关知识。

新版《冷库设计规范》于2010年7月实施。新规范增加了工业金属管道设计要求、氢氟烃类制冷系统等许多重要内容，原教材的部分内容已不适应新规范的规定及要求。

新规范的实施、新型制冷剂的应用、新产品的选型、新制冷工艺的设计、新技术知识等均需要在新教材中体现出来。为此，编者在原教材基础上对相关内容开展了修订工作。

本书由李建华担任主编，负责统稿并修改定稿，王振辉、曲春民担任副主编，上海海洋大学葛茂泉教授担任主审。参加本书修订的人员有：河北农业大学海洋学院李建华、段守和、王守玉、张丽清，河北科技大学王振辉，河北建筑工程学院曲春民，保定市天翔石油冷气工程有限公司裴宝印，保定电力职业技术学院刘迎福。

本书在编写过程中，得到了河北农业大学海洋学院和机械工业出版社领导的支持，主审葛茂泉教授对书稿提出了许多很好的意见及建议，谨在此向他们表示谢意。

由于编者理论水平和实践经验的限制，且本书内容涉及面较广，书中难免存在错误和不足之处，恳请读者批评指正。

编　者

目　　录

绪 论

一、制冷技术的发展与应用

人类利用天然冰作为冷源使用，在古中国、古埃及、古希腊等文明古国的历史上都有记载。早在3000多年前，我国的《诗经》上就有冬季采集冰雪贮藏，到夏季取出用于降温的记载。但是天然冷源难以达到0℃以下的低温，还受季节、区域等条件的限制，已不能满足社会发展的需要。

人工制冷的方法是随着工业革命开始的。1755年，爱丁堡化学教授库仑利用乙醚在真空下蒸发使水结冰，他的学生布拉克解释了融化和汽化现象，导出了潜热的概念，标志着现代制冷技术的开始。

1834年，英国人波尔金斯造出了以乙醚为工质的第一台制冷机。1844年，美国人高斯发明了空气压缩式制冷机。1874年，德国人林德发明了第一台氨压缩机，建成了第一个氨压缩式制冷系统，使制冷技术进入实际应用的广阔天地。人工制冷不再受区域、季节的限制，可以根据需要制取不同的低温。

食品工业是应用制冷技术最早、最多、最广泛的领域。肉类、水产品、水果、蔬菜、蛋禽等易腐食品的生产有较强的地区性和季节性，为了调剂淡旺季节、保障供给，就需要对食品进行冷加工、冷藏及冷藏运输，这样，冷库、冷藏车船等也就应运而生。1858年，美国人尼斯取得了冷库设计的第一个美国专利。1881年，美国波士顿建成第一座机械制冷的冷库，此后，英国、德国、俄国、日本等国相继建起了一批机械制冷的冷库。冷库也由开始的用冰盐混合物放在室内作冷源、使用冰盐水在排管内循环作冷源并利用风机强制空气在库内循环对库房降温，发展为采用制冷装置的机械制冷的冷库。

空调行业是制冷技术应用的另一个较大领域。空气调节工程的发展有着悠久的历史，且随着工业发展和人们生活水平的不断提高，改革变化很大。应用于工业及科学试验过程的空调一般称为“工艺性空调”，如纺织、冶金、印刷、精密仪表、电子工业等工厂和各种计量室、实验室等为了保证必要的恒温、恒湿而采用的空调；而应用于以人为主的调节空气环境的空调则称为“舒适性空调”，如宾馆、剧院、体育馆、大型商场、酒店、机场候机室、车站候车室、办公室、会议室、医院、交通工具以至于家庭中应用的空调。而空调用制冷装置又是空调装置的重要组成部分。

在工业领域，制冷技术的应用也非常广泛。如在机械制造中，对钢进行低温处理可以改变其金相组织，使奥氏体变成马氏体，提高钢的硬度和强度；在机械的装配过程中，利用低温能方便地实行过盈配合；在石油化工、有机合成（橡胶、塑料、化纤、染料等）、基本化工（酸、碱）等工业中的分离、结晶、浓缩、提纯、净化、控制反应温度等单元操作中也都离不开制冷装置。

在国防工业中也离不开制冷技术的应用。对在高寒条件下工作的汽车、大炮、坦克等常规武器的性能需要做环境模拟试验，对航空仪表、火箭、导弹中的控制仪器，也需在地面模拟高空低温条件进行性能试验，这些都需要制冷装置为其提供试验环境条件。

在医药生产、医疗卫生方面也广泛应用着制冷技术。如医药工业中利用真空冷冻干燥法冻干生物制品及药品，低温下保存疫苗、血浆，低温麻醉，低温切片，低温治疗，低温手术，器官移植时的低温贮运等。

在工程施工过程中，也大量采用着制冷技术。如用冻土法挖掘土方、建筑桥梁基础，可以提高施工效率，保证施工安全；在大型堰、坝的大量混凝土浇筑过程中必须使用制冷装置。

此外，在体育运动中的人工冰场，在现代农业中的培育耐寒种子、微生物除虫、良种的低温贮藏、冻干法长期保存种子、人造雨雪，在许多近代尖端科学技术中的卫星通信、激光、超导、高速电子计算机等技术中，都需要制冷技术。

由上述可以看出，制冷技术在国民经济中的应用极为广泛，与国民的生活息息相关。2001年12月，我国加入WTO，国际国内制冷空调市场竞争日趋激烈。就制冷空调业界而言，我国电冰箱、分体空调器、溴化锂吸收式冷水机组、部分制冷机器设备等产品在国际市场具有一定的竞争力。但在制冷压缩机的研究开发、制冷空调系统控制、智能化、网络化运行等方面与国际上还有一定的差距。目前，国家投入巨资加快基础设施建设，调整农业产品结构，推进城市化进程，必将会带动制冷空调产品的生产和使用，促进、完善“冷链”的建设；在农业、畜牧业方面，水果、蔬菜、养殖加工业的发展，给冷冻冷藏业的发展带来勃勃生机。可以预言，随着我国科学技术的进步、综合国力的提高，人们对生活质量的要求会越来越高，一批新型的、科技含量较高的冷库制冷装置、空调制冷装置、冷藏运输制冷装置、低温试验制冷装置、商用制冷装置等将逐渐出现，我国制冷空调业界必将迎来一个繁荣的景象。

二、本课程的主要内容

本课程主要介绍制冷工艺设计方法和程序，包括制冷负荷计算、制冷机器设备的选型计算、制冷系统及方案确定、管径计算及管道布置、机房（冷冻站）布置、库房布置、施工图的阅读和绘制方法等内容。为了使制冷工艺设计人员能够配合其他工种做好设计工作，本课程还介绍了制冷空调给排水设计方面的内容。

三、本课程与相关课程的关系

本课程涉及的知识面较广，与之联系密切的前置课程较多。其中专业基础课有工程制图、AutoCAD、传热学、流体力学、工程热力学、电工与工业电子学等课程，专业课有制冷原理、空调技术、制冷压缩机与设备、冷冻冷藏工艺、制冷空调装置自动控制、泵与风机等课程。从某种意义上来说，上述几门前置专业课都是为本课程服务的，而本课程则是上述各门课程所讲述知识和技术的综合运用。所以，学好相关专业基础课和专业课是学好本课程的基础。

四、学习方法和目的

本课程理论知识和实践技能并重。学生在学习理论部分时，应联系有关基础知识，从理论上分析问题、解决问题。如公式运用要合理，计算要熟练、准确；在进行实践技能练习、学习设计方法时，要注意理论联系实际，加强读图、绘图的基本功训练，学会有关标准、规范的使用（如《冷库设计规范》）。通过课程设计、生产实习、毕业设计等环节，学生应进一步掌握设计计算方法，设计程序和阅读、绘制制冷工艺施工图的实践技能。

本课程的教学目的：

1）通过本课程的学习，学生应具有熟悉制冷系统，熟练地阅读制冷工艺施工图的技能。结合“空气调节”“制冷装置安装操作与维修”“制冷空调安装工程预算”等课程的学习，可以根据施工图了解设计者的设计意图及设计方案，实施现场安装施工，分析解决制冷装置运行中出现的故障，做出安装工程预算等。

2）完成教学目标的学生，通过毕业实习、毕业设计等环节，结合就业后较短时间的工作实践的锻炼，能完成新建、改建、扩建制冷装置的制冷负荷计算、机器设备的选型、制冷系统方案的确定以及制冷工艺施工图的设计工作，最终通过图样文件的形式将设计者的设计意图及设计方案表达出来，化成具体的工程实体。

第一章　制冷负荷计算

制冷负荷可分为冷库制冷负荷、空调制冷负荷及装置制冷负荷等。

进行制冷负荷计算是制冷装置设计的基础工作之一。只有准确地计算出制冷负荷，才能根据该负荷选配合适的机器、设备。因此，正确、合理地计算制冷负荷，是制冷工艺设计中的一个重要环节。

第一节　冷库制冷负荷计算用基础资料

在进行制冷负荷计算之前，应收集计算时需要的有关资料和数据，主要有：

一、库房建筑施工图

标有冷间温度、冷间使用特性、围护结构构造和相关尺寸的库房建筑平、剖面图是进行制冷负荷计算的必备资料。计算需根据已有的平面图、剖面图及具体数据等进行。如根据墙体的具体构造计算传热系数，根据图示的长度、高度计算墙体的传热面积等。

二、水文资料

库址所在地的水源、水质、水温等情况。

三、设计参数

1. 室外计算温度 t_w 的确定

进行制冷负荷计算时应考虑最不利的工作条件，这是确定室外计算温度应遵循的原则。对于从室内向室外传热的房间，应考虑在寒冷季节的室外温度；而从室外向室内传热的房间，则应考虑炎热季节的室外温度。冷库的冷间大多属于从室外向室内传热的类型。

我国的地理环境差异很大。不同地区的室外环境温度不同；即使同一地区，室外环境温度也会随季节变化而变化，且历年的温度变化也存在较大的差异。所以，我们不能简单地取某一时刻的温度（如极端最高温度）作为室外计算温度。这是因为极端最高温度持续的时间一般不长，也不经常出现，往往是几年、几十年、近百年才出现一次，加之目前国内冷库常用的围护结构的热惰性 ΣD 很大，因极端高温引起室外气温波动而产生的热量在透过围护结构时的衰减度较大，将被滞后甚至阻止在围护结构的隔热层内，不致引起库温变化。因此，若以极端最高温度作为室外计算温度，计算出的制冷负荷将远比实际制冷负荷大，选用的机器设备就要增多，这显然是不合理的。所以，可以忽略室外热作用中的短期不稳定因素，按照稳定传热方式进行计算。

因此，室外计算温度的确定必须根据当地具有代表性的某个室外温度来决定，用它来计算冷间制冷负荷所得结果与实际制冷负荷的误差很小。

GB 50072—2010《冷库设计规范》（以下简称《冷库设计规范》）规定，在计算库房围护结构热流量时，应采用“夏季空气调节室外计算日平均温度”为室外计算温度 t_w，各主要城市室外计算温度可直接从 GB 50019—2003《采暖通风与空气调节设计规范》中查得，也可由本教材附表 9 查取。没有列入的地区或城市，可根据当地气象资料统计得出，也可参照相距较近城市的数值确定。

在计算开门热流量和冷间通风换气热流量时，对室外计算温度的确定应采用夏季通风室外计算温度 t_w'。

2. 室内计算温度 t_n 的确定

室内计算温度即冷间温度，简称库温，是由食品冷加工的工艺条件、贮藏食品的性质、贮藏期限及技术经济分析确定的。对于生鲜水果、蔬菜及鲜蛋等仍保持生命活动的食品，既要求冷间内保持设定的冷藏条件，又不能使它产生冻害，其库温一般在 -2 ~ 0℃。而鱼、肉类食品根据贮藏期限可采用较低的库温。但是，也要考虑到随着库温降低而造成蒸发温度 t_z 下降，使机器制冷量减少、耗电量增加，以及由于 t_z 过低致使机器在负压下运行造成一系列不良影响。表 1-1 是《冷库设计规范》推荐的数据，可参照执行。

表 1-1 冷间设计温度和相对湿度

序号	冷间名称	室温/℃	相对湿度（%）	适用食品范围
1	冷却间	0 ~ 4	—	肉、蛋等
2	冻结间	-23 ~ -18	—	肉、禽、兔、冰蛋、蔬菜等
		-30 ~ -23		鱼、虾等
3	冷却物冷藏间	0	85 ~ 90	冷却后的肉、禽
		-2 ~ 0	80 ~ 85	鲜蛋
		-1 ~ +1	90 ~ 95	冰鲜鱼
		0 ~ +2	85 ~ 90	苹果、鸭梨等
		-1 ~ +1	90 ~ 95	大白菜、蒜薹、葱头、菠菜、香菜、胡萝卜、甘蓝、芹菜、莴苣等
		+2 ~ +4	85 ~ 90	土豆、橘子、荔枝等
		+7 ~ +13	85 ~ 95	柿子椒、菜豆、黄瓜、番茄、菠萝、柑橘等
		+11 ~ +16	85 ~ 90	香蕉等
4	冻结物冷藏间	-20 ~ -15	85 ~ 90	冻肉、禽、副产品、冰蛋、冻蔬菜、冰棒等
		-25 ~ -18	90 ~ 95	冻鱼、虾、冷冻饮品等
5	冰库	-6 ~ -4	—	盐水制冰的冰块

注：冷却物冷藏间设计温度宜取 0℃，储藏过程中应按照食品的产地、品种、成熟度和降温时间等调节其温度与相对湿度。

3. 邻室计算温度 t_{ls} 的确定

对于直接与室外大气相邻的冷间，室外温度如上述方法选取。若对两个冷间之间或冷间与其他建筑物之间进行传热计算时，则应以邻室计算温度来代替室外计算温度，按下列规定取值：

1）当邻室为冷却间或冻结间时，计算温度应该取该类冷间空库保温温度。选取空库保温温度时，冷却间应按 10℃、冻结间应按 -10℃ 计算。

2）冷间地面隔热层下设有加热装置时，其外侧温度按 1 ~ 2℃ 计算（此时应注意温差修正系数的取值）；如地面下部无加热装置或地面下部为自然通风架空层时，其外侧的计算温度应采用夏季空气调节日平均温度。

3）如邻室是设有冷却设备、有设定温度的房间，邻室计算温度可取该设定温度。

4）如邻室是常温川堂、地下室、附属建筑物等没有规定温度的房间，该房间的温度可采用热平衡方法计算求出。虽然这样计算所得数值精确，但由于计算较繁难，在冷间制冷负荷计算中很少使用。通常的方法是以室外计算温度代替邻室计算温度，并根据室外温度对邻室温度的影响程度及各种不同情况对室内外温差进行修正，以此来简化计算。

此外，两用冷藏间的计算温度可按如下方法确定：在进行本房间制冷负荷计算时室内计算温度取低库温值；作为其他冷间的邻室时，则取高库温值。

4. 室内计算相对湿度 Φ_n

冷间内的相对湿度也是保持食品质量的重要因素。不同的食品种类、冷加工方法及贮藏条件所要求的相对湿度也不一样。在库温较高时，相对湿度越高，水分蒸发量越少，质量损失（干缩损耗，简称干耗）就越小。但是，在这样的条件下，微生物的生长繁殖速度加快，容易造成食品霉变、腐烂和发芽，甚至会因冷间内表面结露而影响到冷库建筑寿命；而相对湿度越低，则食品的干耗越大，使食品的色、香、味、营养遭到破坏。所以，对于库温较高的冷却物冷藏间，为了有利于抑制微生物的生长繁殖、减少建筑物表面结露的可能性，其相对湿度通常定为85%左右；而对于冻结物冷藏间，由于库温较低，已基本上抑制了微生物的生长繁殖，且不会出现建筑物表面结露的现象，为减少食品干耗，相对湿度可增大到95%左右。《冷库设计规范》规定的各个冷间采用的相对湿度见表1-1。

5. 室外计算相对湿度 Φ_w

室外空气计算相对湿度是计算冷间通风换气热流量和开门热流量时需要确定的参数。可按《采暖通风与空气调节设计规范》中规定的夏季通风室外计算相对湿度 Φ_w' 选用，由附表9查取。

四、制冷工艺基础资料

食品冷库是一个贮藏易腐食品的低温环境，不同的贮藏对象和不同的冷加工方法应有与之适应的温、湿度要求以及与之配套的制冷设备。制冷系统的设计依据是制冷工艺基础资料。计算所使用的基础资料见表1-2。

表1-2　冷库制冷工艺基础资料

冷间名称		室温/℃	冷却设备	进货温度/℃	出货温度/℃	冷加工时间/h	每米吊轨载货量/(kg/m)	备　注
冷却间	肉	−2	冷风机	39	4	20/10*	200~265***	*分母为快速冷却
冷却间	副产品、分割肉	0	冷风机	30	4	20		
冻结间	肉	−30~−23	冷风机	39/4*	−15	20/10**	200~265***	*分子为一次冻结 **分母为快速冻结
冻结间	分割肉	−30~−23	冷风机或吹风式搁架排管	39/4*	−15	24/72**	每平方米搁架60~80	*分子为未经冷却 **24为铁盘装，72为纸盒装
冻结间	禽兔	−30~−23	同上	39~25	−15	24~40/80*	同上	*分子为铁盘装，分母为纸盒装
冻结间	冰蛋	−30~−23	同上		−15	24/52*	同上	*分子为盘装，分母为听装
冻结间	鱼虾	−30~−23	同上	15	−15	12/8*	***	*分子为鱼，分母为虾

（续）

冷间名称	室温 /℃	冷却设备	进货温度 /℃	出货温度 /℃	冷加工时间 /h	每米吊轨载货量 /(kg/m)	备　注
冷却物冷藏间	−2 ~ 0	冷风机	4*	−2 ~ 0	24		*冷却品，未经冷却时按实际值
冻结物冷藏间	−25 ~ −15	冷风机或墙、顶排管	−15/−8*	−20 ~ −18	24		*分子为冻结间来的货物，分母为外库来的货物
再冻间	−23	冷风机	−8	−15	20		
贮冰间	−6 ~ −4	光滑排管	0	−4			

注：每米吊轨载货量中“＊＊＊”详见式（1-1）。

五、冷加工能力计算

冷加工能力指冷却间、冻结间的冷却、冻结能力。应根据已确定的冷间长度、宽度、高度、冷加工形式、冷却设备的安装位置等来计算实际冷加工能力。

1. 设有吊轨的冷却间、冻结间冷加工能力

$$G_{\mathrm{d}} = \frac{lg}{1000} \cdot \frac{24}{\tau} \tag{1-1}$$

式中　G_{d}——设有吊轨的冷却间、冻结间每日冷加工能力，单位为 t；

l——吊轨有效总长度，单位为 m；

τ——货物冷加工周转时间，应为冷加工时间加上进出库时间，单位为 h；

g——吊轨单位长度净载货质量，单位为 kg/m，可按表 1-3 取值；

24——1 天小时数。

表 1-3　吊轨单位长度净载货量　（单位：kg/m）

货物名称	输送方式	单位长度净载货量
猪胴体	人工推送	200 ~ 265
	机械传送	170 ~ 210
牛胴体	人工推送（1/2 胴体）	195 ~ 400
	人工推送（1/4 胴体）	130 ~ 265
羊胴体	人工推送	170 ~ 240
鱼	用冻鱼车盘装，20kg 盘	486
	用冻鱼车盘装，15kg 盘	405
虾	用冻鱼车盘装，2kg 盘	216

2. 设有搁架式冻结设备的冻结间冷加工能力

$$G_{\mathrm{g}} = \frac{NG'_{\mathrm{g}}}{1000} \cdot \frac{24}{\tau} \tag{1-2}$$

式中　G_{g}——搁架式冻结间每日冷加工能力，单位为 t；

N——搁架式冻结设备设计摆放冻结食品容器的件数；

G'_{g}——一件食品的净质量，单位为 kg；

24、τ——同式（1-1）。

六、冷库设计规模、计算吨位

1. 冷库设计规模

冷库的设计规模以冷藏间或冰库的“公称容积”为计算标准。公称容积小于 $5000m^3$ 为小型冷库；$5000\sim20000m^3$ 为中型冷库；大于 $20000m^3$ 为大型冷库。

计算时，公称容积应按冷藏间或冰库的室内净面积（不扣除柱、门斗、设备等所占的面积）乘以房间净高确定。

2. 计算吨位（库容量）

国内冷库长期以来多以冷藏间或冰库的“公称吨位”作为衡量冷库规模的标准。为便于新旧规模公称容积和吨位之间的换算，可通过式（1-3），方便地把冷藏间或冰库的公称容积换算成吨位。

$$G=\frac{\sum V\rho_s\eta}{1000} \tag{1-3}$$

式中 G——冷库计算吨位，单位为 t；

V——冷藏间或冰库的公称容积，单位为 m^3；

ρ_s——食品的计算密度，单位为 kg/m^3，见表 1-4；

η——冷藏间或冰库的容积利用系数。

冷藏间容积利用系数不应小于表 1-5 的规定值。

冰库容积利用系数不应小于表 1-6 的规定值。

表 1-4 食品的计算密度 （单位：kg/m^3）

序号	食品类别	密度
1	冻肉	400
2	冻鱼	470
3	鲜蛋	260
4	鲜蔬菜	230
5	鲜水果	230
6	冰蛋	600
7	机制冰	750
8	其他	按实际密度采用

注：同一冷库如同时存放猪、牛、羊肉（包括禽兔）时，密度可按 $400kg/m^3$ 确定；当只存冻羊腔时，其密度可按 $250kg/m^3$ 计；只存冻牛、羊肉时，密度按 $330kg/m^3$ 确定。

表 1-5 冷藏间容积利用系数

公称容积/m^3	容积利用系数 η
500 ~ 1000	0.40
1001 ~ 2000	0.50
2001 ~ 10000	0.55
10001 ~ 15000	0.60
>15000	0.62

注：1. 仅储存冻结食品或冷却食品的冷库，表内公称容积为全部冷藏间公称容积之和；同时储存冻结食品和冷却食品的冷库，表内公称容积分别为冻结物冷藏间或冷却物冷藏间各自的公称容积之和。

2. 蔬菜冷库的容积利用系数应按表中数值乘以 0.8 的修正系数确定。

表 1-6　冰库容积利用系数

冰库净高/m	容积利用系数 η
≤4.20	0.40
4.21～5.00	0.50
5.01～6.00	0.60
>6.00	0.65

小型土建冷库和装配式冷库，容积利用系数不应小于表 1-7 的规定值。

表 1-7　小型冷藏间容积利用系数 η

公称容积/m^3	装配式冷库（η）	土建冷库（η）
1001～2000	0.55	0.50
501～1000	0.50	0.45
101～500	0.45	0.40
≤100	0.50	0.45

注：1. 表中公称容积是指一间冷藏间的公称容积。
2. 蔬菜冷库容积利用系数应按表内数值乘以 0.8 的修正系数确定。

第二节　冷间热流量计算

冷间热流量通常由以下五部分组成：

1）由于库内外存在温差和外墙、屋顶受太阳辐射热作用，通过冷间的墙体、地面、楼地板、屋顶传入的热量进入冷间后消耗的冷量称为围护结构热流量 Φ_1。

2）由于食品和冷间内空气之间存在温差，食品在冷加工过程中向冷间内散发热量引起的制冷负荷称为货物热流量 Φ_2。

3）由于冷间内贮存食品（如水果、蔬菜、鲜蛋）需要新鲜空气或冷间内操作人员呼吸需要进行通风换气时，由室外新鲜空气带入热量所引起的制冷负荷称为冷间内通风换气热流量 Φ_3。

4）电动设备运转引起的热流量 Φ_4。

5）库门开启换热、操作人员散热和冷间内照明、动力设备运行产生的热量引起的制冷负荷称为经营操作热流量 Φ_5。

上述五部分热流量都需要通过循环于冷却设备中的制冷剂（或载冷剂）吸收而移出冷间。为了使所配备的制冷装置在任何情况下都能确保所规定的库温条件，这五部分热流量通常以一年中热源温度最高、生产量最大等不利的因素作为计算的依据。由于冷间的冷却设备是根据各冷间不同的制冷负荷配置的，因此，计算制冷负荷时，应按冷间逐个进行。

下面分别讲述各部分热流量的计算方法。

一、围护结构热流量 Φ_1

目前，围护结构传热引起的热流量 Φ_1 由下式计算：

$$\Phi_1 = KAa\left(t_w - t_n\right) \tag{1-4}$$

式中　Φ_1——围护结构热流量，单位为W；

K——围护结构的传热系数，单位为W/（$m^2 \cdot$℃）；

A——围护结构的传热面积，单位为m^2；

a——围护结构两侧温差修正系数，按围护结构类别和所处位置而定，见表1-8；

t_w——围护结构外侧的计算温度，单位为℃；

t_n——围护结构内侧的计算温度，单位为℃。

1. 围护结构的传热面积A计算应符合下列规定

（1）屋面、地面和外墙的长度、宽度　长度、宽度应自外墙外表面至外墙外表面或外墙外表面至内墙中或内墙中至内墙中确定，如图1-1中的l_1、l_2、l_3、l_4所示。

（2）楼板和内墙长度、宽度　楼板和内墙长度、宽度应自外墙内表面至外墙内表面或外墙内表面至内墙中或内墙中至内墙中确定，如图1-1中的l_5、l_6、l_7、l_8所示。

（3）外墙高度　底层外墙高度应自地坪隔热层下表面至上层楼板面计算，如图1-2中的h_3所示。

地下室外墙高度分两部分确定，室外地坪以上部分自室外地坪至上层楼面计算，如图1-2中的h_1所示；室外地坪以下部分自室内地坪隔热材料下表面至室外地坪面计算，按图1-2中的h_2确定，此部分面积按地坪计算热流量。

中间层外墙高度应自该层楼板面至上层楼板面计算，如图1-2中的h_4、h_5。

顶层外墙高度应自该层楼板面至顶层隔热材料上表面计算，如图1-2中的h_6、h_7。

（4）内墙高度　地下室、底层或中间层内墙高度应自该层地面或楼板面至上层楼板面计算，如图1-2中的h_8、h_9。

顶层内墙高度应自该层楼板面至顶层隔热材料下表面计算，如图1-2中的h_{10}、h_{11}。

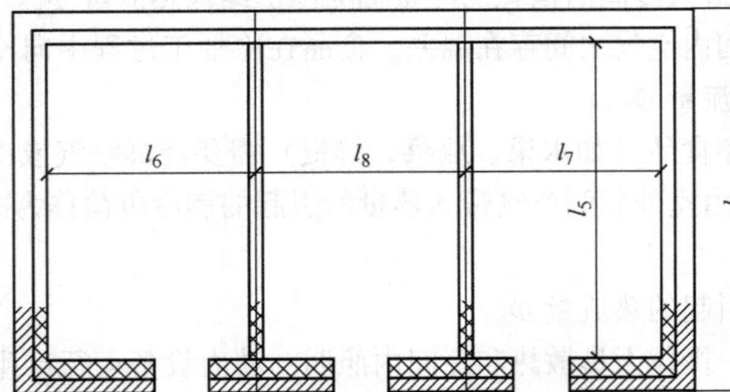

图1-1　屋面、地面、楼板面、外墙和内墙长度、宽度示意图

2. 围护结构两侧温差修正系数a

由前述可知，室外计算温度t_w排除了太阳辐射作用引起的等效温度的影响，实际上，冷库围护结构除受到室内外温差的作用外，还要受太阳辐射作用的影响，实际热流量大于按$\Phi_1 = KA(t_w - t_n)$得到的计算值。为了使计算值与实际值相近，引入温差修正系数a，使按公式$\Phi_1 = KAa(t_w - t_n)$得到的计算值尽量接近实际热流量，此时$a > 1$。当地坪等室外温度低于室外计算温度而又采用室外计算温度计算热流量时，计算值又将大于实际值。为了使计

算值与实际值相近，此时的温差修正系数 $a<1$。围护结构两侧温差修正系数可以根据围护结构情况按照表 1-8 选取。

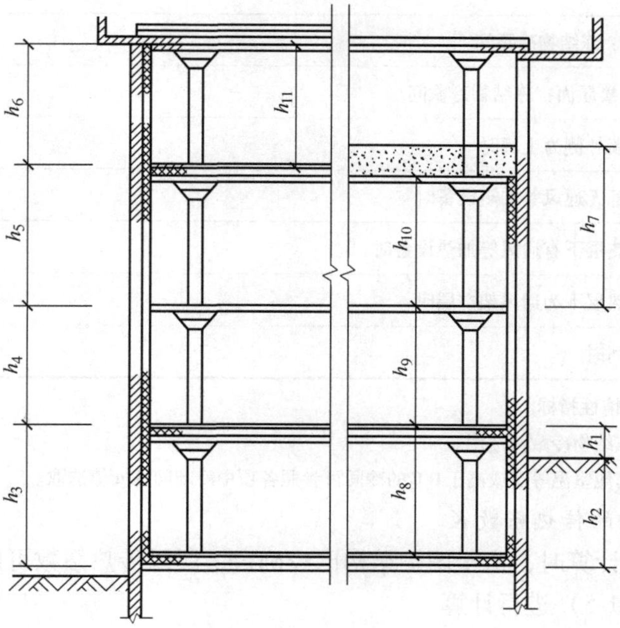

图 1-2　外墙和内墙高度示意图

表 1-8　围护结构两侧温差修正系数 a 值

序号	围护结构部位	a
1	$D>4$ 的外墙： 冻结间、冻结物冷藏间 冷却间、冷却物冷藏间、冰库	 1.05 1.10
2	$D>4$ 相邻有常温房间的外墙： 冻结间、冻结物冷藏间 冷却间、冷却物冷藏间、冰库	 1.00 1.00
3	$D>4$ 的冷间顶棚，其上为通风阁楼，屋面有隔热层或通风层： 冻结间、冻结物冷藏间 冷却间、冷却物冷藏间、冰库	 1.15 1.20
4	$D>4$ 的冷间顶棚，其上为不通风阁楼，屋面有隔热层或通风层： 冻结间、冻结物冷藏间 冷却间、冷却物冷藏间、冰库	 1.20 1.30
5	$D>4$ 的无阁楼屋面，屋面有通风层： 冻结间、冻结物冷藏间 冷却间、冷却物冷藏间、冰库	 1.20 1.30

（续）

序号	围护结构部位	a
6	$D\leqslant 4$ 的外墙：冻结物冷藏间	1.30
7	$D\leqslant 4$ 的无阁楼屋面：冻结物冷藏间	1.60
8	半地下室外墙外侧为土壤时	0.20
9	冷间地面下部无通风等加热设备时	0.20
10	冷间地面隔热层下有通风等加热设备时	0.60
11	冷间地面隔热层下为通风架空层时	0.70
12	两侧均为冷间时	1.00

注：1. D 为围护结构热惰性指标。

2. 负温穿堂可按冻结物冷藏间选用。

3. 表内未列出的其他室温等于或高于0℃的冷间可参照各项中冷却间的 a 值选取。

3. 冷间围护结构的传热系数 K

在进行制冷负荷计算时，由于围护结构已经确定，所以传热系数可以根据围护结构的具体构造和材料按式（1-5）进行计算。

$$K=\frac{1}{R_0}=\frac{1}{\dfrac{1}{\alpha_w}+\sum\limits_{i=1}^{m}\dfrac{\delta_i}{\lambda_i}+\dfrac{1}{\alpha_n}} \tag{1-5}$$

式中 α_w、α_n——外、内表面的表面传热系数，单位为 W/（m^2·℃），冷库围护结构表面传热系数见表1-9；

δ_i——平壁各结构层厚度，单位为 m；

λ_i——材料的热导率，单位为 W/(m·℃)，见附表11；

R_0——各结构层总传热阻，单位为 m^2·℃/W，单层平壁和多层平壁的总传热阻分别为 $R_0=\dfrac{1}{\alpha_w}+\dfrac{\delta}{\lambda}+\dfrac{1}{\alpha_n}$和 $R_0=\dfrac{1}{\alpha_w}+\sum\limits_{i=1}^{m}\dfrac{\delta_i}{\lambda_i}+\dfrac{1}{\alpha_n}$。

表1-9 冷库围护结构表面传热系数和热阻

围护结构部位及环境条件		α_w/[W/(m^2·℃)]	α_n/[W/(m^2·℃)]	R_w 或 R_n/(m^2·℃/W)
无防风设施的屋面、外墙的外表面		23		0.043
顶棚上为阁楼或有房屋和外墙外部紧邻其他建筑物的外表面		12		0.083
外墙和顶棚的内表面、内墙和楼板的表面、地面的上表面	冻结间、冷却间设有强力鼓风装置时		29	0.034
	冷却物冷藏间设有强力鼓风装置时		18	0.056
	冻结物冷藏间设有鼓风的冷却设备时		12	0.083
	冷间无机械鼓风装置时		8	0.125
地面下为通风架空层		8		0.125

注：地面下为通风加热管道和直接铺设于土壤上的地面，以及半地下室外墙埋入地下的部位，外表面传热系数均可不计。

例 1-1　图 1-3 所示为石家庄市某冷库一间冻结物冷藏间的平面图，该冷藏间处于中间层，净高 4.8m，上、下层及邻室均为同温度冷间，楼板层厚度为 0.2m，冷间结构为：20mm 水泥砂浆抹面，240mm 砖墙，20mm 水泥砂浆找平，二毡三油隔汽层，150mm 聚氨酯泡沫塑料喷涂。库内采用排管。试计算通过该冷藏间外围护结构传入的热量。

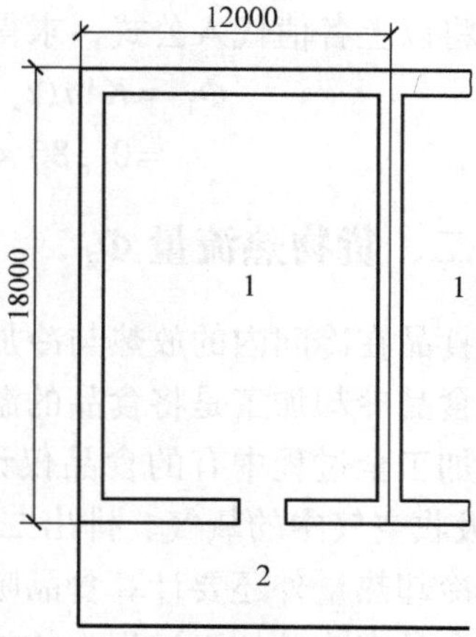

图 1-3　例 1-1 附图
1—冷藏间　2—常温穿堂

解：(1) 确定 K　根据已知条件，查表 1-9 得 $\alpha_w = 23\text{W}/(\text{m}^2\cdot℃)$，$\alpha_n = 8\text{W}/(\text{m}^2\cdot℃)$。

查附表 11 得外墙各层材料的热导率并汇总为：

材料	水泥砂浆	砖	聚氨酯泡沫塑料
δ/m	0.02	0.24	0.15
λ/[W/(m·℃)]	0.93	0.81	0.031

查表 1-10 得二毡三油 $R = 0.041\text{m}^2\cdot℃/\text{W}$。

表 1-10　冷库常用防潮、隔汽材料的热物理系数

序号	材料名称	密度 /(kg/m³)	厚度 /mm	热导率 /[W/(m·℃)]	热阻 /(m²·℃/W)	蒸汽渗透系数 /[g/(m·h·Pa)]	蒸汽渗透阻 /(m·h·Pa/g)
1	350 号石油沥青油毛毡	1130	1.5	0.27	0.0050	1.35×10^{-6}	1106.57
2	石油沥青或玛琋脂一道	980	2.0	0.20	0.0100	7.5×10^{-6}	226.64
3	一毡二油	—	5.5	—	0.0260	—	1639.86
4	二毡三油	—	9.0	—	0.0410	—	3013.08
5	聚乙烯塑料薄膜	1200	0.07	0.16	0.0017	2.03×10^{-8}	3466.37

将各值代入公式

$$K = \frac{1}{\dfrac{1}{\alpha_w}+\dfrac{\delta_1}{\lambda_1}+\dfrac{\delta_2}{\lambda_2}+\cdots+\dfrac{1}{\alpha_n}}$$

$$= \frac{1}{\dfrac{1}{23}+\dfrac{0.02\times2}{0.93}+\dfrac{0.24}{0.81}+0.041+\dfrac{0.15}{0.031}+\dfrac{1}{8}}\text{W}/(\text{m}^2\cdot℃)$$

$$= 0.186\text{W}/(\text{m}^2\cdot℃)$$

(2) 确定 A　因邻室为同温库房，忽略常温穿堂，故仅计算外墙传热面积。

由图 1-3，求得外墙总长度 $L=(12\times2+18)\text{m}=42\text{m}$，外墙高度 $h=(4.8+0.2)\text{m}=5\text{m}$，则传热面积 $A=42\times5\text{m}^2=210\text{m}^2$。

(3) 确定 a　查表 1-8 得温差修正系数 $a=1.05$。

(4) 确定 t_n　查表 1-1，冻藏间取 $t_n=-20℃$。

(5) 确定 t_w　查附表 9 得 $t_w=30℃$。

将以上各值代入公式，求得通过围护结构传入的热量为

$$\begin{aligned}\Phi_1 &= KAa(t_w - t_n)\\ &= 0.186\times 210\times 1.05\times(30+20)\text{W} = 2050.65\text{W}\end{aligned}$$

二、货物热流量 Φ_2

食品在冷间内的放热与冷加工的方式有关。

食品冷却加工是将食品的温度降低到接近食品冰点的过程，如鲜蛋、水果及蔬菜等。在冷却加工全过程中有的食品仅计算冷却热量，而水果、蔬菜等鲜活食品还要不断进行呼吸（即吸收空气中的氧气、排出二氧化碳和水分并产生热量，此热量称为呼吸热），所以，除计算冷却热量外还要计算食品呼吸热。

食品在冻结加工过程中的放热一般可分为三个阶段：首先是食品从初始温度冷却到冰点温度时放出的热量；其次是食品在冻结过程中放出的冻结潜热；第三是食品从冻结点温度继续下降到冻结终温放出的热量。

各种食品在不同温度下有不同的焓值。在工程设计中，利用冷加工前后食品的焓值差便可方便地计算出食品的制冷负荷。下面阐述在各种冷间中货物（包括食品和包装材料、运载工具等）热流量的计算方法。

货物热流量可以按照下列公式计算：

$$\begin{aligned}\Phi_2 &= \Phi_{2a} + \Phi_{2b} + \Phi_{2c} + \Phi_{2d}\\ &= \frac{1}{3.6}\left[\frac{m(h_1 - h_2)}{t} + mB_b\frac{c_b(t_1 - t_2)}{t}\right] + \frac{m(\Phi' + \Phi'')}{2} + (m_z - m)\Phi'' \end{aligned} \tag{1-6}$$

式中　Φ_2——货物热流量，单位为 W；

Φ_{2a}——食品热流量，单位为 W；

Φ_{2b}——包装材料和运载工具热流量，单位为 W；

Φ_{2c}——货物冷却时呼吸热流量，单位为 W；

Φ_{2d}——货物冷藏时的呼吸热流量，单位为 W；

m——冷间的每日进货量，冷加工间为每次进货量，单位为 kg；

h_1——货物在冷间内初始降温时的比焓，单位为 kJ/kg，见附表 12；

h_2——货物在冷间内终止降温时的比焓，单位为 kJ/kg，见附表 12；

t——食品冷加工时间，单位为 h，对冷藏间取 24h，对冷却间、冻结间取设计冷加工时间；

B_b——货物包装材料或运载工具质量系数，见表 1-11；

c_b——包装材料或运载工具比热容，单位为 kJ/(kg · ℃)，见表 1-12；

t_1——包装材料或运载工具进入冷间时的温度，单位为℃；

t_2——包装材料或运载工具在冷间终止降温时的温度，宜取该冷间设计温度，单位为℃；

Φ'——货物冷却初始温度时单位质量的呼吸热，单位为 W/kg，见表 1-13；

Φ''——货物冷却终止温度时单位质量的呼吸热，单位为 W/kg，见表 1-13；

m_z——冷却物冷藏间的冷藏质量，单位为 kg；

1/3.6——1kJ/h 换算成 1/3.6W 的数值。

表 1-11　货物包装材料或运载工具质量系数 B_b

序号	食品类别	质量系数 B_b	
1	肉类、鱼类、冰蛋类	冷藏	0.1
		肉类冷却或冻结（猪单轨叉档式）	0.1
		肉类冷却或冻结（猪双轨叉档式）	0.3
		肉类、鱼类、冰蛋类（搁架式）	0.3
		肉类、鱼类、冰蛋类（吊笼式或架子式手推车）	0.6
2	鲜蛋类	0.25	
3	鲜水果	0.25	
4	鲜蔬菜	0.35	

表 1-12　材料比热容 c_b　［单位：kJ/（kg·℃）］

名　称	c_b	名　称	c_b
木板类	0.51	马粪纸、瓦楞纸类	1.47
黄铜	0.39	黄油纸类	1.51
铁皮	0.42	布类	1.21
铝类	0.88	竹器类	1.51

表 1-13　一些主要水果、蔬菜的呼吸热　（单位：W/t）

品种	不同温度下的呼吸热						
	0℃	2℃	5℃	10℃	15℃	20℃	25℃
杏	17	27	56	102	155	199	—
香蕉（青）	—	—	52	98	131	155	—
香蕉（熟）	—	—	58	116	164	242	—
甜樱桃	21	31	47	97	165	219	—
橙	10	13	19	35	56	69	96
西瓜	19	23	27	46	70	102	—
梨（早熟）	20	28	47	63	160	278	—
梨（晚熟）	10	22	41	56	126	219	—
苹果（早熟）	19	21	31	60	92	121	149
苹果（晚熟）	10	14	21	31	58	73	—
李	21	35	65	126	184	233	—
葡萄	9	17	24	36	49	78	102
香瓜	20	23	28	43	76	102	—
桃	19	22	41	92	131	181	236
菠萝	—	—	45	70	80	87	—
酸樱桃	22	34	53	107	184	242	—
草莓	47	63	92	175	242	300	453
菜花	63	17	88	138	259	402	—
卷心菜	33	36	51	78	121	194	—
马铃薯	20	22	24	26	36	44	—

（续）

品种	不同温度下的呼吸热						
	0℃	2℃	5℃	10℃	15℃	20℃	25℃
胡萝卜	28	34	38	44	97	135	—
黄瓜	20	24	34	60	121	174	—
甜菜	20	28	34	60	116	213	—
西红柿	17	20	28	41	87	102	—
蒜	22	31	47	71	128	152	—
葱头	20	21	26	34	46	58	—
青豆	70	82	121	206	412	577	721
莴苣	39	44	51	102	189	339	—
蘑菇	121	131	160	252	485	635	—
豌豆	104	143	189	267	460	645	872
芹菜	20	—	29	—	102	—	—
青椒	33	—	64	96	114	131	—
芦笋	65	—	85	160	279	363	—
菠菜	82	—	199	313	523	897	—

（1）冷间的每日进货量 m　冷间每日进货量应按下列规定取值：

1）对于冷却间或冻结间，应按设计冷加工能力计算。

2）存放果蔬的冷却物冷藏间，按不大于该间计算吨位的10%计算。

3）存放鲜蛋的冷却物冷藏间，按不大于该间计算吨位的5%计算。

4）有从外库调入货物的冷库，其冻结物冷藏间每间每日进货量应按该间计算吨位的5%～15%计算。

5）无外库调入货物的冷库，其冻结物冷藏间每间每日进货量一般宜按该库每日冻结质量计算；如该进货的热流量大于按该冷藏间计算吨位5%计算的进货热流量时，则可按4）项计算进货量。

6）冻结质量大的水产冷库，其冻结物冷藏间每间每日进货量可按具体情况确定。

（2）包装材料或运载工具进入冷间时的温度　包装材料或运载工具进入冷间时的温度应按下列规定取值：

1）在本库进行包装的货物，其包装材料或运载工具温度的取值应按夏季空气调节日平均温度乘以生产旺月的温度修正系数，该系数可按表1-14取值。

表1-14　包装材料或运载工具进入冷间的温度修正系数

进入冷间月份	1	2	3	4	5	6	7	8	9	10	11	12
温度修正系数	0.1	0.15	0.35	0.53	0.72	0.86	1.0	1.0	0.83	0.62	0.41	0.20

2）自外库调入已包装的货物，其包装材料温度应为该货物进入冷间时的温度，其运载工具温度则按夏季空气调节日平均温度乘以生产旺月的温度修正系数计算。

（3）货物进入冷间时的温度 进货温度应按下列规定取值：

1）未经冷却的鲜肉温度应按39℃计算，已经冷却的鲜肉温度按4℃计算。

2）从外库调入的冻结货物温度按－10～－15℃计算。

3）无外库调入货物的冷库中，进入冻结物冷藏间的货物温度按该冷库冻结间出冻温度或包冰衣后或包装后的货物温度计算。

4）冰鲜鱼虾整理后的温度按15℃计算。

5）鲜鱼虾整理后进入冷加工间的温度按整理鱼虾用水的水温计算。

6）鲜蛋、水果、蔬菜的进货温度应按当地食品进入冷间生产旺月的月平均温度计算。

仅鲜水果、鲜蔬菜冷藏间计算 Φ_{2c}、Φ_{2d}。

例1-2 山东省济南市拟建一座1000t果品冷库，贮存晚熟苹果，库温为0℃，生产旺季在11月份，苹果用纸箱包装，不经冷却直接进入冷却物冷藏间，试计算该冷库货物的热流量为多少？

解：根据题意，货物热流量应按式（1-6）计算

$$\begin{aligned}\Phi_2 &= \Phi_{2a} + \Phi_{2b} + \Phi_{2c} + \Phi_{2d} \\ &= \frac{1}{3.6}\left[\frac{m(h_1 - h_2)}{t} + mB_b\frac{c_b(t_1 - t_2)}{t}\right] + \frac{m(\Phi' + \Phi'')}{2} + (m_z - m)\Phi''\end{aligned}$$

各参数的求取：

冷间每日进货量按10%冷藏量计算，$m = 1000\text{t} \times 10\% = 100\text{t}$；货物进货温度：应按当地食品进入冷间生产旺季的月平均温度计算，为便于计算，按 t_w ×温度修正系数求值。济南 $t_w = 31℃$，生产旺季在11月份，修正系数为0.41，则货物进货温度为31℃ ×0.41 = 12.7℃。终止降温温度：取库内温度为 $t_n = 0℃$。查附表12得食品的焓值为 $h_1 = 320\text{kJ/kg}$，$h_2 = 271.9\text{kJ/kg}$；查表1-11得 $B_b = 0.25$；查表1-12得 $c_b = 1.47\text{kJ/(kg·℃)}$；查表1-13得 $\Phi' = 45.6\text{W/t}$，$\Phi'' = 10\text{W/t}$。

将各值代入式（1-6）得

$$\begin{aligned}\Phi_2 &= \left\{\frac{1}{3.6} \times \left[\frac{80 \times 1000 \times (320 - 271.9)}{24} + 100 \times 1000 \times 0.25 \times (12.7 - 0) \times \frac{1.47}{24}\right] + \right. \\ &\quad \left. \frac{100 \times (45.6 + 10)}{2} + (1000 - 100) \times 10\right\}\text{W} \\ &= 72853\text{W}\end{aligned}$$

三、通风换气热流量 Φ_3

在冷却物冷藏间内，由于水果、蔬菜等活性食品在冷藏期内要不断进行“需氧呼吸”，在呼吸过程中吸收氧气放出二氧化碳、乙烯等气体和水分。那么，随着食品贮存时间的增长，则冷间内氧气逐渐减少，二氧化碳等气体和水分逐渐增多。此外，鲜蛋在贮藏过程中，也会产生化学变化，从蛋内排出二氧化碳，影响鲜蛋品质。因此，贮藏水果、蔬菜、鲜蛋等类食品的冷藏间需要定期通风换气，以供食品呼吸及消除冷藏间中的异味。另外，兼作生产车间用的冷间（如加工间、包装间等）中，由于操作工人需要较长时间在冷间内工作，应按照GBZ 1—2010《工业企业设计卫生标准》的要求更换新鲜空气，以保证工人呼吸之需。为了节省能源和减少库温波动，通风换气时间应在一天中气温合适的时候进行。

通风换气热流量可按下式计算：

$$\Phi_3 = \Phi_{3a} + \Phi_{3b} = \frac{1}{3.6}\left[\frac{(h_w - h_n)nV_n\rho_n}{24} + 30n_r\rho_n(h_w - h_n)\right] \tag{1-7}$$

式中 Φ_3——通风换气热流量，单位为W；

Φ_{3a}——冷间换气热流量，单位为W；

Φ_{3b}——操作人员需要的新鲜空气热流量，单位为W；

h_w——冷间外空气的比焓，单位为kJ/kg，见附表10；

h_n——冷间内空气的比焓，单位为kJ/kg，见附表10；

n——每日换气次数，可以采用2~3次；

V_n——冷间内净容积，单位为m^3；

ρ_n——冷间内空气密度，单位为kg/m^3，见表1-15；

24——1天换算成24h的数值；

30——每个操作人员每小时需要的新鲜空气量，单位为m^3/h；

n_r——操作工人的人数。

表1-15 干空气部分物理参数（压力为101.325kPa）

温度/℃	密度/(kg/m³)	比热容/[kJ/(kg·℃)]	热导率 ×10²/[W/(m·℃)]
-40	1.515	1.0132	2.117
-30	1.453	1.0132	2.198
-20	1.359	1.0090	2.280
-10	1.342	1.0090	2.361
0	1.293	1.0048	2.442
10	1.247	1.0048	2.512
20	1.205	1.0048	2.594
30	1.165	1.0048	2.594
40	1.128	1.0048	2.675

四、电动机运转热流量 Φ_4

电动机运转给冷间造成的负荷称为电动机运转热量，按下式计算。

$$\Phi_4 = 1000\sum P_d\xi b \tag{1-8}$$

式中 Φ_4——电动机运转热流量，单位为W；

P_d——电动机额定功率，单位为kW；

ξ——热转化系数，电动机在冷间内时应取1，电动机在冷间外时应取0.75；

b——电动机运转时间系数。冷风机配用的电动机取1，冷间内其他设备配用的电动机可按实际情况取值，如按每昼夜操作8h计，则$b=8/24$。

五、操作热流量 Φ_5

冷间由于操作管理上的需要，不可避免地存在各种制冷负荷。它包括：照明热流量Φ_{5a}、库门开启热流量Φ_{5b}和操作人员热流量Φ_{5c}。

照明热流量是由于照明的电能转化为热能而引起的制冷负荷。

库门开启热流量是由于库内外空气温、湿度差引起空气通过门洞对流而导致热湿交换的结果。近年来由于我国冷间设计中普遍采用常温穿堂，此部分制冷负荷就更加显著。为了减少库门开启制冷负荷的损失，常在门洞上部设置空气幕以阻挡室内外空气的对流。根据某些单位实测结果，空气幕的隔热效率一般可达85%以上，是一种有效的隔热措施。

操作人员热流量是由于工人在冷间中进行操作时人体所散发的热量而引起的制冷负荷。它与冷间的空气温度、操作繁重程度、衣着薄厚、人体体重等因素有关，一般按人体每小时平均散热量计算。

这些热量的总和称为操作热流量 Φ_5，即

$$\Phi_5 = \Phi_{5a} + \Phi_{5b} + \Phi_{5c}$$

$$= \Phi_d A_d + \frac{1}{3.6} \cdot \frac{n_k' n_k V_n (h_w - h_n) M \rho_n}{24} + \frac{3}{24} n_r \Phi_r \tag{1-9}$$

式中　Φ_5——操作热流量，单位为W；

Φ_{5a}——照明热流量，单位为W；

Φ_{5b}——开门引起的热流量，单位为W；

Φ_{5c}——操作人员热流量，单位为W；

Φ_d——每平方米地板面积照明热流量，单位为W/m²，冷却间、冻结间、冷藏间、冰库和冷间内穿堂可取2.3W/m²，操作人员长时间停留的加工间、包装间等可取4.7W/m²；

A_d——冷间地面面积，单位为m²；

n_k'——门樘数；

n_k——每日开门换气次数，可按图1-4取值，对需要经常开门的冷间，每日开门换气次数可按实际情况确定；

M——空气幕效率修正系数，可取0.5，如不设空气幕时，应取1；

3/24——每日操作时间系数，按每日操作3h计；

n_r——操作人员数量；

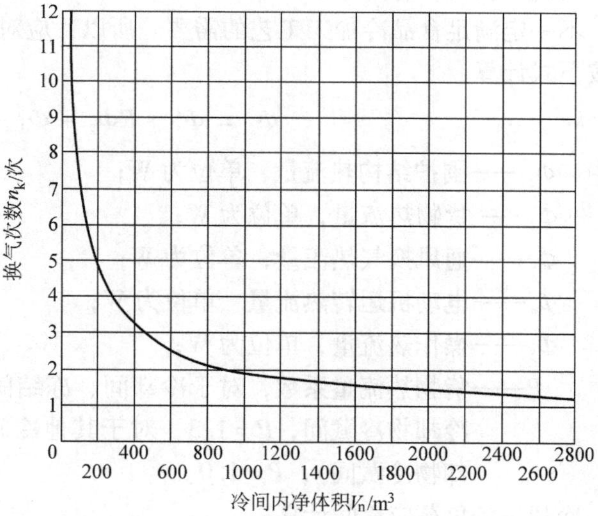

图1-4　冷间内开门换气次数

Φ_r——每个操作人员产生的热流量，单位为W，冷间设计温度高于或等于－5℃时，宜取279W，冷间设计温度低于－5℃时，宜取395W。

h_w、h_n、V_n、ρ_n 的取值同式（1-7）。

需要注意的是，冻结间、冷却间负荷计算中不计这项热量，实际发生的热量在冷却设备负荷货物热流量系数 P 中考虑。

第三节 冷却设备负荷和机械负荷的计算

冷却设备负荷是指为维持冷间在某一温度，需从该冷间移走的热流量值。

机械负荷是指为维持制冷系统正常运转，制冷压缩机负载所带走的热流量值。

由第二节可知，冷间热流量由五部分组成：①围护结构热流量 Φ_1，②货物热流量 Φ_2，③冷间内通风换气热流量 Φ_3，④电动机运转热流量 Φ_4，⑤操作热流量 Φ_5。这些热量都要通过循环于冷却设备中的制冷剂（或载冷剂）吸收而移出库。为了使所配备的制冷装置在任何情况下都能确保所规定的库温条件，需要考虑到冷间各种热流量的特性。例如围护结构热流量 Φ_1、冷间内通风换气热流量 Φ_3 随季节和昼夜大气的温、湿度变化而变化；货物热流量 Φ_2 与货物的品种、数量以及季节、冷加工方法有关；电动机运转热流量 Φ_4 与操作热流量 Φ_5 受操作管理合理程度的影响。所以应当针对具体情况，分别求出冷却设备负荷和机械负荷。

1. 冷却设备负荷 Φ_s

冷却设备负荷是选择冷间冷却设备（冷却排管或冷风机等）的依据。有的冷间的冷却设备负荷可由上述五部分热流量之和组成（即 $\Phi_1 \sim \Phi_5$ 之和），有的冷间则不能直接得出。如食品在冻结或冷却加工过程中货物热流量 Φ_2 是随时间变化的，有时大于整个冷加工过程的平均制冷负荷，有时小于其平均制冷负荷，而用求得的平均制冷负荷 Φ_2 直接去选冷却设备，不一定满足食品冷加工工艺的需要。所以，应对某些热流量进行修正。冷间冷却设备负荷按下式计算：

$$\Phi_s = \Phi_1 + P\Phi_2 + \Phi_3 + \Phi_4 + \Phi_5 \tag{1-10}$$

式中 Φ_1——围护结构热流量，单位为 W；

Φ_2——货物热流量，单位为 W；

Φ_3——通风换气热流量，单位为 W；

Φ_4——电动机运转热流量，单位为 W；

Φ_5——操作热流量，单位为 W；

P——货物热流量系数，对于冷却间、冻结间和货物不经冷却而直接进入冷藏间的冷却物冷藏间，$P=1.3$，对于其他冷间（包括冻结物冷藏间、冰库和部分冷却物冷藏间），$P=1.0$。

冷却设备负荷应逐间计算。

2. 机械负荷 Φ_j

机械负荷不同于冷间冷却设备负荷，因为冷却设备负荷是按最不利的生产条件计算的，而在实际生产中各种最不利的因素同时出现的概率很小。如 Φ_1、Φ_3 的最大值出现在夏季，而 Φ_2 的最大值随食品冷加工品种不同出现在不同的季节。因此，计算机械负荷时应对各种热流量加以修正，使其既满足冷库全年生产的要求，又要充分考虑冷库常年经营费用，为选择制冷压缩机提供可靠的基础依据。制冷压缩机是按蒸发温度配置的，所以，机械负荷应根据不同蒸发温度按下式分别计算：

$$\Phi_j = (n_1 \sum \Phi_1 + n_2 \sum \Phi_2 + n_3 \sum \Phi_3 + n_4 \sum \Phi_4 + n_5 \sum \Phi_5)R \tag{1-11}$$

式中 Φ_j——某蒸发温度的机械负荷，单位为 W；

n_1——围护结构热流量季节修正系数，一般可根据冷库生产旺季出现的月份按表 1-16 的规定采用，当冷库全年生产无明显淡旺季节区别时应取 1；

n_2——货物热流量折减系数；

n_3——同期换气系数，宜取 0.5～1.0（“同时最大换气量与全库每日总换气量的比数”大时取大值）；

n_4——冷间用的电动机同期运转系数，见表 1-17；

n_5——冷间同期操作系数，见表 1-17；

R——制冷装置和管道等冷损耗补偿系数，直接冷却系统 $R=1.07$，间接冷却系统 $R=1.12$。

表 1-16 季节修正系数

纬度	库温/℃ \ 月份	1	2	3	4	5	6	7	8	9	10	11	12
北纬 40°以上（含 40°）	0	-0.70	-0.50	-0.10	0.40	0.70	0.90	1.00	1.00	0.70	0.30	-0.10	-0.50
	-10	-0.25	-0.11	0.19	0.59	0.78	0.92	1.00	1.00	0.78	0.49	0.19	-0.11
	-18	-0.02	0.10	0.33	0.64	0.82	0.93	1.00	1.00	0.82	0.58	0.33	0.10
	-23	-0.08	0.18	0.40	0.68	0.84	0.94	1.00	1.00	0.84	0.62	0.40	0.18
	-30	0.19	0.28	0.47	0.72	0.86	0.95	1.00	1.00	0.86	0.67	0.47	0.28
北纬 35°～40°（含 35°）	0	-0.30	-0.20	0.20	0.50	0.80	0.90	1.00	1.00	0.70	0.50	0.10	-0.20
	-10	0.05	0.14	0.41	0.65	0.86	0.92	1.00	1.00	0.78	0.65	0.35	0.14
	-18	0.22	0.29	0.51	0.71	0.89	0.93	1.00	1.00	0.82	0.71	0.38	0.29
	-23	0.30	0.36	0.56	0.74	0.90	0.94	1.00	1.00	0.84	0.74	0.40	0.36
	-30	0.39	0.44	0.61	0.77	0.91	0.95	1.00	1.00	0.86	0.77	0.47	0.44
北纬 30°～35°（含 30°）	0	0.10	0.15	0.33	0.53	0.72	0.86	1.00	1.00	0.83	0.62	0.41	0.20
	-10	0.31	0.36	0.48	0.64	0.79	0.86	1.00	1.00	0.88	0.71	0.55	0.38
	-18	0.42	0.46	0.56	0.70	0.82	0.90	1.00	1.00	0.88	0.76	0.62	0.48
	-23	0.47	0.51	0.60	0.73	0.84	0.91	1.00	1.00	0.89	0.78	0.65	0.53
	-30	0.53	0.56	0.65	0.76	0.85	0.92	1.00	1.00	0.90	0.81	0.69	0.58
北纬 25°～30°（含 25°）	0	0.18	0.23	0.42	0.60	0.80	0.88	1.00	1.00	0.87	0.65	0.45	0.26
	-10	0.39	0.41	0.56	0.71	0.85	0.90	1.00	1.00	0.90	0.73	0.59	0.44
	-18	0.49	0.51	0.63	0.76	0.88	0.92	1.00	1.00	0.92	0.78	0.65	0.53
	-23	0.54	0.56	0.67	0.78	0.89	0.93	1.00	1.00	0.92	0.80	0.67	0.57
	-30	0.59	0.61	0.70	0.80	0.90	0.93	1.00	1.00	0.93	0.82	0.72	0.62
北纬 25°以下	0	0.44	0.48	0.63	0.79	0.94	0.97	1.00	1.00	0.93	0.81	0.65	0.40
	-10	0.58	0.60	0.73	0.85	0.95	0.98	1.00	1.00	0.95	0.85	0.75	0.63
	-18	0.65	0.67	0.77	0.88	0.96	0.98	1.00	1.00	0.96	0.88	0.79	0.69
	-23	0.68	0.70	0.79	0.89	0.96	0.98	1.00	1.00	0.96	0.89	0.81	0.72
	-30	0.72	0.73	0.82	0.90	0.97	0.98	1.00	1.00	0.97	0.90	0.83	0.75

表1-17 冷间用电动机同期运转系数 n_4 和冷间同期操作系数 n_5

冷间总间数	n_4 或 n_5	冷间总间数	n_4 或 n_5
1	1	≥5	0.4
2~4	0.5		

注：1. 冷却间、冷却物冷藏间、冻结间 n_4 取1；其他冷间按本表取值。
2. 冷间总间数应按同一蒸发温度且用途相同的冷间间数计算。

货物热流量折减系数应根据冷间的性质确定。冷却物冷藏间宜取0.3~0.6（冷藏间的公称容积为大值时取小值）；冻结物冷藏间宜取0.5~0.8（冻藏间的公称容积为大值时取大值）；冷加工间和其他冷间应取1。

3. 小型服务性冷库制冷负荷计算

小型服务性冷库指服务于机关、工厂、商场、学校等地，冷间总公称容积在500m^3 以下的冷库。

（1）冷间冷却设备负荷 冷间冷却设备负荷按下式计算：

$$\Phi_s = \Phi_1 + P\Phi_2 + \Phi_4 + \Phi_{5a} + \Phi_{5b} \tag{1-12}$$

式中 Φ_{5a}——冷间内照明热流量，单位为W，冻结间不计该项；

Φ_{5b}——冷间开门热流量，单位为W，冻结间不计该项；

其他符号同式（1-10）。

（2）机械负荷 机械负荷按下式计算：

$$\Phi_j = (\sum\Phi_1 + n_2\sum\Phi_2 + n_4\sum\Phi_4 + n_5\sum\Phi_{5a} + n_5\sum\Phi_{5b})\frac{24}{\tau}R \tag{1-13}$$

式中 n_2——冷间货物热流量折减系数，冷却物冷藏间宜取0.6，冻结物冷藏间宜取0.5，其他冷间取1；

τ——制冷机组每日工作时间，宜取12~16h；

其他符号同式（1-11）、式（1-12）。

4. 制冷负荷汇总表

为了便于冷却设备和制冷压缩机的选型计算，一般将上述计算进行汇总，做出制冷负荷汇总表。冷间冷却设备负荷汇总表按每一个冷间来统计，从表中可以方便地得出每个冷间的冷却设备负荷，以利为该冷间选配冷却设备。机械负荷汇总表按不同的蒸发系统来统计，据此可得到各个蒸发系统的机械负荷，并为各蒸发系统选配制冷压缩机。制冷负荷汇总表示例见例1-3中表。

例1-3 内蒙古呼和浩特地区有一肉类冷库，加工羊白条肉，生产旺季在11月份。冷库由两间冻结间、两间冻结物冷藏间组成。各冷间热流量计算结果见表1-18，分别做出冷却设备负荷汇总表、机械负荷汇总表。

表1-18 各冷间热流量计算表 （单位：W）

库号	库名	库温/℃	Φ_1	Φ_2	Φ_4	Φ_5
01	冻结物冷藏间	-18	6000	3000	—	1500
02	冻结物冷藏间	-18	6000	3000	—	1500
03	冻结间	-23	3000	40000	10000	—
04	冻结间	-23	3000	40000	10000	—

解：(1) 冷却设备负荷 Φ_s　根据题意和相关规定，取冻结物冷藏间 $P=1.0$，冻结间 $P=1.3$，计算并做出冷却设备负荷汇总表，见表 1-19。

表 1-19　冷却设备负荷汇总表

库号	库名	库温/℃	Φ_1/W	P	Φ_2/W	Φ_4/W	Φ_5/W	Φ_s/W
01	冻结物冷藏间	-18	6000	1.0	3000	—	1500	10500
02	冻结物冷藏间	-18	6000	1.0	3000	—	1500	10500
03	冻结间	-23	3000	1.3	40000	10000	—	65000
04	冻结间	-23	3000	1.3	40000	10000	—	65000

(2) 机械负荷 Φ_j　该库分冻结、冻藏两个蒸发系统，采用直接冷却，库址位于北纬 40°以上。以条件查得各修正系数并做出机械负荷汇总表，见表 1-20。

表 1-20　机械负荷汇总表

系统	库名	Φ_1/W	n_1	Φ_2/W	n_2	Φ_4/W	n_4	Φ_5/W	n_5	R	Φ_j/W
-28℃系统	冻结物冷藏间	6000	0.33	3000	0.65	—	—	1500	0.5	1.07	5008
	冻结物冷藏间	6000	0.33	3000	0.65	—	—	1500	0.5	1.07	5008
	$\Sigma\Phi_j$										10016
-33℃系统	冻结间	3000	0.4	40000	1.0	10000	1.0	—	—	1.07	54784
	冻结间	3000	0.4	40000	1.0	10000	1.0	—	—	1.07	54784
	$\Sigma\Phi_j$										109568

第四节　制冷负荷的估算

前面详细地介绍了冷库制冷负荷计算及汇总方法。在设计中经过准确的计算，确定出制冷负荷，可为选择机器、设备提供依据。但在一些特定的情况下，对于制冷负荷计算不一定要求很精确。如在冷库工程的初步设计阶段、工程技术人员在接受咨询或洽谈业务的时候，快捷、简便的估算法就极为实用。

估算法是依据经验数据来确定冷库制冷负荷的方法。工程技术人员根据在实际工作中积累起来的知识编制出了单位制冷负荷，利用单位制冷负荷乘以冷加工量或冷藏容量即可方便地求得相应的冷却设备负荷与机械负荷。

1) 肉类冷库冷加工单位制冷负荷，见表 1-21。

2) 水产冷库冷加工单位制冷负荷，见表 1-22。

3) 冷藏间、制冰单位制冷负荷，见表 1-23。

表 1-21 肉类冷加工单位制冷负荷

序号	库房温度/℃	肉类降温情况		冷冻加工时间/h①	单位冷负荷/（W/t）	
		入库时温度/℃	出库时温度/℃		冷却设备负荷	机械负荷
1. 冷却加工						
1	-2	+35	+4	20	3000	2300
2	-7/-2②	+35	+4	11	5000	4000
3	-10	+35	+12	8	6200	5000
4	-10	+35	+10	3	13000	10000
2. 冻结加工						
1	-23	+4	-15	20	5300	4500
2	-23	+12	-15	12	8200	6900
3	-23③	+35	-15	20	7600	5800
4	-30	+4	-15	11	9400	7500
5	-30	-10	-18	16	6700	5400

注：1. 本表内冷却设备负荷已包括货物热流量系数 P 的数值。

2. 本表内机械负荷已包括总管道等7%冷损耗数值。

① 冷冻加工时间不包括肉类进库、出库的搬运时间。

② 此处指库温先为-7℃，待肉类表面温度将到±0℃时，改用-2℃继续降温。

③ 一次冻结（即肉类不经过冷却），氨系统直接用低于-33℃蒸发温度。

表 1-22 鱼类冷加工单位制冷负荷

库房名称	库房温度/℃	鱼体降温情况		冷加工时间（不包括进出库）/h	单位制冷负荷/（W/t）	
		入库时/℃	出库时/℃		冷却设备负荷	机械负荷
准备间	0	+20	+4	10	4700	3500
冻结间	-25	+4	-15	10	9300	7500
冻结间	-25	+20	-15	16	7000	5600

表 1-23 冷藏间、制冰单位制冷负荷

序号	库房名称	库房温度/℃	单位制冷负荷/（W/t）	
			冷却设备负荷	机械负荷
	1. 冷藏间方面			
1	一般冷却物冷藏间	±0、-2	88	70
2	250t以下冷库冻结物冷藏间	-15、-18	82	70
3	500~1000t冷库冻结物冷藏间	-18	53	47
4	1000~3000t单层库冻结物冷藏间	-18、-20	41~47	30~35
5	1500~3500t多层库冻结物冷藏间	-18	41	30~35
6	4500~9000t多层库冻结物冷藏间	-18	30~35	24
	2. 制冰方面			
1	盐水制冰方式		机械负荷7000	
2	桶式快速制冰		机械负荷7800	
3	贮冰间		机械负荷25	

注：本表中机械负荷已包括总管道等冷损耗数值。

4）小型冷库单位制冷负荷，见表1-24。

表1-24　小型冷库单位制冷负荷

序号	冷间名称	冷间温度/℃	单位制冷负荷/（W/t）	
			冷却设备负荷	机械负荷
1. 肉、禽、水产品				
1	50t以下冷藏间	-15～18①	195	160
2	50～100t冷藏间		150	130
3	100～200t冷藏间		120	95
4	200～300t冷藏间		82	70
2. 水果、蔬菜				
1	100t以下冷藏间	0～2	260	230
2	100～300t冷藏间		230	210
3. 鲜蛋				
1	100t以下冷藏间	0～2	140	110
2	100～300t冷藏间		115	90

注：本表中机械负荷已包括总管道等冷损耗数7%。

① 进货温度按-12～-15℃，进货量按5%计算，如果进货温度为-5℃时，需适当增大表中数值。

5）小型果蔬气调冷库制冷负荷曲线。按照冷库的公称容积直接从图中确定制冷负荷。

小型果蔬土建气调冷库制冷负荷曲线如图1-5所示。公称容积为100～1500m³时查图中曲线（1），公称容积为1500～8000 m³时查图中曲线（2），公称容积大于8000 m³时，每增加155 m³，制冷负荷增加3861W。本图中制冷负荷指冷却设备负荷。

小型果蔬装配式气调冷库制冷负荷曲线如图1-6所示。

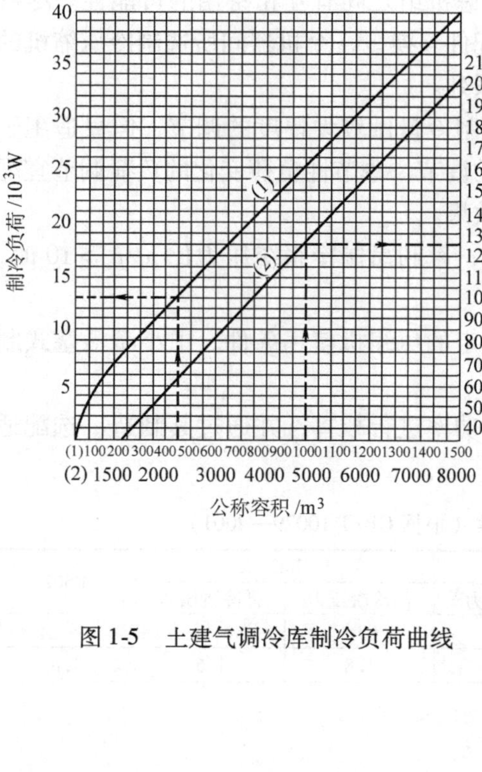

图1-5　土建气调冷库制冷负荷曲线

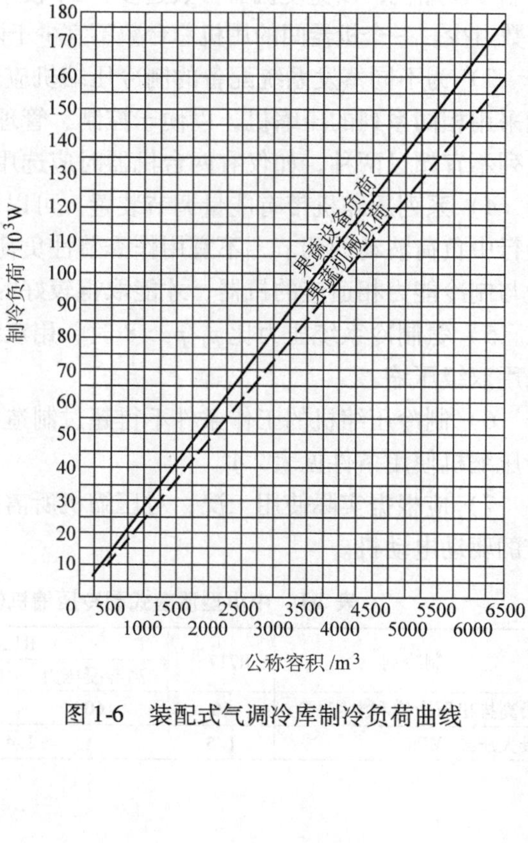

图1-6　装配式气调冷库制冷负荷曲线

第二章　制冷机器设备的选型计算

制冷系统机器设备的选型计算包括制冷压缩机、冷凝器、冷却设备、节流阀的选型计算，以及中间冷却器、高压贮液器、油氨分离器、气液分离器、低压循环桶等辅助设备的选型计算。

第一节　制冷压缩机的选型计算

一、压缩机选型的一般原则

1）压缩机的制冷量应能满足冷库生产旺季高峰负荷的要求，所选机器制冷量应大于或等于计算机械负荷 Φ_j，一般不设备用机器。在选择压缩机时，按一年中最热季节的冷却水温度（或气温）确定冷凝温度，由冷凝温度和蒸发温度确定压缩机的运行工况。但是，冷库生产的高峰负荷并不一定恰好就在气温最高的季节，秋、冬、春三季冷却水温（或气温）比较低（深井水除外），冷凝温度也随之降低，制冷压缩机的制冷量有所提高。因此，选择制冷压缩机时应适当考虑到这方面的因素。

2）选配压缩机时，各压缩机的制冷量宜大小搭配。一般情况下，Φ_j 较大的冷库应选用大型制冷压缩机，以免使机器台数过多；Φ_j 较小的冷库，应选用小型制冷压缩机，以免使机器台数过少。一个机器间的用机总台数不宜少于两台，生活服务性小冷库也可选用一台。

3）为不同蒸发系统配备的制冷压缩机应适当考虑机组之间有互相备用的可能性。尽可能采用相同系列的压缩机，以便于控制、管理及零配件互换。一个机器间所选制冷压缩机的系列不宜超过两种，如仅有两台机器时应选用同一系列。

4）系列压缩机带有能量调节装置，可以对单机制冷量做较大幅度的调节，但只适用于运行中负荷波动的调节，不宜用作季节性负荷变化的调节。季节性负荷变化的负荷调节宜配置与制冷能力相适应的机器，才能取得较好的节能效果。

5）氨制冷系统压力比 $p_l/p_z>8$ 时，用双级压缩；氟利昂制冷系统压力比 $p_l/p_z>10$ 时，采用双级压缩。

6）制冷压缩机的工作条件不得超过制造厂家规定的压缩机使用条件。中小型活塞式制冷压缩机使用条件见表 2-1。

7）应根据实际使用工况，对压缩机所需的驱动功率进行核算，并通过其制造厂选配适宜的驱动电动机。

表 2-1　中小型活塞式制冷压缩机使用条件（根据 GB/T 10079—2001）

制冷剂	R717①	R12		R22		R502
		高冷凝压力	低冷凝压力①	高冷凝压力	低冷凝压力	
最高排出压力饱和温度/℃	46	60	49	60②	49	
最大压差/MPa	1.6	1.4		1.8	1.6	1.8

（续）

制冷剂		R717①	R12		R22		R502
			高冷凝压力	低冷凝压力①	高冷凝压力	低冷凝压力	
最高吸入压力饱和温度/℃		5	10				-10
最高排出温度/℃		150	125		145		
使用温度范围/℃	高温	—	-10～10				—
	中温	-15～5	-20～0				
	低温	-30～-10			—	-35～-10	-40～-10

① 仅适用于中型活塞式制冷压缩机。

② 当使用于中温时为55℃，当使用于低温时为49℃。

二、主要工作参数的确定

1. *蒸发温度 t_z 的确定*

蒸发温度主要取决于被冷却环境或介质所要求的温度。在间接冷却系统中，蒸发温度一般采用比载冷剂温度低5℃；在直接冷却系统中，蒸发温度一般比库房温度低10℃左右。

2. *冷凝温度 t_l 的确定*

冷凝温度主要取决于冷凝器的形式、冷却方式和冷却介质的温度，以及制冷压缩机允许的排气温度和压力。

当冷凝器形式及冷却方式确定后，冷凝温度 t_l 主要取决于冷却介质的温度。

（1）立式、卧式、淋浇式冷凝器冷凝温度 t_l 的确定　这三种冷凝器的冷却介质主要为冷却水，常以下式确定冷凝温度

$$t_l = \frac{t_1 + t_2}{2} + \Delta t \tag{2-1}$$

式中　t_l——冷凝温度，单位为℃；

t_1——冷凝器进水温度，单位为℃；

t_2——冷凝器出水温度，单位为℃；立式冷凝器的 $t_2 = t_1 + (1.5 \sim 3)$℃，卧式冷凝器的 $t_2 = t_1 + (4 \sim 6)$℃，淋浇式冷凝器的 $t_2 = t_1 + (2 \sim 3)$℃；一般情况下，$t_1 \geqslant$ 30℃时取较小值，$t_1 \leqslant$ 20℃时取较大值；

Δt——温差，单位为℃。水冷式氨制冷系统中，一般取 $\Delta t = 5 \sim 7$℃；氟利昂制冷系统中，取 $\Delta t = 7 \sim 8$℃。t_1 高时取小值，t_1 低时取大值。

（2）蒸发式冷凝器温度 t_l 的确定　在蒸发式冷凝器中，蒸发管润湿表面的水分蒸发而引起的换热占全部换热量的80%左右，因此水分蒸发的快慢直接与冷凝温度有关。在一定风速下，水分蒸发速度取决于室外空气的相对湿度，因此，以湿球温度为基准，考虑适当温差而确定 t_l，其计算式为

$$t_l = t_s + (5 \sim 10)℃ \tag{2-2}$$

式中　t_s——与室外计算温度相对应的夏季湿球温度，单位为℃。

热湿地区不宜采用蒸发式冷凝器。

（3）空气冷却式冷凝器温度 t_l 的确定　空冷式（或称风冷式）冷凝器是以空气为冷却介质的冷凝器。制冷剂在冷却管内流动，而空气则在管外掠过，吸收冷却管内制冷剂热量并散发于周围大气中。为了加强空气侧的传热性能，通常都在管外加肋片（也称散热片、翅

片），增加空气侧的传热面积。同时，采用通风机来加速空气流动，提高空气侧的表面传热系数。

空冷式冷凝器的最大特点是不需要冷却水，因此特别适用于供水困难的地区或移动式制冷装置。中小型氟利昂制冷系统大都采用空冷式冷凝器。空冷式冷凝器的冷凝温度一般比夏季通风室外计算温度高8～12℃。

《冷库设计规范》规定：采用水冷式冷凝器时，其冷凝温度不应超过39℃；采用蒸发式冷凝器时，其冷凝温度不应超过36℃。

3. 中间冷却温度 t_{zj} 的确定

中间冷却温度是根据双级压缩式制冷系统的中间压力确定的，它与双级压缩机的低压级气缸容积和高压级气缸容积之比以及蒸发温度、冷凝温度有关。两级压缩所消耗的总功率最小时的中间温度称为最佳中间温度 t'_{zj}。最佳中间温度 t'_{zj} 可用下述方法近似求得：

1）由理想中间压力确定。理想中间压力计算式为

$$p'_{zj} = \sqrt{p_z p_l} \tag{2-3}$$

式中　p'_{zj}——理想中间压力，单位为MPa；

p_z、p_l——蒸发压力和冷凝压力，单位为MPa，以绝对压力计。求得 p'_{zj} 后，查制冷剂性质表，即可得到与之对应的 t'_{zj} 值。

2）利用拉赛经验公式确定。在温度范围为－40～＋40℃以内的氨制冷系统中，可用拉赛经验公式确定最佳中间温度，计算式为

$$t'_{zj} = 0.4t_l + 0.6t_z + 3℃ \tag{2-4}$$

求得 t'_{zj} 后，可参照 t'_{zj} 假定两个中间温度，求出两组高、低压压缩机理论输气量比，选定高、低压压缩机，根据实际选定的高、低压压缩机理论输气量的比值，用图解法反求 t_{zj}，该方法详见《制冷原理》。

在工程设计中，也可按《冷库制冷设计手册》介绍的方法确定 t_{zj}。该方法将中间温度与蒸发温度、冷凝温度、高低压压缩机理论输气量比的关系绘制成图，如图2-1所示。使用时，先确定压缩机理论输气量的比值，再根据 t_z、t_l 就可方便地查出 t_{zj}。

4. 吸气温度 t_x 的确定

吸气温度主要受下列几个方面的影响。

1）由于吸入管受周围气温的影响，压缩机吸入气体的温度较蒸发温度会有不同程度的提高（吸气过热），其幅度随吸入管道的长短和环境温度的高低以及蒸发温度的高低而不同。

2）与制冷系统供液方式有关。在氨泵供液系统中，从冷却设备至低压循环桶的回气管内为气液两相流体，正常情况下不会产生过热，只在低压循环桶至压缩机的吸入管上才会产生过热。在氨重力供液系统中，冷却设备至氨液分离器的回气管内可能会出现过热。

3）直接膨胀供液对管道过热的要求。氟利昂制冷系统大多采用内平衡热力膨胀阀，热力膨胀阀靠回气过热度调节其流量，因此，要求回气管有适当的过热度（一般应有5℃以上的过热度）。外平衡热力膨胀阀要求过热度可小些。

氨压缩机的允许吸气温度在一般情况下可参照表2-2确定。

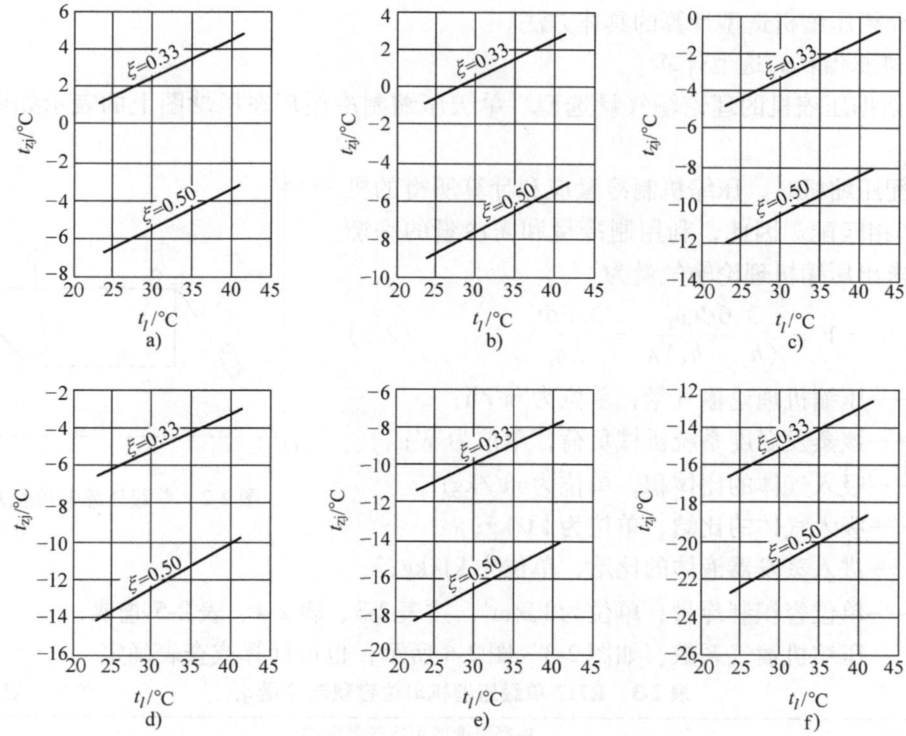

图 2-1　中间温度与蒸发温度、冷凝温度、高低压压缩机理论输气量比的关系

a）$t_z=-28$℃　b）$t_z=-30$℃　c）$t_z=-33$℃　d）$t_z=-35$℃　e）$t_z=-40$℃　f）$t_z=-45$℃

表 2-2　氨压缩机允许吸气温度　　（单位:℃）

蒸发温度 t_z	5	0	-5	-10	-15	-20	-25	-28	-30	-33	-40
吸气温度 t_x	10	1	-4	-7	-10	-13	-16	-18	-19	-21	-25

5. 排气温度 t_p 的确定

排气温度与制冷剂的蒸发压力、冷凝压力有关，也与吸气温度、吸入气体的干度、压缩机的性能及压缩机运行工况的变化有关。一般情况下，冷凝压力与蒸发压力的压比越大、吸气过热度越大，排气温度越高。通常氨压缩机排气温度应不高于150℃，正常运行时一般在100～130℃之间。设计时，可通过压焓图近似确定。

6. 过冷温度 t_g 的确定

制冷剂液体在冷凝压力下冷却到低于冷凝温度时的温度称为过冷温度。单级氨系统有过冷器时过冷温度比过冷器进水温度高3℃；对于双级压缩系统，过冷温度比中间温度高3～5℃。

三、活塞式压缩机的选型计算

活塞式压缩机选型计算的一般步骤是：

1）分别汇总各蒸发系统的机械负荷 Φ_j。

2）确定工作参数和性能参数。

3）将设计工况下的机械负荷换算成名义工况下的制冷量或计算出所需的理论输气量。

4）根据压缩机厂家提供的技术参数和性能，结合选机原则，最后确定压缩机的型号、台数。

下面介绍压缩机选型计算的具体方法。

1. 单级压缩机的选型计算

（1）依据压缩机的理论输气量选型　单级压缩制冷循环在压焓图上的表示如图 2-2 所示。

在选配压缩机时，压缩机制冷量应和计算所得的机械负荷 Φ_j 相匹配。因此，利用制冷量和需冷量的平衡关系，可求出压缩机理论输气量为

$$V = \frac{3.6\Phi_j v_2}{(h_2 - h_5)\lambda} = \frac{3.6\Phi_j}{\lambda q_r} \tag{2-5}$$

式中　V——压缩机理论输气量，单位为 m^3/h；

Φ_j——该蒸发温度系统机械负荷，单位为 W；

v_2——吸入气体的比体积，单位为 m^3/kg；

h_2——吸入气体的比焓，单位为 kJ/kg；

h_5——进入蒸发器液体的比焓，单位为 kJ/kg；

q_r——单位容积制冷量，单位为 kJ/m^3，按表 2-3、表 2-4、表 2-5 查取；

λ——压缩机输气系数，如图 2-3～图 2-6 所示，也可计算或查表确定。

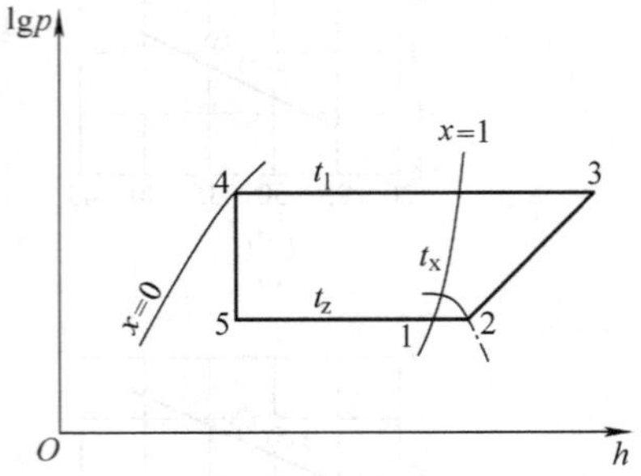

图 2-2　单级压缩制冷循环

表 2-3　R717 单级压缩机单位容积制冷量 q_r　（单位：kJ/m^3）

蒸发温度/℃	冷凝温度或再冷却温度/℃											
	20	25	26	28	30	32	34	35	36	37	38	39
5	4568.2	4475.5	4459.2	4422.6	4386.0	4349.3	4312.4	4294.0	4275.5	4257.0	4238.4	4219.8
0	3962.4	3883.3	3867.5	3835.6	3803.7	3771.7	3739.6	3723.5	3707.4	3691.2	3675.1	3658.8
-5	3324.0	3257.4	3244.0	3217.1	3190.3	3163.3	3136.2	3122.7	3109.1	3095.5	3081.9	3068.2
-10	2756.0	2700.5	2689.3	2666.2	2644.5	2622.0	2599.5	2588.2	2576.9	2565.6	2554.2	2542.8
-15	2172.3	2128.3	2119.4	2101.7	2084.0	2066.1	2048.3	2039.3	2030.4	2021.4	2012.4	2003.3
-20	1761.2	1725.3	1718.1	1703.6	1689.1	1674.6	1660.0	1652.7	1645.4	1638.1	1630.8	1623.4
-25	1422.4	1393.2	1387.3	1375.6	1363.8	1352.0	1340.2	1334.3	1328.3	1322.4	1316.4	1310.4

表 2-4　R717 双级压缩机单位容积制冷量 q_r　（单位：kJ/m^3）

蒸发温度/℃	中间冷却器蛇形管出液温度/℃													
	-16	-14	-12	-10	-8	-6	-5	-4	-3	-2	-1	0	1	2
-28	1367	1357	1348	1338	1329	1319	1314	1310	1305	1300	1295	1290	1285	1280
-30	1283	1274	1265	1256	1247	1238	1233	1229	1224	1220	1215	1211	1206	1201
-33	1076	1068	1061	1053	1046	1038	1034	1031	1027	1023	1019	1015	1009	1005
-35	954	947	941	934	927	921	917	914	910	907	904	900	897	893
-40	767	761	756	750	745	739	737	734	731	729	726	723	720	717
-45	669	665	661	657	653	649	647	645	642	640	638	636	634	631

表 2-5　R22 单位容积制冷量 q_r　（单位：kJ/m^3）

蒸发温度/℃	节流阀前液体的温度/℃											
	-15	-10	-5	0	5	10	15	20	25	30	35	40
-40	1005	980	950	925	892	858	830	796	762	729	695	602
-35	1264	1231	1193	1160	1122	1084	1043	1005	963	921	879	833
-30	1562	1520	1478	1436	1386	1294	1244	1193	1143	1089	1038	—
-25	1901	1851	1800	1750	1696	1673	1578	1520	1457	1398	1336	1273
-20	2357	2257	2198	2135	2068	1997	1930	1859	1784	1708	1633	1558
-15	—	2721	2650	2575	2495	2416	2328	2244	2156	2068	1980	1888
-10	—	—	3190	3102	3006	2910	2809	2709	2600	2495	2391	2286
-5	—	—	—	3697	3584	3471	3354	3236	3107	2985	2860	2734
0	—	—	—	—	4262	4228	3990	3848	3701	3555	3408	3257
5	—	—	—	—	—	4873	4710	4547	4375	4204	4032	3860

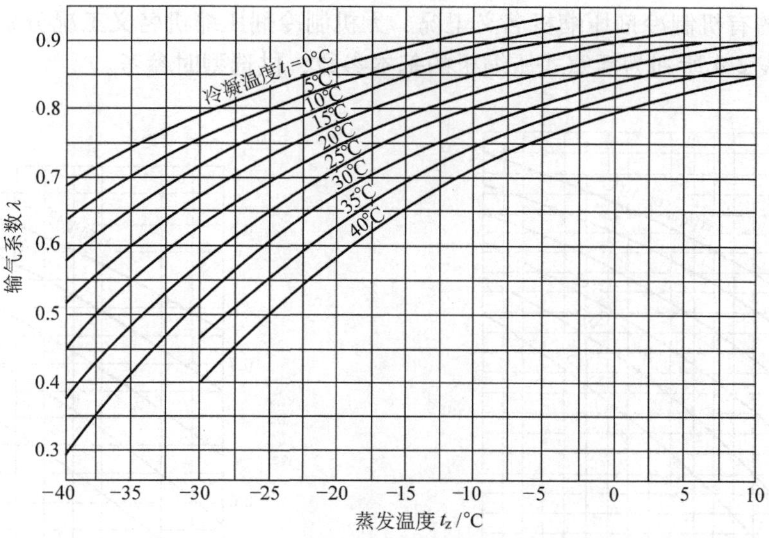

图 2-3　R717 压缩机输气系数 λ 值

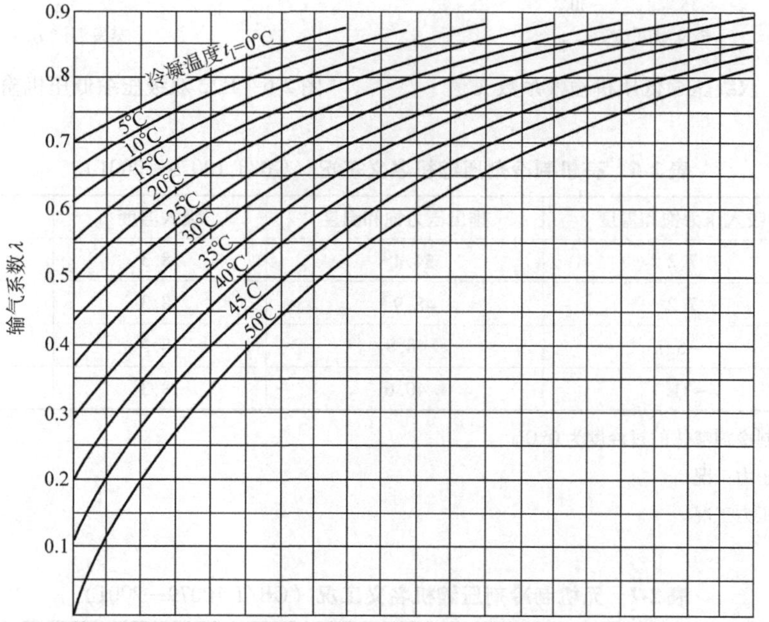

图 2-4　R22 压缩机输气系数 λ 值

求得理论输气量后，结合选型原则从产品样本选取压缩机的型号和台数。

（2）根据压缩机的名义工况制冷量选型　压缩机的制冷量随运行工况变化而不同，压缩机产品样本中的制冷量为名义工况下的制冷量，而由冷负荷计算所得的机械负荷 Φ_j 是设计工况下所需的制冷量，因此不能用 Φ_j 直接选取压缩机，而应将设计工况下的机械负荷换算成名义工况下的制冷量，再从产品样本或其他技术资料中选取压缩机。

国家规定的有机制冷剂压缩机名义工况、无机制冷剂压缩机名义工况分别见表2-6和表2-7。表2-8、表2-9所列为活塞式压缩机的基本参数，供选型时参考。

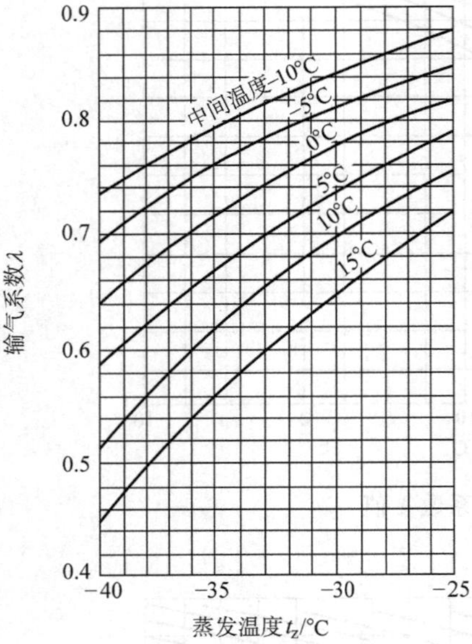

图2-5 R717双级压缩低压机输气系数λ值

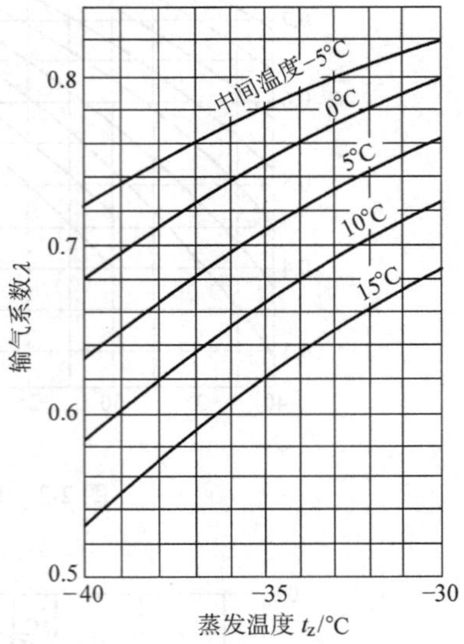

图2-6 R22双级压缩低压机输气系数λ值

表2-6 有机制冷剂压缩机名义工况（GB/T 10079—2001） （单位:℃）

类型	吸入压力饱和温度	排出压力饱和温度	吸入温度	环境温度
高温	7.2	54.4①	18.3	35
	7.2	48.9②	18.3	35
中温	-6.7	48.9	18.3	35
低温	-31.7	40.6	18.3	35

注：表中工况制冷剂液体的过冷度为0°C。

① 为高冷凝压力工况。

② 为低冷凝压力工况。

表2-7 无机制冷剂压缩机名义工况（GB/T 10079—2001） （单位:°C）

类型	吸入压力饱和温度	排出压力饱和温度	吸入温度	制冷剂液体温度	环境温度
中低温	-15	30	-10	25	32

表2-8 S系列半封闭氟压缩机基本参数

名称 \ 型号	S31-C S31A-C	S41-C	S51-C S51A-C	S81-C	S101-C S101A-C	S151-C S151A-C
缸径/mm	47.6	54	54	64	64	64
行程/mm	39.2	37	46	48	64	64

（续）

名称 \ 型号		S31-C S31A-C	S41-C	S51-C S51A-C	S81-C	S101-C S101A-C	S151-C S151A-C
缸数/个		2	2	2	2	2	3
转速/(r/min)		1450	1450	1450	1450	1450	1450
排气量/(m^3/h)		12.1	14.7	18.4	26.9	35.8	53.7
制冷量/kW	R12	3.488	4.302	5.581	8.139	11.046	15.814
	R22	5.349	5.744	8.721	12.442	17.442	25.349
	R502	2.612	3.605	4.651	6.163	9.302	14.419
噪声值/dB		54	55	57	64	65	70

表 2-9　氨活塞式制冷压缩机基本参数

缸径/mm	活塞行程/mm	缸数/个	转速/(r/min)	活塞行程容积/(m^3/h)	制冷量/kW	轴功率/kW	气缸布置形式
70	55	2	1440	36.3	15.28	4.522	V
		3		54.9	22.891	6.75	W
		4		73.2	30.561	8.88	S
		6		109.8	45.282	13.40	W
		8		146.4	61.122	17.80	S
100	70	2	960	63.4	27.075	8.12	V
		4		126.8	54.056	16.00	V
		6		190.2	81.224	23.80	W
		8		253.6	108.298	31.60	S
125	100	2	960	141.5	61.005	18.30	V
		4		283.0	122.01	36.10	V
		6		424.5	183.596	53.90	W
		8		566.0	244.02	71.20	S
170	140	2	720	275.0	127.81	36.40	V
		4		550.0	255.64	71.90	V
		6		820.0	383.46	107.10	W
		8		1100.0	511.28	142.0	S

（3）根据压缩机性能曲线选型　压缩机制造厂对其制造的各种压缩机都要在实验台上针对某种制冷剂和一定的工作条件，测出不同工况下的制冷量和轴功率，并据此做出压缩机的性能曲线。选型时，只要找到设计工况下不同型号压缩机的制冷量，与计算出的机械负荷 Φ_j 相比较，再结合选型原则，即可方便地确定压缩机的型号、台数。

图 2-7 ~ 图 2-9 给出了几种型号压缩机的性能曲线，供设计选型时参考。

例 2-1　已知某氨制冷系统蒸发温度为 −10℃，冷凝温度为 35℃，机械负荷 Φ_j = 185000W，试对制冷压缩机进行选型计算。

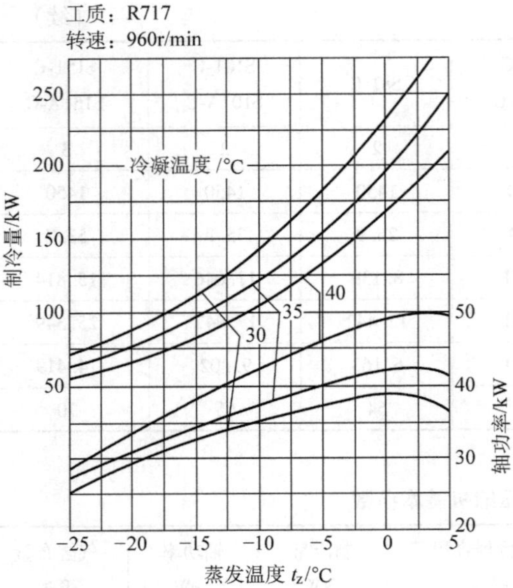

图 2-7 8AS10 型压缩机性能曲线

注：如求 2、4、6 缸单级制冷压缩机制冷量及轴功率，可将该曲线中数值按缸数加以折算。

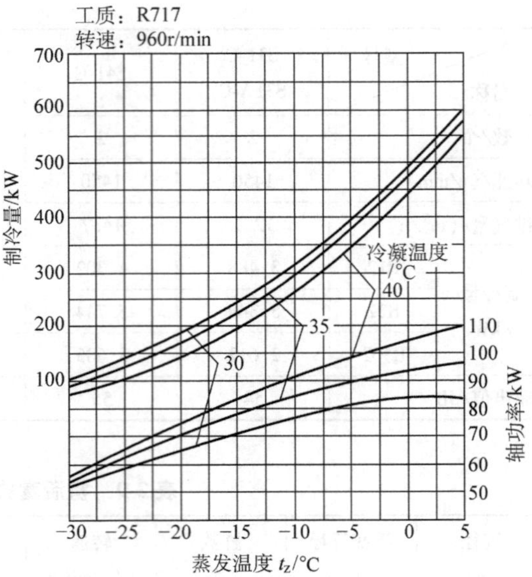

图 2-8 8AS12.5 型压缩机性能曲线

注：若求 212.5、412.5、612.5 压缩机制冷量及轴功率，可将该曲线中数值按缸数加以折算。

解：（1）理论输气量法

1）确定设计工况下的 q_r 和 λ 的值。根据蒸发温度 $t_z=-10℃$，冷凝温度 $t_l=35℃$，查表 2-3 和图 2-3 分别得 $q_r=2588.2\text{kJ/m}^3$，$\lambda=0.75$。

2）将已知数据代入式（2-5），得

$$V=\frac{3.6\Phi_j}{\lambda q_r}=[3.6\times185000/(0.75\times2588.2)]\text{m}^3/\text{h}=343.1\text{m}^3/\text{h}$$

3）确定压缩机的型号和台数。由表 2-9 查出，一台 6AW10 型制冷压缩机的理论输气量为 190.2m³/h，结合选机原则，选两台 6AW10 型制冷压缩机可满足需要，即

$$V=2\times190.2\text{m}^3/\text{h}=380.4\text{m}^3/\text{h}$$

（2）性能曲线法　由图 2-7 可知，在设计工况下，8AS10 压缩机制冷量为 125kW，折合成 6AW10 压缩机制冷量为 93.75kW，若选 2 台，制冷量为 93.75kW × 2 = 187.5kW，也满足计算负荷 $\Phi_j=185\text{kW}$ 的需要。

2. 双级压缩机的选型计算

（1）配组双级压缩机的选型计算　配组双级压缩机的选型计算实际上是以中间冷却温度作为低压

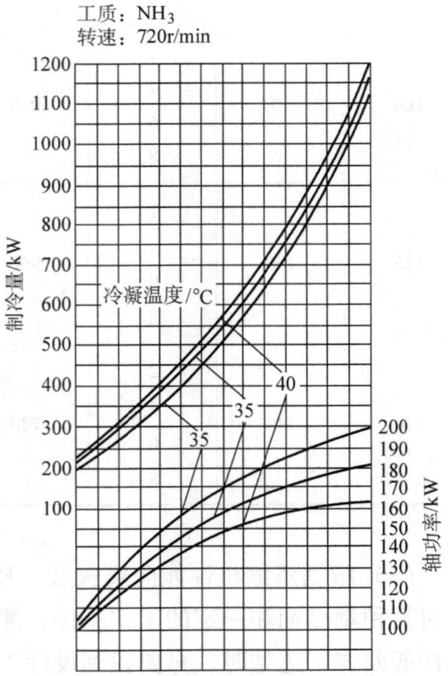

图 2-9 8AS17 型压缩机性能曲线

注：如求 4、6 缸单级压缩机制冷量及轴功率，可将该曲线中数值按缸数加以折算。

级的冷凝温度，对低压级压缩机进行选型计算，低压级压缩机确定后再根据高、低压级压缩机的理论输气量之比，确定高压级压缩机。其步骤为：

1）确定高、低压压缩机理论输气量之比 ξ。目前我国通常采用的容积比 $\xi=0.5\sim0.33$（即 1/2 ~ 1/3）。

2）根据 t_z、t_l 和 ξ，查图 2-1 确定中间冷却温度 t_{zj}，也可通过计算确定。

3）根据中间冷却温度确定过冷温度，一般采用比中间冷却温度高 3 ~ 5℃。

4）根据蒸发温度和中间冷却温度确定低压级压缩机的输气系数，或根据产品样本确定。

5）根据蒸发温度和过冷温度确定低压级压缩机单位容积制冷量。

6）计算出低压级压缩机所需的理论输气量 $V_d=\dfrac{3.6\Phi_j}{\lambda q_r}$。

7）根据计算出的低压级压缩机理论输气量和压缩机的选型原则，从单级压缩机产品样本中确定低压级压缩机的型号和台数。

8）根据选定的高、低压级压缩机理论输气量之比 ξ 和已确定的低压级压缩机实有的理论输气量 V_d，计算高压级压缩机的理论输气量，再从制冷压缩机的产品样本中确定高压级压缩机的型号和台数。

氟利昂双级压缩制冷系统的压缩机的选型也可参照氨压缩机的选型方法。

例 2-2　氨制冷系统蒸发温度 $t_z=-33$℃，冷凝温度 $t_l=30$℃，采用配组双级压缩，取 $\xi=1/3$，机械负荷 $\Phi_j=90000\text{W}$，试进行压缩机选型。

解：1）根据 $t_z=-33$℃、$t_l=30$℃和 $\xi=1/3$，查图 2-1 得中间冷却温度 $t_{zj}=-3.4$℃。

2）根据中间冷却温度确定过冷温度 $t_g=(-3.4+4)$℃$=0.6$℃。

3）根据蒸发温度 $t_z=-33$℃和中间冷却温度 $t_{zj}=-3.4$℃，查图 2-5 得低压级压缩机的输气系数 $\lambda=0.77$。

4）根据蒸发温度 $t_z=-33$℃和过冷温度 $t_g=0.6$℃，查表 2-4 得低压级压缩机单位容积制冷量 $q_r=1011\text{kJ/m}^3$。

5）计算低压级压缩机的理论输气量：$V_d=\dfrac{3.6\Phi_j}{\lambda q_r}=\dfrac{3.6\times90000}{0.77\times1011}\text{m}^3/\text{h}=416.2\text{m}^3/\text{h}$。

6）选择低压级压缩机。根据计算出的低压级压缩机理论输气量，从压缩机产品样本中选出 6AW12.5 压缩机一台作为低压级压缩机，其理论输气量 $V_d=424.5\ \text{m}^3/\text{h}$，可满足要求。

7）选择高压级压缩机。根据选定的高、低压级压缩机理论输气量之比 $\xi=1/3$、$V_d=424.5\text{m}^3/\text{h}$ 得

$$V_g=V_d/3=(424.5/3)\text{m}^3/\text{h}=141.5\text{m}^3/\text{h}$$

从压缩机的产品样本中选出 2AV12.5 型压缩机一台作为高压级压缩机，其理论输气量 $V_d=141.5\text{m}^3/\text{h}$。

实际选配一台 6AW12.5 压缩机作为低压级压缩机，一台 2AV12.5 压缩机作为高压级压缩机，形成一组配组双级机。

（2）单机双级制冷压缩机的选型计算　我国生产的单机双级制冷压缩机的理论输气量的比值是一定的，其工作温度范围：蒸发温度在 -50 ~ -25℃之间，冷凝温度在 30 ~ 40℃之间。选型时，若工况相近，可参照工况条件近似选型。

在实际工程设计中，还可根据设计工况从压缩机性能曲线中查出压缩机在设计工况下的

制冷量，确定压缩机的型号和台数。

我国生产的部分单机双级压缩机的性能曲线如图 2-10 ~ 图 2-13 所示，其中同一系列 4 缸和 8 缸压缩机的制冷量和轴功率按与压缩机理论输气量（或缸数）成正比的关系进行折算。

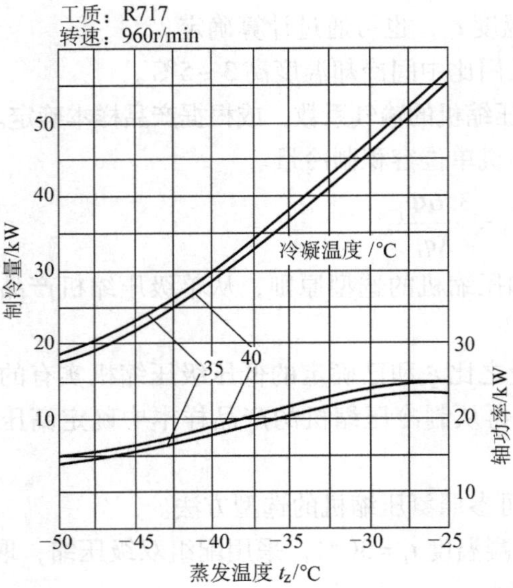

图 2-10 8ASJ10 型压缩机性能曲线

注：如求 4ASJ10 型双级制冷压缩机制冷量及轴功率，可将该曲线中数值按缸数加以折算。

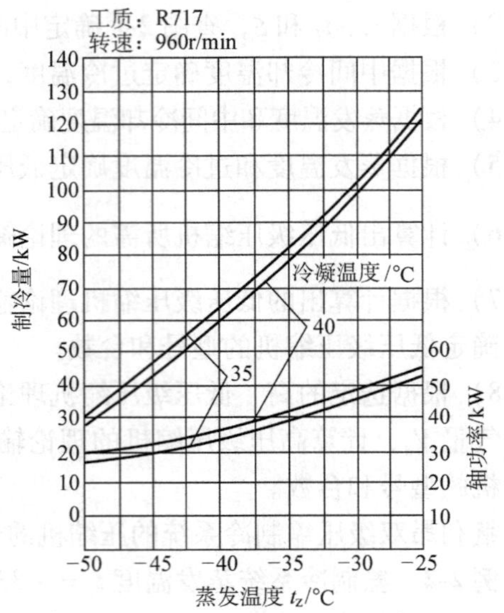

图 2-11 S812.5 型压缩机性能曲线

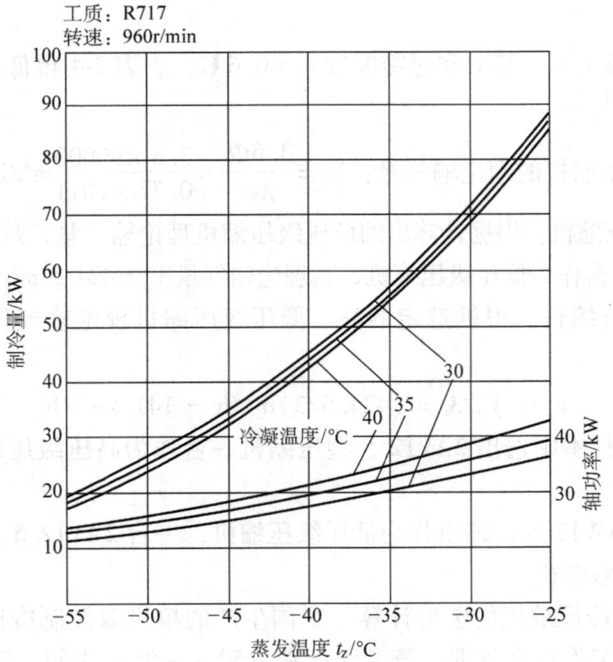

图 2-12 S612.5 型压缩机性能曲线

注：图中数据均在过冷度与过热度为 5℃ 时测得。

例 2-3　某水产冷库有冻结、冻藏两个蒸发系统，其中冻结系统由 3 间相同的冻结间组成，蒸发温度 $t_z = -33℃$，冷凝温度 $t_l = 35℃$，机械负荷 $\Phi_j = 240kW$。试根据选型原则，利用性能曲线为其选配单机双级压缩机的型号和台数。

解：1）根据 $t_z = -33℃$、$t_l = 35℃$，从压缩机性能曲线中查出不同型号机器在设计工况下的制冷量，即：

序号	规格型号	设计工况制冷量/kW
1	8ASJ10	40
2	S812.5	88.5
3	S612.5	61
4	8ASJ17	187

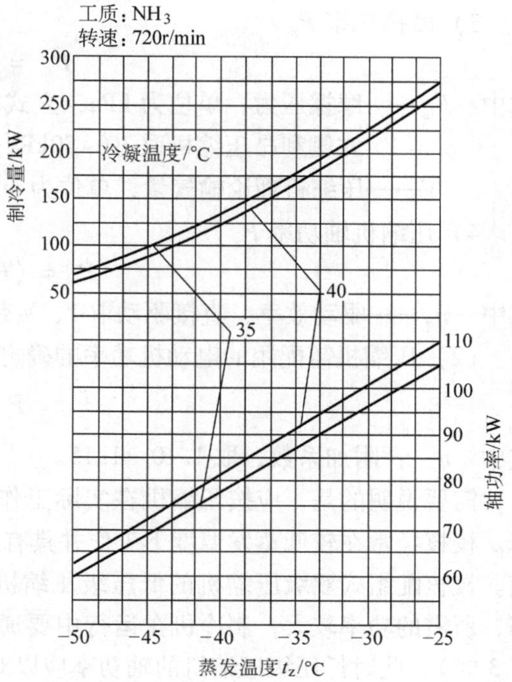

图 2-13　8ASJ17 型压缩机性能曲线

注：如求 4 缸双级压缩机制冷量及轴功率，可将该曲线中数值按缸数加以折算。

2）制定选型方案，确定制冷压缩机的型号和台数。选型方案可有多种，如

方案 1：8ASJ10 压缩机 6 台，实际制冷量为 240kW。

方案 2：S812.5 压缩机 3 台，实际制冷量为 265.5kW。

方案 3：S612.5 压缩机 4 台，实际制冷量为 244kW。

方案 4：S812.5 压缩机 1 台和 8ASJ17 压缩机 1 台，实际制冷量为 275.5kW。

根据选型原则、结合库房特性，可选择方案 2，选用 S812.5 压缩机 3 台，1 间配 1 台机器；也可考虑方案 4，采用大小搭配，8ASJ17 压缩机对应 2 间，S812.5 压缩机对应 1 间。

3. 电动机功率的校核计算

我国生产的制冷压缩机配用的电动机功率是由生产厂家配置的，用户一般不需进行计算。若需要对配置的电动机功率进行校核，可按下述方法进行。

（1）压缩机所需轴功率计算

1）理论功率 P_L

$$P_L = q_m(h_3 - h_2)/3600 \quad (2\text{-}6)$$

式中　q_m——通过压缩机的氨循环量，单位为 kg/h；

h_2、h_3——压缩机吸入口、排出口气体的比焓，单位为 kJ/kg；

P_L——理论功率，单位为 kW。

2）指示功率 P_{zs}

$$P_{zs} = P_L/\eta_{zs} \quad (2\text{-}7)$$

式中　η_{zs}——压缩机指示效率，$\eta_{zs} = T_z/T_l + bt_z$；$T_z$ 为蒸发温度，单位为 K；T_l 为冷凝温度，单位为 K；b 为系数，立式氨压缩机取 0.001，卧式氨压缩机取 0.002，立式氟利昂压缩机取 0.0025。

3）摩擦功率 P_m

$$P_m = F_m V/3600 \tag{2-8}$$

式中　F_m——摩擦压力，单位为 kPa，立式氨压缩机取 60kPa，卧式氨压缩机取 80kPa，立式氟利昂压缩机取 30～50kPa；

V——压缩机理论输气量，单位为 m^3/h。

4）压缩机轴功率 P_z

$$P_z = (P_{zs} + P_m)/\eta_q \tag{2-9}$$

式中　η_q——驱动效率，直接驱动取 1，V 带驱动取 0.97～0.98，传动带驱动取 0.96。

（2）压缩机需配用的电动机功率的确定　压缩机需配用的电动机功率可由下式确定

$$P = nP_z \tag{2-10}$$

式中　n——附加系数，取 1.10～1.15。

需要说明的是，应按压缩机在实际工作时可能出现的最大功率对应的工况进行校核计算。校核经常在较低蒸发温度下工作并具有卸载功能的压缩机时，可按正常工作时的工况校核。校核配组式双级压缩机的低压级压缩机时，由于考虑到起动时蒸发压力和中间压力较高，所需的功率较大，制冷机在运行中要通过最大功率工况（指中间压力和蒸发压力比等于 3 时），此时低压级压缩机的轴功率应以双级压缩机运行平衡时的负荷加倍计算出指示功率，再附加摩擦功率，即 $P_z = (2P_{zs} + P_m)/\eta_q$。校核计算单机双级氨压缩机电动机功率时，应将高、低压级压缩机的轴功率相加之后，再确定电动机功率。校核可兼做单级运行的配组双级中的低压级压缩机或高压级压缩机时，其电动机功率应按单级工况校核。

四、螺杆式压缩机的选型计算

1. 螺杆式压缩机的名义工况及工作条件

表 2-10 所列为螺杆式制冷压缩机的名义工况，表 2-11 所列为其设计和使用条件。选型时，所选压缩机的工作条件不得超过其规定范围。

表 2-10　螺杆式制冷压缩机及机组的名义工况　（单位:℃）

<table>
<tr><th rowspan="2">名义工况</th><th rowspan="2">制冷剂</th><th rowspan="2">吸入压力饱和温度</th><th rowspan="2">吸入温度</th><th colspan="2">排出压力饱和温度</th><th colspan="2">制冷剂液体温度</th></tr>
<tr><th>水冷式</th><th>风冷式</th><th>水冷式</th><th>风冷式</th></tr>
<tr><td>高温（G）</td><td>R22</td><td>7</td><td rowspan="2">18</td><td>43</td><td rowspan="2">55</td><td>38</td><td rowspan="2">50</td></tr>
<tr><td rowspan="2">中温（Z）</td><td>R22</td><td rowspan="2">-7</td><td rowspan="4">35</td><td rowspan="4">30</td></tr>
<tr><td>R117</td><td>1</td><td>—</td><td>—</td></tr>
<tr><td rowspan="2">低温（D）</td><td>R22</td><td rowspan="2">-23</td><td>5</td><td rowspan="2">—</td><td rowspan="2">—</td></tr>
<tr><td>R117</td><td>-15</td></tr>
</table>

2. 螺杆式压缩机形式的选择

按结构形式选择：螺杆式压缩机有开启式、半封闭式和全封闭式。冷库制冷装置设计中以开启式、半封闭式为主。

按使用温度选择：螺杆式压缩机有单级压缩机、带经济器的单级压缩机、配组双级压缩机和单机双级压缩机。一般情况下，-20℃以上的蒸发温度可选单级压缩机，带经济器的单

级压缩机可用于 -35℃以上的蒸发温度，当蒸发温度低于 -30℃且常年运行时，宜选用配组双级或单机双级压缩机。

表 2-11　螺杆式制冷压缩机设计和使用条件　（单位:℃）

设计和使用条件	制冷剂		
	R22、R12		R717
	水冷式	风冷式	
最高排出压力饱和温度	49	60	46
最低吸入压力饱和温度	-40	-20	-40
最高吸入压力饱和温度	10		5
最高排气温度	105（90）		

注：排出压力为油分离器前的压力，括号中的数值为 R12 的排气温度。

选型时宜优先选用带经济器的单级压缩机。带经济器的螺杆式压缩机有较宽的运转条件，单级压比大，比双级螺杆式制冷系统容易控制，系统简单，占地面积小；与单级螺杆式压缩机相比，优越性更加明显。

单级螺杆式制冷压缩机的经济压缩比为 4.7～5.5，在此范围内经济性最佳。

单级螺杆式制冷压缩机不宜用于我国南方地区的低温工况。

3. 螺杆式压缩机的选型计算

螺杆式压缩机也可通过理论输气量法和性能曲线法选型，选型方法与活塞式压缩机相同，故不再复述。

性能表选型：国内螺杆式压缩机生产厂家提供了详细的性能表，可供工程设计人员在选型时使用。表 2-12 为某厂生产的部分 JZLG 系列螺杆式制冷压缩机组性能表，利用该表，不用计算理论输气量，就可根据设计工况和计算所需制冷负荷进行选型。对于表中未列出的工况，则可利用内插法解决。

表 2-12　螺杆式制冷压缩机组性能表　（单位：kW）

型号 / t_l / t_z	KA12.5C(R717)		KF12.5C(R22)		KA12.5C(R717)		KF12.5C(R22)	
	不带经济器				带经济器			
	制冷量/轴功率		制冷量/轴功率		制冷量/轴功率		制冷量/轴功率	
℃	40	35	40	35	40	35	40	35
5	287.6/53.0	297.6/45.0	259.1/50.1	272.4/42.8				
0	233.0/53.1	241.5/46.0	216.9/50.8	228.5/44.3				
-5	194.2/52.2	201.7/45.8	180.1/50.4	190.1/44.7				
-10	157.2/50.4	163.7/44.8	148.3/49.2	156.9/44.1	179.6/53.2	183.0/46.8	176.2/54.0	179.2/47.3
-15	125.8/47.9	131.4/42.9	120.8/47.3	128.3/42.8	146.7/51.1	149.8/45.3	147.6/52.7	150.6/46.6
-20	99.3/45.0	104.1/40.5	97.4/44.8	103.8/40.9	117.8/48.2	120.7/43.0	122.3/50.7	125.1/45.2
-25	77.3/41.7	81.3/37.8	77.5/42.0	82.9/38.5	93.2/45.0	95.5/40.3	99.5/47.9	102.1/43.0
-30	59.0/38.3	62.5/34.8	60.7/38.8	65.3/35.8	72.5/41.5	75.0/37.3	80.2/45.1	82.7/40.5
-35	44.2/35.0	47.2/31.7	46.8/35.4	50.7/32.8	55.1/37.9	57.4/34.0	63.2/41.7	65.6/37.6
-40	32.3/31.7	34.8/28.7	35.2/32.0	38.5/29.7	41.0/34.5	43.1/30.9	48.8/38.2	51.0/34.6

（续）

型号 t_l t_z	KA16(R717)		KF16(R22)		KA16(R717)		KF16(R22)	
	不带经济器				带经济器			
	制冷量/轴功率		制冷量/轴功率		制冷量/轴功率		制冷量/轴功率	
℃	40	35	40	35	40	35	40	35
5	611.9/111.6	633.1/94.7	551.4/105.5	579.6/90.2				
0	495.9/111.9	513.9/96.9	461.6/106.9	486.1/93.3				
-5	413.4/109.9	429.3/96.5	383.4/106.2	404.7/94.1				
-10	334.7/106.1	348.4/94.2	315.7/103.7	334.1/93.0	382.4/112.1	389.4/98.5	375.1/113.6	381.6/99.7
-15	267.9/100.9	279.7/90.4	257.4/99.6	273.2/90.2	312.4/107.5	319.0/95.3	314.4/110.9	320.5/98.1
-20	211.6/94.7	221.8/85.3	207.5/94.4	221.0/86.1	251.0/101.5	257.1/90.5	260.6/106.7	266.4/95.1
-25	164.7/87.8	173.3/79.5	165.2/88.3	176.7/81.0	198.7/94.7	204.4/84.8	212.0/100.9	217.5/90.4
-30	125.9/80.7	133.3/73.2	129.5/81.6	139.3/75.3	154.6/87.4	87.4/78.5	171.0/94.8	176.2/85.3
-35	94.4/73.5	100.7/66.7	99.8/74.5	108.0/69.0	117.6/79.7	79.7/71.6	134.8/87.7	139.7/79.2
-40	69.0/66.7	74.3/60.3	75.3/67.3	82.8/62.5	87.5/72.6	72.6/65.1	104.1/80.4	108.7/72.7

型号 t_l t_z	LG20CAB(R717)		LG20CFB(R22)		LG20CAB(R717)		LG20CFB(R22)	
	不带经济器				带经济器			
	制冷量/轴功率		制冷量/轴功率		制冷量/轴功率		制冷量/轴功率	
℃	40	35	40	35	40	35	40	35
5	1319.3/237.9	1364.7/201.9	1188.8/224.8	1249.5/192.3				
0	1069.4/238.6	1108.1/206.5	995.4/227.9	1048.2/198.9				
-5	891.7/234.3	925.8/205.8	827.0/226.4	872.7/200.6				
-10	722.2/226.2	751.6/200.9	681.2/220.9	720.6/198.1	825.1/238.9	840.0/210.0	809.3/242.1	823.0/212.4
-15	578.2/215.1	603.5/192.6	555.5/212.3	589.3/192.2	674.3/229.2	688.3/203.2	678.3/236.3	691.6/209.0
-20	457.0/201.8	478.6/181.9	448.0/201.2	477.0/183.5	541.9/216.3	554.9/192.9	562.6/227.4	575.0/202.6
-25	355.8/187.2	374.3/169.4	356.8/188.2	381.4/172.7	429.1/201.7	441.2/180.7	457.9/214.9	469.7/192.6
-30	272.3/171.8	288.0/155.9	280.0/173.9	300.9/160.4	334.2/186.1	345.4/167.2	369.6/202.0	380.7/181.7
-35	204.2/156.5	217.6/142.0	215.9/158.8	233.5/147.1	254.4/169.6	264.6/152.5	291.6/186.8	302.0/168.6
-40	149.4/141.9	160.7/128.4	163.0/143.4	177.8/133.2	189.6/154.4	199.0/138.5	225.5/171.2	235.2/154.8

五、多机头并联压缩机组的选型

多机头并联压缩机组是把两台或两台以上的压缩机并联组装在同一个框架上，共用一套制冷回路而组成的制冷机组。近年来，多机头并联压缩机组已从中小型商用制冷装置、大型商用制冷装置发展到冷库用制冷装置，压缩机型也从活塞机并联发展到螺杆机并联。

1. 多机头并联压缩机组的主要特点

1）设备布置紧凑灵巧。多台压缩机共享油分离器、气液分离器、冷凝器、贮液器、控制系统及框架；提供模块化安装理念，减少连接管道的用量，缩短施工周期；减小了设备的占用空间，缩小了机房的面积。

2）高效节能。可以根据负荷特性匹配压缩机，提供更多的调节级数，冷量输出可以更加平滑地动态匹配实际负荷；计算机控制器可在日常部分负荷情况下调整机组最佳运行曲线，为用户节省大量能耗；精确的管路设计，把管路的阻力损失、温度损失降到最低，提高了效率。

3）应用范围广。可用于 R22、R134a、R404A、R407C 等多种制冷剂；制冷量由几十千瓦到一千多千瓦，可满足从中、小型商用制冷装置到大、中型冷库制冷装置。

2. 多机头并联压缩机组的选型

多机头并联压缩机组可利用选型软件选型，也可利用产品样本选型。如西克制冷产品样本提供的低温螺杆并联压缩机组性能表见表 2-13。选型时，根据计算得到的制冷机械负荷、设计工况和机组性能表，可以方便地选出多机头并联压缩机组的型号。

如：为蒸发温度 -30℃、冷凝温度 45℃、机械负荷 200kW 的 R22 制冷系统选配并联机组。根据已知条件，通过表 2-13，可选西克制冷 BSCR3225-XL 低温螺杆并联压缩机组 1 组。该机组由 3 台螺杆压缩机并联组成，设计工况制冷量为 227.1kW，总输入功率为 147kW。机组工作时，计算机控制器可根据负荷特性匹配压缩机，部分负荷情况下调整机组最佳运行曲线（满负荷 3 台机器工作、中负荷 2 台机器工作、轻负荷 1 台机器工作，单机工作还能实行能量调节），以节省能耗，提高运行效率。

表 2-13 低温螺杆并联压缩机组（自带经济器）制冷量与输入功率（R22）

（单位：kW）

型号	匹数	压缩机		蒸发温度 -40℃		蒸发温度 -35℃		蒸发温度 -33℃		蒸发温度 -30℃		蒸发温度 -25℃	
		型号	数量	制冷量	输入功率	制冷量	输入功率	制冷量	输入功率	制冷量	输入功率	制冷量	输入功率
BSCR2150-XL	150	HSN7471-75	2	91.2	85.4	119.6	91.4	132.0	94.0	151.4	98.0	187.0	105.4
BSCR3210-XL	210	HSN7461-70	3	120.6	112.8	157.8	120.6	174.3	123.9	199.8	129.3	246.9	139.2
BSCR3225-XL	225	HSN7471-75	3	136.8	128.1	179.4	137.1	198.0	141.0	227.1	147.0	280.5	158.1
BSCR4280-XL	280	HSN7461-70	4	160.8	150.4	210.4	160.8	232.4	165.2	266.4	172.4	329.2	185.6
BSCR4300-XL	300	HSN7471-75	4	182.4	170.8	239.2	182.8	264.0	188.0	302.8	196.0	374.0	210.8
BSCR5350-XL	350	HSN7461-70	5	201.0	188.0	263.0	201.0	290.5	206.5	330.0	215.5	411.5	232.5
BSCR5375-XL	375	HSN7471-75	5	228.0	213.5	299.0	228.5	330.0	235.0	378.5	245.0	467.5	263.5
BSCR6420-XL	420	HSN7461-70	6	241.2	225.6	315.6	241.2	348.0	247.8	399.6	258.6	493.8	278.4
BSCR6450-XL	450	HSN7471-75	6	273.6	256.2	358.8	274.2	396.0	282.0	454.2	294.0	561.0	316.2

注：名义制冷量及输入功率基于环境温度 38℃、冷凝温度 45℃。制冷量参数为净有效值，在考虑了管路损失后仅需对系统加最多 10% 的余量。

第二节 冷却设备的选型计算

冷却设备是制冷系统中排管、冷风机和其他类型蒸发器的总称，是制冷系统中产生冷效应的低压换热设备。它利用制冷剂液体节流后在较低温度下蒸发，吸收被冷却介质（如盐水、空气）的热量并使其温度降低。其选型步骤一般是：选择形式，计算冷却面积，进而确定具体的型号和台（组）数。

一、形式的选择

冷却设备的选型应根据食品冷加工、冷藏或其他工艺要求确定，一般应符合下列要求。

1）所选用冷却设备的使用条件应符合设备制造厂家提出的设备技术条件的要求。

2）冷却间和冷却物冷藏间的冷却设备应采用冷风机（也称空气冷却器）。

3）冻结物冷藏间的冷却设备宜选用冷风机；当食品无良好的包装时，也可采用墙、顶排管。

4）对食品的冻结加工，应根据不同食品的冻结工艺要求选用相应的冻结装置。

5）包装间的冷却设备宜选用冷风机。

6）冰库使用光滑顶排管。

二、冷却设备冷却面积的计算

冷却设备常以冷却面积作为选型的依据。根据被冷却物体的不同，冷却设备可分为冷却液体、冷却气体用冷却设备两种。

1. 冷却气体用冷却设备

（1）冷却面积　冷却气体用的冷却设备主要有排管、冷风机等，其冷却面积按下式计算

$$A = \frac{\Phi_s}{K\Delta t} \tag{2-11}$$

式中　A——冷却设备传热面积，单位为m^2；

Φ_s——冷却设备负荷，单位为W；

K——冷却设备传热系数，单位为W/(m^2·℃)；

Δt——库房空气温度与蒸发温度之差，单位为℃。

（2）传热系数K的确定

1）光滑顶、墙排管的传热系数按下式计算

$$K = K'C_1C_2C_3 \tag{2-12}$$

式中　K——光滑管在设计条件下的传热系数，单位为W/(m^2·℃)；

K'——光滑管在特定条件下的传热系数，单位为W/(m^2·℃)，见表2-14～表2-16（氟光滑管K'按氨光滑管K'的85%计）；

C_1——排管的构造换算系数，见表2-17；

C_2——排管的管径换算系数，见表2-17；

C_3——排管的供液方式换算系数，见表2-17。

表 2-14　氨单排光滑蛇形墙排管的传热系数 K′值

［单位：W/(m² · ℃)］

根数	温差/℃	冷间内的空气温度/℃									
		0	-4	-10	-12	-15	-18	-20	-23	-25	-30
4	6	8.84	8.02	7.68	7.44	7.21	6.89	6.86	6.63	6.51	6.28
	8	9.30	8.72	8.02	7.79	7.56	7.33	7.21	6.98	6.86	6.63
	10	9.65	8.96	8.26	8.02	7.79	7.56	7.44	7.21	7.09	6.86
	12	9.89	9.19	8.49	8.26	7.91	7.68	7.56	7.44	7.33	7.09
	15	10.12	9.42	8.61	8.49	8.14	7.91	7.79	7.68	7.56	7.33
6	6	9.19	8.49	7.79	7.68	7.44	7.09	6.98	6.86	6.75	6.51
	8	9.54	8.96	8.14	8.02	7.68	7.44	7.33	7.21	7.09	6.86
	10	9.89	9.19	8.49	8.26	7.91	7.68	7.56	7.44	7.33	7.09
	12	10.12	9.42	8.61	8.49	8.14	7.91	7.79	7.56	7.44	7.21
	15	10.35	9.65	8.84	8.61	8.37	8.14	8.02	7.79	7.68	7.44
8	6	9.42	8.84	8.14	7.91	7.68	7.44	7.33	7.09	6.98	6.75
	8	9.89	9.30	8.49	8.26	8.02	7.79	7.56	7.44	7.33	7.09
	10	10.23	9.54	8.72	8.49	8.26	8.02	7.79	7.68	7.56	7.33
	12	10.47	9.77	8.96	8.72	8.37	8.14	8.02	7.79	7.68	7.44
	15	10.58	10.00	9.19	8.96	8.61	8.37	8.26	8.02	7.91	7.68
10	6	10.00	9.42	8.61	8.37	8.02	7.91	7.68	7.56	7.44	7.09
	8	10.47	9.77	8.96	8.72	8.37	8.14	8.02	7.79	7.68	7.44
	10	10.82	10.00	9.19	8.96	8.61	8.37	8.26	8.02	7.91	7.68
	12	10.93	10.23	9.42	9.19	8.84	8.61	8.49	8.26	8.14	7.91
	15	11.16	10.47	9.54	9.42	9.07	8.84	8.61	8.49	8.37	8.14
12	6	10.70	10.00	9.19	8.96	8.61	8.37	8.26	8.02	7.91	7.56
	8	11.16	10.35	9.54	9.30	8.96	8.72	8.49	8.26	8.14	7.91
	10	11.40	10.70	9.77	9.54	9.19	8.96	8.72	8.49	8.37	8.14
	12	11.63	10.82	9.89	9.65	9.42	9.07	8.96	8.72	8.61	8.37
	15	11.75	11.05	10.12	9.89	9.54	9.30	9.19	8.96	8.84	8.61
14	6	11.28	10.58	9.65	9.42	9.19	8.84	8.72	8.49	8.37	8.14
	8	11.75	10.93	10.00	9.77	9.42	9.19	8.96	8.84	8.61	8.37
	10	12.10	11.28	10.35	10.00	9.65	9.42	9.19	9.07	8.84	8.61
	12	12.21	11.40	10.47	10.23	9.89	9.54	9.42	9.19	9.07	8.84
	15	12.44	11.63	10.70	10.47	10.12	9.77	9.65	9.42	9.30	9.07
16	6	12.10	11.28	10.35	10.12	9.77	9.42	9.30	9.07	8.96	8.61
	8	12.56	11.75	10.70	10.47	10.12	9.77	9.54	9.30	9.19	8.96
	10	12.79	11.98	10.93	10.70	10.35	10.00	9.77	9.54	9.42	9.19
	12	13.03	12.10	11.16	10.82	10.47	10.12	10.00	9.77	9.65	9.30
	15	13.14	12.33	11.28	11.05	10.70	10.35	10.23	10.00	9.89	9.54
18	6	12.91	12.10	11.05	10.70	10.47	10.12	9.89	9.65	9.54	9.30
	8	13.37	12.44	11.40	11.16	10.82	10.47	10.23	10.00	9.89	9.54
	10	13.72	12.79	11.63	11.40	11.05	10.70	10.47	10.23	10.12	9.77
	12	13.84	12.91	11.86	11.51	11.16	10.82	10.70	10.35	10.23	10.00
	15	14.07	13.03	11.98	11.75	11.40	11.05	10.82	10.58	10.47	10.23
20	6	13.84	12.91	11.75	11.51	11.16	10.70	10.58	10.35	10.23	9.77
	8	14.30	13.26	12.21	11.86	11.40	11.16	10.93	10.70	10.47	10.12
	10	14.54	13.61	12.44	12.10	11.63	11.28	11.16	10.82	10.70	10.35
	12	14.77	13.72	12.56	12.21	11.86	11.51	11.28	11.05	10.93	10.58
	15	14.89	13.84	12.79	12.44	12.10	11.75	11.51	11.28	11.16	10.82

注：表列数值为外径 38mm、管间距与管外径之比为 4、冷间相对湿度为 90%、霜层厚度为 6mm 时的传热系数。

表 2-15 氨单层光滑蛇形顶排管的 K' 值 [单位：W/（m^2·℃）]

冷间温度/℃	计算温度差/℃				
	6	8	10	12	15
0	8.60	9.07	9.42	9.65	9.88
-4	8.14	8.49	8.72	8.96	9.19
-10	7.44	7.79	8.02	8.26	8.49
-12	7.21	7.56	7.79	8.02	8.26
-15	6.98	7.33	7.56	7.79	8.02
-18	6.75	7.09	7.33	7.56	7.79
-20	6.63	6.98	7.21	7.44	7.68
-23	6.51	6.74	6.98	7.21	7.44
-25	6.40	6.63	6.86	7.09	7.32
-30	6.16	6.51	6.74	6.86	7.09

注：表列数值为外径38mm、管间距与管外径之比为4、相对湿度为90%、霜层厚度为6mm时的传热系数。

表 2-16 氨光滑U形顶排管和氨双层光滑蛇形排管的 K' 值

[单位：W/（m^2·℃）]

冷间温度/℃	计算温度差/℃				
	6	8	10	12	15
0	8.14	8.61	8.96	9.19	9.42
-4	7.79	8.02	8.26	8.49	8.72
-10	7.09	7.44	7.68	7.91	8.02
-12	6.86	7.21	7.44	7.68	7.91
-15	6.63	6.98	7.21	7.44	7.68
-18	6.40	6.75	6.98	7.21	7.44
-20	6.28	6.63	6.86	7.09	7.33
-23	6.16	6.40	6.63	6.86	7.09
-25	6.05	6.28	6.51	6.75	6.89
-30	5.82	6.16	6.40	6.51	6.75

注：表列数值为外径38mm、管间距与管外径之比为4、相对湿度为90%、霜层厚度为6mm时的传热系数。

表 2-17 各种排管换算系数

换算系数 排管形式	C_1		C_2	C_3	
	$S/d_w=4$	$S/d_w=2$		非氨泵供液	氨泵供液
单排光滑蛇形墙排管	1.0	0.9873	$\left(\frac{0.038}{d_w}\right)^{0.16}$	1.0	1.1
单层光滑蛇形顶排管	1.0	0.9750	$\left(\frac{0.038}{d_w}\right)^{0.18}$	1.0	1.1
双层光滑蛇形顶排管	1.0	1.0	$\left(\frac{0.038}{d_w}\right)^{0.18}$	1.0	1.1
光滑U形顶排管	1.0	1.0	$\left(\frac{0.038}{d_w}\right)^{0.18}$	1.0	1.0

2）氨搁架排管传热系数的确定方法是根据空气流动情况由表2-18中查取。

表 2-18 氨搁架排管的传热系数 [单位：W/（m^2·℃）]

空气流动状态	自然对流	风速1.5m/s	风速2.0m/s
传热系数	17.5	21	23.3

3）冷风机的传热系数。影响冷风机传热系数的因素有很多，如风速、温差、蒸发温度、霜层厚度及相对湿度等，其 K 值可由厂家提供的数据确定，也可根据有关标准给出的数据得出。表 2-19、表 2-20 所列为我国有关标准规定的冷风机的考核工况，在相关考核工况下的传热系数分别为：

表 2-19　翅片式蒸发器的考核工况

冷凝温度/℃	进风温度/℃	进出风温差/℃	迎面风速/（m/s）	出口过冷度/℃
50	35	10	2～3	≥3

表 2-20　冷风机的考核工况

<table>
<tr><td rowspan="2">制冷剂</td><td>冷藏间</td><td>冻藏间</td><td>冻结间</td><td rowspan="2">库温与蒸发温度差/℃</td><td rowspan="2">迎面风速/（m/s）</td><td rowspan="2">进出风温差/℃</td><td rowspan="2">相对湿度（%）</td><td rowspan="2">霜层厚度/mm</td></tr>
<tr><td colspan="3">蒸发温度/℃</td></tr>
<tr><td>氨</td><td>-10</td><td>-28</td><td>-33</td><td>10</td><td>3</td><td>—</td><td>—</td><td>1</td></tr>
<tr><td rowspan="2">氟</td><td colspan="3">库温/℃</td><td rowspan="2">10</td><td rowspan="2">2.5</td><td rowspan="2">2～4</td><td rowspan="2">85～95</td><td rowspan="2">1</td></tr>
<tr><td>0</td><td>-18</td><td>-23</td></tr>
</table>

①氨冷风机传热系数。对落地式、吊顶式翅片管冷风机，在表 2-19 所列考核工况下，K≥12W/(m²·℃)；在按质量分等中规定：合格品，K≥12W/(m²·℃)；一等品，K≥14W/(m²·℃)；优等品，K≥17W/(m²·℃)。以前书籍中介绍的翅片管冷风机的传热系数见表 2-21。

②氟吊顶式冷风机传热系数。对于热力膨胀阀供液的氟吊顶式冷风机在表 2-20 所列考核工况下的 K 值见表 2-22。

表 2-21　翅片管冷风机的传热系数 K 值　［单位：W/（m²·℃）］

蒸发温度/℃	最小流通截面上空气流速/（m/s）	K 值
-40	3～5	11.6
-20	3～5	12.8
-15	3～5	14.0
≥0	3～5	17.0

注：泵供液 K 值增加 10%。

表 2-22　氟吊顶式冷风机在考核工况下的传热系数

［单位：W/（m²·℃）］

制冷剂	冷藏间	冻藏间	冻结间
R12（R134a）	≥22	≥20	≥16
R22、R502	≥25	≥22	≥18

（3）计算温度差的确定　冷间温度与冷却设备蒸发温度差应从减少食品干耗、提高制冷机效率、节约能源、降低投资等方面，通过技术经济比较确定。可按下列规定采用：

1）顶排管、墙排管和搁架式冻结设备宜按算术平均温度差采用，并不宜大于 10℃。

2）冷风机的计算温度差应按对数平均温度差确定，可取7～10℃，冷却物冷藏间也可采用更小的温差。

表2-23所列为有关资料介绍的蒸发器计算温度差，供参考。

目前，从节约能源、减少食品干耗的角度看，有进一步降低温度差的趋势。

表2-23 蒸发器计算温度差 （单位：℃）

冷间名称 蒸发器类型	冷却间	冻结间	冷却物冷藏间	冻结物冷藏间	贮冰间
光滑排管	—	10～12	—	8～10	10
翅片排管	—	—	—	10～12	—
光滑管冷风机	8～10	8～10	6～8	—	—
翅片管冷风机	10～12	8～10	8～10	8～10	10
搁架排管	12～15				

2. *冷却液体用冷却设备*

冷却液体用冷却设备主要有立管式、螺旋管式、蛇形盘管式和卧式壳管式蒸发器。其选型与冷却气体用的相仿。根据下式求冷却面积

$$A=\frac{\Phi_s}{K\Delta t_d}=\frac{\Phi_s}{q_s} \tag{2-13}$$

式中 A——传热面积，单位为m^2；

Φ_s——冷却设备负荷，单位为W；

K——传热系数，单位为W/（m^2·℃）；

Δt_d——载冷剂与制冷剂的对数平均温差，单位为℃，由计算得出；

q_s——蒸发器热流密度，单位为W/m^2，可由生产厂家提供，也可由表2-24查出。

计算出冷却设备的冷却面积后，即可根据相关条件，选出冷却设备的型号、数量。

表2-24 蒸发器的传热系数K与热流密度q_s值

制冷剂	蒸发器形式	载冷剂	传热系数 K/[W/(m^2·℃)]	热流密度 q_s/(W/m^2)	相应条件
氨	直管式、螺旋管式	水	500～700	2500～3500	1）传热温差4～6℃ 2）载冷剂流速0.3～0.7m/s
		盐水	400～600	2200～3000	
	卧式壳管式（满液式）	水	500～750	3000～4000	1）传热温差5～7℃ 2）载冷剂流速1～1.5m/s 3）光钢管
		盐水	450～600	2500～3000	
	板式	水	2000～2300		1）焊接板式或经特殊处理的钎焊板式 2）板片为不锈钢片
		盐水	1800～2100		
	螺旋板式	水	650～800	4000～5000	1）传热温差5～7℃ 2）载冷剂流速1～1.5m/s
		盐水	500～700	3500～4500	

（续）

制冷剂	蒸发器形式	载冷剂	传热系数 $K/[W/(m^2\cdot℃)]$	热流密度 $q_s/(W/m^2)$	相应条件
氟利昂	蛇管式 （盘管式） （R22）	水	350～450	1700～2300	有搅拌器
		水	170～200		无搅拌器
		盐水	115～140		
	卧式壳管式 （满液式） （R22）	盐水	500～750		1）传热温差4～6℃ 2）载冷剂流速1～1.5m/s 3）光铜管
		水	800～1400 （以外表面积计算）		1）流速1～2.4m/s 2）低肋管，肋化系数≥3.5
	干式 （R22）	水	800～1000	5000～7000	1）传热温差5～7℃ 2）光铜管 ϕ12mm
		水	1000～1800 （以外表面积计算）	7000～12000	1）传热温差4～8℃ 2）流速1～1.5m/s 3）高效蒸发管
	套管式 （R22、R134a、R404A）	水	900～1100 （以外表面积计算）	7500～10000	1）流速1～1.2m/s 2）低肋管，肋化系数≥3.5
	板式 （R22、R134a、R404A）	水	2300～2500		1）钎焊板式 2）板片为不锈钢
		盐水	2000～2300		
	翅片式	空气	30～40 （以外表面积计算）	450～500	1）蒸发管组4～8排 2）迎面风速2.5～3m/s 3）传热温差8～12℃

三、铝排管的选型

近年来，一种新型的冷库用铝合金翅片管（以下简称铝排管）在新建氨、氟冷库中的应用越来越广，大有取代传统顶排管的趋势。铝排管有两翅、三翅结构，图2-14为两翅铝排管结构图。

（1）铝排管的性能特点　以北京共发牌节能铝排管为例，其性能特点为：

换热效率高，节能效果显著。采用铝合金材质，导热能力强；排管结构合理，对流传热系数大；与系统配置好，制冷效率较高。

质量轻，成本低。翅片与管一次成型，耐压高；质量轻，相同面积的质量是无缝钢管的1/6左右、是铜管的1/3左右，减小了冷库屋顶的荷载；安装方便，固定排管成本低；系统干净，使用寿命长。

适用范围广，适用于氨、氟系统，蒸发温度－45～5℃制冷系统，可设电热融霜及热气融霜等。

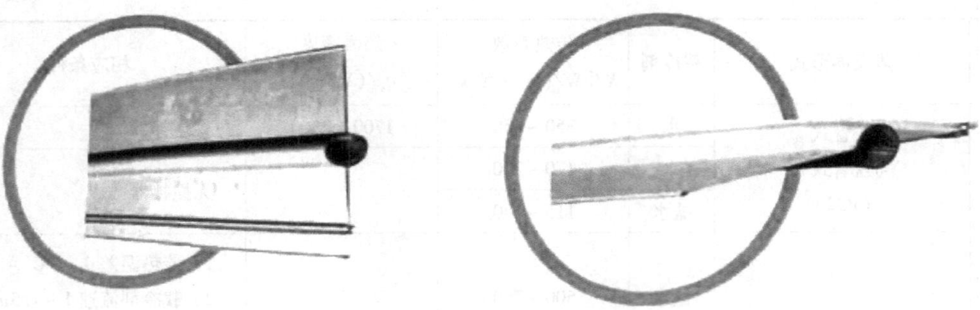

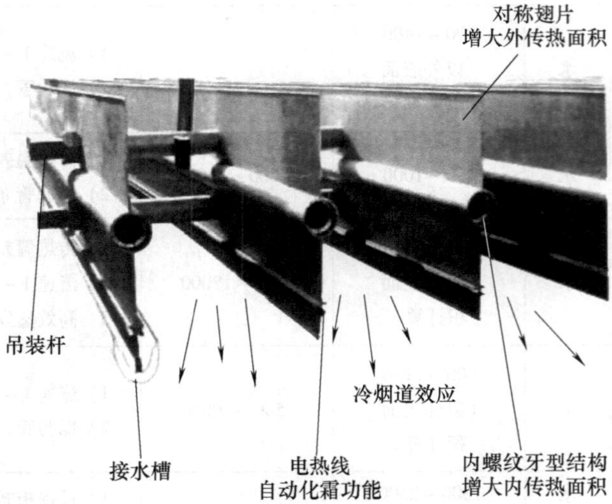

图2-14 两翅铝排管结构图

(2) 铝排管的选型 铝排管选型快捷方便，可以根据冷间冷却设备负荷利用式（2-11）计算所需冷却面积，再根据排管结构形式确定单位长度具有的换热面积（m^2/m），然后折算成铝排管的所需长度；也可根据生产厂家给出的单位面积制冷量（W/m^2），直接利用冷却设备负荷除以单位面积制冷量求得所需排管的换热面积。如共发牌 ϕ25mm 两翅式节能铝排管的传热系数约为10W/(m^2 · ℃)，温差10℃时的单位面积制冷量为100W/m^2，单位长度换热面积为0.33m^2/m。若冷间冷却设备负荷为30000W，则所需铝排管的换热面积为300m^2，折算成铝排管的长度为909m。

鉴于目前铝排管厂家生产的铝排管质量参差不齐，在不能确定产品质量的情况下，建议选型时适当留有余量。

第三节 冷凝器的选型计算

一、冷凝器形式的选择

冷凝器是蒸气压缩式制冷系统中的主要换热设备之一。冷凝器的作用是将压缩机排出的高压、高温制冷剂过热蒸气冷却、冷凝成液体。制冷剂在冷凝器中放出的热量则由冷却介质

（水或空气）带走。

冷凝器按冷却介质和冷却方式不同，可分为水冷式、空气冷却式、水和空气联合冷却式三种类型。

水冷式冷凝器：制冷剂在冷凝器中放出的热量被冷却水带走。冷却水可以一次给水，也可以循环使用。循环使用时需设置冷却塔或冷却水池等凉水设施。水冷式冷凝器分为壳管式、套管式、板式、螺旋板式等几种类型，以立式、卧式壳管式冷凝器为常见。

空气冷却式冷凝器：制冷剂在冷凝器中放出的热量被空气带走。空气在管外流动，制冷剂在管内冷凝。这类冷凝器分为空气自然对流冷却式冷凝器和强制对流冷却式冷凝器。

水和空气联合冷却式冷凝器：制冷剂在冷凝器中放出的热量同时由冷却水和空气带走。这类冷凝器分为淋水式冷凝器和蒸发式冷凝器两种类型，以蒸发式冷凝器为多见。

各种类型冷凝器的特点及使用范围见表2-25。

冷凝器形式的选择取决于建库地区的水温、水质、水量及气候条件，也与机房的布置因素有关，有时还要考虑运行费用和一次投资等问题，一般可参考表2-25选型。如冷却水源充足、水质较好的地区，宜采用水冷式冷凝器；在冷却水源缺乏的地区或夏季室外空气湿球温度较低的地区，宜采用蒸发式冷凝器；在冷却水源无法解决或移动式制冷装置中，宜采用空气冷却式冷凝器。据资料介绍，从节能的角度看，采用蒸发式冷凝器时压缩机的功耗比采用空气冷却式冷凝器时节省约30%，比采用水冷式冷凝器时节省约10%。国内冷库制冷装置选型中，近年来新建冷库蒸发式冷凝器的选用逐渐增多，已占据主导地位。美国冷库制冷装置中主要使用蒸发式冷凝器。

表2-25　各种类型冷凝器的特点及使用范围

类型	形式	制冷剂	优点	缺点	使用范围
水冷式	立式	氨	可安装在室外，占地面积小，对水质要求低，易清洗	冷却水量大，体积较卧式大，需经常维护、清洗	大、中型
	卧式	氨、卤代烃	传热效果比立式好，易于与设备组装	冷却水质要求高，泄漏不易发现，冷却管易腐蚀	大、中、小型
	套管式	氨、卤代烃	传热系数高，结构简单，易制作	水流动阻力大，清洗困难	小型
	板式	氨、卤代烃	传热系数高，结构紧凑，组合灵活	水质要求高，制造复杂	中、小型
	螺旋板式	氨、卤代烃	传热系数高，体积小	水侧阻力大，维修困难	中、小型
空气冷却式	自然对流式	氨、卤代烃	不需要冷却水，无噪声，无需动力	体积大、传热面积大，制冷机功耗大	小型
	强制对流式	氨、卤代烃	不需要冷却水，易于与设备组装	体积大、传热面积比水冷式大，制冷机功耗大	中、小型
水和空气联合冷却式	淋水式	氨	制造方便，清洗、维修方便，冷却水质要求低	占地面积大，金属耗材多，传热效果差	大、中型
	蒸发式	氨、卤代烃	冷却水耗量少，冷凝温度低	价格较高，冷却水质要求高，清洗、维修困难	大、中型

二、冷凝器的选型计算

（1）冷凝器传热面积的计算　冷凝器传热面积可按下式计算：

$$A = \frac{\Phi_l}{K\Delta t_d} = \frac{\Phi_l}{q_l} \tag{2-14}$$

式中 A——冷凝器传热面积，单位为 m^2；

Φ_l——冷凝器负荷，单位为 W；

K——冷凝器传热系数，单位为 W/(m^2 · ℃)；

q_l——冷凝器热流密度，单位为 W/m^2；

Δt_d——对数平均温度差，单位为℃。

（2）冷凝器负荷的计算 冷凝器热负荷是将高压高温制冷剂气体在冷凝器中液化所需取走的热量，按下述情况分别确定。

1）单级压缩系统冷凝器热负荷为

$$\Phi_l = q_m(h_3 - h_4)/3.6 \tag{2-15}$$

式中 Φ_l——单级压缩系统冷凝器热负荷，单位为 W；

q_m——制冷剂循环量，单位为 kg/h；

h_3、h_4——制冷剂进、出冷凝器的比焓，单位为 kJ/kg。

单级压缩制冷循环参见图 2-2。

2）双级压缩系统冷凝器热负荷为

$$\Phi_l = q_{mg}(h_5 - h_6)/3.6 \tag{2-16}$$

式中 Φ_l——双级压缩冷凝器热负荷，单位为 W；

q_{mg}——高压机制冷剂循环量，单位为 kg/h；

h_5、h_6——制冷剂进、出冷凝器的比焓，单位为 kJ/kg。

双级压缩制冷循环参见图 2-15。

对于既有单级、又有双级压缩的制冷循环，冷凝器热负荷要计算单、双级压缩回路冷凝负荷之和。

为了方便，冷凝负荷也可用下式进行计算：

$$\Phi_l = \Phi\xi_l \tag{2-17}$$

式中 Φ——单级压缩机制冷量，单位为 W；

ξ_l——单级压缩冷凝负荷系数，对于氨系统可由图 2-16 查得。

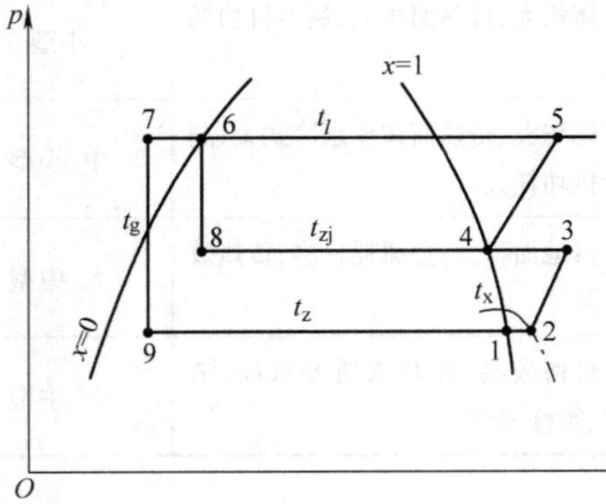

图 2-15 双级压缩制冷循环

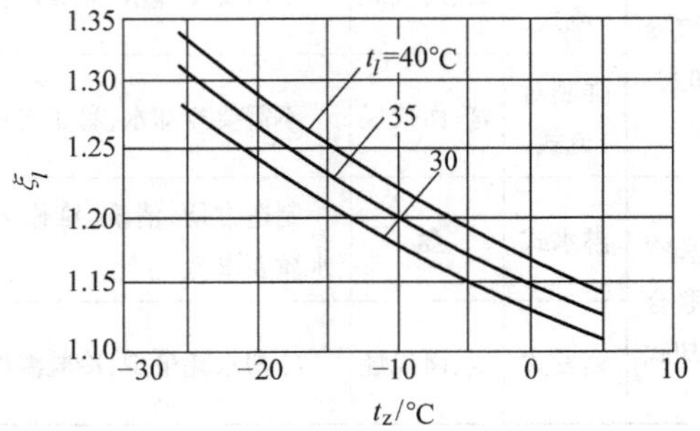

图 2-16 氨单级压缩冷凝负荷系数

（3）冷凝器热流密度 q_l 的确定　冷凝器热流密度应按产品生产厂家提供的数据选用。若缺少相关资料，也可由表2-26查取。随着科学技术的发展，换热性能很高的换热设备也将陆续研制成功并应用于生产。据介绍，某冷冻机股份有限公司生产的WNFG—00氟用卧式冷凝器中采用了高效换热管，其冷凝器热流密度可高达17000～19000W/m^2。

表2-26　常用冷凝器的热流密度 q_l 的推荐值

制冷剂	形式	传热系数 K/[W/(m^2·℃)]	热流密度 q_l/(W/m^2)	相应条件
氨	立式冷凝器	700～900	3500～4000	1）冷却水温升2～3℃ 2）传热温差4～6℃ 3）单位面积冷却水量1～1.7m^3/(m^2·h) 4）传热管用光钢管
氨	卧式冷凝器	800～1100	4000～5000	1）冷却水温升4～6℃ 2）传热温差4～6℃ 3）单位面积冷却水量0.5～0.9m^3/(m^2·h) 4）传热管用光钢管 5）流速0.8～1.5m/s
氨	淋水式冷凝器	600～750	3000～3500	1）进口湿球温度24℃ 2）补充水量为循环水量的10%～12% 3）单位面积冷却水量0.8～1.0m^3/(m^2·h) 4）光钢管
氨	蒸发式冷凝器	600～800	1800～2500	1）补充水量为循环水量的5%～10% 2）传热温差2～3℃ 3）单位面积冷却水量0.12～0.16m^3/(m^2·h) 4）光钢管 5）单位面积通风量300～340m^3/(m^2·h)
氟利昂	卧式冷凝器	800～1200 （R22、R134a、R404A） （以传热管外表面面积计）	5000～8000	1）流速1.5～2.5m/s 2）低肋铜管，肋化系数≥3.5 3）冷却水温升4～6℃ 4）传热温差7～9℃
氟利昂	套管式冷凝器	800～1200 （R22、R134a、R404A） （以传热管外表面面积计）	7500～10000	1）流速1～2m/s 2）低肋铜管，肋化系数≥3.5 3）传热温差8～11℃
氟利昂	空气冷却式冷凝器　自然对流	6～10 （以传热管内表面面积计）	45～85	
氟利昂	空气冷却式冷凝器　强制对流	30～40 （以翅片管外表面面积计）	250～300	1）迎面风速2.5～3.5m/s 2）传热温差8～12℃ 3）铝翅片套铜管 4）冷凝温度与进风温差≥15℃
氟利昂	蒸发式冷凝器（R22）	500～700	1600～2200	1）补充水量为循环水量的5%～10% 2）传热温差2～3℃ 3）单位面积冷却水量0.12～0.16m^3/(m^2·h) 4）光钢管 5）单位面积通风量300～340m^3/(m^2·h)

根据上述方法求出冷凝器冷却面积后，即可利用产品样本或说明书直接确定出冷凝器的型号、台数（实际选型应稍大于计算冷却面积）。

三、蒸发式冷凝器的选型计算

目前，蒸发式冷凝器生产厂家并不提供蒸发式冷凝器冷却面积的相关数据，其产品样本中多以冷凝器排热量作为选型参数。下面以上海宝丰 SPL—S 蒸发式冷凝器为例简要介绍蒸发式冷凝器的选型方法。

（1）确认使用条件　如制冷剂、冷凝温度、湿球温度。

（2）计算制冷系统排向冷凝器的总排热量　总排热量 = 压缩机制冷量 + 压缩机轴功率。

（3）选择排热量校正系数　根据制冷剂种类、冷凝温度和空气进口湿球温度查表确定排热量校正系数。例表 1 所列为氨（R717）排热量校正系数，氟利昂排热量校正系数需从样本另行查取。

（4）计算校正后的总排热量（冷凝负荷）　校正后的总排热量 = 总排热量 × 校正系数。

（5）选型　利用校正后的总排热量查例表 2，选择蒸发式冷凝器的型号和台数。

例 2-4　某氨系统蒸发温度为 -15℃，冷凝温度为 36℃，当地湿球温度为 29℃，所选压缩机设计工况制冷量为 800kW，对应压缩机轴功率为 200kW。为该系统选配 SPL—S 蒸发式冷凝器。

解：（1）确认使用条件　已知冷凝温度 36℃、湿球温度 29℃、氨制冷剂。

（2）计算总排热量　由压缩机制冷量 800kW、压缩机轴功率 200kW 求得总排热量 = (800 + 200) kW = 1000kW。

（3）选择排热量校正系数　根据已知条件从 SPL—S 蒸发式冷凝器的样本中找到排热量校正系数为 1.35（例表 1）。

（4）计算校正后的总排热量　校正后的总排热量 = 1000kW × 1.35 = 1350kW。

（5）选型　从例表 2 中选择名义工况排热量稍大于 1350kW 的冷凝器，可选择 SPL—1420 冷凝器 1 台或 SPL—1490 冷凝器 1 台，其名义工况排热量分别为 1420kW、1490kW（注：若考虑一定的余量，选型还应适当加大）。

对于蒸发温度波动较大且运转时间较长的系统，建议按高蒸发温度工况选型。

例表 1　R717 排热量校正系数

t_l/℃	进风空气湿球温度/℃													
	17	18	19	20	21	22	23	24	25	26	27	28	29	30
29	1.01	1.09	1.18	1.30	1.43	1.60	1.84	2.16	2.66	—	—	—	—	—
30	0.94	1.00	1.07	1.15	1.27	1.40	1.59	1.79	2.13	—	—	—	—	—
31	0.86	0.91	0.97	1.04	1.12	1.22	1.36	1.52	1.74	2.06	—	—	—	—
32	0.80	0.84	0.89	0.95	1.02	1.10	1.20	1.34	1.49	1.70	2.02	—	—	—
33	0.73	0.78	0.82	0.87	0.92	0.99	1.07	1.16	1.29	1.45	1.66	1.96	—	—
34	0.69	0.72	0.76	0.80	0.85	0.90	0.96	1.04	1.14	1.27	1.42	1.63	1.90	—
35	0.64	0.67	0.70	0.73	0.78	0.83	0.88	0.94	1.02	1.11	1.23	1.37	1.59	1.85
36	0.61	0.63	0.66	0.69	0.72	0.75	0.81	0.86	0.92	1.00	1.09	1.22	1.35	1.57

（续）

t_l/℃	进风空气湿球温度/℃													
	17	18	19	20	21	22	23	24	25	26	27	28	29	30
37	0.57	0.59	0.61	0.64	0.67	0.70	0.73	0.79	0.84	0.90	0.97	1.06	1.21	1.33
38	0.55	0.56	0.58	0.60	0.62	0.65	0.68	0.72	0.76	0.82	0.88	0.96	1.04	1.19
39	0.52	0.53	0.54	0.56	0.58	0.61	0.63	0.67	0.70	0.74	0.80	0.86	0.95	1.04
40	0.49	0.50	0.52	0.53	0.55	0.58	0.60	0.62	0.66	0.69	0.73	0.78	0.85	0.93
41	0.46	0.47	0.49	0.50	0.52	0.54	0.56	0.58	0.61	0.64	0.67	0.71	0.76	0.83
42	0.44	0.45	0.47	0.48	0.49	0.51	0.53	0.55	0.57	0.60	0.62	0.66	0.70	0.74
43	0.42	0.43	0.44	0.45	0.46	0.48	0.50	0.51	0.53	0.55	0.58	0.61	0.65	0.69
44	0.40	0.41	0.42	0.43	0.44	0.46	0.47	0.49	0.50	0.52	0.54	0.57	0.60	0.63
45	0.38	0.39	0.40	0.41	0.42	0.43	0.44	0.46	0.47	0.49	0.51	0.53	0.56	0.58

例表 2　SPL 蒸发式冷凝器名义工况排热量　（单位：kW）

型号	排热量	型号	排热量	型号	排热量
SPL—145	145	SPL—595	595	SPL—1620	1620
SPL—155	155	SPL—670	670	SPL—1690	1690
SPL—170	170	SPL—700	700	SPL—1765C	1765
SPL—195	195	SPL—735	735	SPL—1935C	1935
SPL—215	215	SPL—780	780	SPL—2010C	2010
SPL—235	235	SPL—870B	870	SPL—2140	2140
SPL—250	250	SPL—940	940	SPL—2245	2245
SPL—270	270	SPL—960	960	SPL—2350	2350
SPL—290	290	SPL—1000	1000	SPL—2620	2620
SPL—300	300	SPL—1050	1050	SPL—2830	2830
SPL—330	330	SPL—1165B	1165	SPL—2860	2860
SPL—390	390	SPL—1285B	1285	SPL—3000	3000
SPL—430	430	SPL—1335B	1335	SPL—3120	3120
SPL—475	475	SPL—1420	1420	SPL—3470	3470
SPL—495	495	SPL—1490	1490	SPL—3740	3740
SPL—550	550	SPL—1575	1575	SPL—4100	4100

注：名义工况排热量指冷凝温度36℃、空气进口湿球温度26℃的数据。

近年来，随着能源短缺矛盾的突出，世界各国都对节能提出了更高的要求，并采取了相应的措施。在包括冷凝器、蒸发器在内的换热器的设计选用上有一个比较一致的倾向，即采用较小的传热温差，适当增大传热面积。也就是说，在冷凝器选型时选用较大的冷凝器，其代价是增加初投资，但可以减少常年运行费用，达到节能的目的，最终得到较高的经济效益。

第四节　辅助设备的选型计算

1. 中间冷却器的选型计算

中间冷却器用于双级压缩制冷系统，其作用是冷却低压级压缩机排出的过热蒸气，同时将来自贮液器的饱和液体冷却到设定的过冷温度，还起着分离低压级压缩机排气所夹带的润滑油及液滴的作用。为了达到上述目的，需要向中间冷却器供液，使之在中间压力下蒸发，吸收低压级压缩机排出的过热蒸气与高压饱和液体所需要移去的热量。

（1）中间冷却器桶径计算　中间冷却器的桶径可由下式计算

$$d_{zj}=\sqrt{\frac{4\lambda V}{3600\pi w}}=0.0188\sqrt{\frac{\lambda V}{w}} \tag{2-18}$$

式中　d_{zj}——中间冷却器桶径，单位为m；

λ——高压级压缩机输气系数；

V——高压级压缩机理论输气量，单位为m^3/h；

w——中间冷却器内的气体流速，一般不大于0.5m/s。

（2）蛇形盘管传热面积的计算　蛇形盘管的传热面积可由下式计算

$$A=\frac{\Phi_{zj}}{K\Delta t_d} \tag{2-19}$$

式中　A——蛇形盘管所需的传热面积，单位为m^2；

Φ_{zj}——蛇形盘管的热流量，单位为W；

Δt_d——蛇形盘管的对数平均温度差，单位为℃；

K——蛇形盘管的传热系数，单位为$W/(m^2\cdot ℃)$，按产品规定取值，无规定时，宜采用$465\sim580W/(m^2\cdot ℃)$。

蛇形盘管的热流量

$$\Phi_{zj}=q_{md}(h_6-h_7)/3.6$$

式中　q_{md}——低压机制冷剂循环量，单位为kg/h；

h_6、h_7——冷凝温度、过冷温度对应的制冷剂的比焓，单位为kJ/kg，参见图2-15。

蛇形盘管的对数平均温差

$$\Delta t_d=\frac{t_l-t_g}{2.3\lg\dfrac{t_l-t_{zj}}{t_g-t_{zj}}}$$

式中　t_l——冷凝温度，单位为℃；

t_g——过冷温度，单位为℃；

t_{zj}——中间温度，单位为℃。

（3）中间冷却器选型　根据计算求得的d_{zj}、A，从产品样本中选型。所选中间冷却器应同时满足d_{zj}和A的要求。

2. 贮液器的选型计算

贮液器又称高压贮液桶，用于贮存由冷凝器来的高压液体制冷剂，以适应冷负荷变化时制冷系统中所需制冷剂循环量的变化，并起到液封的作用。贮液器以容积选型，其容积按下式计算

$$V=\frac{\varphi}{\beta}v\sum q_m \tag{2-20}$$

式中　V——贮液器容积，单位为m^3；

$\sum q_m$——制冷装置中每小时制冷剂液体的总循环量，单位为kg；

v——冷凝温度下液体的比体积，单位为 m^3/kg；

φ——贮液器的容积系数，当冷库公称容积小于或等于 $2000m^3$ 时，$\varphi=1.2$；公称容积为 $2001\sim10000m^3$ 时，$\varphi=1.0$；公称容积为 $10001\sim20000m^3$ 时，$\varphi=0.80$；公称容积大于 $20000m^3$ 时，$\varphi=0.50$；

β——贮液器的液体充满度，一般宜取 70%。

如考虑蒸发器在生产淡季或检修时常需抽空，容积系数可酌情取大一些。贮液器的台数应根据容积的大小、外形尺寸及布置等因素确定。大、中型氨冷库贮液器的选用应不少于 2 台，小系统可选 1 台。采用多台并联使用时，应选用相同型号的贮液器。

3. 油分离器的选型计算

油分离器的选型计算主要是确定油分离器的直径，以保证制冷剂在油分离器内的流速符合分油的要求，达到良好的分油效果，其计算公式与式（2-18）相同，为

$$d_y=\sqrt{\frac{4\lambda V}{3600\pi w}}=0.0188\sqrt{\frac{\lambda V}{w}} \tag{2-21}$$

式中　d_y——油分离器的直径，单位为 m；

λ——压缩机输气系数，双级压缩时为高压级压缩机的输气系数；

V——压缩机理论输气量，单位为 m^3/h，双级压缩时为高压级压缩机的理论输气量；

w——油分离器内气体流速，单位为 m/s，填料式油分离器宜用 $0.3\sim0.5m/s$，其他形式的油分离器宜采用不大于 0.8m/s 的气体流速。

对于既有单机又有双级压缩机的综合回路，合用油分离器时，应将单级压缩机的 λV 和双级压缩机高压机的 $\lambda_g V_g$ 求和后代入式（2-21）。

4. 氨液分离器的选型计算

氨液分离器可分为机房氨液分离器和库房氨液分离器两种，其主要作用都是进行气、液分离，防止压缩机发生液击现象。后者还具有以下作用：将经节流后的湿蒸气中的蒸气分离，只让液氨进入蒸发器，使蒸发器的传热面积得到充分利用；如有多个冷间，氨液分离器兼有分配液体的作用。氨液分离器以桶径选型。

1）机房氨液分离器的直径由下式计算

$$d=\sqrt{\frac{4V\lambda}{3600\pi w}}=0.0188\sqrt{\frac{\lambda V}{w}} \tag{2-22}$$

式中　d——机房氨液分离器的直径，单位为 m；

λ——压缩机输气系数，双级压缩时为低压级压缩机的输气系数；

V——压缩机理论输气量，单位为 m^3/h，双级压缩时为低压级压缩机的理论输气量；

w——氨液分离器内气体流速，单位为 m/s，一般采用 0.5m/s。

2）库房氨液分离器

$$d=\sqrt{\frac{4q_m v}{3600\pi w}}=0.0188\sqrt{\frac{q_m v}{w}} \tag{2-23}$$

式中　d——库房氨液分离器直径，单位为 m；

v——蒸发温度相对应的饱和蒸气比体积，单位为 m^3/kg；

q_m——通过氨液分离器的氨液量，单位为 kg/h；

w——氨液分离器内气体流速，单位为 m/s，一般采用 0.5m/s。

对工况波动较大的蒸发系统，按设计工况选出的氨液分离器一般不能满足系统在高蒸发温度下工作时的要求，容易发生湿行程。因此，对此类系统选型时，建议按蒸发温度的波动上限进行选型计算，当不易确定工况时，至少要比计算结果加大一档选型。

对于不设机房氨液分离器的系统，库房氨液分离器选型时，按机房氨液分离器进行选型计算。

5. 低压循环桶的选型计算

低压循环桶是液泵供液系统的专用设备，也是关键设备之一。其作用是贮存和稳定地供给液泵循环所需的低压液体，又能对库房回气进行气液分离，保证压缩机的安全运行，必要时又可兼作排液桶。

低压循环桶的选型计算包括确定其所需的桶径和体积。

（1）低压循环桶直径的计算　低压循环桶内有较小的气体流速，可以保证有良好的气液分离效果。因此，低压循环桶直径按下式计算

$$d_{\mathrm{d}} = \sqrt{\frac{4V\lambda}{3600\pi w\xi n}} = 0.0188\sqrt{\frac{V\lambda}{w\xi n}} \tag{2-24}$$

式中　d_{d}——低压循环桶的直径，单位为m；

V——压缩机理论输气量，单位为$\mathrm{m^3/h}$，双级压缩时为低压级压缩机的理论输气量；

λ——压缩机输气系数，双级压缩时为低压级压缩机的输气系数；

w——低压循环桶内气体流速，单位为m/s，立式低压循环桶不大于0.5m/s，卧式低压循环桶不大于0.8m/s；

ξ——截面积系数，立式低压循环桶$\xi=1.0$，卧式低压循环桶$\xi=0.3$；

n——低压循环桶气体进气口的个数，立式低压循环桶为1，卧式低压循环桶为2。

（2）低压循环桶体积计算　低压循环桶体积计算时应根据制冷剂进出冷却设备方式的不同，分为下列两种计算方法。

1）上进下出式供液系统的低压循环桶体积

$$V = \frac{1}{0.5}(\theta_{\mathrm{q}}V_{\mathrm{q}} + 0.6V_{\mathrm{h}}) \tag{2-25}$$

式中　V——低压循环桶体积，单位为$\mathrm{m^3}$；

θ_{q}——冷却设备设计充氨（氟）量体积的百分比（%），见表2-27、表2-28；

V_{q}——冷却设备的体积，单位为$\mathrm{m^3}$；

V_{h}——回气管体积，单位为$\mathrm{m^3}$。

2）下进上出式供液系统的低压循环桶体积

$$V = \frac{1}{0.7}(0.2V_{\mathrm{q}}' + 0.6V_{\mathrm{h}} + t_{\mathrm{b}}q_{\mathrm{v}}) \tag{2-26}$$

式中　V——低压循环桶体积，单位为$\mathrm{m^3}$；

V_{q}'——各冷间中冷却设备注氨量最大一间蒸发器的总体积，单位为$\mathrm{m^3}$；

V_{h}——回气管体积，单位为$\mathrm{m^3}$；

t_{b}——氨泵由起动到液体自系统返回低压循环桶的时间，单位为h，一般可采用0.15~0.2h；

q_{v}——一台氨泵的流量，单位为$\mathrm{m^3/h}$。

表 2-27　氨制冷设备、管道设计充氨量体积百分比

<table>
<tr><th colspan="2">设备名称</th><th>充氨量体积百分比（%）</th><th colspan="2">设备名称</th><th>充氨量体积百分比（%）</th></tr>
<tr><td colspan="2">冷凝器</td><td>15</td><td rowspan="3">冷却排管</td><td>氨泵供液上进下出</td><td>25</td></tr>
<tr><td colspan="2">洗涤式油分离器</td><td>20</td><td>氨泵供液下进上出</td><td>50～60</td></tr>
<tr><td colspan="2">贮液器</td><td>70</td><td>重力供液</td><td>50～60</td></tr>
<tr><td colspan="2">中间冷却器（壳体容积）</td><td>50</td><td rowspan="3">冷风机</td><td>氨泵供液上进下出</td><td>40～50</td></tr>
<tr><td rowspan="2">低压循环桶</td><td>立式</td><td>35</td><td>氨泵供液下进上出</td><td>60～70</td></tr>
<tr><td>卧式</td><td>25</td><td>重力供液</td><td>70</td></tr>
<tr><td colspan="2">氨液分离器</td><td>20</td><td colspan="2">搁架式排管</td><td>50</td></tr>
<tr><td colspan="2">满液式壳管式蒸发器</td><td>80</td><td colspan="2">氨液管</td><td>100</td></tr>
<tr><td colspan="2">平板冻结器</td><td>50</td><td colspan="2">低压循环桶回气管</td><td>60</td></tr>
</table>

注：充氨量的氨液密度按 650kg/m^3 计算。设备有规定充氨量时按规定值计算。

表 2-28　氟制冷设备、管道设计充氟量体积百分比

<table>
<tr><th colspan="2">设备名称</th><th>充氟量体积百分比（%）</th></tr>
<tr><td colspan="2">热力膨胀阀供液的蒸发盘管</td><td>25</td></tr>
<tr><td rowspan="2">壳管式蒸发器</td><td>满液式</td><td>80</td></tr>
<tr><td>干式</td><td>25</td></tr>
<tr><td colspan="2">壳管式冷凝器</td><td>25</td></tr>
<tr><td colspan="2">冷凝蒸发器</td><td>盘管体积的 25，壳体体积的 50</td></tr>
<tr><td colspan="2">中间冷却器</td><td>盘管体积的 100，壳体体积的 50</td></tr>
<tr><td colspan="2">回热式换热器</td><td>盘管体积的 100</td></tr>
<tr><td colspan="2">液体管</td><td>100</td></tr>
<tr><td colspan="2">其他部件或设备</td><td>制冷剂侧体积的 10～20</td></tr>
</table>

若用低压循环桶兼作排液桶使用，还应考虑容纳排液所需体积。

6. 排液桶的选型计算

排液桶用于冷库制冷系统中暂时存放蒸发器冲霜排出的液体制冷剂和其他设备的排液。根据排液桶的作用，以体积选型，使其能容纳各冷间中排液量最多的一间蒸发器的排液量。其体积按下式计算

$$V = V_1 \phi / \beta \tag{2-27}$$

式中　V——排液桶体积，单位为 m^3；

V_1——冷却设备制冷剂容量最大一间的冷却设备的总体积，单位为 m^3；

ϕ——冷却设备充氨（氟）量的百分比（%），见表 2-27、表 2-28；

β——排液桶液体充满度，一般取 70%。

7. 氨泵的选型计算

氨泵的选型应从三方面考虑，流量、扬程和吸入压头。

（1）流量　氨泵的流量由下式计算

$$q_v = n_x q_z v_z \tag{2-28}$$

式中 q_v——氨泵的体积流量，单位为 m^3/h；

n_x——再循环倍数；

q_z——氨泵所供同一蒸发温度的氨液蒸发量，单位为 kg/h；

v_z——蒸发温度下饱和氨液的比体积，单位为 m^3/kg。

（2）扬程（排出压头） 氨泵的扬程必须克服泵出口至蒸发器进液口的沿程及局部阻力损失、泵中心至最高蒸发器进液口的静压阻力损失、加速度阻力损失等。蒸发器节流阀前应维持足够的压力，以克服蒸发器及回气管的阻力损失，并有一定裕量使多余氨液顺利流回低压循环桶。

$$p = \Delta p_m + \Delta p_j + \Delta p_h + 100\text{kPa} \tag{2-29}$$

式中 p——氨泵的扬程，单位为 kPa；

Δp_m——泵出口至蒸发器进液口的沿程阻力损失，单位为 kPa；

Δp_j——泵出口至蒸发器进液口的局部阻力损失，单位为 kPa；

Δp_h——泵中心至最高蒸发器进液口的静压阻力损失，单位为 kPa；

100kPa——蒸发器节流阀前应维持100kPa（1bar）的自由压头，以调节供液量并克服蒸发器及回气管的阻力。

一个系统内连接不同压力的蒸发器时，排出压力应按蒸发压力较高的蒸发器计算。

（3）氨泵的吸入压头 各种形式的氨泵根据自身的结构有各自的气蚀余量。气蚀余量为泵不发生气蚀所必需的吸入压头，称为净正吸入压头（NPSH）。NPSH是泵性能中一个重要参数，数据由制造厂家提供。

求得氨泵的流量、扬程和吸入压头，则可依据氨泵的产品样本选择氨泵的型号和台数。一般情况下，需设备用泵。常规设计中多用1桶2泵，1用1备；或2桶3泵，2用1备。

8. 集油器的选型

集油器一般以制冷系统制冷量的大小来选型，但标准不一。实践证明，实际使用中规格大些的较好。《新编制冷技术问答》介绍按以下标准选用：

标准工况总制冷量在200kW以下时，选用 *D*219mm 集油器1台；总制冷量大于200kW时，宜选用 *D*219mm 集油器2台，使系统中的高、低压容器分开放油。

9. 空气分离器的选型

空气分离器的选型不需要计算，可根据冷库规模和使用要求进行选型。每个机房不论压缩机台数有多少，一般只需装设一台空气分离器。空气分离器宜选立式自动型，如选用四重管式空气分离器，总制冷量大于1100kW时，可选用KFA—50型；总制冷量小于1100kW时，可选用KFA—32型。

10. 辅助贮液器的选型计算

辅助贮液器又称虹吸器，根据制冷系统所配压缩机排气量利用图2-17选型。选型时，压缩机排气量位于相应型号曲线图下方区域，则选该型号。

例2-5 某氨制冷系统选配1台JZKA16单级螺杆压缩机组，蒸发温度－15℃，冷凝温度40℃，压缩机理论排气量为 $552m^3/h$。为该系统选配辅助贮液器。

解： 根据理论排气量 $552m^3/h$，由图2-17可以方便地选出辅助贮液器的型号为FZA—0.6。如果冷凝温度低于40℃，也可按40℃考虑。

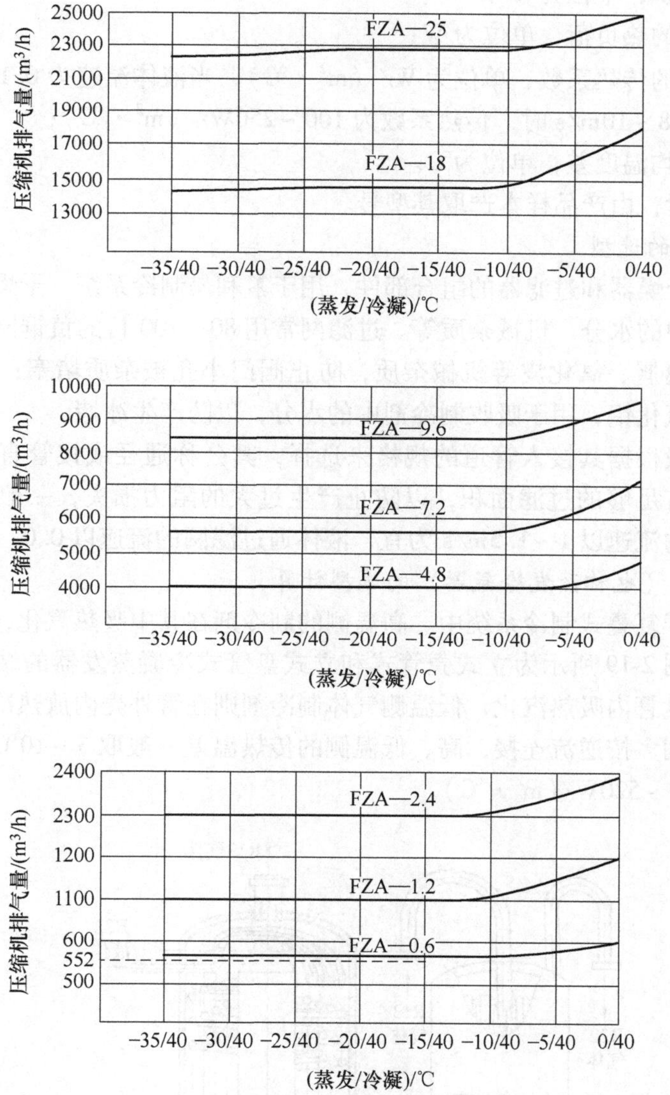

图 2-17　辅助贮液器选型图

11. 回热式换热器的选型计算

回热式换热器俗称回热器，是氟利昂制冷系统中实现回热循环的部件。通过回热式换热器内部高压制冷剂液体与低压制冷剂气体的换热，实现液体制冷剂过冷、气体制冷剂过热，以提高制冷效率，并保证压缩机的运行安全。

壳盘管式换热器是常用的一种形式，液体制冷剂在盘管内流动，气体在壳管内盘管外流动换热。图 2-18 所示为壳盘管式换热器的结构。

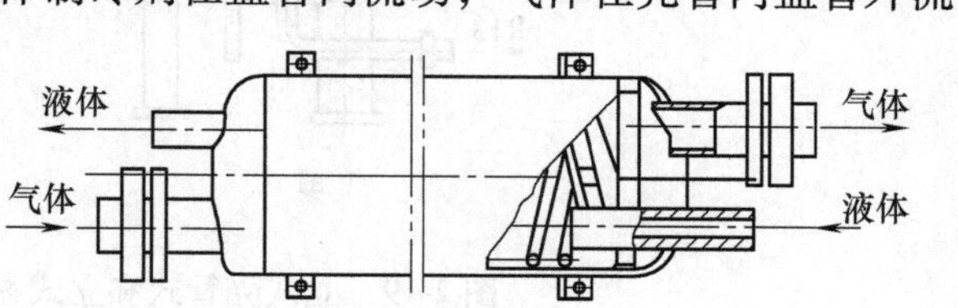

图 2-18　壳盘管式换热器的结构

回热式换热器传热面积 A 可按下式计算：

$$A = \frac{\Phi_r}{K\Delta t_d} \qquad (2\text{-}30)$$

式中 A——传热面积，单位为 m^2；

Φ_r——换热器的热负荷，单位为 W；

K——换热器的传热系数，单位为 W/（m^2·℃），当液体流速为 0.1 ~ 0.8m/s，气体流速为 8 ~ 10m/s 时，传热系数为 100 ~ 250W/（m^2·℃）；

Δt_d——对数平均温度差，单位为℃。

求出换热面积后，由产品样本选取其型号。

12. 干燥过滤器的选型

干燥过滤器是干燥器和过滤器的组合部件，用于氟利昂制冷系统。干燥过滤器用于清除制冷剂液体或气体中的水分、机械杂质等。过滤网常用 80 ~ 100 目的黄铜网或不锈钢网，用来过滤制冷剂中金属屑、氧化皮等机械杂质，防止阀门小孔被杂质堵塞；干燥剂则多用硅胶、分子筛和活性氧化铝，用于吸收制冷剂中的水分，以防产生冰堵。

干燥过滤器一般根据其接入管道的规格来选择，其公称通径或接管直径应与管道相适应。在选用时应配有足够的过滤面积，以防止产生过大的阻力损失，一般以过滤流速为依据，气体通过滤网的流速以 1 ~ 1.5m/s 为宜，液体通过滤网的流速以 0.07 ~ 0.1m/s 为宜。

13. 冷凝蒸发器（也称蒸发冷凝器）的选型计算

冷凝蒸发器用于复叠式制冷系统中。高温侧的制冷剂在其中吸热汽化，低温侧的制冷剂在其中放热冷凝。图 2-19 所示为立式壳管式和立式盘管式冷凝蒸发器的结构。一般高温侧制冷剂在直管内和盘管内吸热汽化，低温侧气体制冷剂则在管外壳内放热冷凝。为了提高换热效率，两种制冷剂多按逆流连接，高、低温侧的传热温差一般取 5 ~ 10℃，冷凝蒸发器的传热系数大约为 460 ~ 520W/（m^2·℃）。

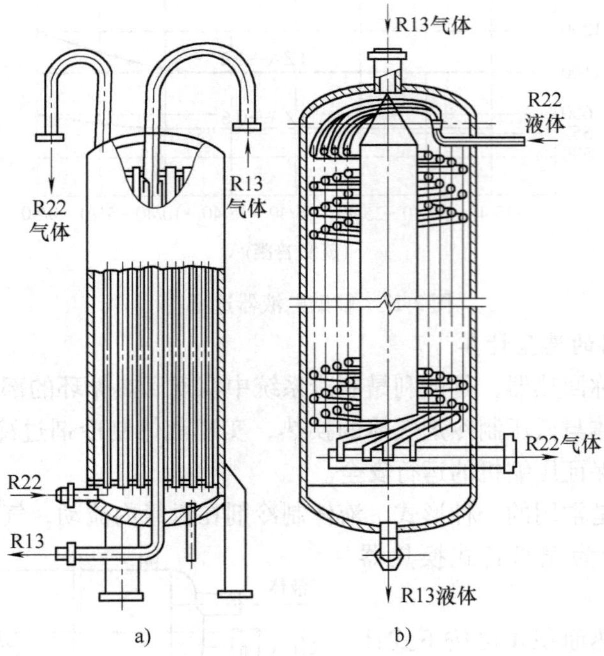

图 2-19 立式壳管式和立式盘管式冷凝蒸发器的结构

a）立式壳管式 b）立式盘管式

第五节　节流阀的选型计算

制冷系统的节流阀位于冷凝器（或贮液器）和蒸发器之间，从冷凝器来的高压制冷剂液体经节流阀后进入蒸发器中。它除了起节流降压作用外，还具有调节制冷剂流量的作用。

冷库制冷装置中使用的节流机构有手动节流阀、浮球阀、热力膨胀阀和电子膨胀阀等几种，它们的结构、原理及工作特性在其他课程中已有讲述，这里只介绍其选型方法。

节流阀的选型主要以阀门的容量为依据，选型时考虑到阀前后压力差的大小及其他因素，以制冷能力选定其型号。

(1) 手动节流阀　表2-29所列是手动节流阀容量特性，选型时根据阀前后压力差、阀门所处制冷回路的制冷量（稍大于实际制冷量，下同）确定阀门的通径，选择与之相对应的节流阀型号。

表2-29　手动节流阀容量　（单位：kW）

公称口径/mm	压力差/MPa				阀门接口外径 /mm
	0.6	0.8	1.0	1.2	
*DN*3	17.39	24.33	28.95	32.41	*D*14×2
*DN*5	51.4	73.81	84.93	96.51	*D*18×2
*DN*10	176.05	247.07	289.53	328.14	*D*25×2

(2) 浮球阀　用于具有自由液面的蒸发器、中间冷却器和气液分离器供液量的自动调节。按液体在其中的流通方式可分为直通式和非直通式，现国内多用后者。

浮球阀一般根据制冷系统制冷量的大小来选用，表2-30所列为某国产浮球阀的型号与主要技术性能参数，供选型参考。

表2-30　浮球阀的型号与主要技术性能参数

产品型号	通道面积 /mm^2	制冷量/kW	接管通径/mm		
			进液	出液	气液平衡
FQ_1—10	10	40~80	32	32	32
FQ_1—20	20	80~160	32	32	32
FQ_1—50	50	160~320	32	32	32
FQ_1—100	100	320~640	32	32	32
FQ_1—200	200	>640	50	50	32

(3) 热力膨胀阀　热力膨胀阀普遍用于氟利昂制冷系统中。它能根据蒸发器出口处制冷剂蒸发过热度的大小自动调节阀门的开度，达到调节制冷剂供液量的目的，使制冷剂的流量与蒸发器的负荷相匹配。

热力膨胀阀适用于没有自由液面的蒸发器，它有内平衡式和外平衡式之分。热力膨胀阀的选配主要是根据制冷量大小、制冷剂种类、节流前后的压力差、蒸发器管内制冷剂的流动阻力等因素，利用热力膨胀阀性能参数表来确定膨胀阀的形式和规格型号。一般情况下，应考虑20%～30%的余量。

表2-31为Danfoss热力膨胀阀TDEX系列制冷量表（摘录），表2-32所列为其不同过冷度的修正系数，可供选型时参考。

表2-31 Danfoss热力膨胀阀TDEX系列制冷量表（摘录） （单位：kW）

型号和名义制冷量（冷吨）	流口号	膨胀阀两端压降/10^5Pa						膨胀阀两端压降/10^5Pa					
		4	6	8	10	12	14	4	6	8	10	12	14
		蒸发温度5℃						蒸发温度0℃					
TDEX3	10	8.7	10.1	11.1	11.7	12.1	12.5	8.0	9.2	10.0	10.6	11.0	11.3
TDEX4	20	11.7	13.6	14.8	15.7	16.3	16.7	10.7	12.3	13.5	14.2	14.8	15.2
TDEX6	30	17.5	20.2	22.1	23.4	24.3	25.0	16.0	18.4	20.1	21.2	22.0	22.6
TDEX7.5	40	21.8	25.1	27.4	29.0	30.1	30.9	19.8	22.8	24.8	26.2	27.2	27.9
TDEX8	10	23.4	27.0	29.5	31.2	32.4	33.3	22.0	25.3	27.6	29.2	30.4	31.1
TDEX11	20	32.1	37.0	40.4	42.8	44.5	45.6	29.9	34.3	37.4	39.6	41.1	42.2
TDEX12.5	30	36.7	42.3	46.3	48.9	50.8	52.1	34.1	39.2	42.7	45.1	46.9	48.0
TDEX16	40	47.0	54.1	59.0	62.4	64.8	66.5	43.4	49.9	54.3	57.4	59.5	61.3
TDEX19	50	55.9	64.3	69.9	74.2	77.0	79.0	51.5	59.2	64.7	68.1	70.7	72.3
		蒸发温度－15℃						蒸发温度－20℃					
TDEX3	10	5.8	6.6	7.2	7.6	7.8	8.0	5.1	5.8	6.3	6.7	6.9	7.0
TDEX4	20	7.8	8.9	9.6	10.1	10.5	10.7	6.9	7.8	8.5	8.9	9.2	9.4
TDEX6	30	11.6	13.3	14.4	15.1	15.7	16.0	10.3	11.7	12.6	13.3	13.7	14.0
TDEX7.5	40	14.2	16.3	17.6	18.5	19.2	19.6	12.2	14.3	15.5	16.3	16.8	17.2
TDEX8	10	18.0	20.6	22.3	23.5	24.3	24.9	16.8	19.2	20.7	21.8	22.5	23.0
TDEX11	20	23.5	26.8	29.1	30.6	31.7	32.4	21.6	24.6	26.5	27.9	28.8	29.5
TDEX12.5	30	26.5	30.2	32.8	34.5	35.7	36.5	24.2	27.5	29.7	31.3	32.3	33.0
TDEX16	40	33.1	37.8	40.8	43.0	44.5	45.4	29.9	34.0	36.7	38.6	39.9	40.7
TDEX19	50	39.0	44.6	48.2	50.7	52.4	53.6	35.3	40.0	43.3	45.5	47.2	47.9
		蒸发温度－25℃						蒸发温度－30℃					
TDEX3	10	4.5	5.1	5.5	5.8	6.0	6.1	3.9	4.4	4.8	5.0	5.2	5.3
TDEX4	20	6.0	6.8	7.4	7.7	8.0	8.2	5.2	5.9	6.4	6.7	6.9	7.0
TDEX6	30	9.0	10.2	11.0	11.6	12.0	12.2	7.8	8.9	9.6	10.0	10.3	10.5
TDEX7.5	40	11.0	12.5	13.5	14.1	14.6	14.9	9.5	10.7	11.6	12.2	12.6	12.8
TDEX8	10	15.7	17.8	19.2	20.2	20.8	21.2	14.6	16.5	17.8	18.7	19.2	19.6
TDEX11	20	19.7	22.4	24.2	25.4	26.2	26.7	18.0	20.3	21.9	23.0	23.7	24.1
TDEX12.5	30	22.0	24.9	26.9	28.2	29.1	29.3	19.9	22.5	24.2	25.4	26.3	26.7
TDEX16	40	26.9	30.5	32.9	34.5	35.6	36.3	24.0	27.2	29.3	30.7	31.6	32.3
TDEX19	50	31.6	35.8	38.7	39.5	41.8	42.6	28.2	31.9	34.4	36.0	37.1	37.8

（续）

型号和名义制冷量（冷吨）	流口号	膨胀阀两端压降/10^5Pa						膨胀阀两端压降/10^5Pa					
		4	6	8	10	12	14	4	6	8	10	12	14
		蒸发温度 -35℃						蒸发温度 -40℃					
TDEX3	10	3.4	3.8	4.1	4.3	4.4	4.5	2.9	3.2	3.5	3.6	3.8	3.8
TDEX4	20	4.5	5.1	5.5	5.7	5.9	6.0	3.8	4.3	4.6	4.9	5.0	5.1
TDEX6	30	6.7	7.6	8.2	8.6	8.8	9.0	5.8	6.5	7.0	7.3	7.5	7.6
TDEX7.5	40	8.2	9.3	10.0	10.4	10.8	11.0	7.0	7.9	8.5	8.9	9.1	9.3
TDEX8	10	13.5	15.3	16.5	17.2	17.8	18.1	12.6	14.2	15.3	16.0	16.4	16.7
TDEX11	20	16.4	18.5	19.9	20.8	21.4	21.8	14.9	16.8	18.0	18.8	19.4	19.7
TDEX12.5	30	18.0	20.3	21.8	22.8	23.5	24.0	16.2	18.3	19.6	20.5	21.1	21.4
TDEX16	40	21.4	24.2	26.0	27.2	28.0	28.5	19.0	21.4	23.0	24.0	24.7	25.1
TDEX19	50	25.1	28.3	30.4	31.8	32.8	33.3	22.2	25.0	26.8	28.1	28.8	29.3

注：名义制冷量为过冷度4℃。

表 2-32 不同过冷度的修正系数

过冷度	4℃	10℃	15℃	20℃	25℃	30℃
修正系数	1.00	1.07	1.13	1.19	1.25	1.32

选型时，对于过冷度偏离4℃的情况，需先对蒸发器制冷量进行修正，用所需制冷量除以修正系数，再用修正后的制冷量从表中选择热力膨胀阀的型号。

例 2-6 某 R22 制冷系统计算所得冷却设备负荷为20kW，其蒸发温度为0℃，冷凝温度为36℃，过冷温度为26℃，系统中用分液器供液，采用外平衡热力膨胀阀，为该系统选配热力膨胀阀。

解：

蒸发压力：0.497MPa；冷凝压力：1.389MPa；分液器压降：0.05MPa；其他压降：0.04MPa。

膨胀阀两端压降：（1.389 - 0.497 - 0.05 - 0.04） MPa = 0.802MPa ≈ 0.8MPa。

过冷度：36℃ - 26℃ = 10℃；修正系数：1.07；修正后的冷却设备负荷：20kW/1.07 = 18.7kW。

根据蒸发温度0℃，阀两端压降为0.8MPa，修正后的冷却设备负荷为18.7kW，由表2-31 可以选定型号为 TDEX6 的膨胀阀，其同工况下的制冷量为20.1kW。若考虑余量，也可选用型号为 TDEX7.5 的膨胀阀，其同工况下的制冷量为24.8kW。

（4）电子膨胀阀　电子膨胀阀是目前国际上最先进的一种自动节流装置，分氟用、氨用两种。Danfoss 生产的 AKV10（氟用）、AKVA10（氨用）型电子膨胀阀的公称容量见表2-33。

电子膨胀阀的选型应从以下几方面加以考虑：

1）蒸发器的公称容量，见表2-33。

2）过冷温度修正。过冷度大于4℃时，利用表2-34中的过冷温度修正系数对蒸发器容量进行修正。

3）蒸发温度修正。对于不同的蒸发温度，可用表2-35中的蒸发温度修正系数对蒸发器容量进行修正。

4）膨胀阀前后的压降。该压降是电子膨胀阀选型中必须考虑的因素，通常由冷凝压力减去液体管道阻力损失、蒸发器的阻力损失、分液器的阻力损失和蒸发压力求出。AKV10型电子膨胀阀的压降参数见表2-36。

表2-33 电子膨胀阀公称容量 （单位：kW）

AKV10-*n*	R22		R404		R134a		AKVA10-*n*	R717	
	kW	TR	kW	TR	kW	TR		kW	TR
AKV10-1	1.0	0.3	0.8	0.2	0.8	0.2	AKVA10-1	4.0	1.1
AKV10-2	1.6	0.5	1.3	0.4	1.3	0.4	AKVA10-2	6.3	1.8
AKV10-3	2.5	0.7	2.0	0.6	2.0	0.6	AKVA10-3	10.0	2.8
AKV10-4	4.0	1.1	3.2	0.9	3.1	0.9	AKVA10-4	16.0	4.5
AKV10-5	6.3	1.8	5.1	1.4	4.9	1.4	AKVA10-5	25.0	7.1
AKV10-6	10.0	2.8	7.9	2.2	7.8	2.2	AKVA10-6	40.0	11.4
AKV10-7	16.0	4.5	12.7	3.6	12.5	3.6	AKVA10-7	63.0	17.9
AKV10-8	20.0	5.7	15.9	4.5	15.6	4.4	AKVA10-8	100.0	28.4
AKV10-8N	25.0	7.1	19.5	5.5	20.0	5.7	—	—	—

注：公称容量条件：$t_z=5℃$，$t_l=32℃$，$t_g=28℃$。

综合考虑以上因素后，利用表2-36选择阀的具体型号。

表2-34 过冷温度修正系数

过冷度/℃	4	10	15	20	25	30	35	40	45
R22、R717、R404A、R134a	1.00	0.91	0.87	0.80	0.77	0.74	0.71	0.69	0.67

表2-35 蒸发温度修正系数

蒸发温度/℃	5	0	−10	−15	−20	−30	−40
修正系数	1.25				1.60		

表2-36 电子膨胀阀选型 （−40～10℃）

容量/kW								形　式
阀前后压降/MPa								
0.2	0.4	0.6	0.8	1.0	1.2	1.4	1.6	
0.7	0.9	1.0	1.1	1.2	1.2	1.2	1.2	AKV10-1
1.1	1.4	1.6	1.8	1.8	1.9	1.9	2.0	AKV10-2
1.8	2.3	2.6	2.8	2.9	3.0	3.0	3.0	AKV10-3
2.8	3.6	4.1	4.4	4.6	4.7	4.8	4.9	AKV10-4
4.4	5.7	6.4	7.0	7.2	7.5	7.6	7.7	AKV10-5
7.0	9.0	10.2	11.0	11.5	11.8	12.1	12.2	AKV10-6
11.2	14.4	16.3	17.6	18.4	19.0	19.3	19.5	AKV10-7

例 2-7 某 R22 制冷系统采用电子膨胀阀供液，其 $t_z = -6℃$，$t_l = 35℃$，$t_g = 25℃$，蒸发器容量为 5kW，膨胀阀前后压降为 0.83MPa，为其选配电子膨胀阀。

解：由 $t_g = 25℃$ 可知过冷度为 10℃，由表 2-34 知过冷温度修正系数为 0.91，则蒸发器修正容量为 5kW × 0.91 = 4.55kW；由 $t_z = -6℃$ 可知蒸发温度修正系数为 1.25，则再次修正后的蒸发器容量为 4.55kW × 1.25 = 5.69kW；根据膨胀阀前后压降为 0.83MPa、修正后的蒸发器容量为 5.69kW，由表 2-36 可选用 AKV10-5 型电子膨胀阀。

第三章 制冷系统及方案确定

计算出制冷负荷并根据设定条件选出机器、设备之后，如何将它们构成一个完整的制冷系统，如何在多种制冷系统方案中，通过对不同方案进行技术经济分析与比较，确定出一个比较合理、完善的方案，是本章要讨论的主要问题。

第一节 制冷系统概述

利用外界能量使热量从温度较低的物质（或环境）转移到温度较高的物质（或环境）的系统叫制冷系统。

制冷系统可分为蒸气制冷系统、空气制冷系统和热电制冷系统。其中蒸气制冷系统又可分为蒸气压缩式、蒸气吸收式和蒸气喷射式等多种类型。在此主要讲述蒸气压缩式制冷系统。

1. *蒸气压缩制冷系统的基本构成*

（1）单级压缩系统的基本构成　由制冷原理可知，压缩机、冷凝器、节流阀、蒸发器是构成压缩式制冷系统必不可少的四大部件，把它们依次用管道连接起来，就形成了一个最基本的单级压缩系统。制冷剂在系统中经过压缩、冷凝、节流、蒸发四个过程，即可完成一个制冷循环，如图 3-1 所示。

（2）双级压缩系统的基本构成　图 3-2 所示是由低压级压缩机（低压缸）、高压级压缩机（高压缸）、中间冷却器、冷凝器、节流阀、蒸发器组成的双级压缩系统的基本构成。其循环是：低压级压缩机由蒸发器吸入低压蒸气，压缩至中间压力排入中间冷却器，在中间冷却器内被冷却，再由高压级压缩机吸入并升压至冷凝压力送入冷凝器，在冷凝器中被冷凝成液体，再经节流阀供至蒸发器吸热蒸发，如此循环。中间冷却器内的冷源是由高压液体经节流后提供的。

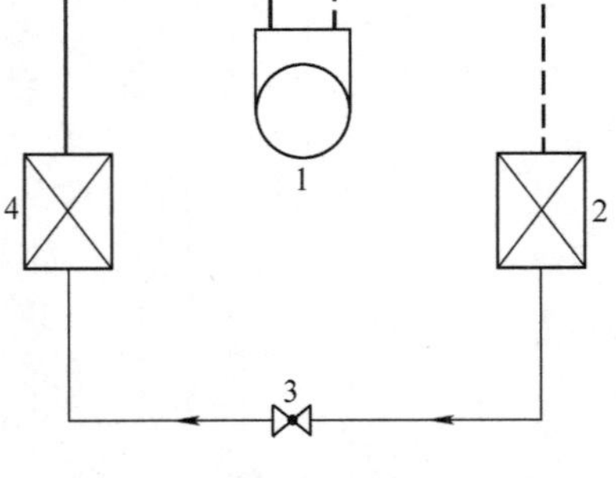

图 3-1　单级压缩系统基本构成

1—压缩机　2—冷凝器　3—节流阀　4—蒸发器

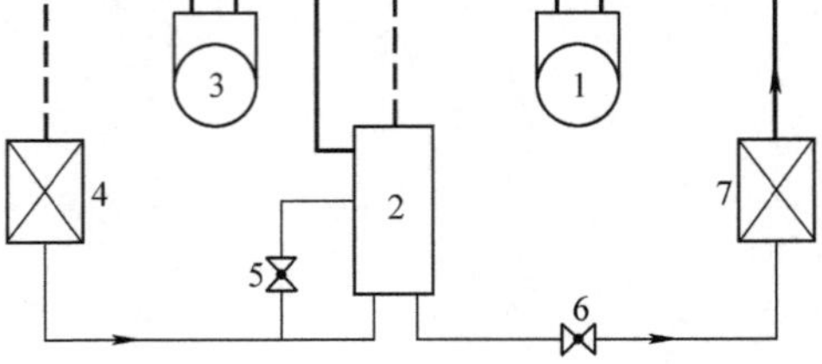

图 3-2　双级压缩系统基本构成

1—低压级压缩机　2—中间冷却器　3—高压级压缩机　4—冷凝器　5、6—节流阀　7—蒸发器

（3）综合系统的基本构成　实际制冷装置中，有单级压缩系统，也有双级压缩系统，还有既有单级又有双级压缩的综合系统。此时的综合系统并不是由两个独立的单、双级系统

合并而成，一般情况下，由于单、双级压缩冷凝压力的一致性，实际上综合系统可以看成是单级系统和双级系统共用冷凝器而构成的，如图3-3所示。

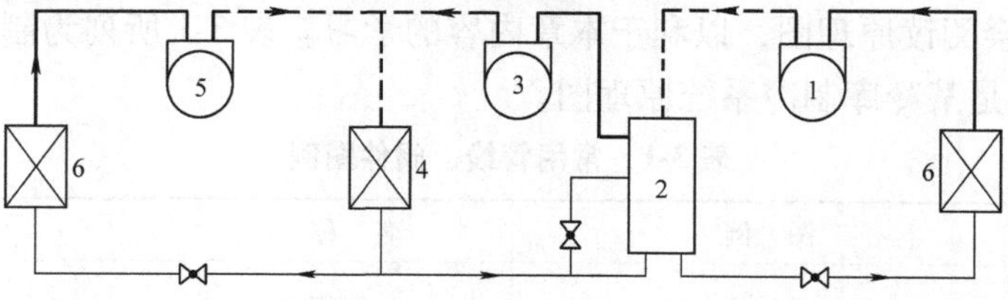

图3-3 综合系统基本构成

1—低压级压缩机 2—中间冷却器 3—高压级压缩机 4—冷凝器 5—单级压缩机 6—蒸发器

2. 蒸气压缩制冷系统的实际构成

蒸气压缩制冷系统的基本构成是制冷系统中必不可少的。但使用中的制冷系统为了提高运行的安全性和改善运行的经济性，增设了诸如贮液器、油分离器、气液分离器、排液桶、低压循环桶、液泵、调节站、安全阀等设备和阀件，构成了比基本构成复杂得多的实际制冷系统，如图3-4所示。

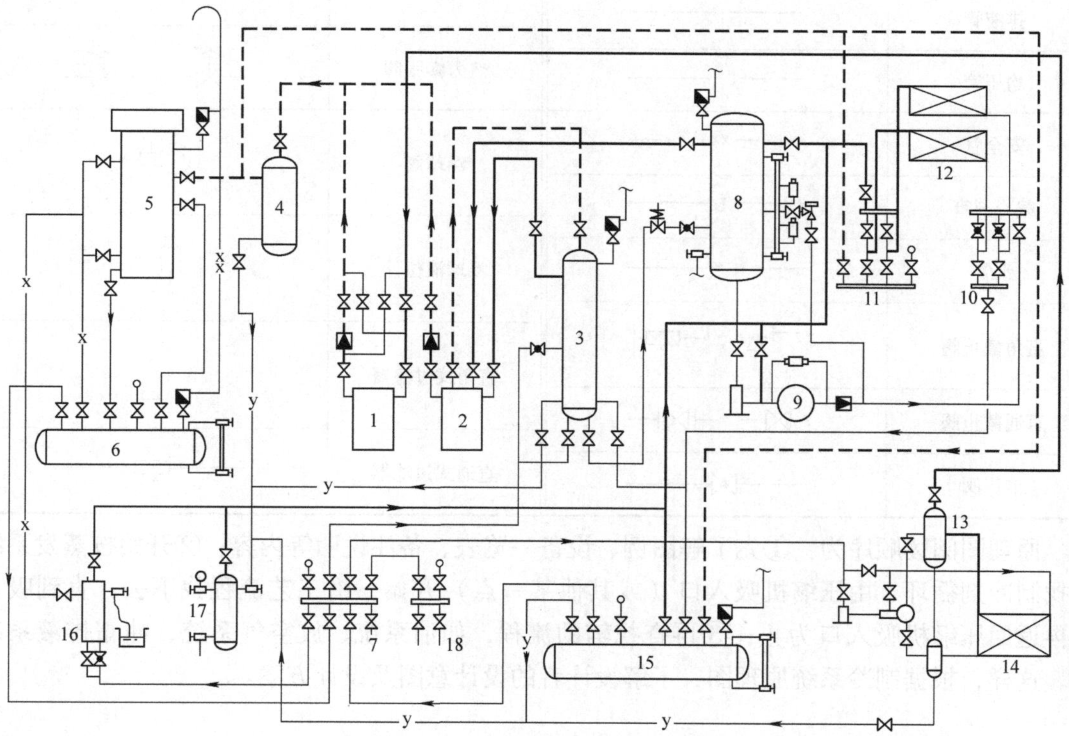

图3-4 某冷库制冷系统原理图

1—单级压缩机 2—单机双级压缩机 3—中间冷却器 4—油氨分离器 5—立式冷凝器 6—贮氨器 7—总调节站 8—低压循环桶 9—氨泵 10—液体调节站 11—气体调节站 12—蒸发器 13—气液分离器 14—盐水蒸发器 15—排液桶 16—放空气器 17—集油器 18—加氨站

3. 蒸气压缩式制冷系统原理图

用管线、阀件图例绘制的，能简单地表示出实际制冷系统中机器、设备、阀件、仪表之间相互关系的图称制冷系统原理图。从制冷系统原理图上可以看出机器、设备的规格、型号、数量，制冷系统的规模、特性，系统的合理性与先进性等。因此，阅读制冷系统原理图是了解制冷装置的重要手段。在学习设计制冷系统原理图之前（原理图的设计将在第八章中详述），应先学会阅读原理图，以利于本章内容的学习。表3-1所列为制冷系统常用管线、阀件图例，图3-4是某冷库制冷系统原理图。

表3-1 常用管线、阀件图例

名 称	图 例	名 称	图 例
低压气体管	━━━━━━	止回阀	
高压气体管	- - - - - -	电磁阀	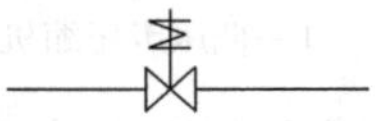
液体管	——————	旁通阀	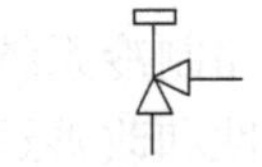
放油管	——— y ———	安全阀	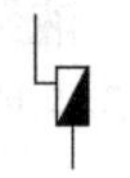
放空气管	——— x ———	热力膨胀阀	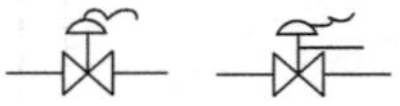
排液管	———·———	浮球阀	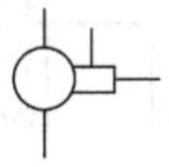
均压管	———| |———	浮球液位计	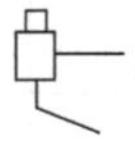
安全管	——— xx ———	直角式过滤器	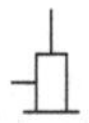
载冷剂管	——— L ———	直通式过滤器	
水管	——— s ———		
直角截止阀	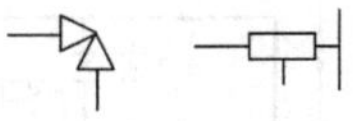		
直通截止阀			
节流阀	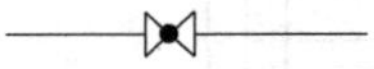		

原理图阅读顺序为：①先了解图例、设备一览表、备注说明等内容；②开始按蒸发系统查找制冷剂循环，由压缩机吸入口（或其他某一点）开始，沿工艺流程找下去，直到吸入管再返回压缩机吸入口为止；③再查找辅助流程，如油系统、放空气系统、冲霜排液系统等。这样，根据制冷系统原理图，了解设计者的设计意图及设计方案。

第二节 氨制冷系统

采用氨作为制冷剂的系统称为氨制冷系统。完整的制冷系统应包括制冷剂循环系统、润滑油循环系统、冷却水循环系统、载冷剂循环系统等。本节将以制冷剂循环系统为主，辅以其他有关循环系统讲述。

制冷系统由两大部分组成。一部分从节流阀后算起，包括供液管、蒸发器、回气管、气液分离器、吸入管到压缩机吸气阀的设备管段。这部分设备管道内的压力接近蒸发压力，故称为低压系统。另一部分从压缩机开始，包括排气管、油分离器、冷凝器、贮液器、总调节站至节流阀的设备管段。这部分的压力接近冷凝压力，所以称为高压系统。

一、高压系统

高压系统可分为三部分：压缩部分、冷凝部分和调节部分。以下分别介绍。

1. 压缩部分

压缩部分由压缩机，吸、排气管，双级系统的中间冷却器等组成。

（1）单级压缩　仅有一个蒸发回路时，压缩部分配连比较简单，把吸、排气管和压缩机连接即可，如图 3-5 所示。用于切断机器与系统连接的阀门常为两排，下排为机器自带的吸、排气阀，上排为设计时加的，其作用是便于更换压缩机、修理单向阀，在设置反向运转装置的机器上则是必需的。

制冷系统有两个或多个蒸发回路时，各自回路的机器首先要满足能对各自系统降温。在此基础上，尚应考虑在特殊情况下也可以承担其他蒸发回路的降温任务，即在不设备用机器的前提下，通过增设少量的管道、阀门使各系统之间配连灵活。这样，提高了制冷装置的可靠性，也增加了机器调度的灵活性，如图 3-6 所示。但应注意，不要过多地增设过桥阀和连接管，以免使系统复杂化，既浪费了材料，又增大了阻力，实际使用价值也不大。图 3-6 所示方案仅在 2# 机器上加了过桥阀 A，通过该阀，不仅 2# 机器能对两个蒸发回路降温，1#、3# 机器的使用也有了一定的灵活性。

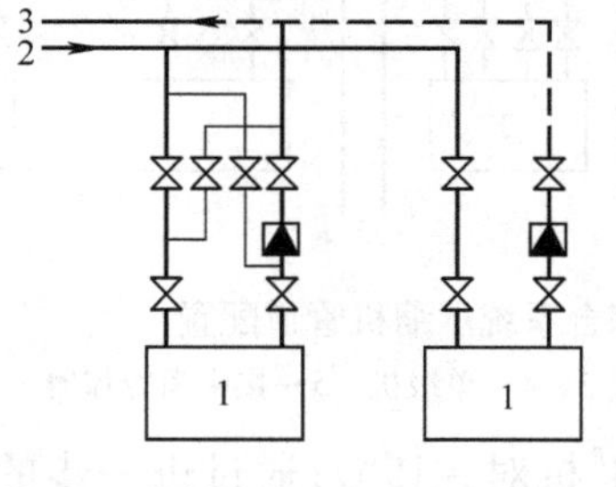

图 3-5　单级压缩一个蒸发回路的配连

1—压缩机　2—回气　3—排气

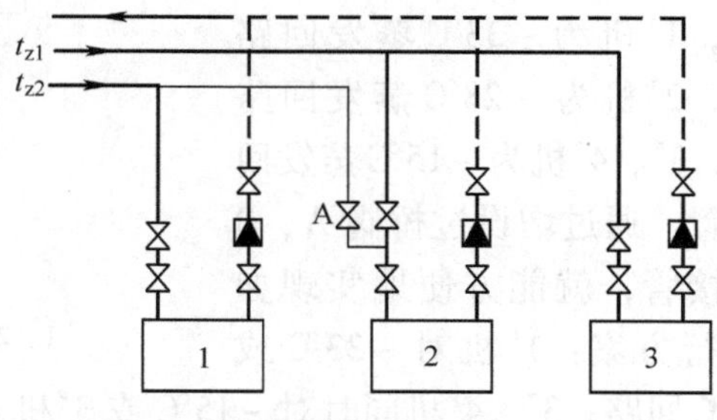

图 3-6　单级压缩多个蒸发回路的配连

1—1# 压缩机　2—2# 压缩机　3—3# 压缩机

（2）双级压缩　如前所述，双级压缩是把两台或多台压缩机（或一台压缩机的高、低压缸）串联运行，再设置中间冷却器用以降低高压级压缩机吸入气体的温度，从而降低了高压级压缩机排气温度，改善了运行工况。有的中间冷却器还可起到分油和对高压液体制冷剂进行过冷的作用。双级压缩有配组双级和单机双级两种形式。

图 3-7 所示为两台低压级压缩机一台高压级压缩机配组构成的双级压缩系统，正常工作时做双级压缩。为了提高运行的灵活性，可在其中一台低压级压缩机排气管上增设一段连接管和阀 A，这样就可将这台低压级压缩机改成单级

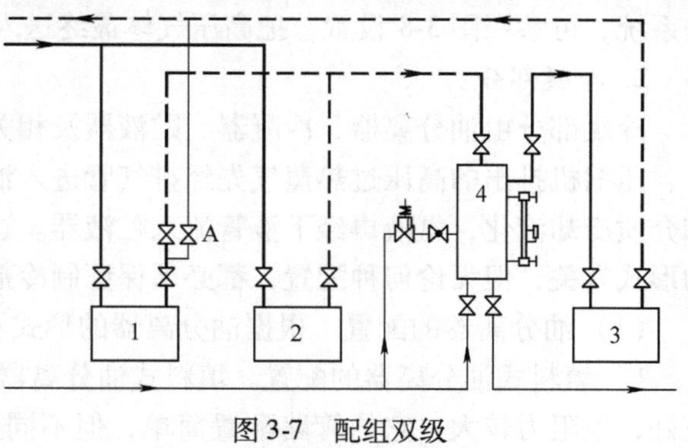

图 3-7　配组双级

1、2—低压压缩机　3—高压压缩机　4—中冷器

机运行。此时电动机应能满足大功率运行的要求。

集高压气缸、低压气缸为一体的压缩机称为单机双级压缩机。用一台单机双级机就能完成双级压缩，其配置方案如图3-8所示。低压缸吸入低压气体加压至中压排入中间冷却器，再被高压缸吸入压缩至冷凝压力排至排气管。

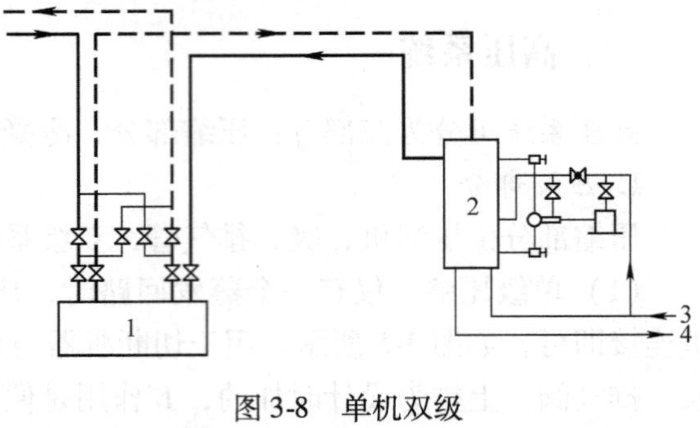

图3-8 单机双级

1—单机双级机 2—中冷器 3—高压来液 4—供液

配组双级、单机双级压缩各有特点。配组双级可通过搭配选型取得较理想的理论排气量的比值，从而使其实际工况接近最佳工况，又可改为单级运行，调度灵活性强。单机双级机则在初次投资、机器占地面积、单位功率制冷量和操作管理方面具有优势，其配连灵活性只能在两个不同蒸发回路之间考虑。

(3) 综合系统 既有单级压缩又有双级压缩的制冷系统在实际制冷装置中是很常见的，其机器、管道配置方案除了要满足各自回路的需要外，还可考虑在不同蒸发回路之间互相切换，灵活应用。图3-9所示为某综合系统压缩机、管道配置方案，1#机为-33℃蒸发回路配置，2#机为-28℃蒸发回路配置，3#、4#机为-15℃蒸发回路配置。通过增设过桥阀A、B及连接管，就能方便地实现如下运行方案：1#机对-33℃或-28℃回路；3#、4#机同时对-15℃或3#机对-28 ℃、4#机对-15℃；通过进一步的阀门调节，也可实现2#机对-33℃或-15℃，甚至4#机也可对-33℃ 蒸发回路降温。

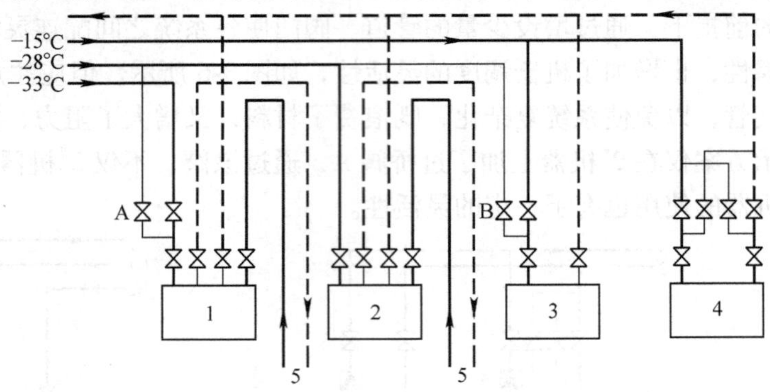

图3-9 综合系统压缩机管道配置

1、2—单机双级机 3、4—单级机 5—接中间冷却器

反向运转装置的设置：反向运转就是通过压缩机吸、排气管的调换，将高压系统的制冷剂气体输入低压系统，把高压系统抽成真空状态，以便于检修等。由于该装置的不常用性，整个制冷系统设一个即可，且最好设在单级机上，如图3-9所示。对全部由单机双级机构成的系统，可参照图3-8设置，把高压气体最终送入低压部分。

2. *冷凝部分*

冷凝部分由油分离器、冷凝器、贮液器及相关的阀件、管道构成。

压缩机排出的高压过热蒸气先经排气管进入油分离器，分离出来的氨气进入冷凝器被冷却介质冷却液化，氨液再经下液管流入贮液器。这部分管道配置和冷凝器、油分离器等设备的形式有关，但无论何种配置，都必须保证制冷剂气体能冷凝成液体并在系统中顺利循环。

(1) 油分离器的配置 根据油分离器的形式不同有以下几种配置方式。

1) 填料式油分离器的配置。填料式油分离器是利用过滤作用来分离油滴的，分离效果较好，但阻力较大。它的管路配置简单，但不同厂家生产的结构不一样，连接时注意分清进、出气口的位置，如图3-10所示。

2）洗涤式油分离器的配置。洗涤式油分离器是氨系统专用设备，在底部保持一定液位，主要利用氨液洗涤、冷却等作用使油滴分离。因此，油分离器下部设有一个供液接口，与冷凝器下液管连接，以保证对油分离器的供液，如图3-11所示。

3）离心式油分离器的配置。离心式油分离器利用气流呈螺旋形流动时的离心力使油滴分离，适用于大型机器，管路配连如图3-12所示。

当系统有几台油分离器时，应采用并联连接，并注意进气量的均匀。油分离器分离下来的油一般经放油管进入集油器。

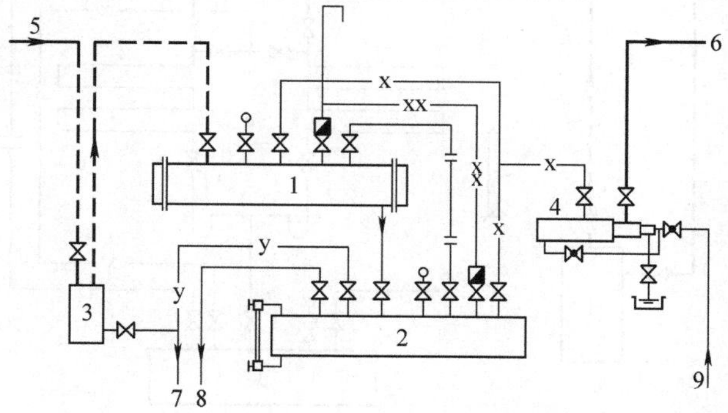

图3-10 卧式冷凝器的管道配置

1—卧式冷凝器 2—贮液器 3—填料式油分离器 4—放空气器 5—高压气 6—减压 7—放油 8—供液 9—高压来液

（2）冷凝器的配置 氨系统常用立式、卧式和蒸发式冷凝器。冷凝器的管接口除了进气、出液口，考虑到安全及经济运行等方面的因素，实际又增加了均压、放空气、放油等接口，这些接口与相对应设备之间应正确连接。卧式冷凝器和立式冷凝器的管道配置如图3-10、图3-11所示。

对于蒸发式冷凝器的连接，由于制冷剂通过冷凝器时产生的阻力损失较大，所以在管道连接时有别于立式、卧式冷凝器，应采取一些具体措施，其管道配置原理如图3-12所示。

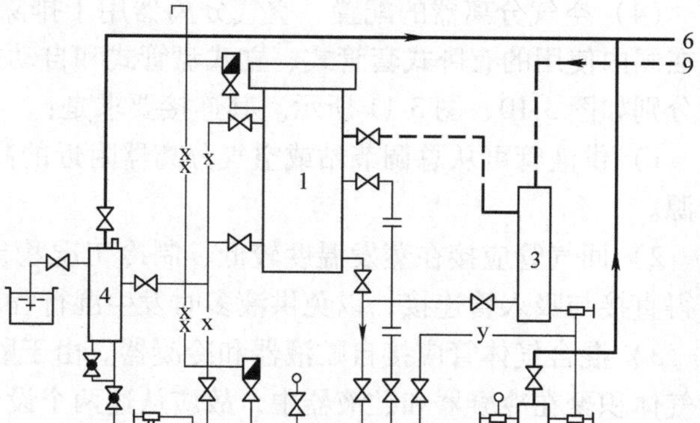

图3-11 立式冷凝器的管道配置

1—立式冷凝器 2—贮液器 3—洗涤式油分离器 4—立式放空气器 5—集油器 6—减压 7—放油 8—供液 9—排气

（3）贮液器的配置 在制冷装置中，制冷系统经常处在变负荷下工作，冷凝液直接通过节流阀供给蒸发器很难准确控制。当蒸发量小于冷凝量时，会有一部分液体积存于冷凝器中而占去一定的冷凝面积；当蒸发量大于冷凝量时，又将会有高压气体进入蒸发器而导致制冷系统紊乱。所以，有必要在冷凝器后设贮液器。贮液器的主要功能是：贮存冷凝液，调节和平衡热负荷与制冷剂之间的需求关系；在制冷装置高、低压系统之间起着液封作用，防止高压气体进入供液管中；容纳冷凝器下流液体，防止冷凝液占冷凝面积而使冷凝压力上升；在设备维修时贮存制冷剂等。

贮液器的配置有通过式和涨缩式两种方案，其中通过式制冷系统的总循环量都从贮液器通过，是目前广泛采用的方式，如图3-10～图3-12所示。涨缩式布置如图3-13所示。当蒸发量与冷凝量相等时，冷凝液不经贮液器直接送往节流阀。只有蒸发量与冷凝量不平衡时，贮液器才起调节作用。该方案的特点是：当环境温度高于冷凝温度时，可保持冷凝液的过冷度，且对冷凝器和贮液器的安装高差要求较小，常用于高度受限、机舱温度较高的船用制冷装置，但容易将液体中的油带入低压系统。对习惯于操作通过式布置的人员来说，需注意操作上的区别。

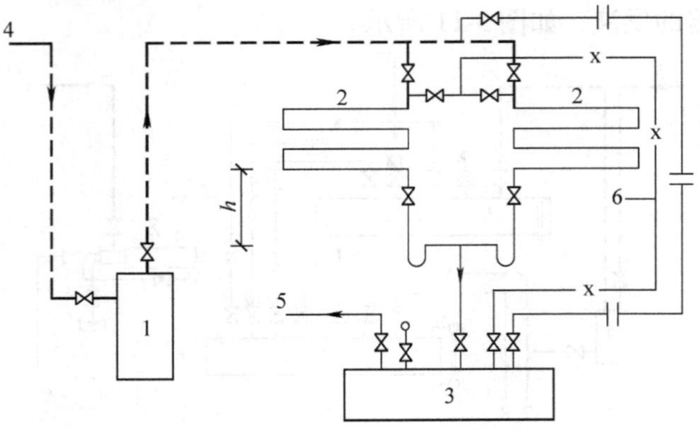

图3-12　蒸发式冷凝器的管道配置

1—离心式油分离器　2—蒸发式冷凝器　3—贮液器　4—高压气　5—供液　6—接放空气器

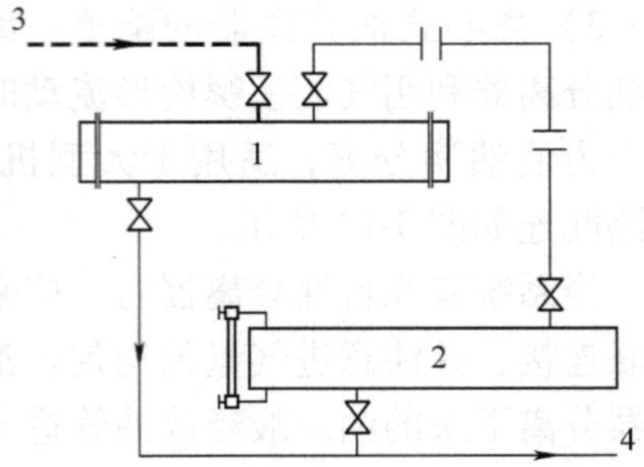

图3-13　涨缩式配置

1—冷凝器　2—贮液器　3—高压气　4—供液

（4）空气分离器的配置　空气分离器用于排除制冷系统中不凝性气体（主要是空气）。现在国内使用的有卧式套管式、立式盘管式和自动式空气分离器三种形式。前两种的管道配置分别如图3-10、图3-11所示。其连接要求是：

1）供液管可从总调节站或空气分离器附近的高压液管接出，节流后作为空气分离器的冷源。

2）回气管应接在蒸发温度较低、制冷工况稳定、经常工作的蒸发回路的回气管道上，不得直接与吸入管连接，以免供液多时发生湿行程。

3）混合气体管应接自贮液器和冷凝器。由于贮液器的液封作用使进入制冷系统的不凝性气体积聚在冷凝器和贮液器中，故应从这两个设备接出混合气管至空气分离器。有的立式冷凝器有上、下两个放空气接头。这是因为在一定压力下，温度低处空气含量大，立式冷凝器工作时，出液口附近温度最低，由此处放空气是合适的。在停止工作时，则可从上部的出口放空气。

4）放空气管用管道接入水中。

5）对于被冷凝下来的液体的处理，卧式是内部循环使用，立式可接到空气分离器供液管上循环使用，也可利用高差进入贮液器。

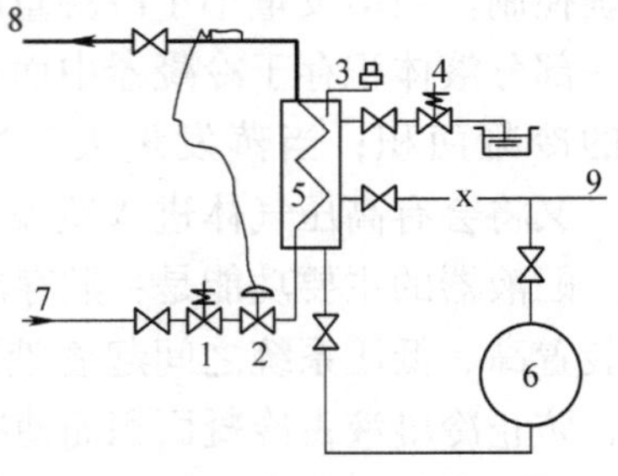

图3-14　自动空气分离器控制原理图

1—供液电磁阀　2—热力膨胀阀　3—温度控制器　4—放空气电磁阀　5—空气分离器　6—贮液器　7—供液　8—减压　9—混合气

图3-14为自动空气分离器控制原理图，其工作原理是：供液电磁阀1与压缩机同步启、闭，热力膨胀阀2根据回气过热度大小控制供液量。混合气体进入空气分离器后被盘管冷却，其中的制冷剂蒸气被冷凝成液体流入高压贮液器，不凝性气体仍以气态积聚在空气分离器的上部。由于空气被冷却放出的显热远小于制冷剂液化时放出的潜热，故随着空气含量的增多，其温度就逐渐降低。温度控制器3控制放空气电磁阀4的启、闭。当温度降到设定值

下限时，放空气电磁阀4打开向系统外排放，同时混合气体又补充进来，温度又随之上升；当温度升至上限时，温度控制器3又指令放空气电磁阀4关闭，停止排放。如此循环。

温度控制器的设定值一般为－5℃以下。当冷凝压力为1.2MPa时，上、下限设定值可取－8℃、－12℃。在大型制冷装置中，由于设备较多，适于选用自动空气分离器。

（5）集油器的配置　在氨制冷系统中，润滑油随制冷剂进入冷凝器、蒸发器等换热设备中是很不利的。为了减小油对换热的影响，凡有可能积油的设备都设有放油接口并通过放油管与集油器接通，由集油器实施放油。集油器上部的减压管用于降低集油器内的压力，使油、氨混合物中的氨液在低压下吸热汽化而使油、氨分离，氨气被抽走，油则留在集油器内而后放出。较大的制冷系统可设两个集油器，将高、低压设备分开使用。集油器的连接参见图3-11。

多台冷凝器、油分离器、贮液器的配置应采用并联连接，并在贮液器上加设液相、气相均压管，如图3-15所示。

3. 调节部分

调节部分主要指总调节站的设置。在制冷系统中，把能控制高压液体分配的阀门集中起来，再配备一些显示仪表就构成了总调节站。总调节站的结构形式因供液方式、压缩级数等的不同而有所差异。

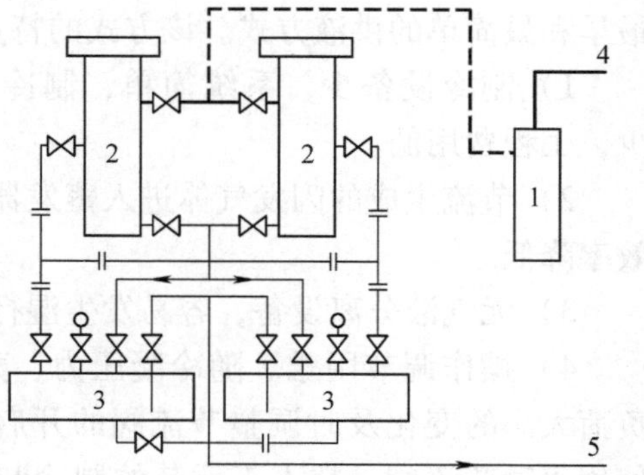

图3-15　多台设备并联配置
1—油分离器　2—冷凝器　3—贮液器
4—高压气　5—供液

（1）单级压缩总调节站　图3-16所示为单级压缩总调节站。直接膨胀供液常把节流阀设在调节站上，如图3-16a所示，由此控制、节流、降压；液泵、重力供液一般在低压循环桶、氨液分离器上采用浮球阀或自动供液，总调节站上不设节流阀，只用截止阀控制，如图3-16b所示。为了维修方便，可在经常检修的节流阀前后加设截止阀，但随之带来的是阀件数的增加、阻力的增大和系统的复杂化，所以应适当设置。

（2）双级压缩总调节站　双级压缩时总调节站分高、低温两部分，中间用过桥阀沟通。高温部分液体来源有高压贮液器、加氨站等，去向为高蒸发温度供液、中间冷却器供液及蛇形盘管供液等。低温部分液体来源为中间冷却器蛇形盘管过冷液体、排液桶排液等，去向为低蒸发温度供液，如图3-17所示。

对于比较简单的制冷系统，也可不设总调节站。

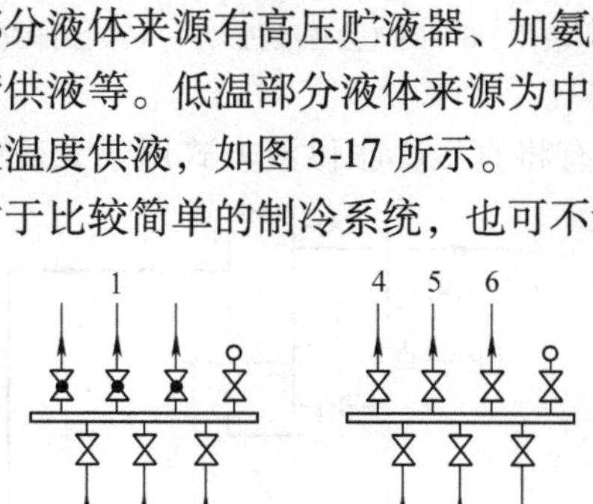

图3-16　单级压缩总调节站
a）节流阀设在总调节站上　b）不设节流阀的总调节站
1—供液　2—高压贮液器来液　3—排液桶来液
4—加氨站来液　5—－10℃氨液分离器供液
6—－15℃氨液分离器供液　7—备用

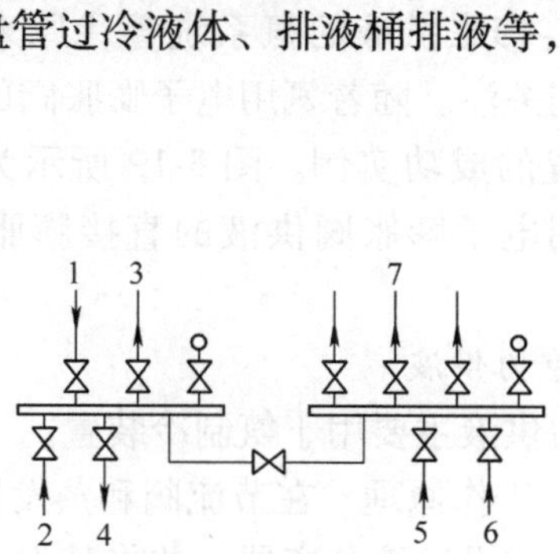

图3-17　双级压缩总调节站
1—高压贮液器来液　2—加氨站来液　3—高蒸发温度供液　4—中间冷却器供液　5—中间冷却器来液　6—排液桶来液　7—低蒸发温度供液

二、低压系统

低压系统因制冷系统供液方式不同而有很大差异。下面主要讨论几种不同的供液方式及相关内容。

根据向蒸发器供液的动力，直接冷却系统分直接膨胀供液、重力供液、液泵供液和气泵供液四种。

1. 直接膨胀供液

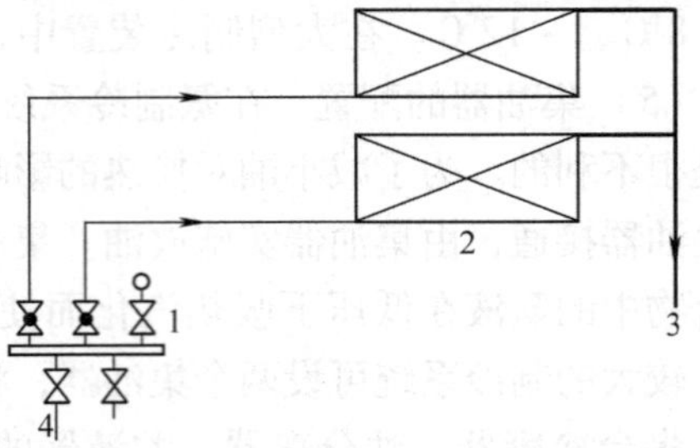

图 3-18　直接膨胀供液

1—总调节站　2—蒸发器　3—回气　4—高压液

利用冷凝压力和蒸发压力之差，将节流后的制冷剂直接送入蒸发器的供液方式，称直接膨胀供液，如图 3-18 所示。在制冷装置中，它是应用最早和最简单的供液方式。该方式的特点是：

1）制冷设备少，系统简单，制冷剂充注量少，工程费用低。

2）节流生成的闪发气体进入蒸发器，使制冷效率降低。

3）无气液分离设备，容易发生湿行程。

4）操作调节困难。随冷凝压力、蒸发压力、负荷大小的变化及时调整节流阀的开启度，这对使用手动节流阀、靠人工调节的制冷装置来讲是不容易做到恰到好处的。同时，由于闪发气体的存在，对并联蒸发器的供液不容易均匀分配，使供液多的易发生湿行程，供液少的则出现过热现象。

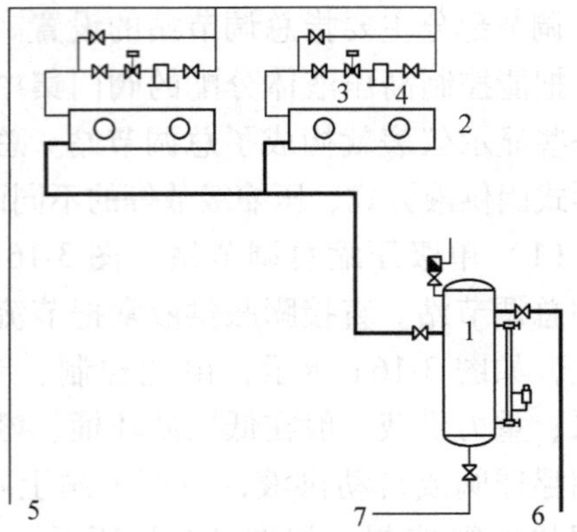

图 3-19　大连某冷库采用的利用电子膨胀阀供液的直接膨胀供液方式（局部）

1—氨液分离器　2—冷风机 GFD—350　3—电子膨胀阀 AKVA10—8　4—过滤器 ZYG—25　5—高压液体　6—回气去压缩机　7—下液去排液桶

鉴于上述特点，国内氨制冷系统中较少采用这种供液方式。据国外资料介绍，有的国家已研究用直接膨胀供液的氨系统替代原来的氟系统，值得我们关注。随着氨用电子膨胀阀的开发，国内已有将直接膨胀供液方式用于大、中型氨制冷装置的成功实例。图 3-19 所示为大连某冷库采用的利用电子膨胀阀供液的直接膨胀供液方式（局部）。

2. 重力供液

重力供液主要用于氨制冷装置。

（1）工作原理　在节流阀和蒸发器、蒸发器和压缩机之间增设氨液分离器，并将其设在高于蒸发器的地方。节流后的两相制冷剂先进入氨液分离器被分离，分离下来的液体利用氨液分离器内保持的液面和蒸发器之间高差形成的静压向蒸发器供液，故称之为重力供液。其原理如图 3-20 所示。

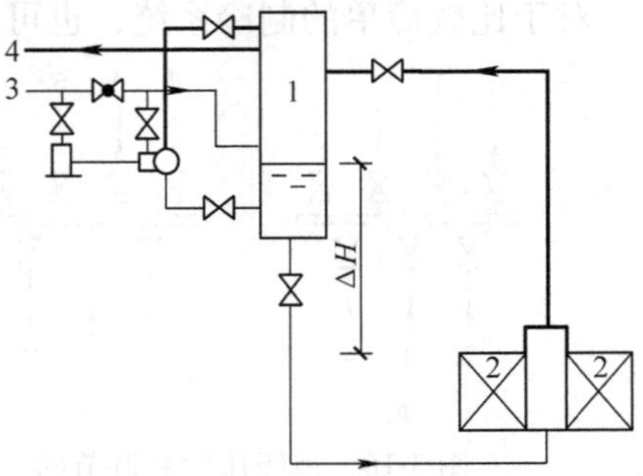

图 3-20　重力供液原理图

1—氨液分离器　2—蒸发器　3—高压来液　4—回气

（2）供液高差 ΔH 的确定 氨液分离器内正常液面和蒸发器之间的高差 ΔH，取决于流动阻力的大小。ΔH 过小，不足以克服阻力，供液不通畅；ΔH 过大，液柱静压对蒸发温度的影响加大。因此，为了保证既能向蒸发器正常供液，又不至于严重影响蒸发温度，原则上讲，该高差形成的静压，在克服了总阻力之后，剩余压差对蒸发温度的影响不超过 1℃。如不同蒸发回路所要求的剩余压差值分别为：

-33℃回路：≤5kPa；

-28℃回路：≤6kPa；

-15℃回路：≤12kPa。

实际设计中，氨液分离器正常液面可高于蒸发器最上层管子 0.5～2m，常取 1.5m 左右。

（3）机房氨液分离器的设置 《冷库设计规范》规定，重力供液方式的回气系统属下列情况之一时，应在氨压缩机房内增设氨液分离器：①两层及两层以上的库房；②设有两个或两个以上的制冰池；③库房氨液分离器与氨压缩机房的水平距离大于 50m。

也就是说，为了提高压缩机运行的安全性，必要时设机房氨液分离器，对库房氨液分离器的回气进行二次分离。机房氨液分离器不承担向蒸发器供液的任务，不必保持一定液面。

（4）氨液分离器的数量 按库房、机房氨液分离器分别确定。

1）库房氨液分离器的数量取决于蒸发回路数、冷间数及层数。不同蒸发回路应分别设置；多层库房应分层设置；同一蒸发回路的多个冷间可以合用一个，也可以分别设置。

2）机房氨液分离器的数量主要取决于蒸发回路数。需要设置时，在满足气液分离的条件下，一个蒸发回路设一个即可。

（5）分调节站的设置 一个氨液分离器对多个冷间或多组蒸发器供液时，为便于操作管理，设置分调节站。分调节站按制冷剂流过时的相态分液体分调节站、气体分调节站；按融霜功能分带热氨融霜和不带热氨融霜的分调节站。图 3-21 所示为重力供液不带热氨融霜的分调节站，图 3-22 所示为带热氨融霜的分调节站。两种形式的调节站均由总管、支管、截止阀、压力表等组成，其中支管的数量由冷间和蒸发器的数量决定。原则上一间一根供液一根回气；对于采用不同形式蒸发器的冷间，可分别供液并联回气，或分别供液分别回气。

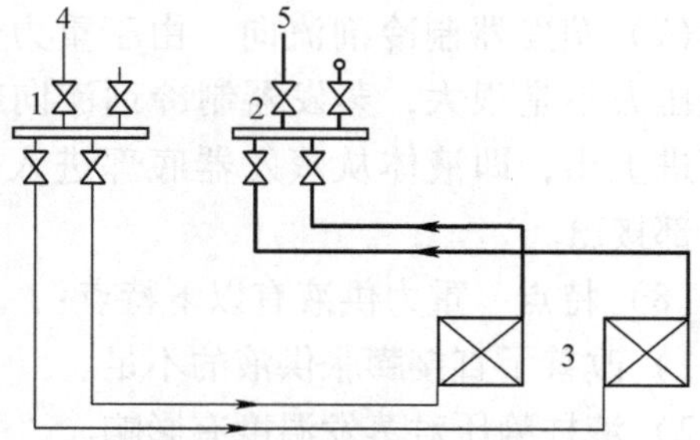

图 3-21 重力供液不带热氨融霜的分调节站

1—液体分调节站 2—气体分调节站

3—蒸发器 4—供液 5—回气

图 3-22 所示分调节站的工艺流程为：正常降温时，阀 B、D 关，A、C 开，液体经阀 A—液体管—蒸发器—回气管—阀 C—氨液分离器；热氨融霜时，则阀 A、C 关，B、D 开，热氨由阀 E—阀 D—回气管—蒸发器—液体管—阀 B—阀 F—排液桶。可以看出，该形式使用灵活、方便，不同冷间可同时进行降温和热氨融霜操作，互不影响。但阀门较多，系统较复杂。

简化设计的分调节站如图 3-23 所示。该调节站阀门少，结构简单，但任何一个蒸发器融霜时，同一蒸发回路的其他蒸发器都不能降温，且需要有另一个蒸发回路存在以提供热源。对于不需要经常融霜的冷间可以考虑选用，如冻结物冷藏间。

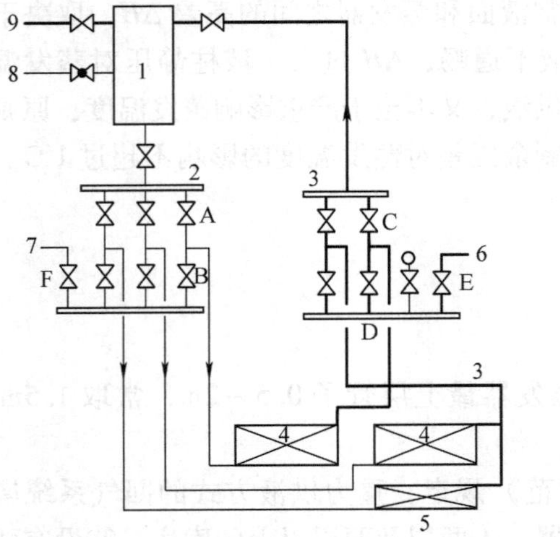

图3-22 重力供液带热氨融霜的分调节站
1—氨液分离器 2—液体分调节站 3—气体分调节站 4、5—蒸发器 6—高压气 7—排液 8—供液 9—回气

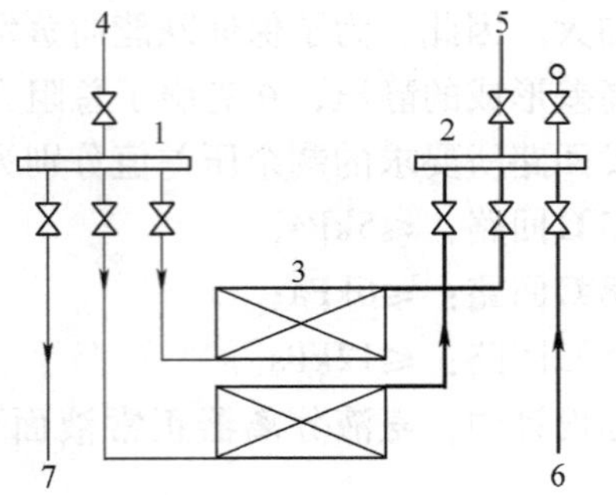

图3-23 简化设计的分调节站
1、2—液体、气体分调节站 3—蒸发器 4—供液 5—回气 6—高压气 7—排液

(6) 排液桶、低压贮液桶的连接 排液桶、低压贮液桶的构造相同，用途稍有不同。排液桶主要用于容纳冲霜排液，低压贮液桶则收集各容器分离下来的液体。早些年建的冷库中，有这两种都设的。后来，为简化系统采取了一桶两用的设计方式，既可容纳冲霜排液，又可收集各容器的分离液体，如图3-24所示。

(7) 蒸发器制冷剂流向 由于重力供液的供液压力不是很大，蒸发器制冷剂流向必须采用下进上出，即液体从蒸发器底部进入，回气从顶部接出。

(8) 特点 重力供液有以下特点：

1) 改善了直接膨胀供液的不足。

2) 液柱静压对蒸发温度有影响。

3) 蒸发器内制冷剂流速慢，放热系数较低，且其中的积油不易被冲出来。

4) 氨液分离器、分调节站布置较分散，不便于集中管理。

5) 需加建阁楼或占穿堂等使用面积放置氨液分离器，土建费用增加。

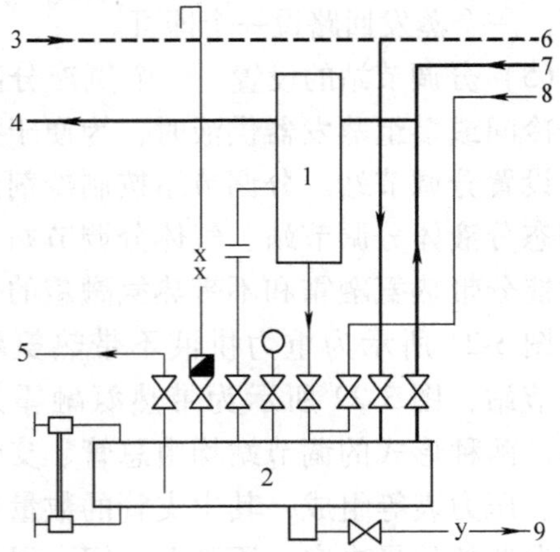

图3-24 排液桶的连接
1—机房氨液分离器 2—排液桶 3—油分离器来液 4—去压缩机 5—供液 6—去融霜 7—接自库房氨液分离器 8—排液 9—接集油器

3. 液泵供液

利用液泵的机械力向蒸发器输送低温制冷剂液体的供液方式叫液泵供液。

(1) 工作原理 高压液体节流后，进入低压循环桶，闪发气体被分离出，液体由液泵输往蒸发器吸热蒸发，蒸发形成的气体和未蒸发的液体一并返回低压循环桶被再次分离，气体和闪发气体被压缩机吸走，液体和补充来的液体供液泵再循环，如图3-25所示。

(2) 分调节站 液泵供液的分调节站与重力供液相似，只是由于泵排出压力较高，宜把液体分调节站上的供液阀设计成节流阀，以便于对泵出液体的调节控制。也有增设高压直接供液以防液泵故障的，如图 3-26 所示。

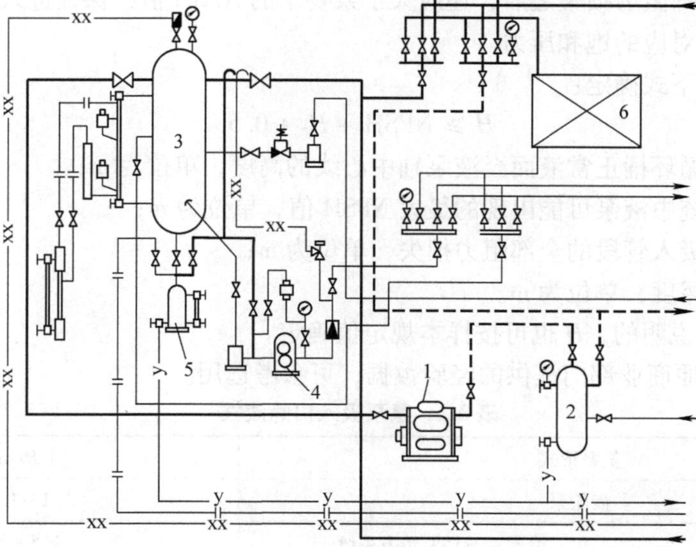

图 3-25　氨泵供液制冷系统原理图

1—压缩机　2—油分离器　3—低压循环桶　4—液泵　5—集油器　6—蒸发器

（3）再循环倍数 n_x　在泵供液系统中，泵对蒸发器的供液量与蒸发器的蒸发量（质量计）之比称再循环倍数，用 n_x 表示。确定再循环倍数，应以提高蒸发器的传热系数 K、制冷剂在蒸发器内的流动阻力不过大、在并联蒸发器供液分配不均时仍能保证阻力最大的蒸发器必需的蒸发量为原则。

实验证明，蒸发器的 K 随 n_x 的增加而增大。但由图 3-27 看出，在 $n_x<4$ 时，K 的增加显著；当 $n_x>4$ 时，随 n_x 的增加 K 的增加不明显。同时，随 n_x 的增加，蒸发器内流动阻力增大，导致蒸发温度与库温之间的平均温差缩小，且泵的功耗加大，经常运转费增多。《冷库设计规范》对 n_x 的取值做了如下规定：对负荷较稳定、蒸发器组数较少、不易积油的蒸发器的下进上出供液系统，n_x 取 3～4；对负荷有波动、蒸发器组数较多、容易积油的蒸发器的下进上出供液系统，n_x 取 5～6；上进下出供液系统，n_x 取 7～8。设计中可参照执行。

（4）低压循环桶正常液面至泵轴线之间的液柱高度 H　当制冷剂液体经低压循环桶出液管进入泵体时，如压力低于其实际温度所对应的饱和压力，液体即沸腾产生气泡而破坏泵的正常工作，使流量降低、扬程下降，甚至不上液，严重时还可损坏液泵。这种现象称为液泵的“气蚀现象”。

为了防止气蚀现象，要求泵的吸入口要有一定的压头

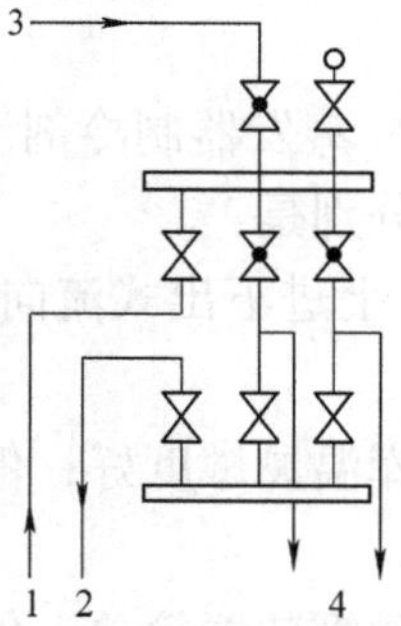

图 3-26　液泵供液液体分调节站

1—泵来液　2—排液　3—高压来液　4—蒸发器供液

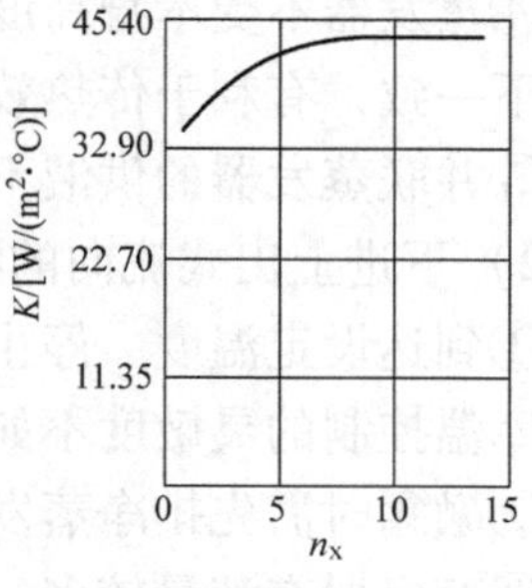

图 3-27　再循环倍数和传热系数的关系

注：实验条件为 DN38 冷风机光滑管，长 521m，分段供液。

——“净正吸入压头”。净正吸入压头NPSH是泵性能参数中一个重要参数，其大小与泵的性能有关，由液泵制造厂提供。通常是以低压循环桶正常液面与泵中心线的高差H形成的静压来克服管道全部阻力损失之后，还应大于泵要求的NPSH值，保证进入泵体的液体压力不低于该液体温度对应的饱和压力。

实际设计中按下式确定：

$$H \geqslant NPSH + H_f + 0.5 \tag{3-1}$$

式中 H——低压循环桶正常液面至液泵轴中心线的高度，单位为m；

NPSH——本系统中液泵可能出现的最大NPSH值，单位为m；

H_f——液泵吸入管段的全部阻力损失，单位为m；

0.5——安全裕度，单位为m。

对液泵样本有说明的，H也可按样本规定值确定。

表3-2所列为原商业部门提供的经验数据，可参考选用。

表3-2 氨泵吸入口静液柱

氨泵形式		H/m
齿轮泵		1~1.5
离心泵	-15℃蒸发系统	1.5~2.0
	-28℃蒸发系统	2.0~2.5
	-33℃蒸发系统	2.5~3.0

（5）蒸发器制冷剂流向 液泵供液蒸发器制冷剂流向有下进上出、上进下出两种方式，其特点分别是：

1）上进下出式流向的特点只有在低压循环桶安装位置低于蒸发器的条件下才能显示出来。

①库温灵敏度好，停止供液后，蒸发器内液体立即自行流入低压循环桶，可简化库温自控装置。

②融霜装置简单，停止供液就可进行融霜操作，但低压循环桶容积要求应能容纳进行融霜操作的冷间蒸发器流下来的液体。

③蒸发器内的积油易冲出，有利传热。

④蒸发器不受本身高度所形成的液柱静压的影响，各处压力大致相等。因此，蒸发压力上、下一致，有利于传热效率的提高。

⑤并联蒸发器的供液不易均匀，影响部分蒸发器的正常工作。

2）下进上出式流向的特点为：

①到达设定温度、停止供液后，蒸发器内积存的液体仍继续吸热蒸发，使库温继续降低，库温控制的灵敏度不如上进下出式流向。

②融霜时需先排净蒸发器的液体后才能进行，操作费时间。

③蒸发器充液量较多，约60%，积油不如上进下出式流向排出顺畅。

④蒸发器内液体是压力输送，并联蒸发器容易配液均匀，可简化分液装置和节省调节阀。

⑤低压循环桶与蒸发器的位置不受限制，适用性强。

可以看出，两种方式各有优缺点，选择时，应视具体情况而定。如贮藏果蔬、鲜蛋的冷藏间，对库温控制要求较严，宜采用库温灵敏度高的上进下出式流向；对于并联蒸发器多，对均匀配液要求较高的系统，则宜选用下进上出式流向。

（6）配管　管路配置的要点是：

1）氨泵进液管上尽量少设阀门、弯头及变径，进、出液管管径适当（进液管流速为0.4～0.5m/s，出液管为0.8～1.0m/s），以减少摩擦阻力和局部阻力。

2）氨泵进液管上应加装液体过滤器，液体过滤器前应设置截止阀。在满足操作、便于检修的前提下，尽量降低进液管上截止阀和液体过滤器的安装位置。

3）设抽气管把泵体附近产生的气体吸走。抽气管有设在泵体上的（如屏蔽泵），也有设在进、出液管上的。

4）设液泵回路自动控制。液泵回路自控原理如图3-28所示，其控制作用如下：

①液位控制器的设置。国产液位控制器的型号有UQK—40和YZK两种，一般用于控制正常液位和超高液位，由两个液位控制器分别执行。正常液位控制器在液位降至下限时，发出要求供液的信号，当液位升至上限时，发出停止供液的信号。上、下限液位间距一般为60mm，控制点设在低压循环桶容积的1/3处。超高液位控制器在液位升至上限（即当低压循环桶液位超高将引起压缩机湿行程）时，立即发出报警信号，并采取相应措施，确保安全。超高液位一般设在低压循环桶容积的2/3处。

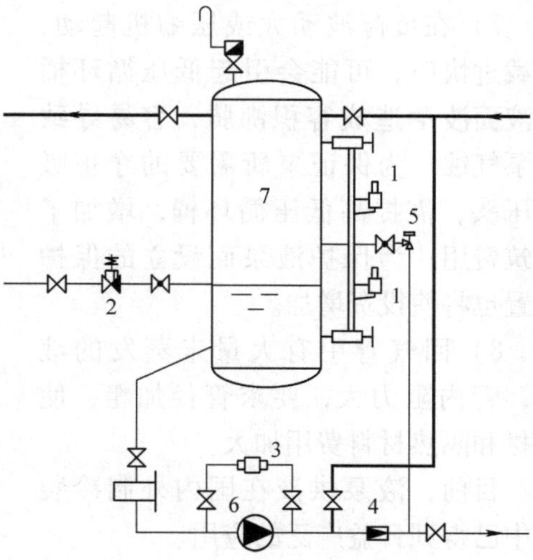

图3-28　液泵回路自控原理图

1—液位控制器　2—供液电磁主阀　3—压差控制器　4—止回阀　5—自动旁通阀　6—液泵　7—低压循环桶

②电磁主阀（或电磁阀）的设置。电磁主阀（或电磁阀）作为正常液位控制器的执行元件，根据液位控制器发出的信号，使供液通、断，维持低压循环桶的正常液位。

③压差控制器的设置。压差控制器用于液泵保护，当液泵进出口的压差值低于调定值时，发出报警信号，并延时停泵，避免液泵在不上液时继续运转而损坏。该装置的设置对利用液体冷却、润滑的屏蔽泵来说尤为重要。

④止回阀的设置。止回阀在液泵停止运行时，可防止蒸发器和供液管路中的液体倒流，及由其引起的液泵倒转和低压循环桶液位超高；还可在多泵并联时防止串液。

⑤自动旁通阀的设置。自动旁通阀可起到自动旁通流量、调节和防止停泵期间压力升高而破坏管阀的作用。系统运行时，一台液泵往往承担多个冷间的供液，当各冷间逐个达到要求而停止供液时，剩余冷间的供液压头和供液量就会相应增加。当供液压头升至调定值时，旁通阀就会自动打开，使一部分液体回流至低压循环桶。在停止运行期间，供液管吸热引起温升，使体积膨胀，管内压力升高，可能导致管阀破裂。把自动旁通阀设在止回阀后，即可防止此类事故发生。

（7）特点　液泵供液的特点是：

1）蒸发器热交换效率高。蒸发器内有数倍于蒸发量的液体使管内流速加大，管内表面能得到充分的润湿，加之液体的冲刷，减轻了润滑油对管壁换热形成的影响。

2）安全性好。低压循环桶有足够大的容积进行气液分离，不易发生湿行程。

3）制冷效率高。低压循环桶设在机器间或设备间，离压缩机近，吸入管内压力损失小，吸气过热也小，有利于提高制冷效率。

4）操作简单，便于集中控制。低压循环桶可代替气液分离器和排液桶，冲霜时融霜完毕就可起动液泵恢复制冷循环，简化了排液桶的排液操作过程，提高了效率。分调节站相对集中于机房，操作、控制都较方便。

5）便于实现自动控制。

6）需设置液泵，增加了维修工作。泵的运行需增加功耗1% ~1.5%。

7）在负荷波动大或压缩机起动、上载过快时，可能会引起低压循环桶内液面波动造成容积沸腾，容易导致液泵气蚀。为保证泵所需要的净正吸入压头，需提高低压循环桶，增加了建筑费用。为保护液泵而设立的保护装置也将使投资增加。

8）回气管中有大量未蒸发的液体，管内阻力大，要求管径加粗，使管材和隔热材料费用加大。

目前，液泵供液在国内外制冷装置中已得到日益广泛的应用。

4. 气泵供液

以高压制冷剂蒸气或高压液体的闪发气体具有的压力，向蒸发器强制输送液体的供液方式，称为气泵供液。图3-29为其系统原理图。

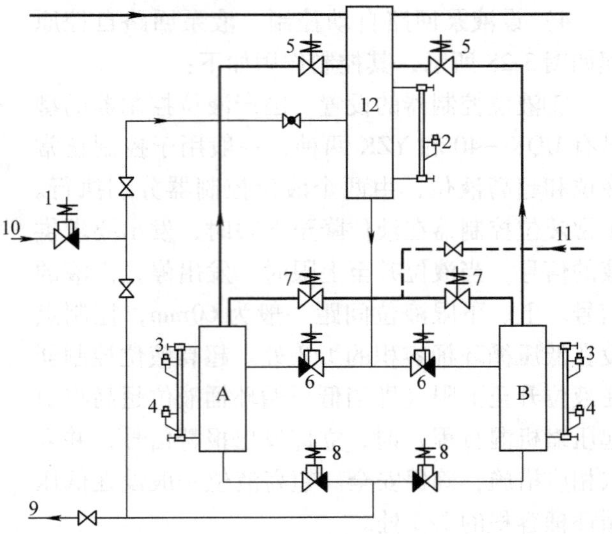

图3-29 气泵供液系统原理图

1—供液电磁主阀 2—液位控制器 3、4—上、下限液位控制器 5—均压电磁阀 6—加压罐进液管电磁主阀 7—加压管电磁阀 8—出液管电磁主阀 9—蒸发器供液 10—高压来液 11—高压气 12—气液分离器 A、B—加压罐

（1）工作原理 该供液方式由气液分离器、加压罐和控制元件组成。高压液体经节流后，进入气液分离器，液位控制器2根据液位高低向供液电磁主阀1发出指令，停止或恢复对气液分离器的供液。气液分离器出液管与加压罐连接，当其中一只加压罐处于下液位时，下限液位控制器4则指令加压罐进液管电磁主阀6、均压电磁阀5开启，让气液分离器中的低压低温制冷剂液体流入该罐内。当液位升至上限时，上限液位控制器3指令5、6关闭，同时指令加压管电磁阀7、出液管电磁主阀8开启，使高压蒸气进入加压罐对罐内液体加压，将其中的液体强制送到各组蒸发器。两只加压罐交替工作，完成向蒸发器连续供液的任务。

（2）特点 不需要机械泵等消耗动力的设备，同样达到了液泵供液的目的。具有投资省、泄漏少、运行平稳等优点。但需要较多的自控元件，且一个元件的故障将影响整个系统的运行，对自控元件要求较高。

高压系统和低压系统结合起来，构成一个完整的制冷系统。

第三节　氟制冷系统

采用氟利昂作为制冷剂的系统称为氟制冷系统，简称氟系统。由于氟利昂与氨在特性方面的不同，故其各自的制冷系统也有不同的特点。本节将主要介绍氟系统有别于氨系统的特点，相同之处不再复述。

一、氟利昂制冷剂的应用

自从1928年T. Midgley发明氟利昂以来，一系列的氟利昂产品相继问世，如1931年的R12、1936年的R22等。很快，氟利昂便以其优良的理化性质和热力循环性能被人们视为完美的制冷工质，迅速在制冷空调系统中获得广泛应用，有力地促进了制冷、空调业的发展。除了氨在较大型冷库中仍占有相当地位之外，氟利昂几乎已风靡于制冷领域。在日本及欧美一些制冷技术较发达的国家，氟利昂的应用尤为突出。

1974年6月，美国加利福尼亚大学S. Rowland教授和M. Molina博士发表了题为“环境中的CFCs”的论文，文中提出由于R11、R12等氟氯化碳（简称CFCs）的大量使用，将大气同温层中的臭氧层破坏，使臭氧层变薄甚至形成空洞，并产生温室效应，导致对地球生态环境的不利影响。

大气臭氧层的破坏引起国际社会的严重关注。1977年联合国环境计划署（UNEP）成立了臭氧问题调查委员会，1985年在维也纳制定了《保护臭氧层维也纳公约》。1987年9月16日，24个国家在加拿大蒙特利尔签署了《破坏臭氧层物质管制的蒙特利尔议定书》（简称《蒙特利尔议定书》），限制CFCs和哈龙类物质的使用。其后，又不断对议定书进行修订，加速限制进程，并有更多的国家加入限制臭氧层消耗物质的行列。1991年6月，中国正式提出加入经修正的《蒙特利尔议定书》。1992年11月，在哥本哈根召开了蒙特利尔议定书缔约国第四次会议，除严格了对CFCs的限定外，又对包括R22在内的氟氯烃（简称HCFCs）工质的生产及使用提出了限制。按《蒙特利尔议定书》的规定，CFCs生产、消耗的禁止日期是：发达国家为1996年1月1日；发展中国家为2010年1月1日。HCFCs禁止日期是：发达国家为2030年1月1日；发展中国家为2040年1月1日。2007年9月17日在加拿大蒙特利尔召开的第19次缔约国会议上，缔约国就加速冻结使用和淘汰HCFCs做出了如下规定：在2013年将各国HCFCs的生产冻结在2009—2010年的水平；发达国家应于2020年前停止使用HCFCs，发展中国家应于2030年前停止使用HCFCs。

这样，随着CFCs、HCFCs工质的限制使用，制冷装置中常用的氟利昂制冷剂R12、R22和R502等的替代就成了当务之急，国际、国内都加强了这方面的研究并已初见成效。部分科学家提出用天然制冷剂作为替代物，如R717、R600a、CO_2等，它们既不破坏大气臭氧层，又不导致全球变暖。除此之外，新型HFCs类氟利昂制冷剂中，也有了比较成熟的替代物。如目前比较常用的替代制冷剂为：R134a替代R12；R410A（HFC32/HFC125）、R407C（HFC32/HFC125/HFC134a）替代R22；R404A（HFC125/HFC143a/HFC134a）、R507（HFC125/HFC134a）替代R502等。

由于替代氟利昂制冷剂和被替代氟利昂制冷剂的性质、特性等多有不同，为便于学习，本书中“氟利昂”均指原常用氟利昂（R12、R22、R502等），其他氟利昂制冷剂单独提出

（如 R134a、R410A 等）。

关于制冷剂的代号书写：以前制冷剂是按 ASHRAE（美国采暖、制冷和空调工程师协会）规定的统一编号书写为 R11、R12、R22、R502 等。1988 年美国杜邦公司首先提出用 CFC 表示氯的氟化碳，用于区别各类氟利昂对臭氧层的不同作用，CFC 对大气臭氧层的破坏性最大，HCFC 次之。目前，这种表示方法已被人们所接受。其他代号见表 3-3。

表 3-3 区别制冷剂对消耗臭氧的作用不同的代号表示法

代号	含义	举例
CFC	氯氟烃	CFC11—R11、CFC12—R12
HCFC	氢氯氟烃	HCFC22—R22、HCFC123—R123
HFC	氢氟烃	HFC134a—R134a、HFC23—R23

二、氟利昂的特性

（1）溶油性 与润滑油互相溶解是氟利昂的主要特性，其溶解度与制冷剂和润滑油的种类、温度等有关。常用氟利昂中，R12 比 R22、R502 溶油性强。鉴于氟与油的互溶性，在制冷过程中，氟油混合物以不同状态流经高压贮液器、中间冷却器、低压循环桶等设备。根据物理化学原理，我们可把某些设备中的氟油混合溶液看成一个氟油共存的双液系。图 3-30 是 R22 与某种润滑油的溶解度图，全图被弧形曲线划分为 *A*、*B*、*C*、*D* 四个区域，图中 *K* 点对应的温度称临界溶解温度。在高于临界溶解温度的 *A* 区域，R22 与润滑油能以任何比例均匀混合，构成均一的液相；在 *B*、*C* 区域，则分别对应为油溶于 R22 和 R22 溶于油的单相不饱和溶液；在弧形曲线内的 *D* 区域，溶液分为两层，其形成过程为：从 *A* 区域的点 1 冷却到 *D* 区域的点 2（如 −20℃）时，均一的溶液就分离成油浓度低的溶液点 3（称贫油层）和油浓度高的溶液点 4（称富油层），此时点 3 的含油量约为 3%，点 4 的含油量约为 52%，因富油层质轻，它就浮在另一溶液层之上，形成两层，称为两层分离（也称双液层）。可以说，氟油混合溶液在低温下的两层分离现象是氟系统（有别于氨系统）的显著特点。

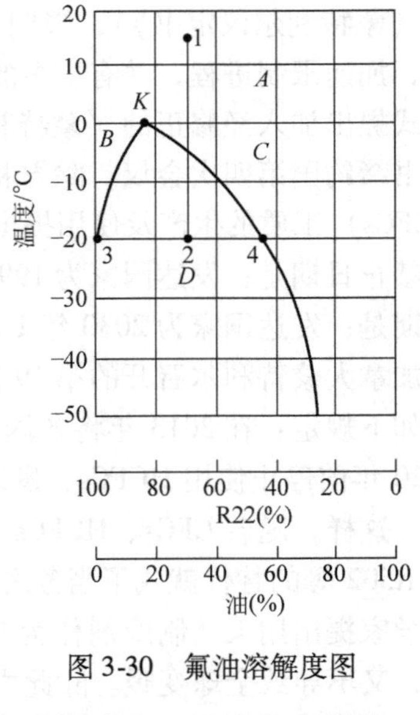

图 3-30 氟油溶解度图

氟中溶油后，对制冷系统有利有弊。其利点有：有利于运动部件润滑；在换热器中（如冷凝器）不会形成油膜而影响传热，改善了换热条件；在高压容器内温度高于临界溶解温度，氟液和油形成均一的液体，故在高压贮液器、冷凝器等设备中不必考虑油的问题。其不利点则是：相同蒸发压力下的蒸发温度上升，要保持原有的蒸发温度，压缩机就必须在更低的蒸发压力下运行，使制冷能力下降，制冷系数减小；氟液黏度增大，流动阻力增加；大量润滑油溶于氟液中或积存于某些设备内，也可造成压缩机的失油现象等。表 3-4 显示了 R22 溶油后对制冷量的影响情况。可以看出，在氟系统设计及操作过程中，设法降低氟中溶油量并使润滑油随着氟的流动返回压缩机是关键所在。解决这些问题，应从冷却设备结构形式、供液流向、管路配置等方面采取措施。

表 3-4 R22 中含油对制冷量的影响

含油量（%）	10	15	50
制冷量降低（%）	8	13	63

新型氟利昂制冷剂的溶油性大多与常用氟利昂不同。如 R134a 与 R12 在溶油种类和溶油特性上都有很大差异。R134a 的分子极性大，在非极性油中的溶解度很小，即使温度高达 65℃，R134a 都不与矿物油溶解。R407C、R410A 也不能与矿物油互溶。R134a、R407C、R410A 都能溶解于聚酯类合成润滑油（简称聚酯油，用 POE 表示）。

（2）溶水性　氨能以任意比例与水互相溶解，而氟利昂的溶水性极小，且其溶解度与制冷剂的种类和浓度有关。表 3-5 所列为水在 R12、R22 中的溶解度。由表 3-5 可以看出两个问题：①水在同一种氟利昂液体中的溶解度随温度降低而减小；②同温度下不同制冷剂的溶水性不同，如 R22 的溶水性比 R12 大。

氟液中溶水的危害：①由于在高温状态下氟液的溶水性较大，遇到低温时便会有部分溶解在氟液中的水分析出呈游离水，当制冷系统蒸发温度低于 0℃时，析出的水分易在节流阀处结冰，使阀孔堵塞，俗称“冰堵”，影响制冷系统正常工作；②由于 R22 比 R12 的溶水性大，故 R22 制冷系统比 R12 系统发生冰堵的故障较少；③由于水分的存在，使原本对金属（含镁 2% 的金属除外）几乎没有什么腐蚀作用的氟利昂会因加水分解作用腐蚀设备、管道、电动机绝缘等，尤以铝镁合金为甚；④水分引起铁锈的产生，将会使润滑油呈泥状，加速润滑油的老化，给压缩机的运行增加了不利因素等。

因此，氟系统应采取各种措施严格限制水分的进入、清除进入系统中的水分。①在选购氟利昂时，应符合含水标准（R12、R22 中的含水量不大于 0.0025%，质量计）；②制冷装置设计时应在制冷系统液体管道上加设干燥器，以吸除进入系统的水分；③制冷装置安装施工过程中，应使用氮气或经过干燥处理后的压缩空气对制冷系统进行加压试漏，以减少水分的进入；④充注制冷剂时，要先经干燥器净化再进入系统等。

表 3-5 水在 R12、R22 中的溶解度（质量分数,%）

温度/℃	水的溶解度		温度/℃	水的溶解度	
	R12	R22		R12	R22
30	0.0115	0.147	−20	0.00072	0.028
20	0.0072	0.11	−30	0.00036	0.018
10	0.0044	0.083	−40	0.00017	0.012
0	0.0025	0.06	−50	0.00008	0.007
−10	0.0014	0.042	−60	0.00004	0.004

部分新型氟利昂制冷剂在溶水性方面与常用氟利昂也有不同。如 R134a 的溶解度为 0.11%（25℃，同温度下 R12 的溶解度为 0.01%），即使存在少量水分，在润滑油等的一起作用下，也将会产生酸、CO、CO_2，对金属产生腐蚀作用，或发生“镀铜现象”。因此，R134a 对系统的干燥和清洁性要求更高，而且不能用与 R12 相同的干燥剂，必须用与 R134a 相容的干燥剂，如 XH-7 或 XH-9 型分子筛。

（3）腐蚀性　氟制冷剂是一种良好的有机溶剂，天然橡胶和树脂等高分子化合物极易溶解于氟利昂。因此，不能使用普通橡胶做密封垫片、填料等，而应使用耐油橡胶和石棉板，如R22使用氯乙醇橡胶等。

（4）热工性能　氟利昂的表面传热系数、单位容积制冷量均小于氨，故相同制冷能力的机器设备比氨系统大。

（5）等熵指数小　氟利昂的等熵指数小于氨（R12，$K=1.138$；R502，$K=1.133$；R22，$K=1.194$；R717，$K=1.32$），故氟系统排气温度均低于氨系统。尤其是R12、R502，即使在较低的蒸发温度和较高的冷凝温度下（压比高），排气温度仍不太高，机器不出现过热现象，寿命得以延长。且排气中夹带的油几乎未受损害，可不经处理直接返回压缩机。所以，R12、R502的冷凝温度可高达50℃以上，从而有条件在制冷装置中使用空冷式冷凝器。R22排气温度比R12、R502高，且蒸发温度越低两者的温差越大。因此，R22更多地用于压缩比小的工况，如空调、双级压缩系统等。由于排气温度较低，所以氟双级系统常采用不完全中间冷却，以简化系统。

（6）密度　氟利昂的密度较大，如饱和蒸气的密度比氨大4～5倍，液体大一倍多，使其在管路中的流动阻力增大。为减少阻力需扩大管径，所以氟系统管径一般比氨管径粗。氟液的密度比常用润滑油大，故集油设备放油应有别于氨系统。

（7）泄漏性　据资料介绍，美国杜邦公司实验表明，“在一定的压力下，制冷剂的渗透率与分子量的平方根成反比”。由此可得出结论，氟利昂比氨不易泄漏。但由于氟利昂没有气味，泄漏不易发现，故系统密封性要求较高，阀门一般带有阀帽，以减少泄漏。

由两种或两种以上的纯制冷剂以一定的比例混合而成的制冷剂叫非共沸混合制冷剂（也称“非共沸制冷剂”）。新型氟利昂制冷剂中的R410A、R407C和R404A等都是非共沸制冷剂。在实际使用中，使用非共沸制冷剂的制冷装置发生泄漏时，非共沸制冷剂各组分制冷剂散失的速度不同，剩余在系统内的混合物的浓度就会改变。因此，需要向系统中补充制冷剂使其达到原来的数量和浓度，此时各组分制冷剂需要补充的量需要通过计算来确定，这对在现场处理问题的工程技术人员来说是很难做到的。某国外知名品牌制冷装置使用R410A做制冷剂，当制冷系统发生泄漏时，其技术服务人员在现场的处理措施是放掉系统内剩余的全部制冷剂，重新加入一定数量的R410A（R410A以液态充注）。

需要注意的是，由于HFCs类新型制冷剂分子中不存在氯原子（如R134a、R410A等），不能用传统的电子检漏仪检漏，而应该使用与制冷剂对应的专用检漏仪检漏。

三、氟制冷系统的特点

由于氨、氟制冷剂特性的不同，制冷系统也不完全一样。氟系统主要有下面几个特点。

1. 双级压缩采用中间不完全冷却

氟双级系统常采用一次节流中间不完全冷却方式，这种冷却方式中间冷却器的结构简单，实际上是一个直接蒸发式换热器，不需控制液面。图3-31所示为一单机双级机的配置方案，其工艺流程为：由冷凝器过来的高压液体分成两路，其中小部分经热力膨胀阀节流后进入中间冷却器吸热蒸发，大部分液体进入中间冷却器盘管被管外制冷剂冷却成过冷液体供往蒸发器。在中间冷却器内吸收盘管内的热量蒸发形成的中压饱和蒸气与低压缸排气混合后，被高压缸吸入，再经高压缸压缩到冷凝压力排入油分离器，分油后送往冷凝器。中间冷却器供液热力膨胀阀的开启度受混合点后温度的控制。

一次节流中间完全冷却的双级压缩制冷系统方案与氨系统基本相同，低压级压缩机排气进中间冷却器，在中间冷却器内冷却成饱和蒸气再被高压级压缩机吸入，增压后排入油分离器。与氨系统不同之处在于中间冷却器放油接口在富油层处，从此处引出排往集油器，经处理后再重复使用。

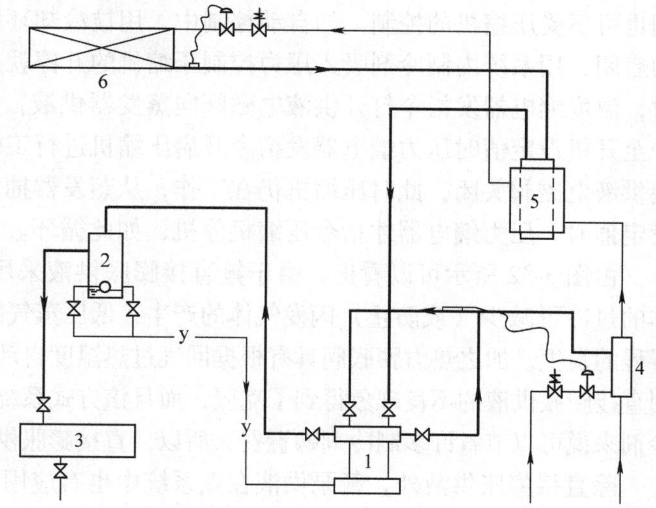

图 3-31 中间不完全冷却方案

1—单机双级机 2—油分离器 3—冷凝贮液器

4—中间冷却器 5—气液分离器 6—蒸发器

2. 回热循环的利用

利用热交换器使进入节流阀前的高压液体制冷剂与蒸发器出来的低压气体制冷剂进行热交换，而使液体过冷、气体过热的制冷循环称回热循环。采用回热循环可使节流阀前液体制冷剂产生较大的过冷度，降低节流阀前后制冷剂的温差，减少节流损失和少产生、甚至不产生闪发气体，提高冷却设备的传热系数和冷却面积的利用率；利用高压液体将回气过热，可减少或避免压缩机湿行程的发生，同时，还会因回气温度的升高，缩小了制冷剂与管外环境温度的温差，使有害过热降低。回热循环对制冷能力的影响因制冷剂不同而异。由制冷原理可知，R12、R502 制冷系统采用回热循环可提高单位容积制冷量和制冷系数，宜采用。R22 制冷系统采用回热循环，制冷效果不明显，有时会使制冷系数稍有下降，但为了得到过冷液体和过热蒸气，在直接膨胀供液系统中亦多用回热循环。至于氨制冷系统，由于回热循环将使其单位容积制冷量和制冷系数大大降低，故不采用。

采用回热循环后，压缩机吸气温度升高，排气温度也随之上升，为了防止过高的排气温度对制冷剂润滑油的影响，需有限度地控制压缩机回气的过热度在 30～40℃，但吸气温度不应超过 15℃。

3. 供液方式

氟系统主要采用直接膨胀供液方式。图 3-32 为某制冷装置选用的直接膨胀供液制冷系统原理图。

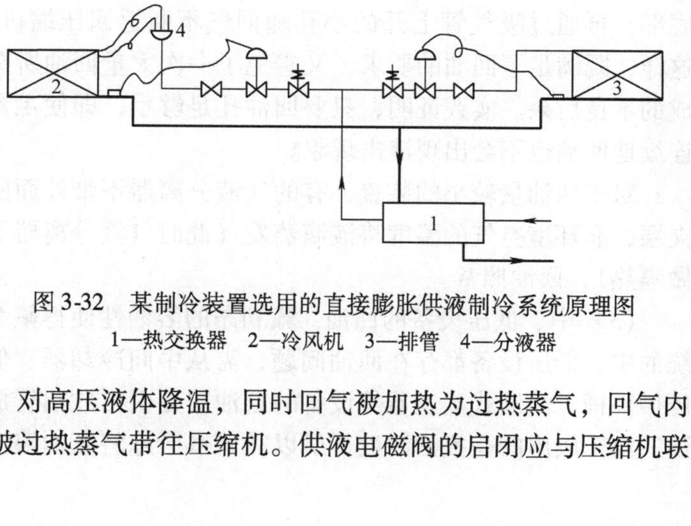

图 3-32 某制冷装置选用的直接膨胀供液制冷系统原理图

1—热交换器 2—冷风机 3—排管 4—分液器

高压液体通过热交换器被低压回气过冷后，经电磁阀、热力膨胀阀供往蒸发器，在蒸发器内吸热蒸发成气体，携带蒸发器内析出的油滴经回气管返回热交换器，对高压液体降温，同时回气被加热为过热蒸气，回气内夹带的液滴吸热成为气体，油滴则被过热蒸气带往压缩机。供液电磁阀的启闭应与压缩机联锁，以防止压缩机停止工作时高压液体继续向蒸发器供液而导致下次开机困难。当然，电磁阀也可不受压缩机的控制。如自动控制中，用被冷却环境的温度或压力参数控制供液电磁阀的启闭，用系统内制冷剂吸入压力控制压缩机的开停就是较常用的一例。当温度升高至上限时，温度继电器发指令打开供液电磁阀向蒸发器供液，液体吸热蒸发使蒸发器内压力上升，升至开机设定值时压力继电器发指令开启压缩机进行工作。当温度降至下限时，温度继电器使供液电磁阀关闭，此时压缩机仍在工作，从蒸发器抽气。只有当蒸发器内压力降低至停机设定值时，压力继电器才指令压缩机停机，如此循环。

由图3-32所示可以看出，由于氟直接膨胀供液采用了热交换器和热力膨胀阀，高压液体的过冷可减少（或防止）闪发气体的产生，低压蒸气的过热也可防止（或减少）压缩机湿行程的发生，加之热力膨胀阀具有根据回气过热温度自动调节供液量的功能，使在氨系统中采用直接膨胀供液的不良现象得到了克服，而且该方式系统简单，充氟量少，这对价格昂贵的制冷剂来说可以节省许多制冷剂购置费，所以，直接膨胀供液在氟系统中得到了广泛应用。

除直接膨胀供液外，氟泵供液在氟系统中也有应用。与氨系统相似，氟系统液泵供液有利于并联设备均匀供液，蒸发器中有几倍于蒸发量的未蒸发的氟液夹带着润滑油快速流动而不易积油，使蒸发器具有较好的冷却效果。

鉴于重力供液在氟系统中因设备较多、管路连接复杂又没有特别的优点，且涉及分离器内自由液面的回油问题等原因，国内外很少应用，所以不予介绍。

4. 氟系统的回油

氟利昂的溶油性将使油遍及所有的有氟设备、管道，其回油措施有：

（1）油分离器的回油　为减少排气中夹带的润滑油进入系统，氟系统也设有油分离器。氟机组一般都自带油分离器，用以及时将润滑油分离出来。油分离器设有自动回油装置和手动回油阀。平时使用自动回油装置，利用压差让油返回压缩机曲轴箱。在自动回油管上设有手动截止阀或电磁阀，用以维修或长期停机时切断回油管。手动回油阀则为备用阀，应正确使用。配连方案如图3-31所示。

（2）气液分离器回油　气液分离器是氟系统的专用设备，设在回气管道上，结构示意图如图3-33所示。其回油原理是：由蒸发器来的夹带有油滴的制冷剂进入气液分离器，经分离后氟液被夹层内的高压液体加热蒸发成气体，析出的油滴积聚在气液分离器的底部，再通过吸气管上开的小孔随回气不断返回压缩机。这样，既满足了回油的要求，又避免了一次大量回油所造成的不良后果。实践证明，只要回油孔足够小，即使足量连续地回油也不会出现液击现象。

对于回油量较小的装置，有的气液分离器不带外面的夹层，靠环境空气的温度将液滴蒸发（此时气液分离器不做隔热），回油照常。

（3）中、低压设备的回油　氟利昂的溶油性使得氟系统的中、低压设备都存在回油问题，需从中间冷却器、低压循环桶、满液式蒸发器等设备的富油层处引出放油管放油。由于放出的是氟油溶液，所以需采取措施将氟油溶液

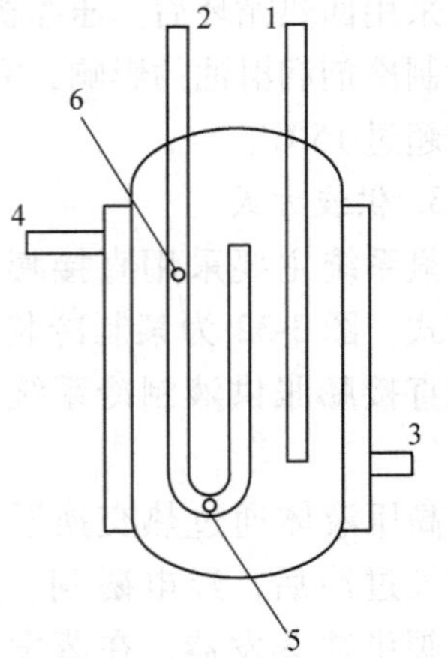

图3-33　气液分离器结构示意图

1—进气　2—出气　3—高压进液
4—出液　5—回油孔　6—解析孔

中的润滑油与氟液分开。在大部分制冷装置中，多采用热交换器对氟液加热使其蒸发而进行氟油分离，然后通过压缩机吸气管回油。在少数制冷装置中，由于油的循环量大，为了循环安全，也有设置加热式集油器对中、低压设备放出的油加以处理的。

5. 蒸发器供液流向

关于上进下出式、下进上出式供液流向的特点，在氨系统中已有介绍。氟系统采用直接膨胀供液的干式蒸发器中，含油的氟液进入蒸发器后，氟液不断吸热蒸发而将油析出，存于蒸发器内，随着积油量的增加，将使蒸发面积减小，换热效率下降。所以，应采用有利于回油的上进下出式供液流向，利用低压蒸气的流速将蒸发器内的油带入吸气管，返回压缩机。液泵供液系统中，可采用上进下出流向，也可采用下进上出式流向，这是因为油可在几倍于蒸发量的氟液的带动下与气体一并回到低压循环桶，再由低压循环桶返回压缩机。

6. 氟系统的热气除霜

氟系统也可采用热气除霜。由于氟系统排气温度较低，因而除霜时间长。根据不同的供液方式，其系统设计方案也不尽相同。

氟泵供液系统热气除霜方案与氨泵供液系统相同，可利用调整液体分调节站、气体分调节站相关阀门的开、关，实现各冷间降温、除霜的操作。不再复述。

直接膨胀供液系统采用热气除霜时，由于氟系统中热力膨胀阀的使用等原因，在系统设计中应注意以下相关问题：

1）进行管路设计时，要将向蒸发器供液的热力膨胀阀旁路，即热蒸气进蒸发器、冷凝液出蒸发器都不经过热力膨胀阀。

2）为简化系统、减少充氟量，尽量不设排液桶等设备，此时要做好冷凝液的处理。

3）氟系统排气温度较低，所以更应保证有充足的热气来源。

对设有两组以上蒸发器的制冷系统可参照图3-34设计除霜、排液方案。一组蒸发器需除霜时，把热气引入该蒸发器，被霜层冷凝成液体后，经手动阀流出，再通过电磁阀、热力膨胀阀供至另一组降温的蒸发器，吸热蒸发产生的低压蒸气再被压缩机吸入，成为除霜用热气的来源。另一组除霜时操作过程相反。

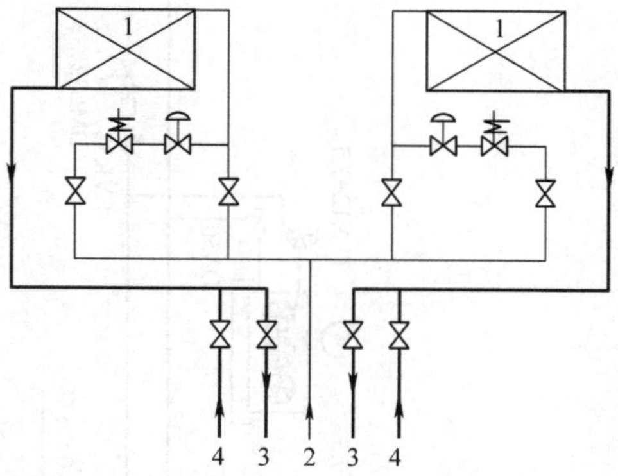

图3-34　热气除霜例

1—冷风机　2—供液　3—回气　4—热气

系统只有一组蒸发器时，热气除霜需解决好热气来源和冷凝液的去向问题，设计时应尽量避免。

四、氟系统实例

1. 直接膨胀供液制冷系统

图3-35为某R22冷库制冷系统原理图。该库由2间冷却物冷藏间组成，每间冷藏间设有3组吊顶式冷风机，并联供液。机组设有干燥过滤器，每间冷藏间又设有液体过滤器、电磁阀。高压液体经过液体过滤器、电磁阀、热力膨胀阀进入冷风机，低压气体夹带油滴离开冷风机混合后通过双上升回气立管、回气总管返回制冷机组。

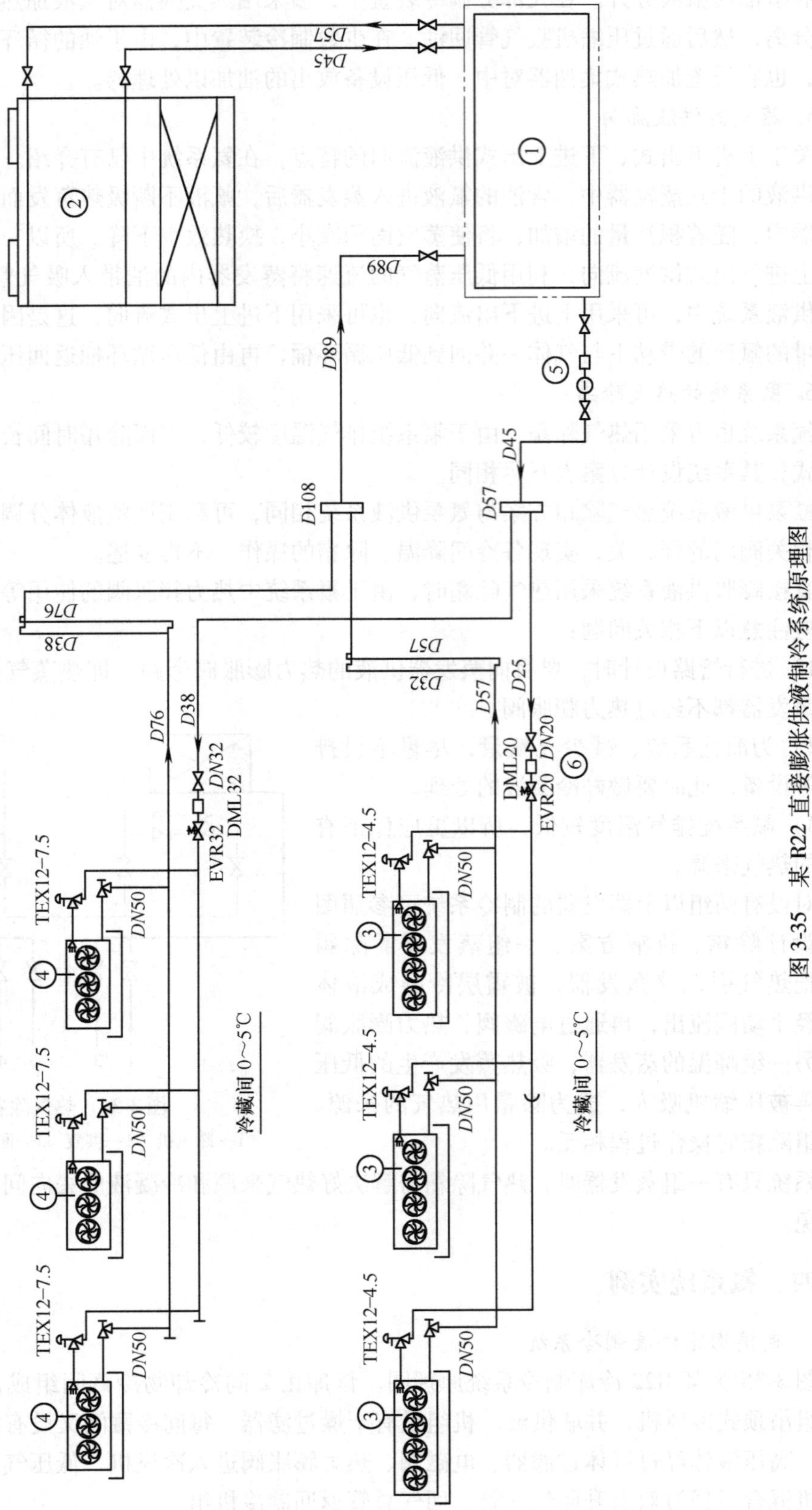

图 3-35 某 R22 直接膨胀供液制冷系统原理图

1—压缩机组 2—蒸发式冷凝器 3—吊顶式冷风机 1 4—吊顶式冷风机 2 5—干燥过滤器 6—液体过滤器

2. 氟泵供液制冷系统

图 3-36 为从日本引进的某 R22 液泵供液制冷系统原理图，该系统的特点为：

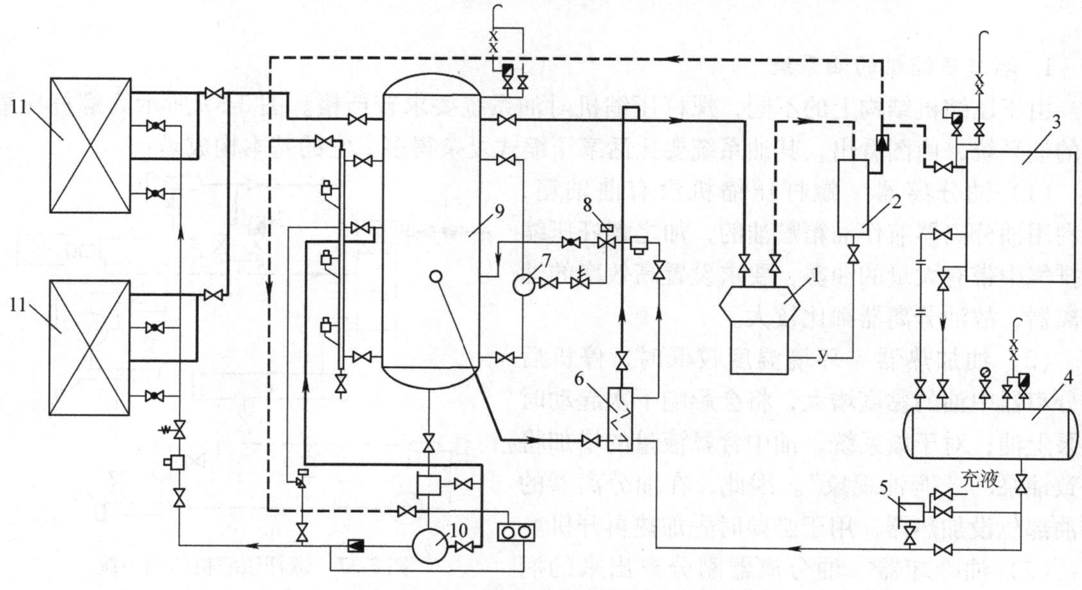

图 3-36　某 R22 液泵供液制冷系统原理图

1—压缩机　2—油分离器　3—蒸发式冷凝器　4—贮液器　5—干燥过滤器　6—油回收器
7—浮球阀　8—自动控制阀　9—低压循环桶　10—液泵　11—冷风机

1）向低压循环桶供液是由自动控制阀和手动节流阀完成的，而自动控制阀是由电磁阀和浮球阀共同控制的。

2）设有油回收器，从低压循环桶近液面处的富油层将油液混合物导入油回收器，被高压液体加热后氟液蒸发成气体，析出的油滴随气体一起经吸入立管被吸走。

3）无热交换器，高压液体仅在油回收器中被过冷，其过冷度随回油管中氟液含量的多少而变化。

4）不设热力膨胀阀，向蒸发器供液用手动节流阀。供液流向为下进上出。

5）无放空气器，不凝性气体由各积气设备直接向外排放。

6）低压循环桶、泵处设有检修用高压气体接管。

7）在制冷剂高压供液管上设有干燥过滤器，用于清除系统中的杂质和水分。干燥过滤器中的干燥剂应定期更换或再生使用。对于确认系统内已无水分、杂质的系统，可抽出滤网、取出干燥剂，或将干燥过滤器旁路，以减少阻力。

第四节　螺杆压缩式制冷系统

螺杆压缩式制冷系统中，使用螺杆压缩机取代了活塞压缩机。螺杆压缩机是一种高速回转的容积式压缩机，通过工作容积变化，实现吸气、压缩、排气过程。它兼有回转式压缩机（如离心式）和往复式压缩机（如活塞式）的优点，如体积小、重量轻、运转平稳、对液击不敏感、易损件少、效率高、单级压力比大、能量无级调节、易于实现自动控制等。

螺杆压缩式制冷系统与活塞压缩式制冷系统在制冷原理、工艺流程及主要设备配置上没有大的区别，本节仅对因压缩机结构不同而要求不一致的地方加以讨论，相同部分不再赘述。

1. 螺杆压缩机的油系统

由于压缩机结构上的不同，螺杆压缩机对油系统要求较严格。图3-37所示为螺杆压缩机的油系统，由图看出，其油系统要比活塞压缩式复杂得多。它的基本构成是：

(1) 油分离器　螺杆压缩机没有曲轴箱，是利用油分离器兼作油箱贮油的，加之螺杆压缩机排气中带有大量的油雾，要求设置高效率的油分离器，故油分离器都比较大。

(2) 油加热器　环境温度较低时，停机后油分离器中油的黏度增大，将会影响下次起动时油泵上油；对于氟系统，油中含氟液量的增加将导致油泵的“奔油现象”。因此，在油分离器的积油部位设加热器，用于必要时先加热再开机。

(3) 油冷却器　油分离器刚分离出来的润滑油温度较高，黏度较低，不能保证压缩机所需润滑油的黏度，因此，设有油冷却器把油温降低。油冷却器的冷却方式有水冷却、制冷剂节流冷却和制冷剂液体冷却等几种。

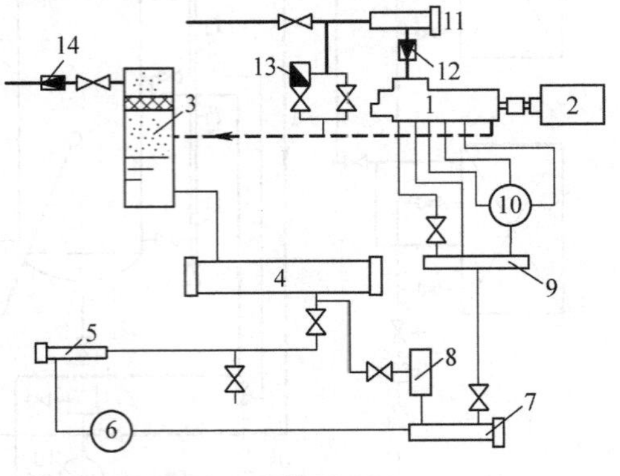

图3-37　螺杆压缩机的油系统

1—螺杆压缩机　2—电动机　3—油分离器　4—油冷却器　5—油粗滤器　6—油泵　7—油精滤器　8—油压调节阀　9—油分配器　10—四通阀　11—吸气过滤器　12—吸气止逆阀　13—安全阀　14—排气止逆阀

(4) 油过滤器　螺杆压缩机对污物较敏感，所以设有粗滤器和精滤器。油泵前设粗滤器，油泵后设精滤器。为了保护油路畅通、及时发现油过滤器的堵塞情况，有的系统在精滤器的两侧设压差保护，当精滤器堵塞、两侧压降增大到一定数值时，压差保护装置发出信号并延时动作，使压缩机停机。

(5) 油泵　油泵多为齿轮泵，由专用电动机直接驱动，用于向压缩机供油。油泵的出口设有油压调节阀，用来保证提供正常的油压。制冷量较小的全封闭、半封闭压缩机和采用滚动轴承的螺杆压缩机上，润滑系统在机器运转时，由高、低压压差供油，设一个小油泵仅在开机前提供润滑油。该方式油泵故障率很低，节省油泵电动机功耗。也有的系统不设油泵，油在高低压压差的作用下，从油分离器出来，经过滤器、油分配器供到压缩机各用油部位，使润滑系统大大简化。

(6) 油分配器　油泵泵出的油经精滤器送至油分配器后，再经各分配支管导入压缩机各润滑点和能量调节机构。这样，油分离器、油冷却器、油过滤器、油泵、油分配器、压缩机及相应的管路构成了一个油系统。油经油分离器→油冷却器→粗滤器→油泵→精滤器→油分配器进入压缩机，再随制冷剂气体进入油分离器，完成一次循环。

部分进口、合资半封闭式氟利昂螺杆压缩机采用内置式高效油分离器（需要时再设二次油分离器，外置）进行分油，利用压差分油，其油路系统简单，与活塞式压缩系统的油路相近，不再赘述。

2. 带经济器的螺杆压缩式制冷系统

螺杆压缩机单级运行时，高压液体制冷剂一般不经过冷却而直接进行节流，因而产生较多的闪发气体，使制冷能力降低。同时，随压缩比的增加，压缩条件恶化，压缩效率降低。带经济器的螺杆压缩式制冷系统的开发，给单级螺杆压缩机在较大温度范围内的使用带来了可能。

经济器实质上是一个液体过冷器。来自冷凝器的高压液体通过经济器，其中一小部分液体经辅助节流阀进入经济器，吸收高压液体的热量而蒸发成为中压气体，被过冷的高压液体经主节流阀供给蒸发器。由于螺杆式压缩机吸气、排气均是同一方向（活塞式机器吸、排气为逆向），在压缩机吸气结束后的某一位置，增开一个补充吸气口，吸入来自经济器的中压气体，从而完成经济器循环，如图3-38所示。

采用经济器制冷循环的特点是：

1）从经济器来的中压饱和气体温度较低，进入压缩机后可以冷却其他已被半程压缩的制冷剂气体，从而改善了压缩条件。

2）由于中压气体是在吸气结束后补充进来的，进而增加了压缩机吸气量。

3）高压液体被过冷，提高了单位质量制冷量。

4）与双级压缩制冷循环相比，是用一个大大简化的制冷系统取得了相当于一个双级压缩制冷循环的运行效果。

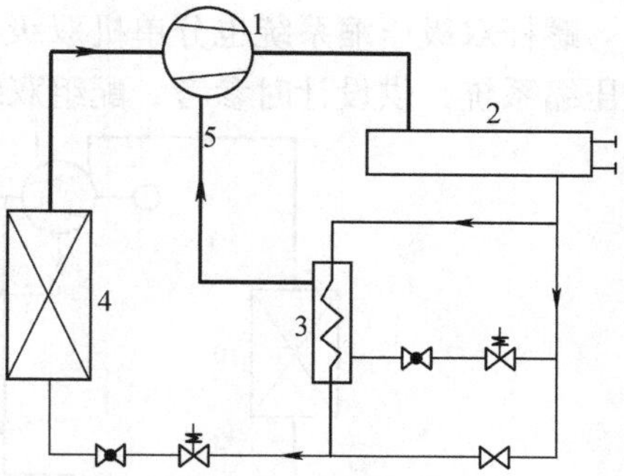

图3-38 带经济器的制冷系统原理图

1—压缩机 2—冷凝器 3—经济器

4—蒸发器 5—补气

5）经济器制冷循环可以大幅度提高制冷量及制冷系数，蒸发温度越低，效果越明显。如某冷冻机厂产品，在+35℃/-35℃工况下（R717），与一般单级螺杆机相比，制冷量和制冷系数分别提高25%和15%。可以看出，随着带经济器的螺杆制冷压缩机的开发利用，已使单级螺杆机的应用范围更广泛，运行更经济。

3. 虹吸式制冷循环

除常见的水冷壳管、套管式油冷却器外，还有一种新型的冷却方式——热虹吸式制冷循环（又称热环流式制冷循环）应用于螺杆压缩式制冷系统。

热虹吸式制冷循环设有一台虹吸器（也有称辅助贮液器），其制冷循环如图3-39所示。来自冷凝器的冷凝液体流入虹吸器后分两路，主要部分从虹吸器溢流口流入贮液器，进而向蒸发器供液；另一部分则从虹吸器底部借重力供给卧式壳管式油冷却器，冷凝压力下的液态制冷剂进入油冷却器的管程后，吸收管外高温油的热量而蒸发，将油冷却，蒸发所产生的高压蒸气再回流入虹吸器，气液分离后的气体在压缩机排气所形成的虹吸作用下进入冷凝器继续循环。

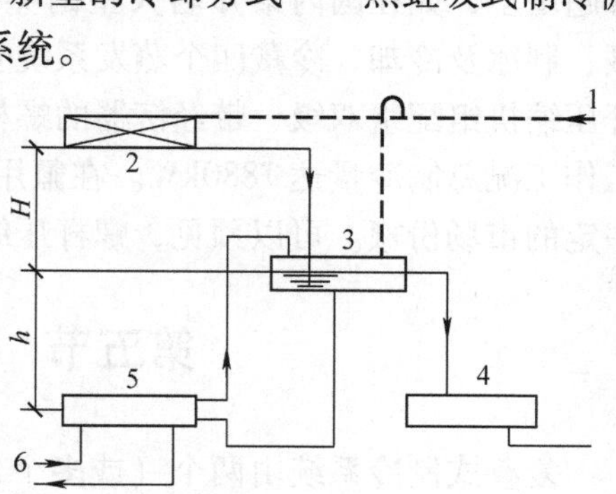

图3-39 热虹吸式制冷循环

1—压缩机排气 2—蒸发式冷凝器 3—虹吸器

4—贮液器 5—油冷却器 6—进出油

H—大于冷凝器压降（≥2.5m） h—≥2.0m

热虹吸式制冷循环的特点是：机组体积小、油冷却可靠，冷却后的油温一般比冷凝温度高10～20℃。与水冷式相比，不需冷却水、简化了水路系统；不存在换热管结垢影响油冷却器换热的问题，可提高冷却效率；对压缩机排气量和功耗也无影响。同时，可多台机组共用一台虹吸器，简化了系统设计。

综上所述，热虹吸式制冷循环是最近发展起来的用以冷却冷冻机油的一种节能型制冷系统。目前国外采用较多。

4. 螺杆双级压缩系统

带经济器的螺杆压缩制冷系统的优点是系统简单，节省设备成本，蒸发温度应用范围广(可在-35℃甚至更低的蒸发温度下运行)。但当蒸发温度低于-30℃且又需要长期运行时，从节能的角度考虑，应采用螺杆双级压缩系统（某公司产MYCOM单机双级螺杆制冷压缩机组样本显示，在-35℃/+35℃工况下，其效率比单机带经济器压缩机组可提高26%）。

螺杆双级压缩系统也分单机双级压缩系统和配组双级压缩系统，图3-40所示为单机双级压缩系统，供设计时参考。配组双级压缩系统和活塞式双级压缩系统相同，不复述。

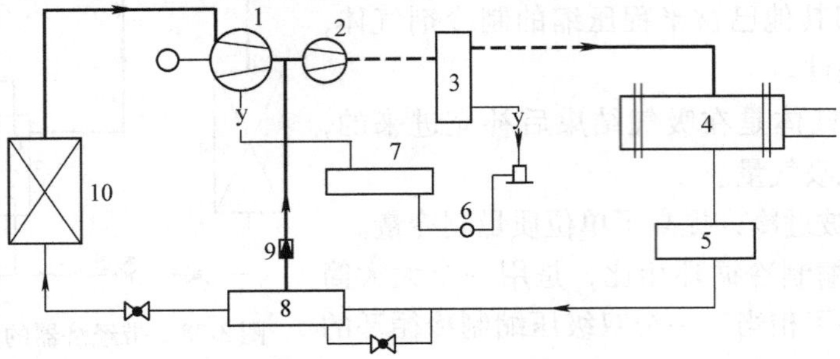

图3-40 单机双级螺杆压缩系统

1—低压级压缩机 2—高压级压缩机 3—油分离器 4—冷凝器 5—贮液器
6—油泵 7—油冷却器 8—中间冷却器 9—止逆阀 10—蒸发器

目前，国内多家冷冻机制造厂商生产出了各种类型的螺杆制冷压缩机组、压缩冷凝机组和冷水（盐水）机组等，其先进性已达国外同类产品先进水平，为螺杆制冷压缩机在中国制冷空调业界的普及打下了基础。随着螺杆压缩机的发展，其应用范围日渐广泛，机组选用日趋增多，如在国内某知名大型肉类食品加工企业制冷装置的改、扩建工程中，冻结、冻藏、制冰及冷却、冷藏四个蒸发系统全部采用了国产螺杆制冷压缩机组，机组形式有单级螺杆压缩机组配组双级、带经济器的螺杆压缩机组，也有单级螺杆压缩机组和盐水机组等，其工作工况总制冷量达7880kW。在氟用螺杆压缩机组方面，除国产品牌外，合资产品占据了一定的市场份额。可以预见，螺杆压缩制冷系统在制冷装置中的应用将越来越广。

第五节 CO_2复叠式制冷系统

复叠式制冷系统由两个（或多个，下面以两个为例）采用不同制冷剂的制冷系统组成，分为高温系统和低温系统。通常在高温系统里使用沸点较高的中温中压制冷剂，在低温系统里使用沸点较低的低温高压制冷剂，各自成为一个独立的制冷系统。高温系统和低温系统之间用一个共用的冷凝蒸发器联系起来，它既是高温系统的蒸发器，也是低温系统的冷凝器。在冷凝蒸发器里，高温系统的低压制冷剂液体吸热蒸发，将低温系统的高压制冷剂气体冷凝成液体。高温系统中制冷剂再将热量传给环境介质（空气或水），而低温系统中制冷剂液体在蒸发器中吸热蒸发对被冷却对象降温。整个制冷系统既能满足在较低的蒸发温度下具有合适的蒸发压力（蒸发压力不过低），又能满足在环境温度下适中的冷凝压力（冷凝压力不过高）。

复叠式制冷系统根据需要获得低温的不同可以选择不同的组合形式。有两个单级压缩循环的组合，有一个单级压缩循环和一个两级压缩循环的组合，还有两个两级压缩循环的组合等。在制冷剂的组合方面，高温制冷剂有 R22、R507、NH_3 等，低温制冷剂则有 R23、R1150、CO_2 等。下面侧重介绍由两个单级压缩循环组合而成的 NH_3/CO_2、$R507/CO_2$ 复叠式制冷系统。

1. NH_3/CO_2 复叠式制冷系统

近年来，由于环境保护及节能的需要，NH_3、CO_2 等自然工质逐渐受到人们的关注。在 -50 ~ -35℃温度的范围内，已有企业开发出了用 NH_3 作为高温制冷剂、用 CO_2 作为低温制冷剂的 NH_3/CO_2 复叠式制冷系统，在欧洲、美国取得了很好的应用，也引起了国内制冷业界人士的关注，并研制、开发了相关产品。

图 3-41 为 NH_3/CO_2 复叠式制冷系统原理图。由图可知，该制冷系统分高温循环和低温循环两部分。高温循环的工艺流程为：低压 NH_3 蒸气被压缩机升压后经油分离器分油，进入冷凝器冷凝，对外界放热。冷凝液由贮液器经过节流阀进入气液分离器、冷凝蒸发器，其中的液体在冷凝蒸发器中吸收高压 CO_2 气体冷凝放出的热量而蒸发成气体，与节流产生的闪发气体一起被压缩机吸走，实现高温系统的循环。低温循环的工艺流程为：低压 CO_2 气

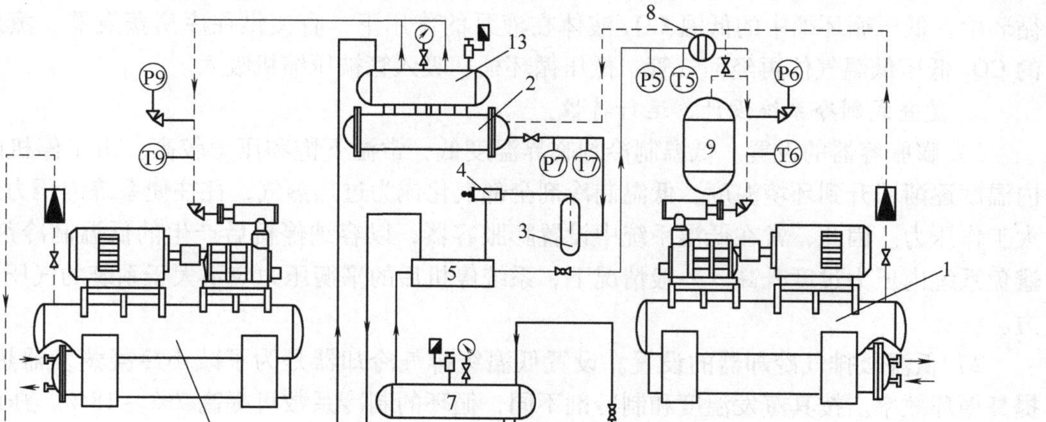

图 3-41　NH_3/CO_2 复叠式制冷系统原理图

1—低温级 CO_2 压缩机组　2—冷凝蒸发器　3—CO_2 贮液器　4—干燥过滤器　5—CO_2 回热器
6—低温级蒸发器　7—CO_2 气液分离器　8—流量计　9—膨胀容器　10—高温级 NH_3 压缩机组
11—高温级冷凝器　12—NH_3 贮液器　13—NH_3 气液分离器

体由压缩机压缩后成为高压蒸气，经油分离器分油后进入冷凝蒸发器，在冷凝蒸发器内被高温制冷剂 NH_3 冷凝成液体，再经 CO_2 贮液器、干燥过滤器进入回热器，在回热器与来自蒸发器的低压 CO_2 气体换热使其成为过热气体。同时，高压液体则被过冷，经节流阀节流降压后进入 CO_2 蒸发器冷却载冷剂（也可直接进入冷风机或排管），而后再进入回热器与高压液体换热成为过热气体被压缩机吸入，完成高温系统的循环。

与传统的氨双级压缩制冷循环相比，由于 CO_2 的单位容积制冷量比 NH_3 的大，蒸发潜热大，压缩机体积可以大大减小。与其他低温制冷剂相比，CO_2 的低温黏度小，即便在较低的流速下也可以产生湍流流动，提高传热性能，减少了管道和热交换器的尺寸，可使系统更紧凑。据资料介绍，某公司开发的 NH_3/CO_2 复叠式制冷系统在 -50 ~ -35℃范围内，复叠系统的性能高于两级 NH_3 系统，且蒸发温度越低越明显；相对于纯 NH_3 系统，可有效降低系统 NH_3 充注量（约为常规 NH_3 系统的1/10）；有效提高换热效率。目前，该系统已通过联合国环境规划署审核，成为制冷剂替代示范项目。

2. R507/CO_2 复叠式制冷系统

由于 NH_3 具有毒性，在食品工业的制冷中容易对人体造成伤害、给食品的安全带来隐患。在对 NH_3 要求严格的条件下，用 R507 替代高温制冷剂 NH_3，就构成了 R507/CO_2 复叠式制冷系统。

图 3-42 为 2014 年国内某引进冷库中采用的 R507/CO_2 复叠式制冷系统原理图。在低温循环中，低压循环桶中的低温 CO_2 液体在液泵的作用下，直接供往库房蒸发器，蒸发生成的 CO_2 低压低温气体再经回气管、低压循环桶、吸入管被压缩机吸入。

3. 复叠式制冷系统设计、运行特性

1）膨胀容器的设置。低温制冷剂临界温度低，常温下饱和压力较高。由于停机时系统内温度逐渐回升到环境温度，低温制冷剂全部气化成为过热蒸气，往往使系统内压力超过最大工作压力。因此，常在低温系统中设置膨胀容器，以容纳停机后产生的低温制冷剂气体，避免系统内压力过度升高。一般情况下，系统停机后的平衡压力应不大于系统的气压试验压力。

2）低温级排气冷却器的设置。设置低温级排气冷却器是为了减小冷凝蒸发器热负荷，提高循环效率。按其蒸发温度和制冷剂不同，循环的制冷系数可提高 7% ~18%，压缩机总容量可减小 6% ~12%。

3）取合理的温差。复叠式制冷循环由于需要获取低温，其不可逆损失必然会随着蒸发温度的降低而增大。所以，低温下传热温差对循环性能的影响尤其重要。因此，蒸发器的传热温差一般不大于5℃。冷凝蒸发器的传热温差一般为 5 ~10℃，常取5℃。

4）气-气热交换器的设置。气-气热交换器通过低温级压缩机排出的过热蒸气加热蒸发器出来的低温饱和蒸气，提高低温级压缩机的吸气温度，改善压缩机工作条件；同时，降低压缩机的排气温度，减小冷凝蒸发器热负荷。

5）气-液热交换器的设置（换热器）。用蒸发器出来的低温蒸气过冷节流阀前的制冷剂液体，使循环的单位制冷量增加，同时增加压缩机的吸气过热度，改善压缩机的工作条件。一般在高温系统、低温系统都可设置。

6）启动特性。复叠式制冷系统启动时，应先启动高温系统，使低温系统的制冷剂在冷凝蒸发器内得以冷凝，促使低温系统内平衡压力逐渐降低。当其冷凝压力低于 1600kPa 时，

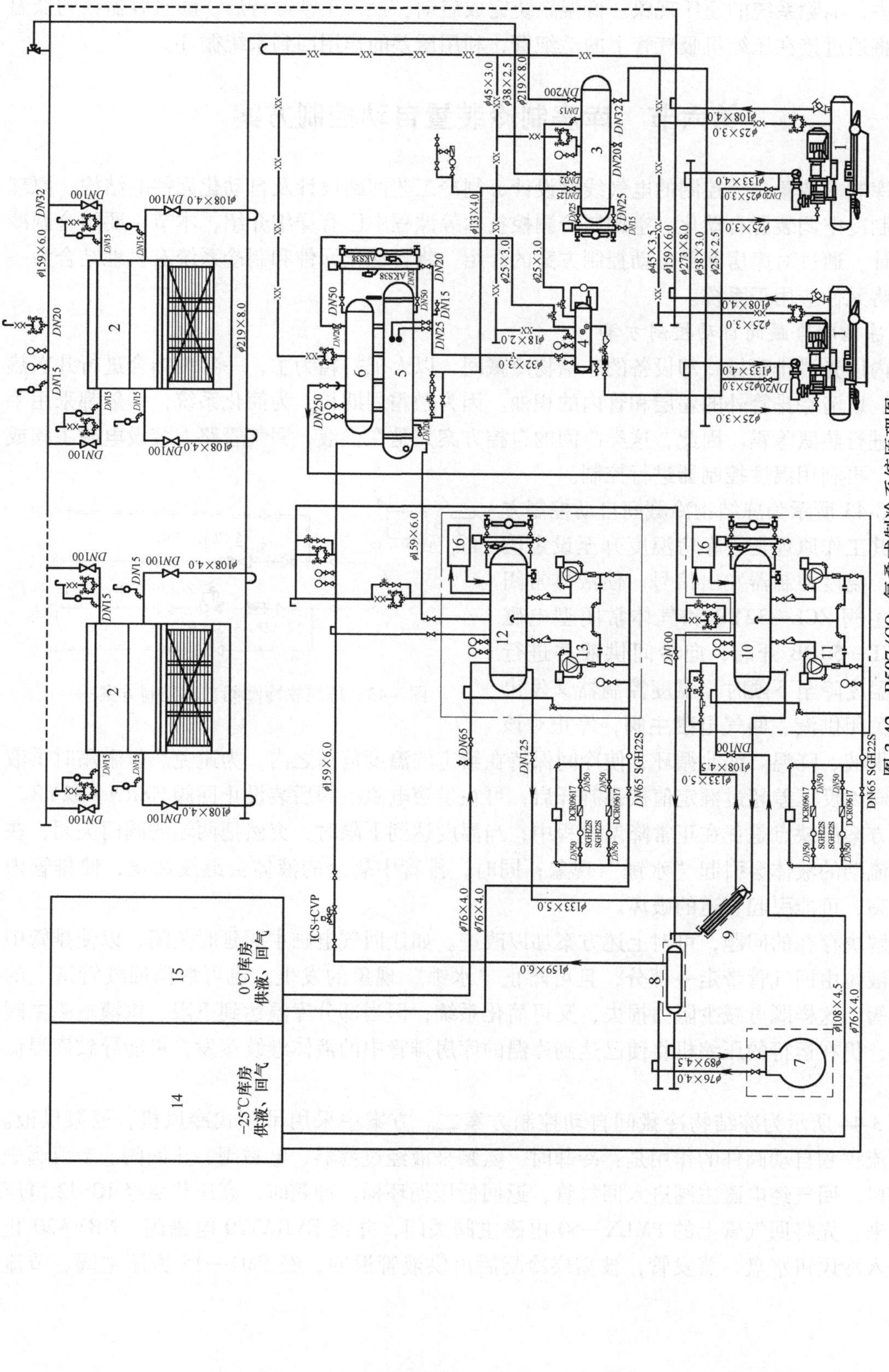

图 3-42　R507/CO_2 复叠式制冷系统原理图

1—高温级 R507 压缩机组　2—蒸发式冷凝器　3—R507 贮液器　4—集油器　5—冷凝蒸发器　6—R507 气液分离器　7—低温级 CO_2 压缩机组　8—热交换器　9—油液热交换器　10—-33℃低压循环桶　11—-33℃CO_2 液泵　12—-6℃低压循环桶　13—-6℃CO_2 液泵　14—-25℃冻结物冷藏间　15—0℃冷却物冷藏间　16—停机制冷机

可启动低温系统，保证系统安全投入运行。在低温系统设置膨胀容器的情况下，高温系统、低温系统可以同时启动。膨胀容器具有防止启动时低温系统超压的功能，启动时低温系统的排气压力超过安全限定值时，接在膨胀容器上的减压阀自动开启，使排气的一部分流到膨胀容器中去，消除系统的超压现象。低温系统完成启动、投入正常运行后，膨胀容器内的低温制冷剂将通过接在压缩机吸气管上的毛细管，利用压差的作用回到系统循环。

第六节　库房制冷装置自动控制方案

冷库制冷装置自动控制的电气线路设计、制冷工艺回路设计及自动化元件的结构、原理等，在制冷空调装置自动化、空调制冷测控技术等课程中已有详细介绍，本节主要结合制冷工艺设计，通过对库房回路自动控制方案的介绍，将自动化元件和制冷系统有机地结合为一体，即将元件应用于系统。

1. *冻结物冷藏间自动控制方案*

国内以光滑排管做冷却设备的冻结物冷藏间，以人工扫霜为主，一年内结合进行几次热氨融霜，以清除排管外的霜层和管内的积油。因为融霜周期长，为简化系统，一般都采用手动操作进行热氨除霜。因此，这类冷间的自控方案只是在供液、回气管路上装设电磁主阀或电磁阀，再利用温度控制器进行控制。

图3-43所示为冻结物冷藏间自动控制方案一，其工作原理是：库房温度升至设定值上限时，温度控制器发出信号，使液体常闭型电磁主阀ZCL—32YB和气体常闭型电磁主阀ZCL—50QB开启，向冷间供液并进行降温；温度降至下限时，温度控制器又发出信号，关闭供液、回气电磁主阀，停止对该冷间的供液、降温。如此循环，使冷间保持在给定的温度范围之内。为避免热氨融霜时供液电磁主阀因反压差超过额定值被强制开启，可在供液电磁主阀后装设止回阀ZZRN—32YB。

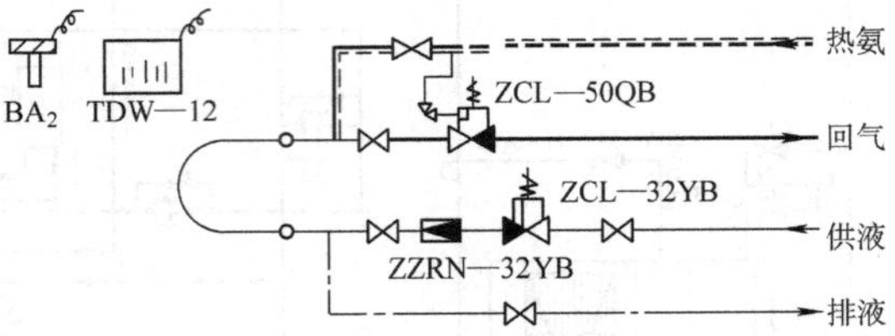

图3-43　冻结物冷藏间自动控制方案一

该方案的缺点是：在正常降温过程中，当温度达到下限时，突然把两端的阀门关闭，在管道中流动的液体会引起“水锤”现象；同时，排管中剩余的液体会继续蒸发，使排管内压力升高，可能引起管道的破坏。

为解决存在的问题，可对上述方案加以改进。如让回气电磁主阀延时关闭，以使排管中剩余的液体由回气管带走一部分，且可防止“水锤”现象的发生。也可取消回气管道上的电磁主阀，这样既可减少阻力损失，又可简化系统；但当部分库温达到下限、供液电磁主阀关闭时，仍在运行的压缩机将使已达到库温的库房排管中的液体继续蒸发，可能导致库温低于下限。

图3-44所示为冻结物冷藏间自动控制方案二。方案中采用吊顶式冷风机，氨泵供液。其工艺流程和自动阀件的作用是：冷却时，氨泵来液经过滤器、电磁阀、止回阀、节流阀进入冷风机。回气经电磁主阀进入回气管，返回低压循环桶。冲霜时，高压热氨经ICS32恒压主阀进来，先将回气管上的PMLX—50电磁主阀关闭，并经EVRAT20电磁阀、NRVA20止回阀进入冷风机水盘、蒸发管，被霜层冷凝后由供液管返回，经PM1—15恒压主阀、节流

阀流入回气管，进而流回低压循环桶。ICS32 恒压主阀的作用是控制阀后压力不超过某一调定值，如 0.6MPa。PM1—15 恒压主阀的作用是当蒸发器内和回气管内的压差达到某一调定值时自动开启，以排出冷凝液体。

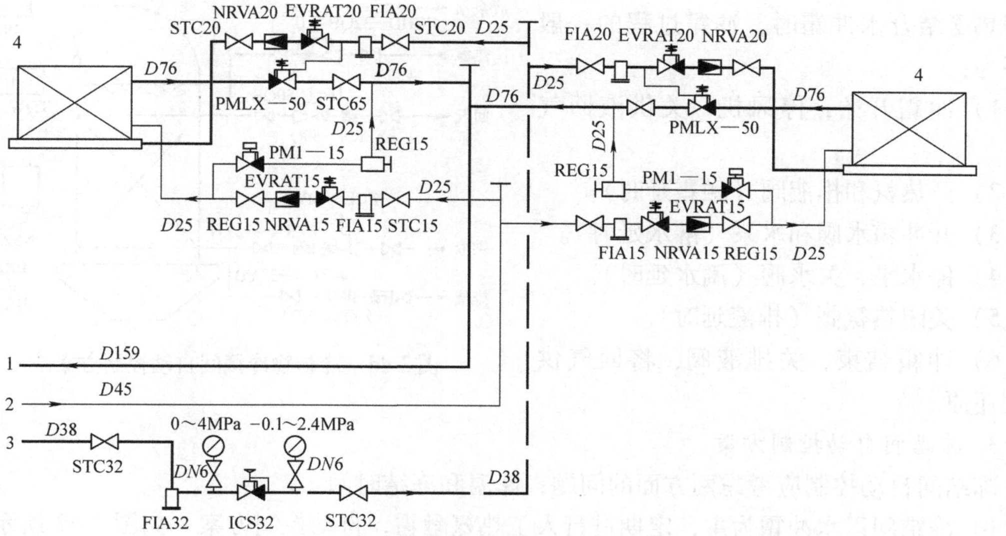

图 3-44 冻结物冷藏间自动控制方案二

1—回气管接低压循环桶 2—氨泵来液 3—热氨 4—吊顶式冷风机

冻结物冷藏间自动控制回路自控元件较少，控制线路较简单。为了减少压缩机的频繁启动，一般采用以下做法：当任意一间库房库温达到上限时，其他未达到上限库温的库房也同时降温（库温已达下限的则不开启）。

2. *冷却物冷藏间自动控制方案*

冷却物冷藏间主要贮存水果、蔬菜和鲜蛋，采用冷风机做冷却设备。随着蒸发器制冷剂流向的不同，自动控制回路也有不同的方案。

（1）上进下出式流向 图 3-45 所示为冷却物冷藏间自动控制方案一。可以看出，该方案在供液管路上设置了电磁主阀，不用热氨融霜，采用了水冲霜。当库温达到上限时，温度控制器发信号令电磁主阀开启，向冷风机供液，同时风机运行，库房开始降温。库温达到下限，则关闭电磁主阀，并停风机。冲霜由时间程序控制器控制水电磁主阀来完成。该方案的库温灵敏度较高、系统简单、自动化元件少，但低压循环桶的体积较大。

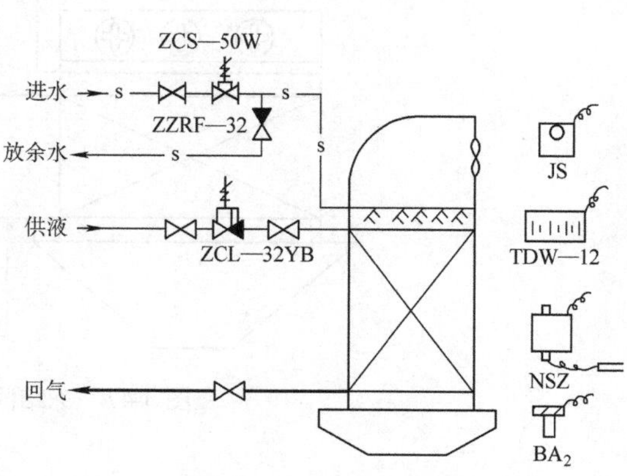

图 3-45 冷却物冷藏间自动控制方案一

（2）下进上出式流向 图 3-46 所示为冷却物冷藏间自动控制方案二。在供液管上装设了电磁主阀，回气管上装设了 ZCHA—50QB 型恒压电磁主阀。恒压阀的压力给定在与库温相应的蒸发压力，只有在库温回升到上限，且蒸发压力也达到给定值时回气主阀才开启，可保持蒸发压力恒定。冷风机采用热氨结合水冲霜，在热氨管上装设了ZCHD—32QB型恒压电磁主阀，恒压阀的压力调定在0.6MPa的恒定压力，此外还装有排液电磁主阀。该方案自动阀门较多，自动控制回路也较复杂。采用热氨结合水冲霜时，冲霜过程的一般程序为：

1）冲霜开始：停风机，关供液回气阀。

2）开热氨和排液阀（融霜延时）。

3）开冲霜水阀和水泵（淋水延时）。

4）停水泵，关水阀（滴水延时）。

5）关闭热氨阀（排液延时）。

6）冲霜结束，关排液阀，将回气供液阀还原。

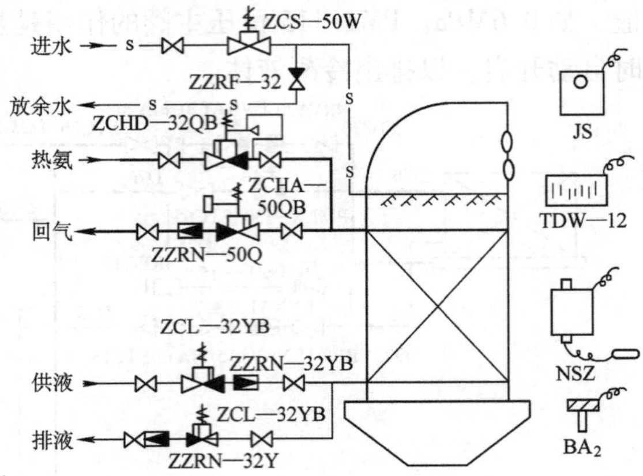

图3-46　冷却物冷藏间自动控制方案二

3. 冻结间自动控制方案

冻结间自动控制应考虑两方面的问题：库温和冻结时间。

1）冻结间以水冲霜为主，定期进行人工热氨融霜，自动控制方案一如图3-47所示。其工作原理是：冻结间进货、库温回升至上限时，库房温度控制器发出信号，开启供液电磁主阀和风机，冻结间开始降温；时间继电器JS在进货完毕后开始动作。这时，冻结间开始按温度和时间两个参数工作。当库温达到下限时，若此时冻结时间未到，为防止库温降得过低，可停止部分风机的运行，直到达到要求的冻结时间。此时供液电磁主阀关闭并停全部风机，冻结过程结束。冻结时间的设定由工艺要求确定。

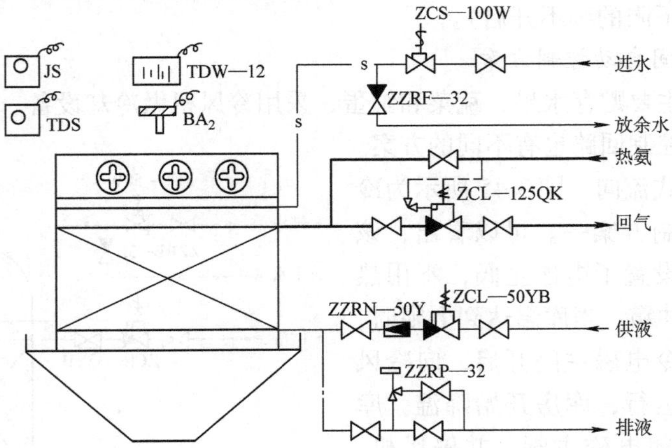

图3-47　冻结间自动控制方案一

2）冻结间采用热氨和水结合的自动融霜，自动控制方案二如图3-48所示。该方案降温工作原理同方案一。进行热氨融霜时，供液、回气电磁主阀关闭，热氨、排液电磁主阀开启，融霜程序同冷却物冷藏间自动控制方案二。

4. 冻结间、冻结物冷藏间合用一个蒸发回路的自动控制方案

当冻结间与冻结物冷藏间合用一个蒸发回路时，在冻结间大量进货时，蒸发压力将会升

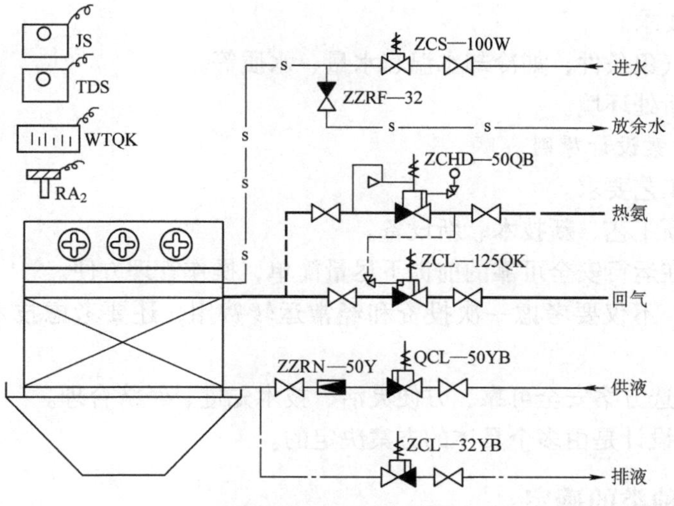

图 3-48　冻结间自动控制方案二

高，使回气压力相应也升高，当冻结间回气压力高于冻结物冷藏间的回气压力时，将通过回气管倒流入冻结物冷藏间蒸发器中，影响冻结物冷藏间温度的稳定性。克服这个弊端的常用方法是在冻结物冷藏间的回气管道上加装 ZZRN—00Q 气用止回阀，当阀后压力大于阀前压力约 8kPa 时，止回阀自动关闭，待阀后压力降至低于阀前压力 8kPa 时，止回阀又开启，自动控制方案如图 3-49 所示。这样，避免了蒸发压力变化对需要蒸发压力稳定的冻结物冷藏间的影响。该方案也可用于其他相似的回路中。

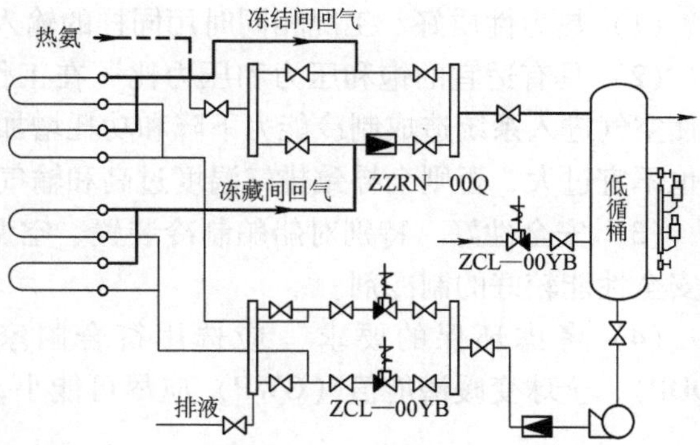

图 3-49　冻结间与冻结物冷藏间合用蒸发回路的自动控制方案

第七节　制冷系统方案确定

一、制冷系统方案设计概述

1. 制冷系统方案设计的意义

制冷系统方案设计是设计工作中一个关键环节，其方案的选用直接关系到制冷装置的建造费用、操作管理的方便程度、机器设备的先进性及经常运转费用的高低等。因此，在选择、确定方案时，应从先进性、实用性、经济发展诸方面考虑，因地制宜地选出合适的设计方案。

2. 制冷系统方案设计的依据

1）制冷装置服务对象，如冷库、空调、工艺用水等。

2）建设规模和投资限额。

3）生产工艺要求。

4）当地水文气象条件，如冷却水温、水量、水质等。

5）制冷装置所处环境。

3. 制冷系统方案设计原则

1）满足生产工艺要求。

2）尽量选用新工艺、新技术、新设备。

3）制冷系统在运行安全可靠的前提下尽量简单，操作管理方便。

4）投资合理，不仅要考虑一次投资和经常运转费用，还要考虑技术、经济及发展问题。

总之，要使所选方案安全可靠、方便灵活、技术先进、经济合理。

制冷系统方案设计是由多个具体的方案决定的。

二、制冷剂种类的确定

确定制冷剂种类，一般从以下几方面考虑：

（1）热力性质好　工况相同时用同样的输入功率能产生较大的制冷量。

（2）具有适宜的饱和压力和压力比　在工作条件下，蒸发压力不宜低于大气压力，以免使空气进入系统造成制冷能力下降和功耗增加。冷凝压力不宜过高，冷凝压力和蒸发压力比也不宜过大，否则会导致排气温度过高和输气系数降低。

（3）安全性好　特别对船舶制冷装置、空调制冷装置及人工密集场所的制冷装置应采用安全性能较好的制冷剂。

（4）考虑环保的要求　应选用符合国家环保法规的制冷剂，其臭氧消耗潜能值（ODP）、全球变暖潜能值（GWP）应尽可能小，以减小对臭氧层的破坏及引起全球气候变暖。

（5）蒸发温度和压缩级数　在普通制冷范围内，单级系统选用氨、R134a、R22、R123等；双级系统选用氨、R22等作制冷剂。

（6）货源和成本　所选制冷剂应价格低廉，容易获得，使运行管理费用降低。

据有关资料介绍，1999年美国公用冷库中87%用氨做制冷剂；2006年统计部分欧盟成员国制冷剂使用情况见表3-6。

表3-6　2006年部分欧盟成员国制冷剂使用情况（%）

欧盟成员国	氨	HCFCs	HFCs
法国	45	45	10
德国	75	3	22
荷兰	5	75	20
英国等9国	90	8	2

三、压缩机类型的确定

压缩机类型与制冷装置的使用性质、规模和制冷剂的种类有关，应从两方面确定。

1. 压缩机形式的确定

（1）活塞式压缩机　活塞式压缩机工艺成熟、热力性能好、机型多、单级制冷量范围大，在目前制冷装置中广泛应用。但其零部件、易损件多，管理、维修较麻烦。

（2）螺杆式压缩机　螺杆式压缩机结构简单、体积小、质量轻、易损件少、维修次数少，运行周期长、平稳可靠，因而在制冷装置中的应用已越来越普遍，尤其在空间有限、需要移动的制冷装置如船舶制冷、机车制冷中使用，更具有许多活塞式压缩机无法比拟的优点。据资料介绍，美国20世纪80年代以来建设的冷库基本上都采用螺杆式压缩机。但因其制造较复杂、噪声大，其使用条件往往受到限制。

（3）离心式压缩机　离心式压缩机具有结构简单、零部件少、可靠性高、运转平稳、单位制冷量的质量与体积小、排气不被油污染等优点。但由于其单机制冷量不能太小，限制了使用范围，仅在制冷量为630～1160kW的大型制冷装置（如空调）上使用。

2. 压缩机组形式的确定

（1）压缩机组　压缩机组是由压缩机（螺杆式压缩机则含油路系统）、电动机、控制台等组成，须和冷凝器等辅助设备配套才能使用。

（2）压缩—冷凝机组　压缩—冷凝机组是将压缩机组、冷凝器、油分离器等组装成一个整体（有的包括贮液器），该机组可完成压缩、冷凝两个过程，与各种类型的蒸发器配套，多用于较小型制冷装置。

（3）冷水（水、盐水或乙醇）机组　该机组是由压缩机组、油分离器、冷凝器、节流阀、蒸发器等组成的一个完整的制冷装置。该机组结构紧凑、占地面积小，安装方便，只需连接冷却水管、载冷剂接管和电源，即可投入运转。它用于对各个需冷领域提供冷水或0℃以下的低温冷媒。

（4）并联压缩机组　多机头并联压缩机组分并联螺杆压缩机组、并联活塞压缩机组，有单一吸气压力并联机组、多吸气压力并联机组。并联压缩机组的主要特点是：稳定可靠、高效节能、布置紧凑、便于自控等。

四、压缩级数的确定

在普通制冷范围内，可用单级或双级压缩。单级压缩是指从蒸发器出来的低压蒸气经压缩机一次压缩到冷凝压力；双级压缩分两个阶段进行，从蒸发器出来的制冷剂蒸气先进入低压级压缩机压缩到中间压力，经中间冷却后再进入高压级压缩机被压缩到冷凝压力。

目前，活塞式压缩机压缩级数是根据冷凝压力和蒸发压力之比确定的。R717的压力比大于8时用双级压缩；R12和R22的压力比大于10时采用双级压缩；否则应采用单级压缩。对一些小型制冷装置，当压力比大于8（10）的运转时间占的比例较小时，为了简化系统、方便操作、降低造价等，也可采用单级压缩。

对于蒸发温度很低的制冷系统，可选用复叠式压缩。在－35～50℃范围内，也可选用CO_2复叠式制冷系统。

五、制冷系统供液方式的确定

制冷系统供液方式分直接膨胀供液、重力供液、液泵供液和气泵供液四种。

直接膨胀供液适用于小型氨制冷装置、负荷稳定的系统及氟制冷装置。

重力供液适用于中、小型氨冷库制冷装置。在盐水制冰制冷系统中，由于氨液分离器可设在制冰池附近，不必另行加建阁楼放置氨液分离器；同时，盐水蒸发器内热负荷大，换热剧烈，靠自然对流就可得到较好的换热效果。因此，盐水制冰仍以重力供液方式为主。

液泵供液比直接膨胀供液、重力供液优越，是国内大中型冷库制冷装置应用最为广泛的供液方式。

气泵供液有其独到的特点，在国内外已有成功的应用实例，但鉴于其对自控元件有较高的要求等原因，国内尚很少应用。

六、制冷系统供冷方式的确定

供冷方式分集中供冷和分散供冷两种。

（1）集中供冷　将制冷压缩机和辅助设备集中布置在一个机房内集中管理，通过管道把压缩机和冷却间蒸发器连接起来，向所有用冷场所供冷，这种方式称集中供冷，如图3-50所示。

（2）分散供冷　将自动控制性能可靠的制冷机组（压缩冷凝机组）分散设置在各用冷场所附近（如冷库的站台上），不再集中设置机房，形成多个分别面对需冷对象的独立制冷系统，这种供冷方式称分散供冷，如图3-51所示。

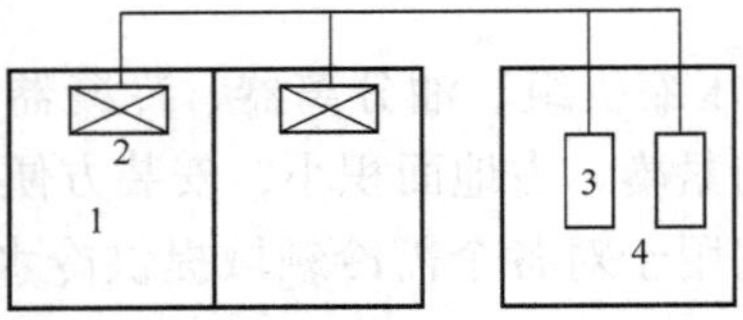

图3-50　集中供冷示意图

1—用冷场所　2—蒸发器　3—制冷机组　4—机房

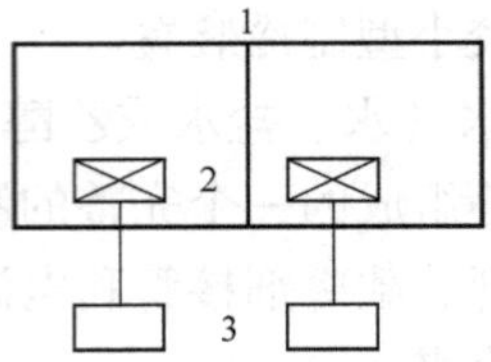

图3-51　分散供冷示意图

1—用冷场所　2—蒸发器　3—制冷机组

两种供冷方式的主要特点见表3-7。

表3-7　集中式与分散式供冷方式对比

形式 项目	集中式	分散式
设备费及建筑面积（初次投资）	制冷设备能统筹考虑，因而制冷装机总容量较低，投资费稍低些，但需要专门一间机房，增加建筑面积	总制冷装机容量高，因而设备费稍高些，但不需专设机房，可将制冷机组设置于穿堂内，减少建筑面积
能耗	1）吸入管道长，耗电多 2）冷冻机卸载运转时不经济（即使负载减少，电耗并不成比例减少） 3）可采用蒸发式冷凝器，它与冷却塔和壳管式冷凝器方式比较，冷凝温度较低、电耗低	1）吸入管道短、阻力损失小，有利于节电 2）各台冷冻机由库温继电器控制（根据热负荷变化），运行较经济 3）压缩机组虽然分散，但水冷式冷凝器仍合用冷却塔，冷却水泵动力仍较大
日常运行管理	1）集中管理方便 2）系统大而复杂，要求有专门知识和技术的熟练工人进行日常管理 3）冷冻负荷大时（一时大量进库）冷冻机可以互相切换帮助降温	1）机组台数多、分散设置，管理上较麻烦 2）系统小而简单，易于自控，不需要熟练冷冻技工，但保养和检修时要依靠外部力量 3）各冷间配置的压缩机不能对其他冷间进行冷却降温

（续）

项目＼形式	集中式	分散式
安全可靠性	万一氟利昂泄漏或水分侵入时损害大，室内氨大量泄漏，危害更大	单机制冷量小，制冷剂充注量少，万一氟利昂泄漏时，对商品及环境影响较小
设计、安装、施工	工艺设计复杂，现场安装调试工作量大，尤其管道施工量大，工期长	工艺设计简单，现场安装调试容易，工期短，费用少

注：在日本，按《高压气体管制法》规定，对于集中式制冷系统，凡属第一种制造业者，冷冻厂要进行许可申请，并应配备专职高压气体操作技工（还需要夜间值班）。而对于分散式制冷系统，因每台机组一般在 20 冷吨以下（1 冷吨 = 3862W），属第二种制造业者（呈报制），不一定要专职技工，夜间也可不值班。

发达国家从 20 世纪 70 年代开始采用分散供冷方式，20 世纪 80 年代以来发展更快。由于我国大都采用氨制冷装置，所以主要采用集中供冷方式。1973 年，我国从日本引进了 LTS 分体式 R22 机组，开始出现分散供冷方式的应用实例。后来，广州、深圳、上海等地也相继从英、法等国引进了分散式制冷机组。由表 3-7 可知，两种方式各有特点，选用时应从设备投资、能量消耗、日常运行管理和安全可靠性等方面进行综合技术经济分析确定。

七、冷却间冷却方式的确定

（1）直接冷却　制冷剂直接通过蒸发器吸收被冷却物体热量的方式叫直接冷却方式，如图 3-52 所示。

该冷却方式的特点是：

1）制冷剂在蒸发器内直接吸热蒸发，传热温差只有一次，能量损失小，换热效率高。

2）系统简单，操作管理方便，初次投资和运转费用较低。

目前，直接冷却系统在各类冷库制冷装置中得到普遍应用，在船舶制冷装置和一些空调系统中也有采用氟利昂直接冷却系统的。

（2）间接冷却　被冷却物体的热量通过载冷剂传给制冷剂的冷却系统称间接冷却系统，如图 3-53 所示。

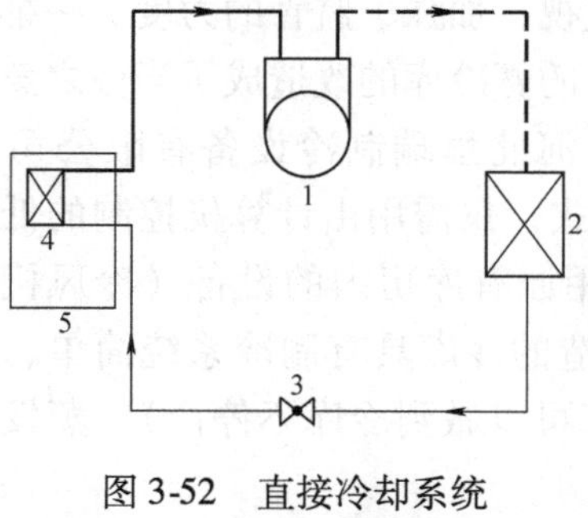

图 3-52　直接冷却系统

1—压缩机　2—冷凝器　3—节流阀　4—蒸发器　5—用冷场所

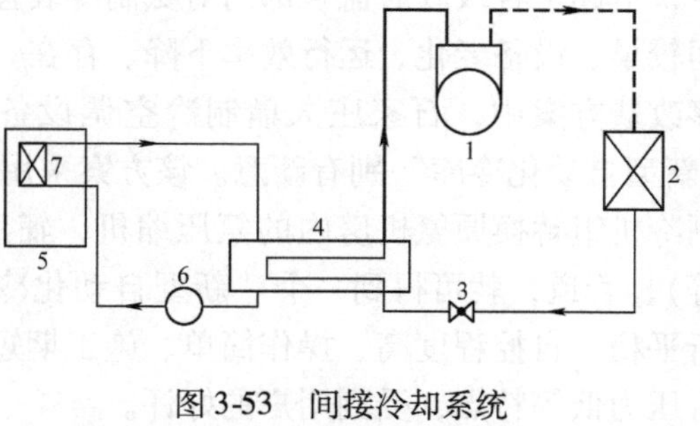

图 3-53　间接冷却系统

1—压缩机　2—冷凝器　3—节流阀　4—蒸发器　5—用冷场所　6—载冷剂泵　7—冷却设备

间接冷却系统与直接冷却系统相比有以下特点：

1）间歇性较大的制冷系统，当负荷大且集中时，采用直接冷却系统就要配置较大的制冷设备以满足工作负荷的要求，但间歇时设备闲置，很不经济。间接冷却系统则可选用较小的机器设备，平时开机对载冷剂降温蓄冷，以满足集中的大负荷需要。这样既节省投资，又能错峰用电。

2）用冷温度要求较多、冷负荷又比较小时，采用直接冷却就需要有多个蒸发系统来满足用冷的要求，使得制冷系统比较复杂。而间接冷却则可采用一个最低蒸发温度，用控制、调节载冷剂流量的办法满足不同温度要求冷间的需要，使整个制冷系统得以简化。

3）在气调冷库中的应用。SBJ 16—2009《气调冷藏库设计规范》第8.3.1条指出：气调冷藏库采用氨或氟作制冷剂，库内的冷却方式可以是制冷剂直接蒸发冷却，也可以是中间载冷剂的间接冷却，后者用于气调冷藏库比前者效果理想。因为间接冷却系统便于控制供给冷风机的载冷剂温度，仅需在供液管上安装一个两通或三通控制阀，就能满足同时实现不同库房内不同温度的要求。近年来采用载冷剂间接冷却方式的气调冷藏库或普通果蔬冷藏库日益增多。

4）在远距离送冷、供液管和回气管阻力损失很大时，闪发气体的产生和过低的吸气压力（输气系数大大减小）将使直接冷却系统无法正常工作。间接冷却系统通过载冷剂承担冷量的输送和分配，载冷剂在远距离输送过程中管道阻力的作用既不会产生闪发气体，也没有输气系数减小的问题。相反，倒是由于冷却载冷剂的蒸发器靠近压缩机，其吸、排气管路短、阻力小，可以提高压缩机的输气系数。

5）大部分载冷剂属于无毒物质，用于食品冷库的冷却降温、食品生产过程的冷却降温时有其优势。因为一旦载冷剂外泄不会引起对人生命的危害和对食品的污染。

6）在制冷剂与载冷剂、载冷剂与被冷却介质之间有二次温差，使蒸发温度与被冷却介质之间的温差有可能加大，在满足用冷温度要求的前提下，需要制冷装置在更低的蒸发温度下工作，造成制冷量减少、能耗增加。

7）间接冷却系统多一个载冷剂循环系统及相关的设备，初投资有时较高。采用盐水作载冷剂时，对金属有腐蚀作用，需经常维护修理。

国内间接冷却方式原来主要用于制冰、空调、工业冷却等制冷装置中。近年来，在氨冷库改造及新建冷库中的应用也日益增多。由于氨冷库中制冷剂泄漏导致的重大事故不断发生，引起了各级政府监管部门对氨制冷装置安全性的重视，加强了监管的力度。一批建库时间较早、设备老化、运行效率下降、存在一定安全隐患的氨冷库的改造成了当务之急。在众多改造方案中，石家庄久鼎制冷空调设备有限公司、河北恒瑞制冷设备有限公司开发的“新型自动化冷库”别有新意。该方案采用间接冷却方式，仅需用由计算机控制的低温螺杆制冷机组替换原氨机房内的氨压缩机、辅助设备，利用原有库房内的设备（冷风机、排管等）、管道，就可得到一个“新型自动化冷库”。经改造的冷库具有制冷系统简单、机组运行平稳、自控程度高、操作简单、施工期短（冬期施工可以做到冷库不停产）、蒸发器内运行压力低等特点，受到用户的好评。

八、制冷系统蒸发回路的确定

（1）蒸发回路　制冷剂循环时所经历的路径叫“回路”。某种蒸发温度的制冷剂所对应的回路就叫作这种蒸发温度回路，简称蒸发回路，如 -15℃ 蒸发回路、-33℃ 蒸发回路等。

（2）蒸发回路的合并　不同的用冷要求需选配各自需要的机器设备，形成自己的蒸发回路。图 3-54 为两个蒸发回路示意图：1—2—3—4—1 为 -10℃ 蒸发回路，1—2′—3′—4′—1 为 -15℃ 蒸发回路。

当用冷要求较多时，都按各自要求确定合适的蒸发回路会使制冷系统过于复杂。此时，为简化系统，可将两个或几个不同蒸发回路用一台（组）机器升压，形成一个蒸发回路，这种做法叫蒸发回路的合并。图 3-55 为两个蒸发回路合并示意图。为保证回路合并后各蒸发器的制冷剂还能处在各自蒸发温度下工作，必须在蒸发压力较高的蒸发器出口回气管上设置气体降压阀，将高蒸发压力的气体降压成最低蒸发压力。合并后的回路是以最低蒸发温度来命名的。如图 3-55 所示的 -10℃与 -15℃蒸发回路合并后叫 -15℃蒸发回路。

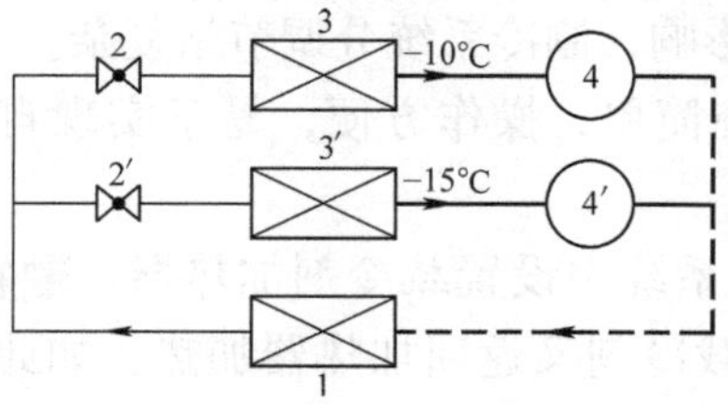

图 3-54　两个蒸发回路示意图
1—冷凝器　2、2′—节流阀　3、3′—蒸发器
4、4′—压缩机

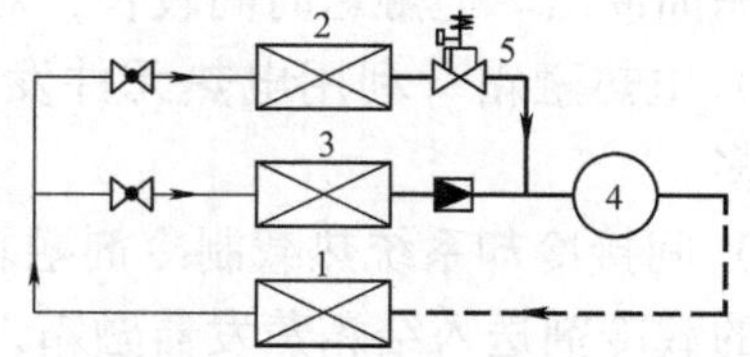

图 3-55　两个蒸发回路合并示意图
1—冷凝器　2— -10℃蒸发器　3— -15℃蒸发器　4—压缩机　5—电磁恒压主阀

（3）蒸发回路的划分　合并蒸发回路可简化系统、节省初投资，但会增加压缩机的运转费用。因此，在设计方案时应进行综合技术经济分析，确定出合适的蒸发回路数。下面介绍冷库制冷装置设计中常见的蒸发回路的划分方案。

1）制冰、贮冰：一般用同一蒸发回路。

2）冻结、冻藏：当冻结能力、冻藏量较大时，为了不影响冻藏食品的干耗及质量，分别设置蒸发回路。当冻结量较小或不常工作时，可合并为一个蒸发回路，但应采用适当技术措施，防止冻结间工作时对冻藏间内蒸发压力产生影响。

3）冷却物冷藏：宜用一个蒸发回路。

4）冷却：可和制冰、贮冰合用蒸发回路，水果、蔬菜、鲜蛋冷却量小时也可与冷却物冷藏合用蒸发回路。

这样，根据食品冷加工工艺要求，蒸发回路可分为：①冻结回路，-33℃ 或更低；②冻藏回路，-28 ~ -33℃；③制冰、贮冰、冷却回路，-15℃左右；④冷却物冷藏（冷却）回路，-8 ~ -12℃。

采用蒸发回路合并方案时应注意不同组合之间的影响。如水果贮藏和制冰，虽然两者蒸发温度较接近，但因前者要求库温与蒸发温度的温差小、相对湿度高，而后者负荷波动大，合并后将加大冷藏食品的干耗，故不宜合并。对于很小的其他负荷，可合并在某个蒸发回路中。

九、除霜、排液方案的确定

蒸发器结霜会导致热阻增加、传热系数下降。对冷风机而言，空气流通截面积减小，使流通阻力加大，功耗上升。所以，应及时除霜。

1. 除霜方案

现行的除霜方案有：

（1）人工扫霜 简单易行，对库温影响小，但劳动强度大，除霜不彻底，有局限性。

（2）水冲霜 将冲霜水通过喷淋装置向蒸发器表面喷淋使霜层融化，然后一并由排水管排出。该方案效率较高，操作程序简单，库温波动小。从能量角度分析，每平方米蒸发面积耗冷量可达250~400kJ。水冲霜还容易使库内起雾，造成冷间顶棚滴水，使使用寿命降低等。

（3）热气融霜 利用压缩机排出的过热蒸气冷凝时放出的热量来融化蒸发器表面的霜层。其特点是适用性强，在能量利用方面合理，对氨制冷系统而言，除霜的同时还能把蒸发器中的积油冲出。但融霜时间较长，对库温有一定的影响，制冷系统分调节站复杂。

（4）电热融霜 利用电热元件发热来融霜。系统简单，操作方便，易于实现自动化，但耗电多。

（5）间接冷却系统热载制冷剂融霜 在间接冷却系统中设置载冷剂加热器，融霜泵把加热后的载冷剂送入结霜蒸发器融霜，温度降低后的载冷剂又返回加热器加热，如此循环，直至霜层融化，冷间温度高于0℃的蒸发器，可以考虑停止降温，让霜层自然融化。

实际方案确定时，有时采用一种除霜方案，有时将不同方案结合起来使用。如冷库搁架排管，墙、顶光滑排管，可用人工结合热气法，平时人工扫霜，定期进行热气融霜，以彻底清除人工扫霜不易除净的霜并排出管内积油。冷风机用水冲或热气法。对于结霜较多需频繁进行除霜的可采用热气结合水除霜，如图3-56所示。这种方案结合了两者的优点，既冲霜快，对库温影响又小，还能排除管内积油。

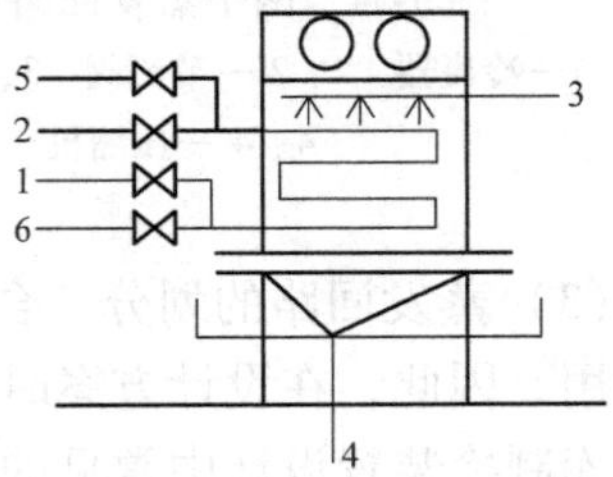

图3-56 热气结合水冲霜示意图

1—供液 2—回气 3—冲霜水 4—排水 5—热气 6—排液

2. 排液方案

热气融霜、热气结合水除霜法都需将融霜冷凝液由蒸发器排出。其方案有：

（1）冷凝液排入排液桶 制冷系统设排液桶，将冷凝液排入排液桶，再供入系统循环。重力供液、液泵供液系统都有应用。

（2）冷凝液排入低压循环桶 仅适用于液泵供液系统不设排液桶时，将冷凝液降压后引入低压循环桶。

（3）冷凝液排向工作中的蒸发器 将除霜冷凝液排至其他正在工作中的蒸发器。该方案系统简单，但随冲霜从蒸发器中出来的油又进入了其他蒸发器。该方案仅在小型制冷装置中可以考虑使用。

（4）设置热交换器 利用专用热交换器使冷凝液气化，再被压缩机吸入。

十、设备液位显示、控制方式的确定

（1）液位显示 制冷系统中有些设备如贮液器、低压循环桶、中间冷却器、排液桶、集油器等均需设置液位指示器，以便于直观地观察设备内的液位并根据其液位进行操作管理。液位指示器有玻璃管式、玻璃板式、金属管式、油包式、远距离液位指示器，视液镜、自动显示器等多种。金属管式液位指示器只能用于制冷剂液温低于0℃的容器上，根据结霜位置来判定液位高低。这种指示器简单安全，但有冷量损失，有时出现结虚霜现象（无液体部分也结霜），给人以误解。由于玻璃管易碎、危险性大，玻璃管式液位指示器已逐渐被玻璃板式液位指示器所取代。玻璃板式液位指示器的特点是简单直观，但在低温设备上使用时，表面结霜影响视线，仅适用于高压贮液器、集油器、排液桶等设备。油包式液位指示器是在玻璃管式液位指示器的基础上增加一个油包而制成的，如图3-57所示，仅适用于氨制冷系统。油包内加入冷冻油，容器内的液体对油施加压力，使油进入玻璃管并指示出油位高度。鉴于油与制冷剂液体的密度不同，可把油位高度换算为液位高度。因为进入玻璃管内的是油而不是制冷剂液体，故在中、低压设备中使用也不会结霜，观察方便。

前面介绍的几种液位指示器都是安装于需要指示液位的设备上的，当设备多且分散布置时，观察液位很麻烦，采用远距离液面指示器就可解决这一问题。它可以设置在远离被指示设备的地方，位置高低不受限制，并可准确地显示液位，如图3-58所示。也有的设备自身带有视液镜，可以很方便地观察液位。

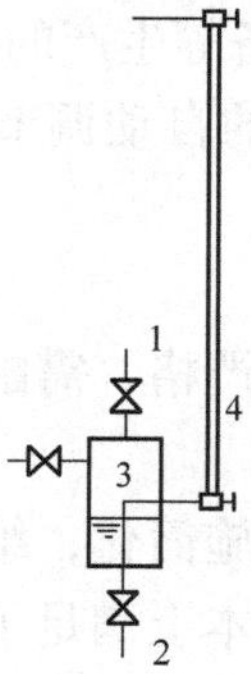

图3-57　油包式液位指示器

1—放气阀　2—排污阀　3—油包　4—玻璃管

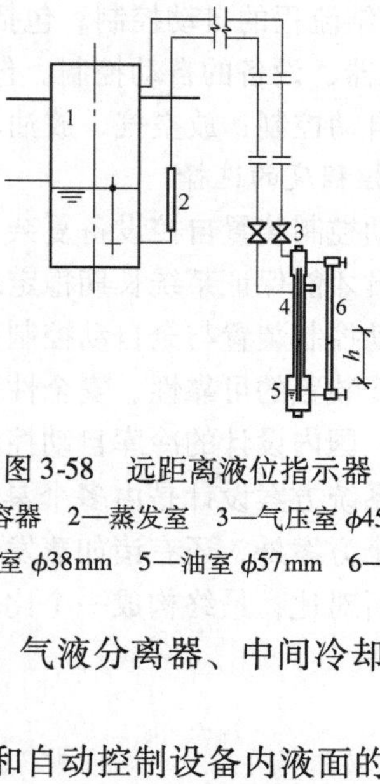

图3-58　远距离液位指示器

1—容器　2—蒸发室　3—气压室 ϕ45mm　4—液压室 ϕ38mm　5—油室 ϕ57mm　6—玻璃管

（2）液位控制　由于循环的需要，需对低压循环桶、气液分离器、中间冷却器等设备进行供液并控制其液位。其控制方法有：

1）浮球阀控制。浮球阀在制冷过程中起着节流降压和自动控制设备内液面的作用。当容器内液面降低时自行开大，液面上升时逐渐关小，待液面升至上限时则自行关闭。浮球阀有直通式和非直通式两种，国内制冷系统多用后者。

2）自动控制。图3-59所示为目前常用的自动控制供液示例，由浮球液位计自动检测液位，根据检测结果指令执行元件电磁阀（或电磁主阀）开或关，以此来控制设备内液位的高低，手动节流阀调节至合适的状态，起节流降压、控制流量的作用。

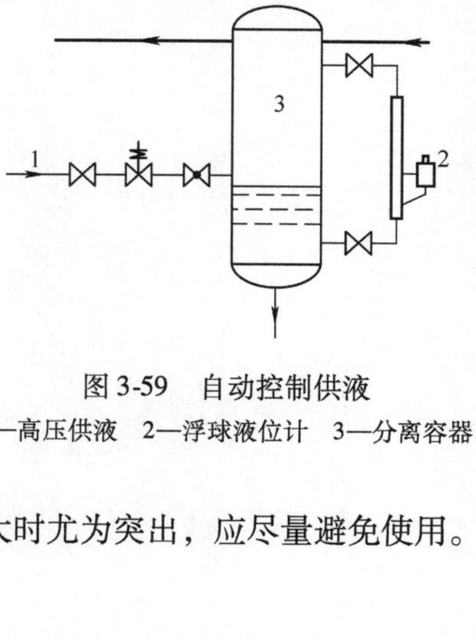

图3-59　自动控制供液

1—高压供液　2—浮球液位计　3—分离容器

除以上方法外，也有利用手动节流阀对液体进行节流并通过调节阀门的开启度，来完成对设备液位控制的。利用该方法控制液位操作较困难，负荷波动大时尤为突出，应尽量避免使用。

十一、制冷装置自动控制程度的确定

1. 自控程度等级划分

(1) 手动式 制冷压缩机的起动、停止及全部设备的各类操作，全部采用人工的方式进行。

(2) 半自动式 冷库制冷系统的半自动式控制包括：

1) 安全保护装置。包括压缩机的高压、低压、油压差、断水保护装置，冷凝器的断水保护装置，设备上的超压安全旁通及超液位保护，液泵的安全保护装置。

2) 回路自动控制。包括液泵回路、库房回路、放空气回路、放油回路等自动控制。

3) 指令开、停机，库温遥测。

(3) 全自动控制 冷库制冷系统的全自动控制包括：

1) 安全保护装置。

2) 回路自动控制。

3) 冻结流程的自动控制。包括冻结间、冻结装置、制冰设备等生产的程序控制。

4) 机器、设备的自动控制。包括压缩机的自动开停和能量的自动调节；冷凝器和冷却水系统的自动控制；放空气、放油、压缩机加油等自动控制。

2. 自控程度的选择

全自动控制装置自控设备复杂，投资大，平时维护检修要求严格，需配备技术熟练的相关技术人员才能保证系统长期稳定地正常工作。

半自动控制装置与全自动控制比较，投资大大降低，自控设施简化，维护检修方便，且在确保制冷装置的可靠性、安全性以及减轻劳动强度方面已经基本上满足了要求。

目前，国内设计的冷库自动控制程度多采用半自动式控制。

制冷系统方案设计是由多个具体的方案决定的。设计者通过逐一确定局部方案（除以上所述多个方案外，还有诸如蒸发器方案的确定、冷凝器方案的确定等），再把这些方案综合起来分析对比，最终构成一个比较合理、完善的制冷系统方案。

第四章　制冷管道设计

制冷管道设计包括管材选取、管径确定、管道布置、管道固定和保温等。管道设计的优劣，关系到制冷装置运行的安全可靠性、经济合理性和安装操作的简便程度。通过本章的学习，将在学会确定管径的基础上，按布置要求利用管道将机器、设备及阀件等连成一体，并能使制冷循环得以正常进行。

第一节　制冷管道设计标准

冷库制冷系统管道设计，应根据其工作压力、工作温度、输送制冷剂的特性等工艺条件进行。《冷库设计规范》提出的相关设计标准如下：

1. 设计压力

冷库制冷系统管道的设计压力应根据其采用的制冷剂及其工作状况按表 4-1 确定。

表 4-1　冷库制冷系统管道设计压力选择表　（单位：MPa）

设计压力 \ 管道部位 / 制冷剂	高压侧	低压侧
R717	2.0	1.5
R404A	2.5	1.8
R507	2.5	1.8

注：高压侧指自制冷压缩机排气口经冷凝器、贮液器至节流装置入口这一段制冷管道；低压侧指自系统节流装置出口，经蒸发器到制冷压缩机吸入口这一段制冷管道；双级压缩制冷装置的中间冷却器的中压部分亦属于低压侧。

2. 设计温度

冷库制冷系统管道的设计温度，可根据表 4-2 分别按高、低压侧设计温度选取。

表 4-2　冷库制冷系统管道设计温度选择表　（单位：℃）

制冷剂	高压侧设计温度	低压侧设计温度
R717	150	43
R404A	150	46
R507	150	46

3. 最低工作温度

冷库制冷系统低压侧管道的最低工作温度，可依据冷库不同冷间冷加工工艺的不同，按表 4-3 确定其管道最低工作温度。

表4-3　冷库不同冷间制冷系统（低压侧）管道的最低工作温度

冷库中不同冷间承担不同冷加工任务的制冷系统的管道	最低工作温度/℃	相应的工作压力（绝对压力）/MPa		
		R717	R404A	R507
产品冷却加工、冷却物冷藏、低温穿堂、包装间、暂存间、盐水制冰及冰库	-15	0.236	-15.82℃ 0.36	0.38
用于冰库一般冻结、冻结物冷藏及快速制冰及冰库	-35	0.093	-36.42℃ 0.16	0.175
用于速冻加工，出口企业冻结加工	-48	0.046	-46.75℃ 0.1	0.097

4. 管道材料选用

当冷库制冷系统管道按上述1~3的技术条件进行设计时，对无缝管管道材料的选用应符合表4-4的规定。

表4-4　冷库制冷系统高压侧及低压侧管道材料选用表

制冷剂	R717	R404A	R507
管材牌号	10、20	10、20 T_2、TU_1、TU_2 0Cr18Ni9 1Cr18Ni9	10、20 T_2、TU_1、TU_2 0Cr18Ni9 1Cr18Ni9
标准号	GB/T 8163	GB/T 8163 GB/T 17791 GB/T 14976	GB/T 8163 GB/T 17791 GB/T 14976

如氨冷库制冷系统管道可以选用钢号为10号或20号的无缝钢管，其质量应符合GB/T 8163—2008《流体输送用无缝钢管》的要求。

第二节　管径确定

管径确定是制冷系统设计中的重要一环。管径确定得合理与否直接影响到整个系统的设计质量。管径的选择取决于管内控制压力降和流速的大小，实际上是一个初次投资和经常运转费用的综合问题。对于氟系统管径的确定，除上述因素外，对某些特定管道尚需考虑回油问题。

在工程设计中，一般是采用限定管段流动阻力损失来确定对应管径的大小。制冷回气管对应阻力所产生的饱和温度降约为1℃，而排气管允许的压降相当于制冷饱和温度升高0.5℃。制冷管道允许流速和允许压降是管径选择计算的依据，其数值分别见表4-5、表4-6和表4-7。

表 4-5　氨制冷管道允许流速［w］　（单位：m/s）

管道名称	允许流速	管道名称	允许流速
吸气管	10～16	节流阀至蒸发器液体管	0.8～1.4
排气管	12～25	溢流管	0.2
冷凝器至贮液器下液管	<0.6	蒸发器至氨液分离器回气管	10～16
冷凝器至节流阀液体管	1.2～2.0	氨液分离器至液体分配站供液管（重力）	0.2～0.25
高压供液管	1.0～1.5	低压循环桶至氨泵进液管	0.4～0.5
低压供液管	0.8～1.0		

表 4-6　R12、R22 制冷管道允许流速［w］　（单位：m/s）

制冷剂	吸入管	排气管	液体管	
			冷凝器到贮液器	贮液器到蒸发器
R12、R22	5.8～20	10～20	0.5	0.5～1.25

表 4-7　制冷管道允许压降（Δp）　（单位：kPa）

类　别	工作温度/℃	允许压降
回气管或吸气管	−45	2.99
	−40	3.75
	−33	5.05
	−28	6.16
	−15	9.86
	−10	11.63
排气管	90～150	19.59

注：1. 回气管或吸气管允许压降相当于饱和温度降低 1℃。
2. 排气管允许压降相当于饱和温度升高 0.5℃。

一、公式计算法

公式计算法是根据制冷管道允许流速、允许压降的大小进行计算确定管径的方法。其计算步骤如下：

1. 计算管道内径

$$d_n = 0.0188\sqrt{\frac{vq_m}{[w]}} \tag{4-1}$$

式中　d_n——管道内径，单位为 m；

v——计算状态下制冷剂比体积，单位为 m^3/kg；

q_m——制冷剂质量流量，单位为 kg/h；

$[w]$——制冷剂允许流速，单位为 m/s，由表 4-5、表 4-6 确定。

2. 初选管径

根据计算结果由管材表初步选取管径。

3. 计算压降

根据初选的管径计算压降 Δp，与允许压降［Δp］进行比较，若 $\Delta p <$［Δp］，则管径选

取合适；若 $\Delta p >[\Delta p]$，则需沿着使 Δp 与 $[\Delta p]$ 差值减小的方向修正 d_n，直至符合要求。

例 4-1 某氨冷库 -15℃蒸发系统，低压循环桶至压缩机的吸入管负荷为 200kW，直管长 50m，有 90°弯头 4 个，截止阀 3 个，冷凝温度 40℃，试确定该段管径。

解：1）计算管径。单位制冷量 $q_0=(1443.9-390.6)\ \text{kJ/kg}=1053.3\text{kJ/kg}$，-15℃饱和氨蒸气的比体积为 $v=0.508\text{m}^3/\text{kg}$，由表 4-5 查得允许流速 $[w]=14\text{m/s}$，求得制冷剂流量为

$$q_m=\frac{200}{1053.3}\text{kg/s}=0.1899\text{kg/s}=683.2\text{kg/h}$$

代入式（4-1）

$$d_n=0.0188\sqrt{\frac{vq_m}{[w]}}=0.0188\sqrt{\frac{0.508\times683.2}{14}}\text{m}=0.0936\text{m}$$

2）选 $D108\text{mm}\times4.0\text{mm}$ 无缝钢管，$d_n=100\text{mm}$。

3）计算压降。查表得摩擦阻力系数 $f=0.025$，气体的密度 $\rho=\frac{1}{v}=\frac{1}{0.508}\text{kg/m}^3=1.969\text{kg/m}^3$，求得吸入管当量总长为

$$L=(50+0.1\times32\times4+0.1\times300\times3)\ \text{m}=152.8\text{m}$$

则压降为

$$\sum\Delta p=f\frac{L}{d_n}\cdot\frac{w^2}{2}\rho=0.025\times\frac{152.8}{0.1}\times\frac{14^2}{2}\times1.969\text{Pa}$$
$$=7371\text{Pa}=7.371\text{kPa}$$

可以看出，结果比表 4-7 给出的允许压降 9.86kPa 小，所选管径符合要求。

二、线算图法

公式计算法较精确但计算烦琐，线算图法虽然精确度不如计算法，但方法简便，用于工程计算中已足够用。下面介绍线算图法。

1. 氟管径

（1）回气管管径　回气管由水平管段、立管段组成。回气管中压降大，将使吸气压力降低，吸入气体比容增大，导致输气系数下降，直接影响到制冷能力。所以，一般把该管段中的压降控制在相当于饱和温降 1℃，其对应压降值见表 4-8。图 4-1 是根据该条件绘制的 R22 回气管道线算图，根据制冷能力、管路当量长度、蒸发温度，即可查得回气管最小内径。

表 4-8　相当于饱和蒸气温降 1℃的压降值　（单位：MPa）

制冷剂	蒸发温度/℃									
	10	5	0	-5	-10	-15	-20	-25	-30	-40
R12	0.0127	0.0114	0.0100	0.0087	0.0078	0.0067	0.0059	0.0050	0.0044	0.0029
R22	0.0206	0.0176	0.0167	0.0142	0.0127	0.0108	0.0098	0.0078	0.0069	0.0049

对于上升回气立管，确定管径时还应考虑带油速度问题。该管段中若流速过小，游离在回气中的油滴不能随气体上升，终将流回蒸发器，使蒸发器内的油越积越多。因此，上升立

管中必须保持一定的流速，借以带油前进，且速度越大，带油效果越好。但流速增大必然会导致流阻增加，使蒸发压力降低，吸气比容增大，压缩机制冷能力减弱等。为了做到既能带油上升又不致使阻力过大，管内流速一般取其满足带油的最小值，称其为“最小带油速度”。只要管内流速大于或等于最小带油速度，气体就能带油上升。R22 上升回气立管的最小带油速度如图 4-2 所示。据资料介绍，美国上升回气立管中制冷剂流速不低于 5m/s，可供参考。

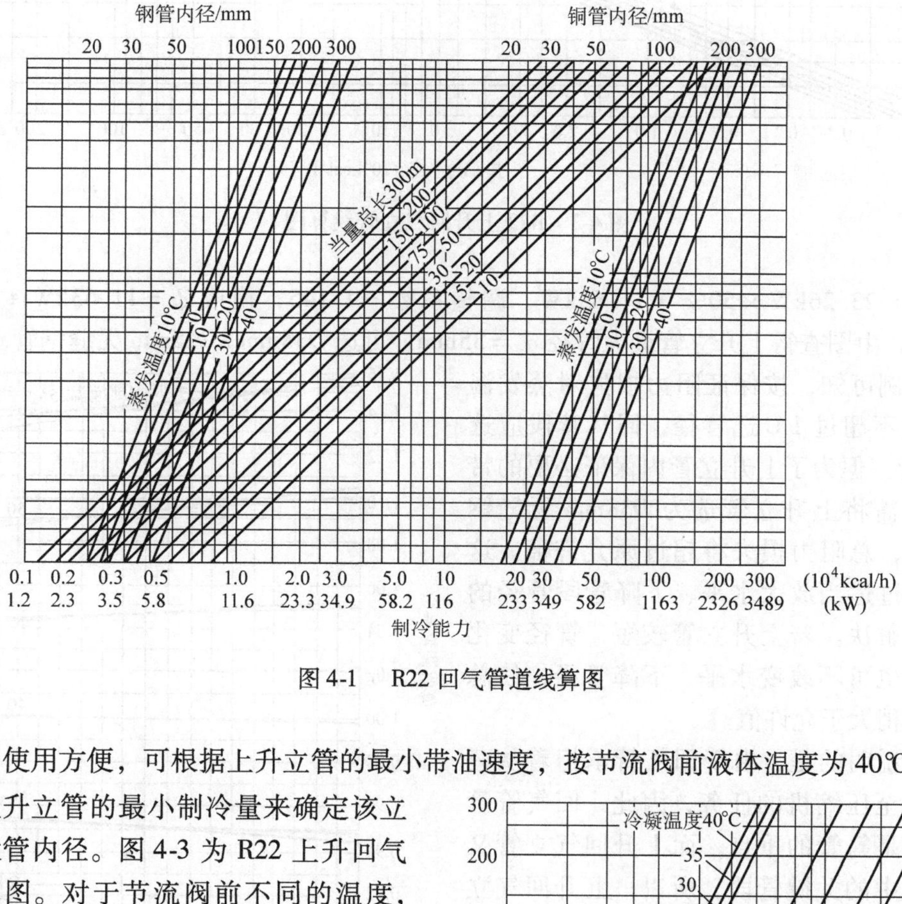

图 4-1　R22 回气管道线算图

为了使用方便，可根据上升立管的最小带油速度，按节流阀前液体温度为 40℃ 的条件，换算成上升立管的最小制冷量来确定该立管的最大管内径。图 4-3 为 R22 上升回气立管线算图。对于节流阀前不同的温度，则可用图 4-4 进行调整。

例 4-2　某 R22 制冷系统，$t_z = -15℃$，节流阀前液温为 25℃，设计负荷为 23.26kW，所配机器具有 50%、100% 两级能量调节。若回气管当量长度为 100m，试选择回气管径及上升立管管径（钢管）。

解：1）由制冷量 $\phi = 23.26\text{kW}$、$L = 100\text{m}$、$t_z = -15℃$，查得回气管径 $d_n = 70\text{mm}$，可选 $D76\text{mm} \times 3\text{mm}$ 无缝钢管。

2）由制冷量、50% 卸载可得最小制

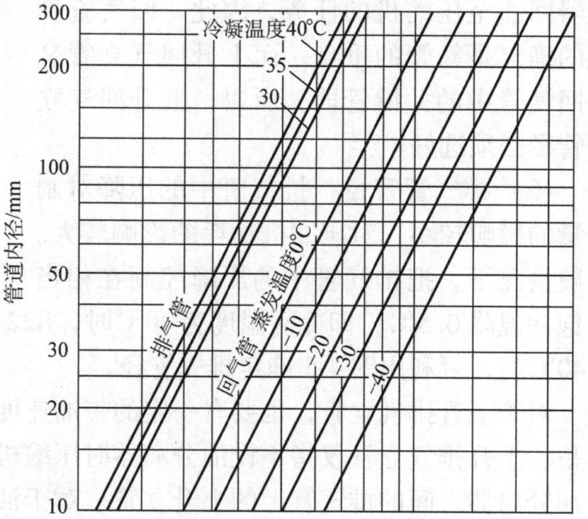

图 4-2　R22 上升回气、排气立管最小带油速度

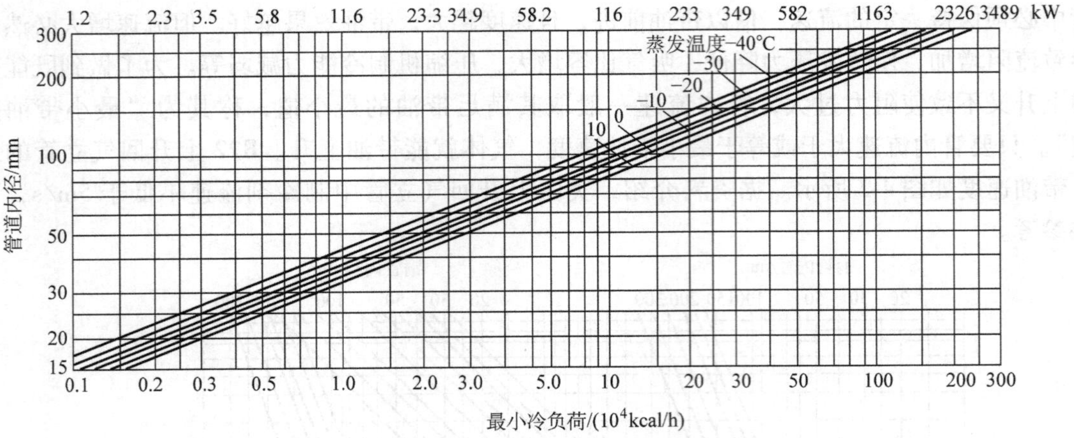

图 4-3 R22 上升回气立管线算图

冷量 $\phi_{min}=23.26\text{kW}\times50\%=11.63\text{kW}$，调整系数 = 1.145，换成 $\phi=11.63\text{kW}\div1.145=10.16\text{kW}$，由图查得上升立管最大管径 $d_n=35\text{mm}$，可选 $D38\text{mm}\times2.5\text{mm}$ 无缝钢管。

由上例可知，按保证阻力损失对蒸发温度的影响不超过1℃选管径，回气管段应选 D76mm 管，但为了上升立管内保证必要的带油速度，需将上升立管选为 D38mm 无缝钢管。这样，总阻力损失将超过原允许值。这时，可通过适当放大水平、下降管段管径的方法加以解决。若上升立管较短，管径变化不大时，也可不改变水平、下降管径，使总阻力损失稍大于允许值。

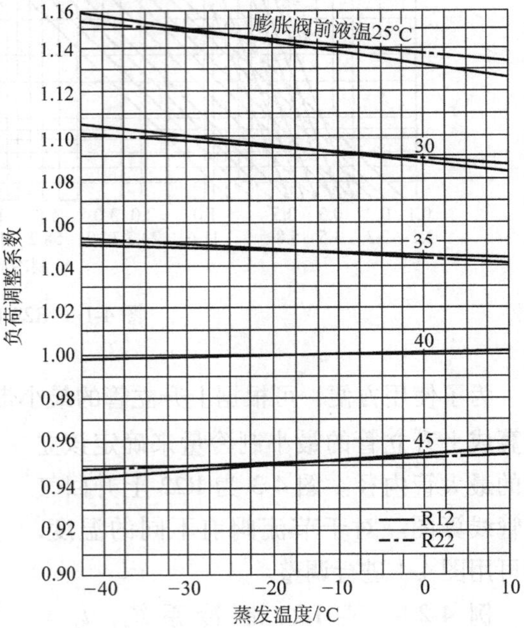

图 4-4 制冷量调整系数

需要说明的是，由于回气管承担着从蒸发器回油至压缩机的任务，因此，回气管管径的确定是氟管的重点，而上升回气立管又是回气管中的关键管段，所以，上升回气立管管径必须选好。

(2) 排气管管径 排气管中的压降对制冷量的影响较小，对压缩机功耗的影响较大。一般情况下，把排气管中的压降控制在相当于饱和温降 0.5℃，即冷凝温度为40℃时，R22 的允许压降为 0.0189MPa。当冷凝温度在 35 ~40℃时，可利用图 4-5 确定排气管径。

对于上升排气立管，也要有一定的带油速度，其最小带油速度如图 4-2 所示。需要说明的是，上升排气立管仅指不设油分离器时压缩机至冷凝器之间的管段和设油分离器时压缩机至油分离器之间的排气管上的上升立管。对于油分离器至冷凝器之间的上升立管不必考虑带油问题，以简化设计。

(3) 液体管管径 液体管分三段。

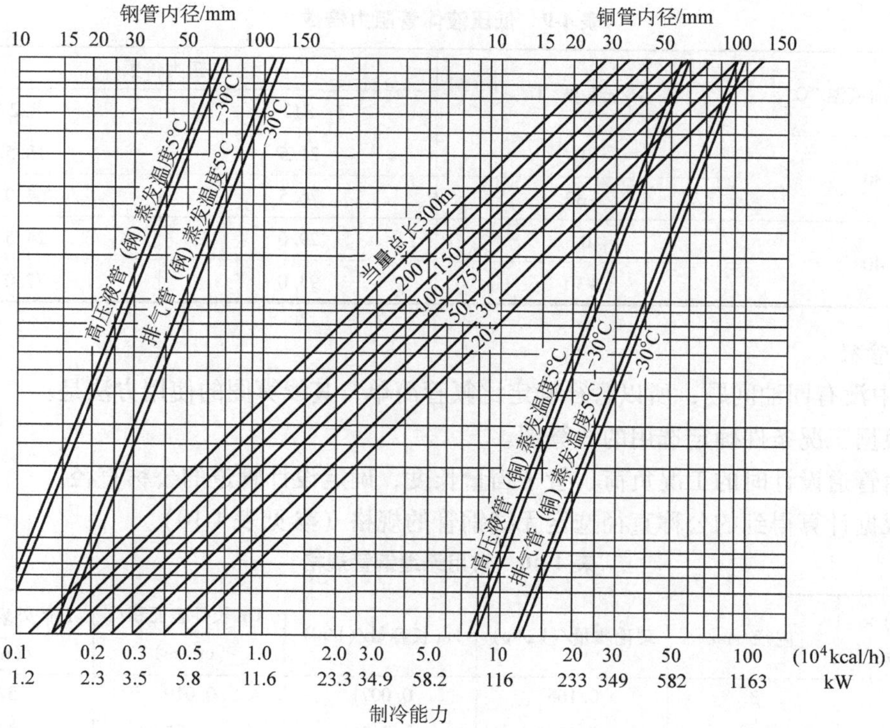

图 4-5　R22 排气、高压液体管线算图

1）下液管。下液管指冷凝器至贮液器的泄液管。下液管应该通畅，以保证冷凝液及时流入贮液器，以免积存在冷凝器内使冷凝面积减小。同时，贮液器内气体也可通过它进入冷凝器。下液管管径可由图 4-6 确定。图中曲线是按液温40℃和蒸发温度 -20℃计算的，对其他温度也可近似采用。如冷凝器、贮液器之间设均压管，则图中管道制冷量可提高 50%。

2）高压液体管。贮液器至节流阀的液体管段也称高压液体管。该管段除摩擦阻力、局部阻力外，尚应包括液位差引起的压降。把这段管道中的压降控制在相当于饱和温降 0.5℃时，可由图 4-5 确定管径。

3）低压液体管。低压液体管指节流阀至蒸发器之间的供液管道。液体节流后产生部分闪发气体，两相流体的流动阻力比单纯液体大很多，见表 4-9。这一管段一般较短，管径可参照热力膨胀阀的出口或蒸发器的入口确定，也可按高压液体管加大一档选用。

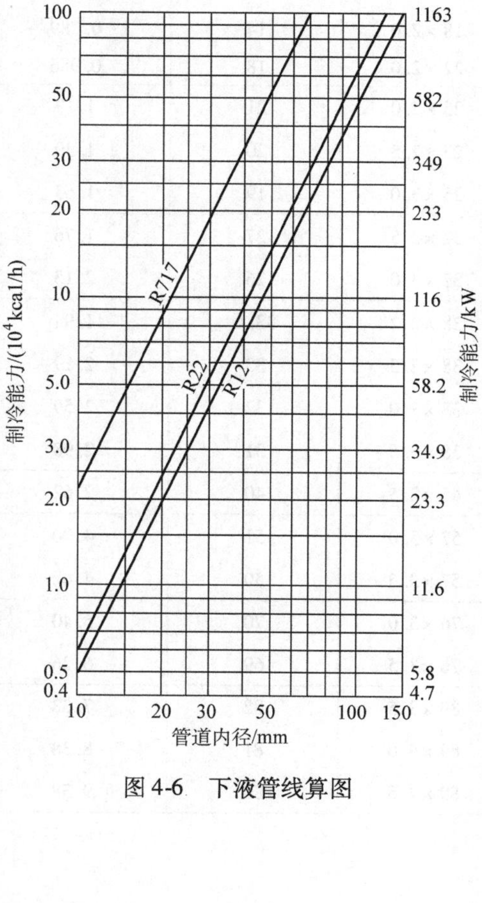

图 4-6　下液管线算图

表4-9 低压液体管阻力倍数

节流阀前液温/℃	蒸发温度/℃	阻力倍数	
		R12	R22
30	0	21.5	18.5
	-30	76.5	64.0
40	0	29.0	24.5
	-30	93.0	77.0

2. 氨管径

氨管中没有回油问题，所以管径确定比氟管简单，其线算图的使用方法是：

1）根据工况条件确定选用的线算图。

2）由管道设计时的工况负荷、管子当量长度，确定设计管道的公称直径。

3）根据计算得到的公称直径选定无缝钢管的规格（参见表4-10）。

表4-10 常用无缝钢管规格

(外径/mm)×(壁厚/mm)	内径/mm	理论质量/(kg/m)	1m长容量/(l/m)	1m长外表面积/(m^2/m)	$1m^2$外表面积管长/(m/m^2)
6×1.5	3	0.166	0.0071	0.019	52.63
8×2.0	4	0.296	0.0126	0.025	40.00
10×2.0	6	0.395	0.0283	0.031	32.26
14×2.0	10	0.592	0.0785	0.044	22.75
18×2.0	14	0.789	0.1540	0.057	17.54
22×2.0	18	0.986	0.2545	0.069	14.49
25×2.0	21	1.13	0.3464	0.079	12.66
25×2.5	20	1.39	0.3142		
25×3.0	19	1.63	0.2835		
32×2.5	27	1.76	0.5726	0.101	9.90
32×3.0	26	2.15	0.5309		
38×2.2	33.6	1.94	0.8867	0.119	8.40
38×2.5	33	2.19	0.8553		
38×3.0	32	2.59	0.8042		
38×3.5	31	2.98	0.7548		
45×2.5	40	2.62	1.2566	0.141	7.09
57×3.0	51	4.00	2.0428	0.179	5.59
57×3.5	50	4.62	1.9635		
76×3.0	70	5.40	3.8485	0.239	4.18
76×3.5	69	6.26	3.7393		
89×3.5	82	7.38	5.2810	0.280	3.57
89×4.0	81	8.38	5.1530		
89×4.5	80	9.38	5.0265		

（续）

（外径/mm）×（壁厚/mm）	内径/mm	理论质量/（kg/m）	1m 长容量/（l/m）	1m 长外表面积/（m^2/m）	$1m^2$ 外表面积管长/（m/m^2）
108×4.0	100	10.26	7.8540	0.339	2.95
133×4.0	125	12.73	12.2718	0.418	2.39
133×4.5	124	14.26	12.0763		
159×4.5	150	17.15	17.6715	0.500	2.00
159×6.0	147	22.64	16.9717		
219×6.0	207	31.52	33.6535	0.688	1.45
219×8.0	203	41.63	32.3655		

4）不同工况下使用条件的修正：建立的线算图都有一定的使用工况，当设计工况和建立线算图的工况不一致时，使用前应对相关参数进行修正。如图 4-7～图 4-12 中所示的负荷量以冷凝温度 30℃ 为基准，不同冷凝温度应以表 4-11 中所列换算系数对负荷量进行修正；两相流吸气管以氨泵再循环倍数等于 4 为基准，不同供液倍数用表 4-12 所列修正系数对按 4 倍再循环倍数求得的管径加以修正。

其他蒸发温度用的线算图可从相关手册中查取，或近似选用。

表 4-11 冷凝温度修正系数

类别	冷凝温度/℃			
	20	30	40	50
吸气管	0.96	1.00	1.04	1.10
排气管	1.16	1.00	0.81	0.70

表 4-12 不同再循环倍数 n_x 吸气管管径修正系数 n

n_x	2	3	4	5	6	7	8
n	0.87	0.94	1.00	1.05	1.09	1.12	1.15

例 4-3 已知冷凝温度为 30℃，蒸发温度为 -33℃，氨吸入管当量长度为 100m，制冷负荷为 150kW，确定单相流吸气管管径。

解：由已知条件可知需用图 4-8 查管径，并不需要修正。根据制冷负荷、当量长度，可得管道公称直径为 93mm，由表 4-10 选用无缝钢管规格为 D108mm×4.0mm。

例 4-4 已知冷凝温度为 40℃，蒸发温度为 -33℃，氨泵供液，再循环倍数为 6，回气管当量长度为 100m，制冷负荷为 150kW，确定两相流回气管管径。

解：由已知条件可知需用图 4-10，工况条件不同，需进行修正。

首先对冷凝温度的不同进行修正。由表 4-11 可查得，当冷凝温度为 40℃ 时修正系数为 1.04，修正后制冷负荷为 150kW×1.04＝156kW。

由图 4-10 查得管道公称直径为 125mm。

再对再循环倍数的不同进行修正。由表 4-12 查得 n＝1.09，修正后公称直径为 125mm×1.09＝150mm，选用无缝钢管规格为 D159mm×4.5mm。

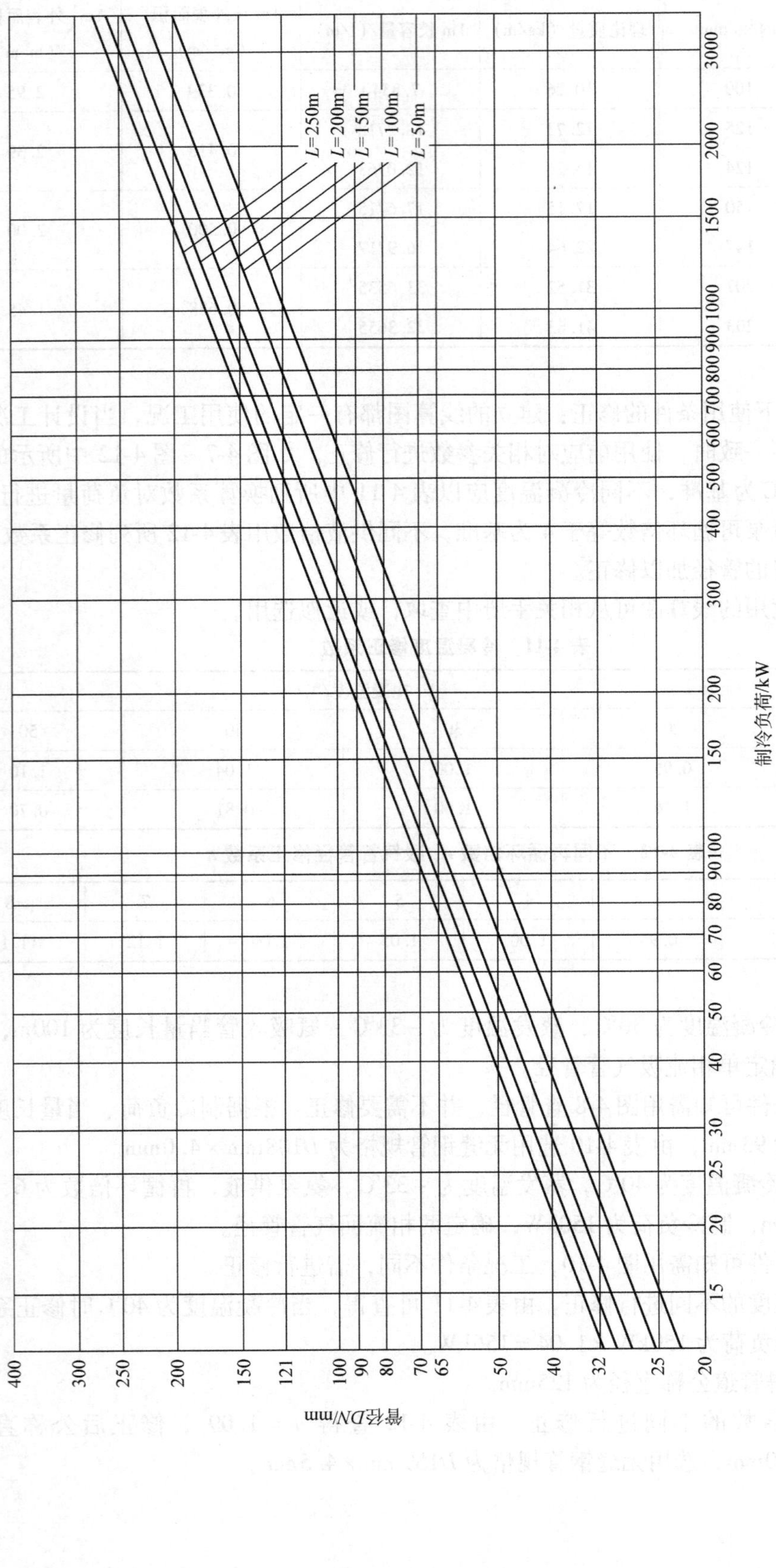

图 4-7 蒸发温度 -15℃氨单相流吸气管管径计算图

注：根据蒸发温度降约 1℃，压缩机制冷量降低 4%。

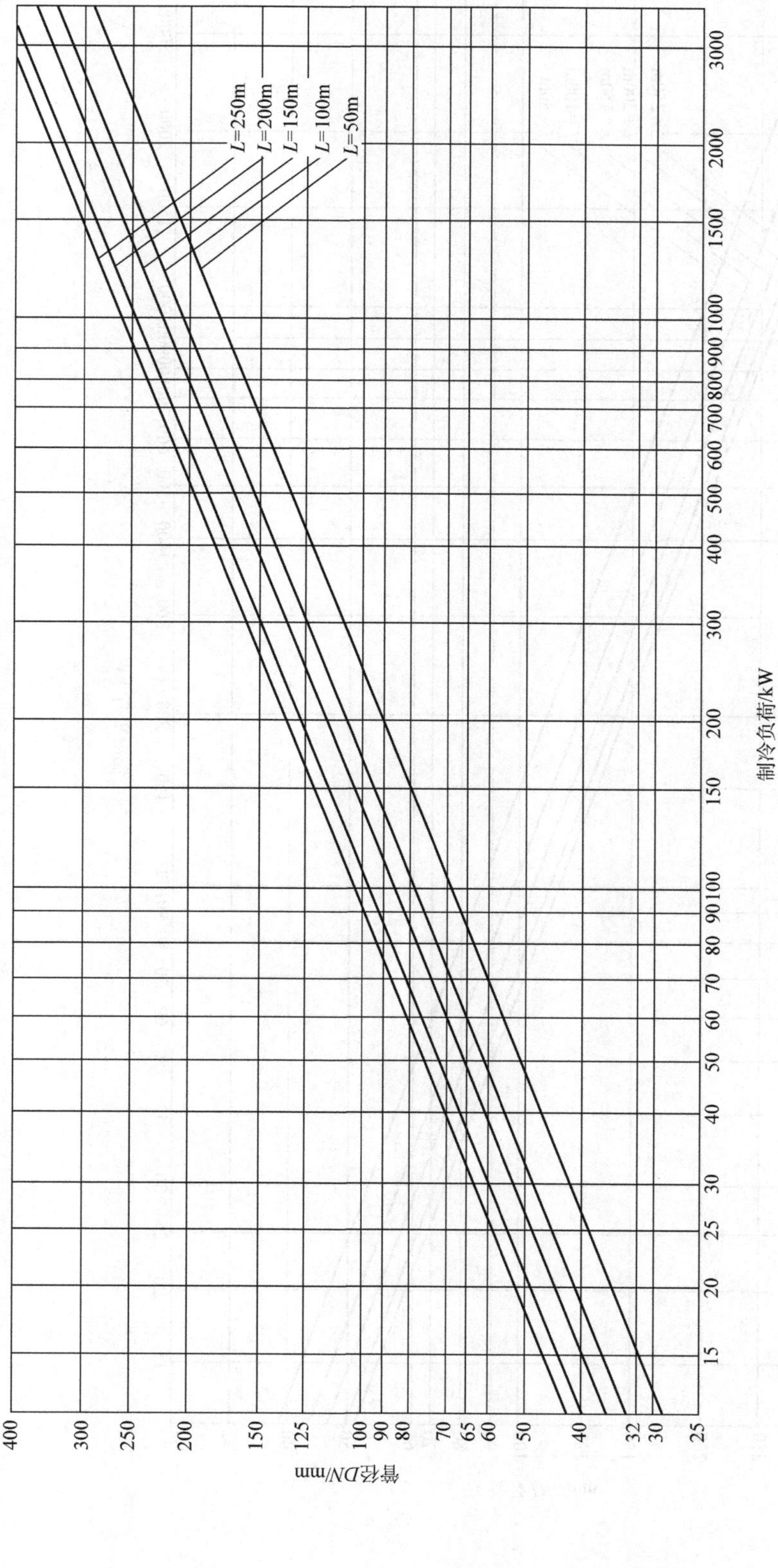

图 4-8　蒸发温度 −33℃氨单相流吸气管管径计算图

注：根据蒸发温度降约 1℃，压缩机制冷量降低 4%。

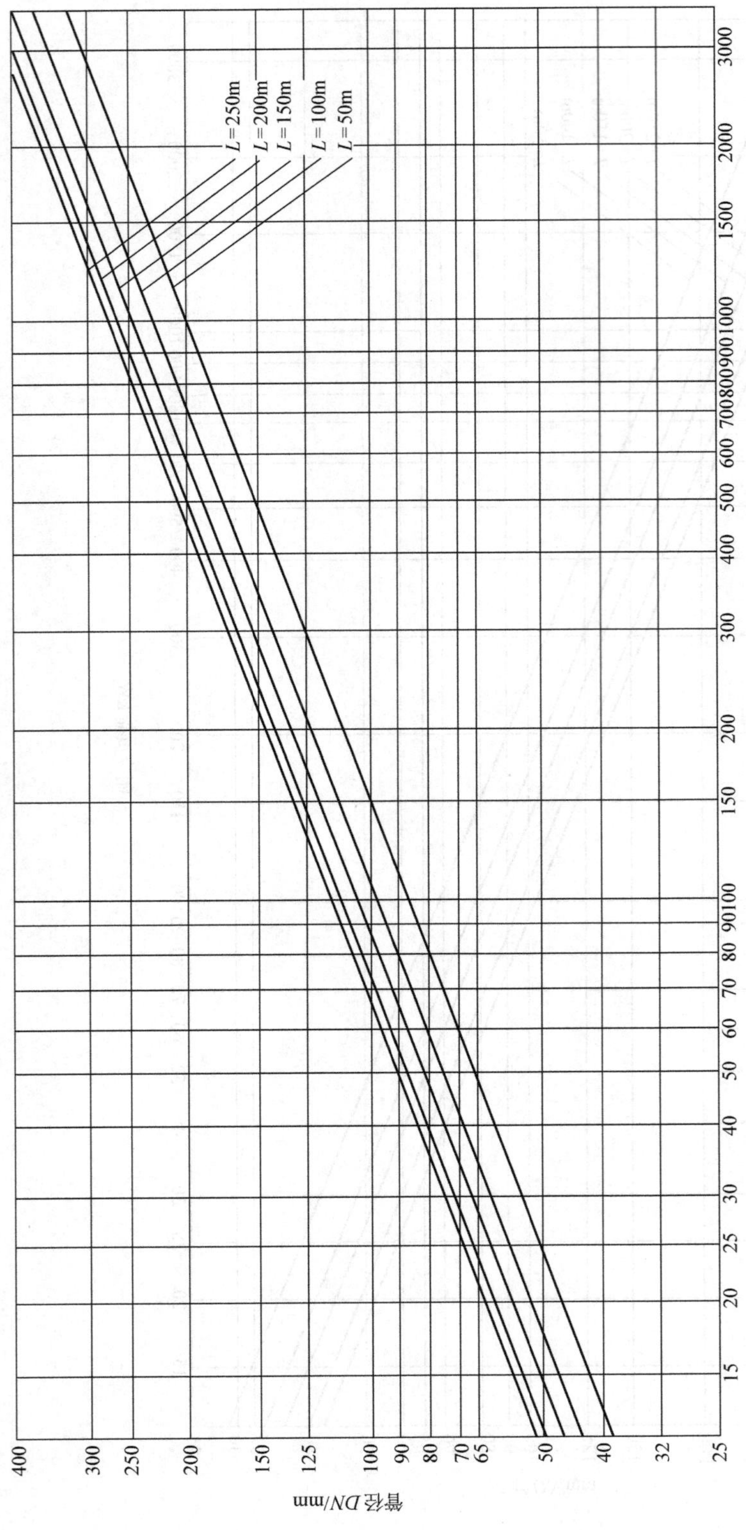

图4-9　蒸发温度－28℃氨两相流吸气管管径计算图

注：根据蒸发温度降约1℃，再循环倍数 n_x=4。

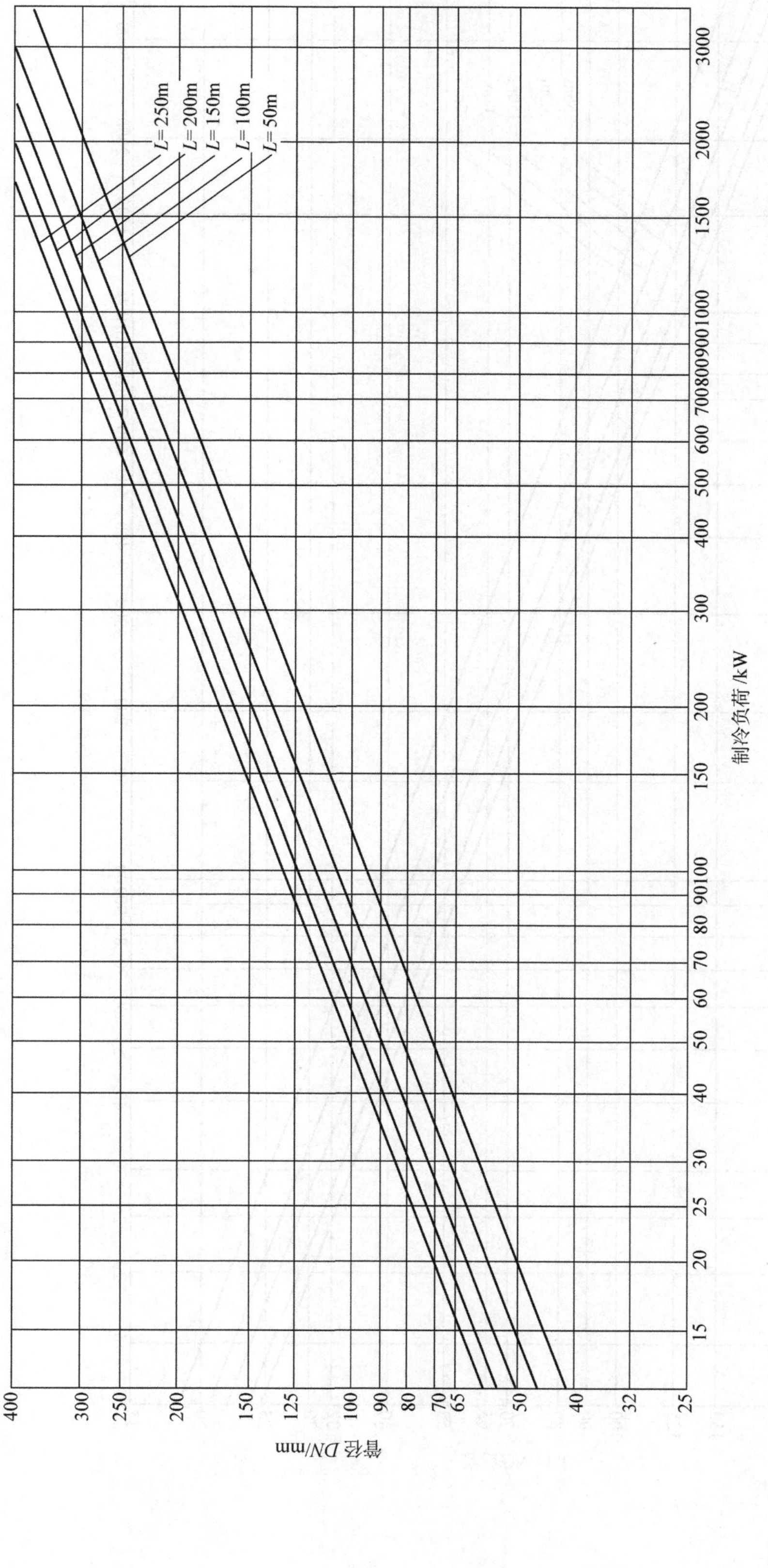

图 4-10 蒸发温度 −33℃氨两相流吸气管管径计算图

注：根据蒸发温度降约 1℃，再循环倍数 n_x =4。

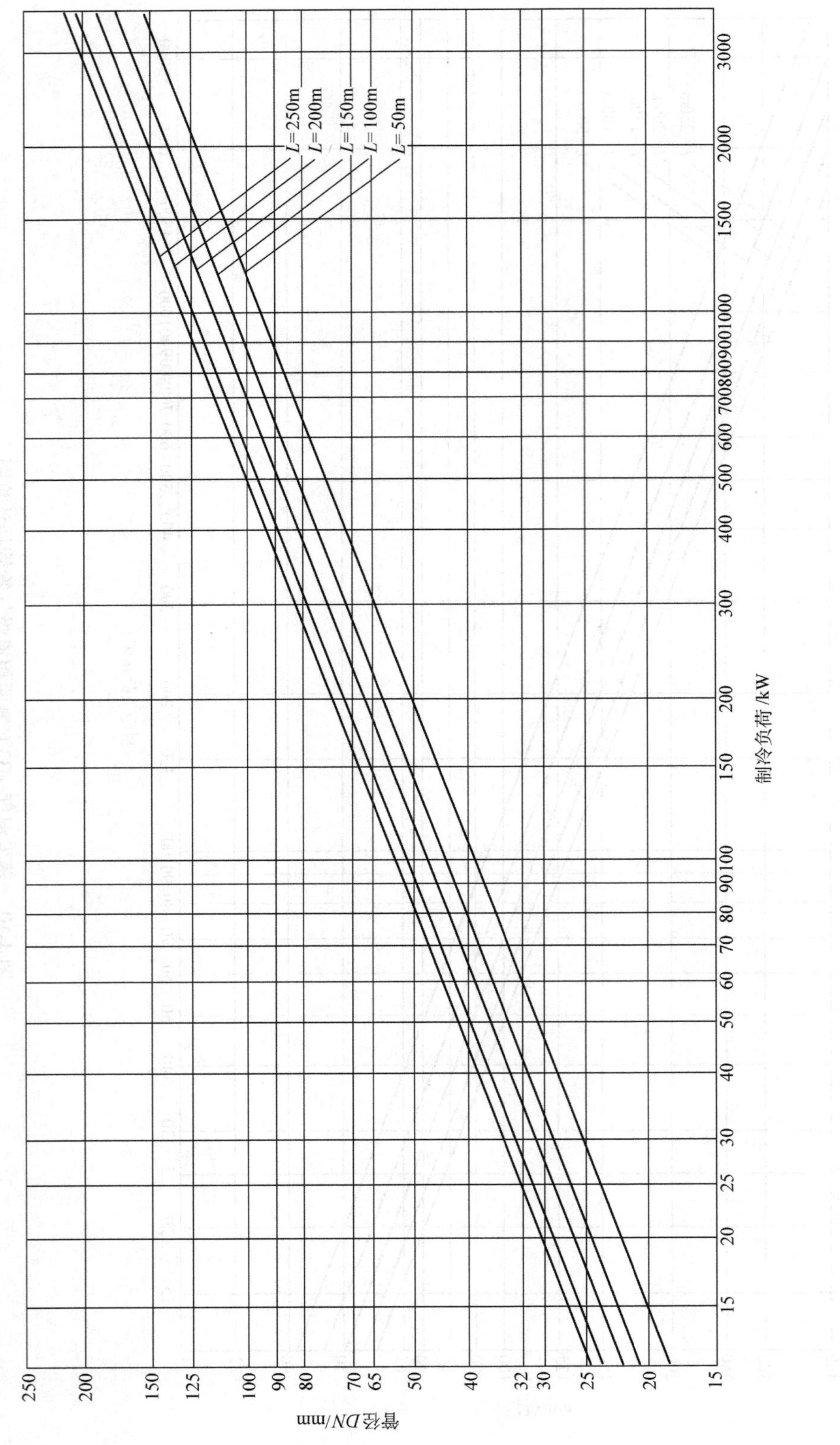

图 4-11　氨排气管管径计算图

注：根据冷凝温度升高约0.5℃，压缩机电耗增加1%。

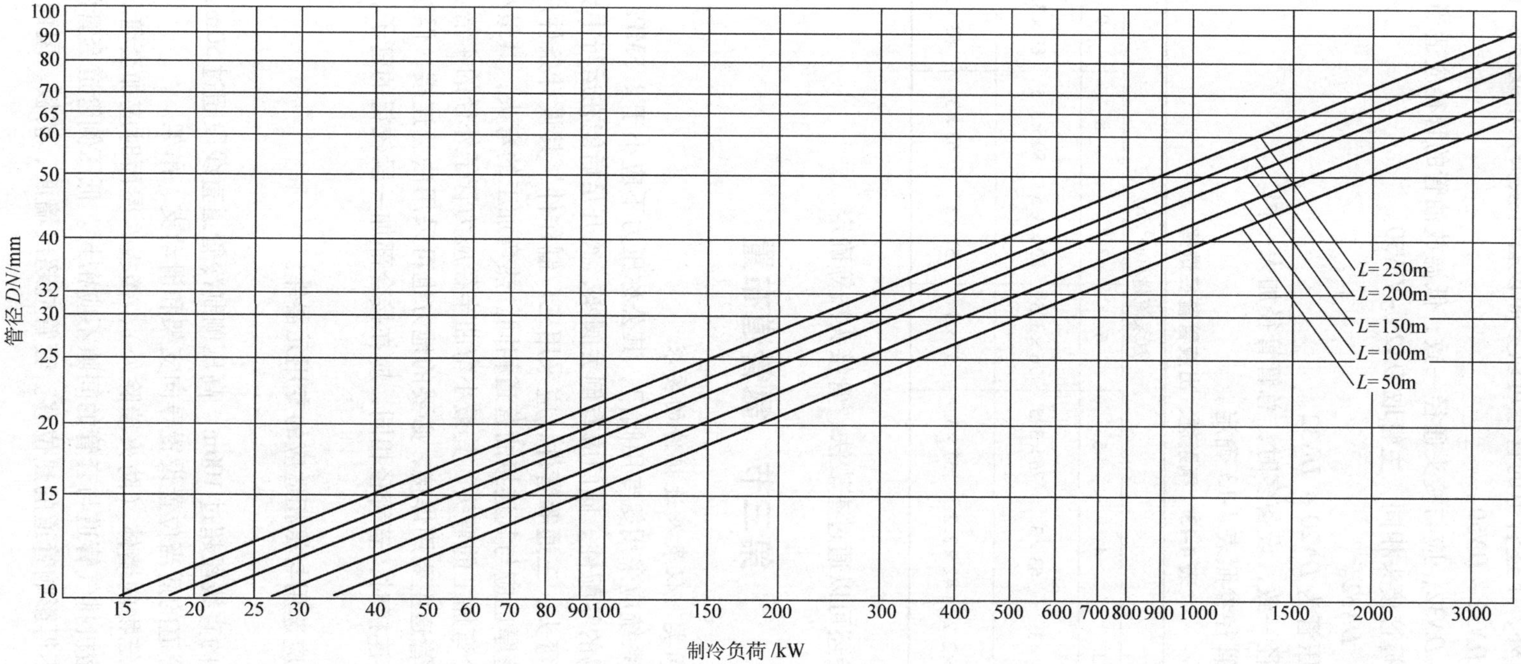

图 4-12　贮液器至调节站氨液管管径计算图

注：根据冷凝温度降约 0.5℃。

3. 其他辅助管道管径的确定

除以上几种主要管道外，下述管道的管径可以参照设备管接头大小或按以下规格选用。

1）融霜用热氨管为 DN32 ~ DN50。

2）放油管为 DN20 ~ DN32，应与接头通径一致，低温放油管的管径应适当加大些。

3）安全管与各安全阀管接头相同，主管取 DN25 ~ DN50。

4）排液管为 DN25 ~ DN32。

5）设备的加压、减压管为 DN20 ~ DN32。

6）均压管与接头通径一致，设备多时，总管管径加大一档。

7）氨泵进、出液管管径参照表4-13 确定。

表4-13 氨泵进、出液管管径选择

名称	氨泵流量/(m^3/h)							
	3	4	5	6	7	8	9	10
进液管$\left(\frac{外径}{mm}\times\frac{壁厚}{mm}\right)$	57×3	63×3	76×3.5	76×3.5	89×3.5	89×3.5	89×3.5	95×3.5
出液管$\left(\frac{外径}{mm}\times\frac{壁厚}{mm}\right)$	38×2.2	42×2.2	57×3	57×3	57×3	63×3	63×3	76×3.5

除上述方法外，管径还可以通过查表法、管接头法等确定。

第三节 氨管道布置

1. 对氨制冷系统用阀类、仪表及连接件的要求

1）阀门。制冷管道系统应采用氨专用阀门，其公称压力不应小于2.5MPa（表压），并不得有铜质和镀锌、镀锡的零配件。阀门应有倒关阀座，阀开足后能在运行中更换填料。

2）制冷管道所用的弯头、三通等管件，应采用工厂制作件，其设计条件应与其连接管道的设计条件相同，其壁厚也应与其连接的管道相同。热弯加工的弯头，其最小弯曲半径应为管子外径的3.5倍；冷弯加工的弯头，其最小弯曲半径应为管子外径的4倍。

3）连接件。氨系统管道主要用焊接，必要的地方也可采用法兰连接，但法兰应带凸凹口。两根管子作“T”形连接时，若管径相同，应在接合部加一段较粗的管子，并应做顺流向的弯头。

4）仪表、测控元件应选用与氨相适应的专用元器件。

2. 管道布置要求

1）低压侧制冷管道的直线段超过100m、高压侧制冷管道直线段超过50m，应设置一处管道补偿装置，并应在管道的适当位置设置导向支架和滑动支、吊架。

2）制冷管道穿过建筑物的墙体（防火墙除外）、楼板、屋面时应加套管，套管与管道间的空隙应密封，但压缩机排气管道与套管的间隙不应密封。低压侧管道套管的直径应大于管道隔热层的外径，并不得影响管道的热位移。套管应超出墙面、楼板、屋面50mm。管道穿过屋面时应设防雨罩。

3）热气融霜用的热气管，应从制冷压缩机排气管除油装置以后引出，并应在其起端设

置截止阀和压力表，热气融霜压力不得超过0.8MPa（表压）。

4）在设计制冷系统管道时，应考虑能从任何一个设备中将制冷剂抽走。

5）制冷系统管道的布置，供液管应避免形成气囊，回气管应避免形成液囊。

6）水平回气管外径大于108mm时，其变径元件应选用偏心异径管接头，并应保证管道底部平齐。

7）跨越厂区道路的管道，在其跨越段上不得装设阀门、法兰、金属波纹管补偿器、螺纹接头等管道组成件，路面距管道的净空不小于4.5m。

8）放空气器、集油器、排液桶等的减压管应接在气液分离装置的回气入口之前，不应直接接在压缩机的吸入管上。

9）连接压缩机的排气管道不应与建筑物结构刚性连接。

10）氨系统水平管道的坡度宜按表4-14的规定采用。

表4-14　系统管道坡度（水平管段）

管道名称	坡度方向	参考值（%）
压缩机至油分离器的排气管	坡向油分离器	0.3～0.5
与安装在室外冷凝器相连接的排气管	坡向冷凝器	0.3～0.5
冷凝器至贮液器的出液管	坡向贮液器	0.1～0.5
氨压缩机吸气管	坡向分离设备	0.1～0.3
液体分调节站至蒸发器的供液管	坡向蒸发器	0.1～0.3
蒸发器至气体分调节站的回气管	坡向蒸发器	0.1～0.3

3. 管道布置

（1）机器间吸、排气管的布置　吸、排气管是机器间的主要管道，其布置形式与机器布置形式有关，机器成双列式布置时多采用架空式，机器成单列式布置时多采用沿墙式。并联压缩机吸、排气支管与总管的连接应从总管的上面或侧上方接入，以防止回液和减少流动阻力，并应沿制冷剂流向弯曲。还可在排气支管上设止回阀，用以防止排气端进液，减少压缩机的操作调整。

一台机器为两个以上蒸发回路配置时，可在压缩机吸气管上并联一根管道与另一蒸发回路的吸气总管相接，这种接法操作方便，使用灵活，应用较普遍。

（2）机房内其他管道的布置　机房内设备较多，设备之间的连接管道也较多，它们应尽量集中布置，并用管架固定在墙上或用吊架固定在屋顶。管道集中布置时的原则是：水平布置时管径大的靠墙，支管少的靠墙；垂直布置时，热管在上冷管在下，管径大的在上，管径小的在下，有隔热的在上，无隔热的在下。同时，要考虑到把包隔热的放在一起等。出现矛盾时应综合考虑确定。

（3）室外管道布置　室外设备主要有油分离器、冷凝器、贮液器和放空气器等。室外设备之间、室外设备和室内设备之间的管道连接要用落地支架固定，集中通过机房墙上的预留洞进入机房。管架布置时尽量避免阻挡操作通道。室内外管道标高不同时，应尽量减少大管径管道的弯曲次数。

（4）管道通过过道时的布置　管道通过人行道时，管底离地面净高不得小于3m；通过行车道时，净高不得小于4.5m。

第四节　氟管道布置

除了与氨管道布置共性的东西外，氟利昂的溶油性导致了氟系统与氨系统管道布置有所不同。随着氟的流动，润滑油将遍及所有有氟的设备和管道，让油随着制冷剂的流动顺利返回压缩机是氟系统管道设计的一个主要任务，管道布置也是围绕着这一问题进行的。

一、回气管

氟系统回气管不仅要完成向压缩机输送低压气体的任务，还要借助管内气体流速将蒸发器内的润滑油带回压缩机。回气管布置方式很多，总的目的都是在工作时使润滑油能均衡地返回压缩机且不发生回液现象。布置时应从以下几方面考虑。

1. 坡度与坡向

为了便于回油，回气管水平部分应有0.5%～1.0%的坡度，坡向压缩机。

2. 液囊

回气管上应避免出现液囊。如布置中出现液囊，在轻负荷或停机时，油和氟液就会滞留于此形成液封，增大管道压降，重新起动时油和液体就容易进入压缩机引起油击或液击。

3. 回油弯（存油弯）

上升回气立管中的油只有在建立了必要的带油条件时才便于被带走。一般是在蒸发器出口上升回气立管的底部设置一个U形弯头，俗称“回油弯”，如图4-13所示。蒸发器内积存的油流入回油弯内积在弯头底部使回油弯与立管连接处附近流通截面积减小，流速加快，以利于连续带油上升至水平回气管。在设计制作回油弯时，要尽量做小，以便于油的提升和避免产生较大的压降。实验表明，制作精良的回油弯，只要机器在设定的工作条件下正常工作，即可避免间歇回油（先形成油封→造成立管上下两端的压降增加→达到一定程度，打破油封，回油继续，如此周而复始的过程），回油弯中的回油方式就不是先形成油封、后消除油封、再形成油封式的间断回油，而是始终没有油封形成的连续回油。

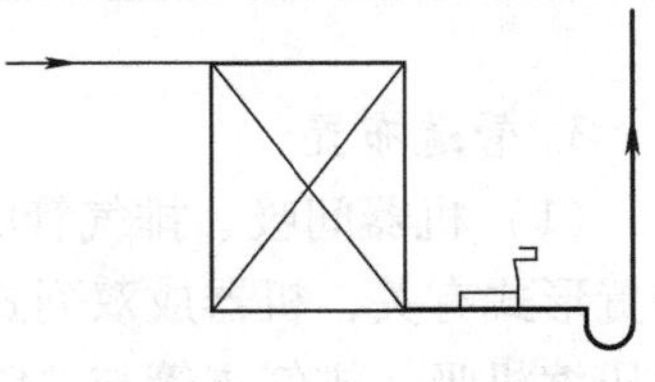

图4-13　回油弯示意图

4. 双上升回气立管

对于带有卸载装置的压缩机或几台压缩机并联运行时，用最小负荷选配上升立管管径虽能满足最小带油速度，但在满负荷工作时压降很大。在机器负荷变化不大的情况下，可通过增大水平管段、下降管段管径的办法来维持回气管总压降不变，这时只要水平管内流速不太小并有一定的坡度坡向压缩机，油就可顺利返回。但在机器负荷变化较大的系统中，用上述方法就难以维持总压降不变，这时宜采用“双上升回气立管”加以解决。图4-14为其配连图，管径选择及工作原理为：

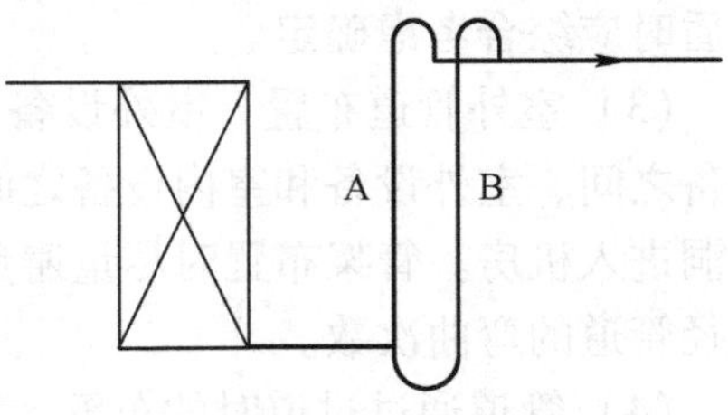

图4-14　双上升回气立管

1）按满负荷运行确定管子流通总截面积，其中A管管径按最小负荷下满足最小带油速度确定，B管管径则由总截面积减去A管流通截面积来确定。

2）低负荷运行时，由于回油弯内没有积油，两根立管同时有气体流过，管内流速较低，当低于最小带油速度时，油（或液）滴就逐渐沉积到回油弯内，直至形成油封，将 B 管堵住，此时气体只从 A 管流过。由于 A 管是按最小负荷能够回油设置的，所以油可通过 A 管被连续带走。在恢复满负荷工作时，开始仍是 A 管单独工作，由于负荷大，流速加快，流阻增加很多，导致双上升立管两端的压差明显增大，当增大到足以把滞留在回油弯内的油带走时，油就通过 B 管上升至顶部进入水平管，这时油封消除，A、B 管同时工作。由于 A、B 管是按满负荷工作时能带油确定的，所以此时仍能带油连续上升。

3）为防止单管工作时油可能倒流回不工作的管子中，双立管在接至水平管时应从上面接入。

4）为缩短消除油封的时间和避免影响曲轴箱中的存油，回油弯的尺寸也应尽量做小。

5. 回气管与压缩机的连接

在压缩机吸入口附近的回气管上不要设置回油弯，以免出现液囊，造成机器重新起动时发生湿行程。对于多台压缩机并联连接方案，应使回到水平回气总管中的油能均匀地返回每一台压缩机，特别注意防止回气总管中的油液进入停止工作的压缩机中。图 4-15 所示为并联压缩机与回气总管的连接方案之一。在回气总管上设一集管，各支管由集管上部插入，支管端头加工成坡口，以便回到集管中的油能及时被任一台工作中的压缩机吸走。为回油均匀，要求支管坡口角度一致、插入深度相同。有时为了解决各压缩机回油不均匀问题，有条件的机器可在曲轴箱上部与下部设均压管与均油管，并在该管上加设阀门。

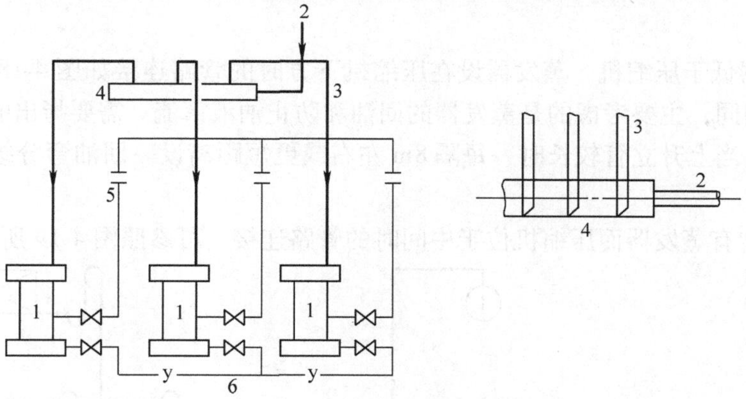

图 4-15　并联压缩机与回气总管的连接

1—压缩机　2—回气总管　3—回气支管　4—集管　5—均压管　6—均油管

6. 回气管与蒸发器的连接

根据蒸发器与压缩机高度位置的不同，布置方案有以下几种。

（1）蒸发器高于压缩机　蒸发器设在压缩机上面时，最有利于回油的连接方式如图 4-16 所示，但在停止工作时，蒸发器中的油液会自行流入压缩机，造成再次开机时的液击或其他事故。所以该方案只能在供液很少或停机前提前关闭供液以使停机时无油液下流或在自动控制

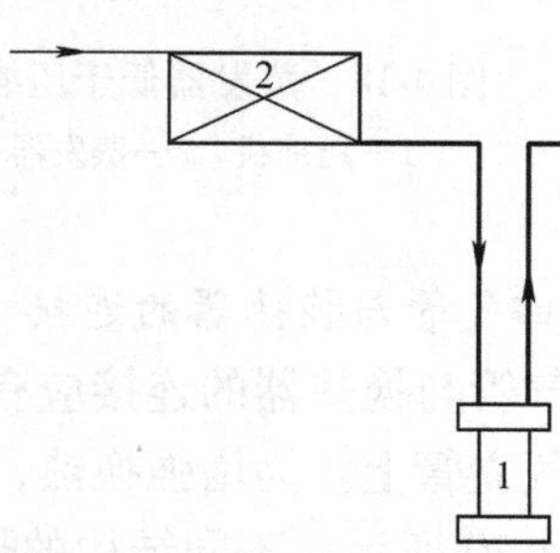

图 4-16　蒸发器高于压缩机（一）

1—压缩机　2—蒸发器

中采取措施的情况下使用。

经常采用的方案如图4-17所示。图4-17a所示为一组蒸发器时的连接。在蒸发器出口设上升回气立管至蒸发器的顶部（根据供液情况，也可升至稍高于蒸发器工作液面的某一高度）再接至压缩机。在蒸发器的出口侧，伸出一段坡度与制冷剂流向一致的水平短管，用以安装热力膨胀阀的感温包，然后再设回油弯。图4-17b所示为位于不同标高的蒸发器回气管的连接方案。注意不要使来自上边蒸发器内的油液流入下边蒸发器中。图4-17c所示为三组同一标高并联蒸发器的连接。为防止油液由一组蒸发器流入另一组蒸发器，在每组蒸发器的出口接出一水平短管，向下接入共同的水平回气管，在该水平回气管的末端设回油弯及上升立管；而对负荷变化较大的系统，则可设双上升回气立管。

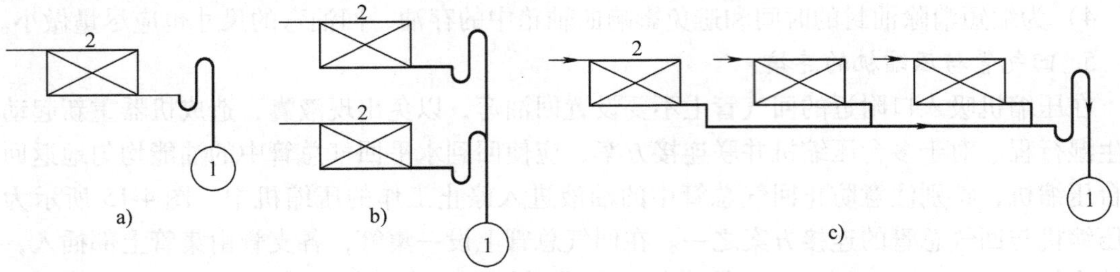

图4-17　蒸发器高于压缩机（二）

a）一组蒸发器时回气管的连接　b）位于不同标高的蒸发器回气管的连接　c）同一标高蒸发器回气管的连接

1—压缩机　2—蒸发器

（2）蒸发器低于压缩机　蒸发器设在压缩机下方时的管路连接如图4-18所示。连接方式与上述基本相同，主要考虑的是蒸发器的回油和防止油液窜流。需要指出的是，上升立管并不能任意长。当上升立管较长时，每隔8m左右或更短距离设一回油弯分级提升，以利回油。

（3）上下均有蒸发器而压缩机位于中间时的管路连接　可参照图4-19所示连接。

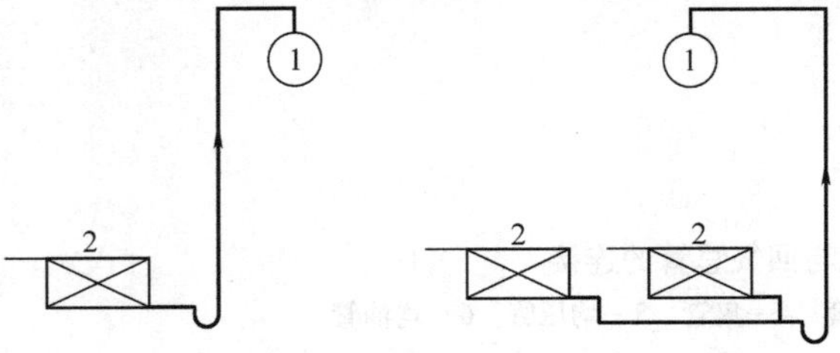

图4-18　蒸发器低于压缩机

1—压缩机　2—蒸发器

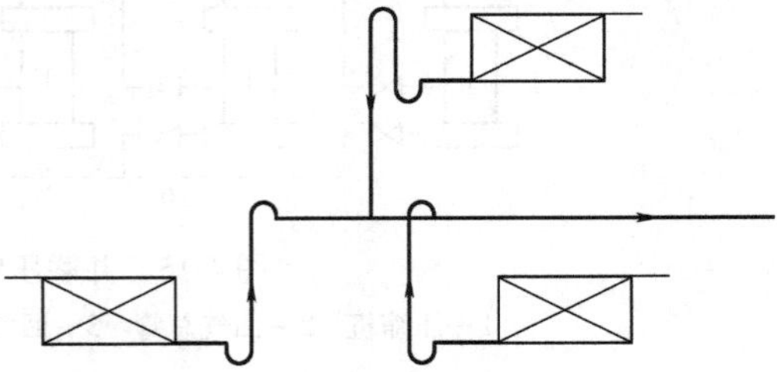

图4-19　蒸发器标高不同时的连接

7. 回气管与换热器的连接

回气管与换热器的连接应有利于回油，热交换器应装在水平或下降回气管上，不得设在上升回气立管上。为增强换热，进、出液和进、出气管宜逆流连接。回气管与热交换器的连接如图4-20所示，不同结构的热交换器可参照该方法连接。

8. 吸气管与低压循环桶的连接

在氟泵供液系统中，由蒸发器返回的油随气体进入低压循环桶，吸气管除输送气体外，还需将低压循环桶内的油送回压缩机。其做法是利用低温下氟油混合溶液两层分离的特点，在近液面的富油层处引出 1 ~ 3 根回油管至吸气管，利用低压气体的流速将油引射至吸气总管并返回压缩机，如图 4-21 所示。图中 A 点宜接在离低压循环桶出气口远点的吸入管上，支管应从总管的上方接入并深入总管中心处。为了控制回油量，应在回油管上加设电磁阀或截止阀等，也可像图 3-36 那样利用油回收器回油。

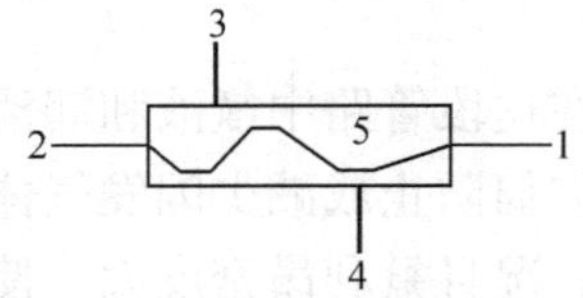

图 4-20　回气管与热交换器的连接

1—进液　2—出液　3—进气

4—出气　5—热交换器

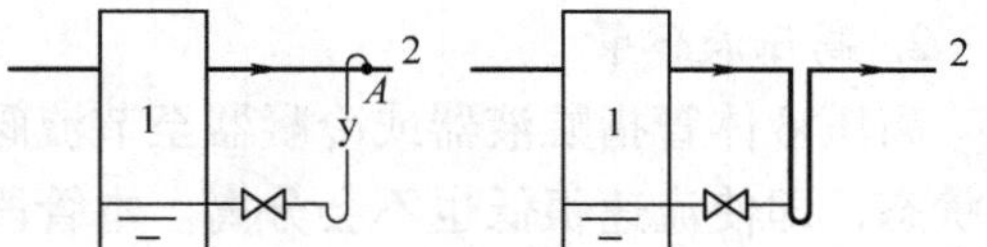

图 4-21　吸气管与低压循环桶的连接

1—低压循环桶　2—接压缩机

二、排气管

排气管是指从压缩机排出口至冷凝器进气口之间的高压气体管道。对将压缩机、油分离器、冷凝器等组装成一整体的压缩冷凝机组来说，无需对排气管进行设计布置。

1. 注意事项

1）压缩机停止运转时，排气管内冷凝下来的氟液和油不得流回压缩机，排气管较长或环境温度较低的地方更应注意。

2）多台并联压缩机的排气不应互相碰撞，以减少流动阻力。

3）随工作压缩机排气排出的油不得流入停止工作压缩机的机头，以免造成该机起动困难。

4）水平管段应有≥1%的坡度，坡向油分离器或冷凝器。

2. 连接

（1）设油分离器时排气管的连接　系统有油分离器时，应将上升排气立管设在油分离器之后，油分离器后的上升立管不需设置回油弯和考虑带油速度问题，可简化设计。图4-22所示是设有油分离器时排气管的连接示例。

（2）不设油分离器时排气管的连接　不设油分离器时，上升排气立管也应考虑一定的带油速度并设回油弯。两台机器并联时排气管的连接可参见图 4-23 所示。

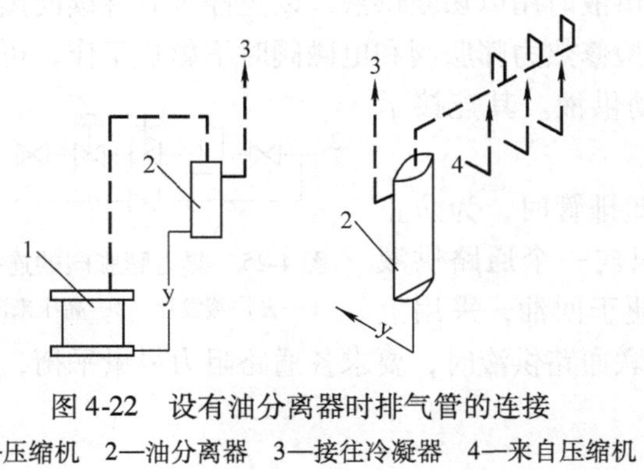

图 4-22　设有油分离器时排气管的连接

1—压缩机　2—油分离器　3—接往冷凝器　4—来自压缩机

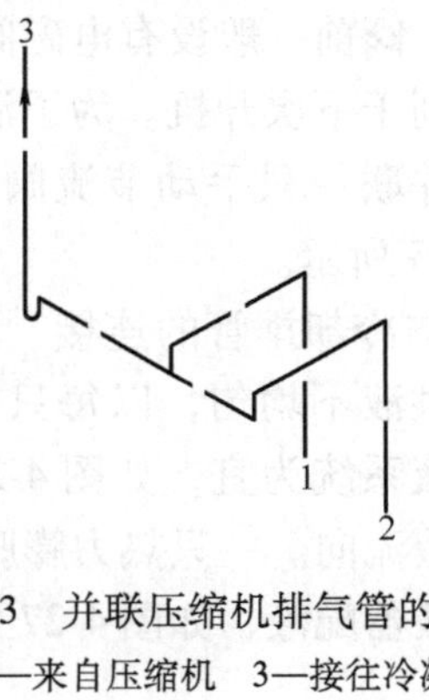

图 4-23　并联压缩机排气管的连接

1、2—来自压缩机　3—接往冷凝器

上升立管较长时，需采用分级提升。

三、液体管

1. 下液管

参照氨系统。

2. 高压液体管

高压液体管指贮液器或冷凝器至节流阀段的液体管。在这段管路中氟液和润滑油处于互溶状态，即使流速很低也不会分离。本管段需要解决的是如何防止或减少闪发气体产生的问题。在氟系统的液体管上，多设有干燥过滤器和自控元件，况且氟利昂密度大，使得管路产生较大的摩擦阻力和局部阻力；液位差的存在也会产生较大的阻力损失；还有周围环境温度的影响等。闪发气体的产生会带来一系列不良影响。如闪发气体在液管内出现会使流阻增大而促进闪发气体更多地产生；带有闪发气体的液体制冷剂进入节流阀，实际上等于减小了节流孔的流通面积，使供液量降低；节流后制冷剂中闪发气体量进一步增加，使并联蒸发器供液不均等。

由上述分析可知，防止高压液体管中产生闪发气体是十分重要的。摩擦、局部阻力可通过扩大管径、减少阀件等措施加以改善，但液位差的存在是无法减少的阻力损失。在管道设计中，防止高压液体管中出现闪发气体的主要手段是在此段管路上加设热交换器或过冷器等对液体过冷，以消除或减少可能产生的闪发气体。

对几台高度不同的蒸发器并联供液时，应将较低位置蒸发器的进口放得比三通管的出口支管高一些，如图4-24所示，以便闪发气体分散进入不同蒸发器。

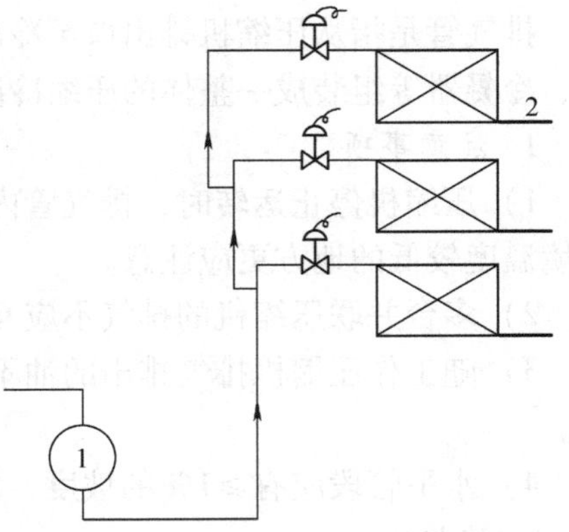

图4-24 不同高度蒸发器的供液

1—贮液器 2—蒸发器

3. 低压液体管

低压液体管是由节流阀到蒸发器的供液管段。这段管道的设计应使其能向各蒸发器均匀供液且有利于回油。

（1）与热力膨胀阀的连接 直接膨胀供液多用热力膨胀阀节流。热力膨胀阀宜靠近蒸发器布置，阀前一般设有电磁阀，当不需要供液时用以切断供液，以免停机后继续向蒸发器供液，不利于下次开机。为了清洗过滤器、检修热力膨胀阀和电磁阀时不影响工作，可增设截止阀并并联一只手动节流阀，必要时手动供液。其连接示意如图4-25所示。

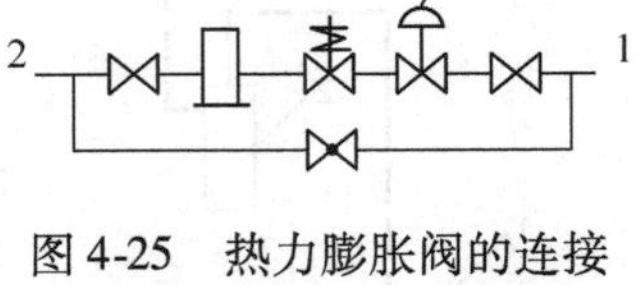

图4-25 热力膨胀阀的连接

1—去往蒸发器 2—高压来液

（2）与冷却排管的连接 蒸发器为冷却排管时，为防止各个通路供液不均匀，以每只热力膨胀阀只向一个通路供液的单路供液系统为宜，如图4-26所示。为便于回油，采用上进下出供液流向。一只热力膨胀阀向几个并联通路供液时，要求各通路阻力尽量平衡，必要时采用分液器配液，如图4-27所示。

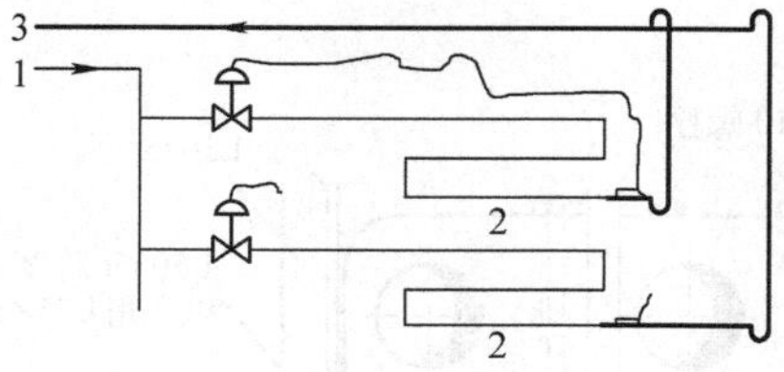

图 4-26　并联排管单路供液

1—高压供液　2—排管　3—回气管

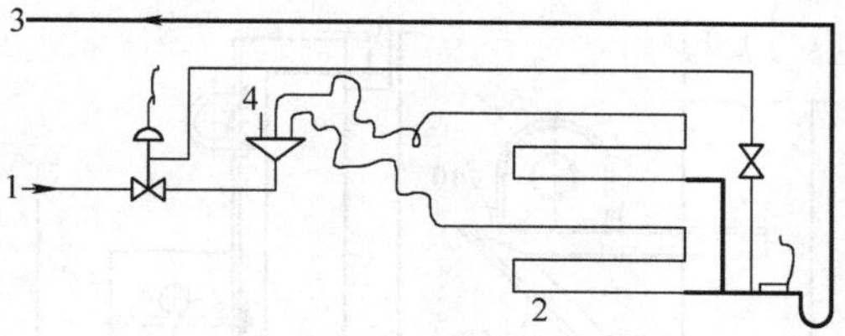

图 4-27　并联排管分液器供液

1—高压供液　2—排管　3—回气管　4—分液器

（3）与冷风机的连接　冷风机多为定型产品，常见的为多通路并联结构。根据其结构形式，设计时可用一只（或两只）热力膨胀阀向一台冷风机供液。为使供液均匀，冷风机多用分液器对各并联支路配液。鉴于分液器阻力较大，应选用外平衡热力膨胀阀，其连接如图 4-28 所示。

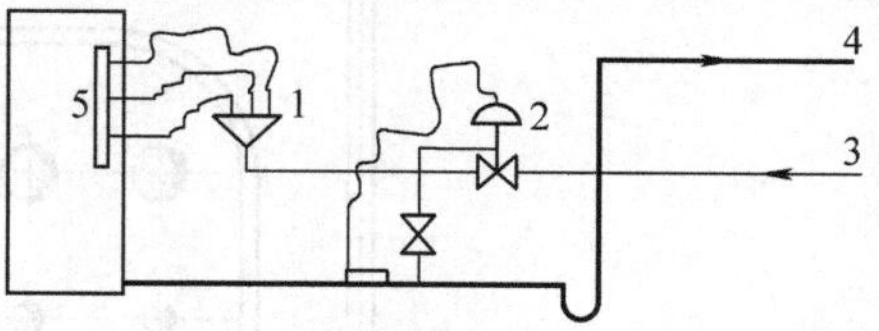

图 4-28　冷风机用分液器供液

1—分液器　2—外平衡热力膨胀阀

3—供液　4—回气　5—冷风机

向系统充注制冷剂时，小系统可通过吸气阀多用通道进行，较大系统则在高压液体管上加充液接头（参见图 3-36 所示），这样，既可在制冷剂进入系统前先净化，也可避免充注时发生液击现象。

第五节　制冷管道支架与隔热

一、管道支架

管道支架的作用是支撑和固定管道。制冷系统的管道需要支撑、固定，特别是吸、排气管因受压缩机的脉冲振动，必须加以紧固，否则会因长期受振动而产生松动、开裂，造成制冷剂泄漏。此外，管道还有强度和刚度的要求，若在一定间距内不加以支撑，会造成弯曲变形甚至破坏，致使整个制冷装置不能正常工作。所以，设计好管道支架同样至关重要。

制冷工程常用半固定支（吊）架，用一根扁钢或圆钢做成管卡，两端用螺母将管道紧固在支架上。当管道因温度变化而产生变形时，能克服管卡的侧压力而在轴向产生较小的位移，避免管道截面产生过大应力。图 4-29 所示为常见支架的几种形式。

管道支架的最大间距应满足以下两方面的要求：一是防止管道因受垂直作用力造成弯曲破坏，满足管道的强度要求；二是对于有坡度要求的管道，为了防止挠度过大引起管内积存液体，影响系统的正常工作，应有挠度不大于坡度的要求，即需满足管道的刚度要求。通常无缝钢管管道支架的间距不进行计算，可由表 4-15 查出。除按正常要求确定支架间距外，在管件或管道弯头部位要增设加固点，同时要求支点距弯头不宜大于 600mm。

低温管道在支架处应加设经过防腐处理的垫木，以防形成冷桥。

二、管道隔热

1. 一般要求

制冷管道中会导致冷量损失的管道、将产生凝结水和形成冷桥的管道均应进行隔热。

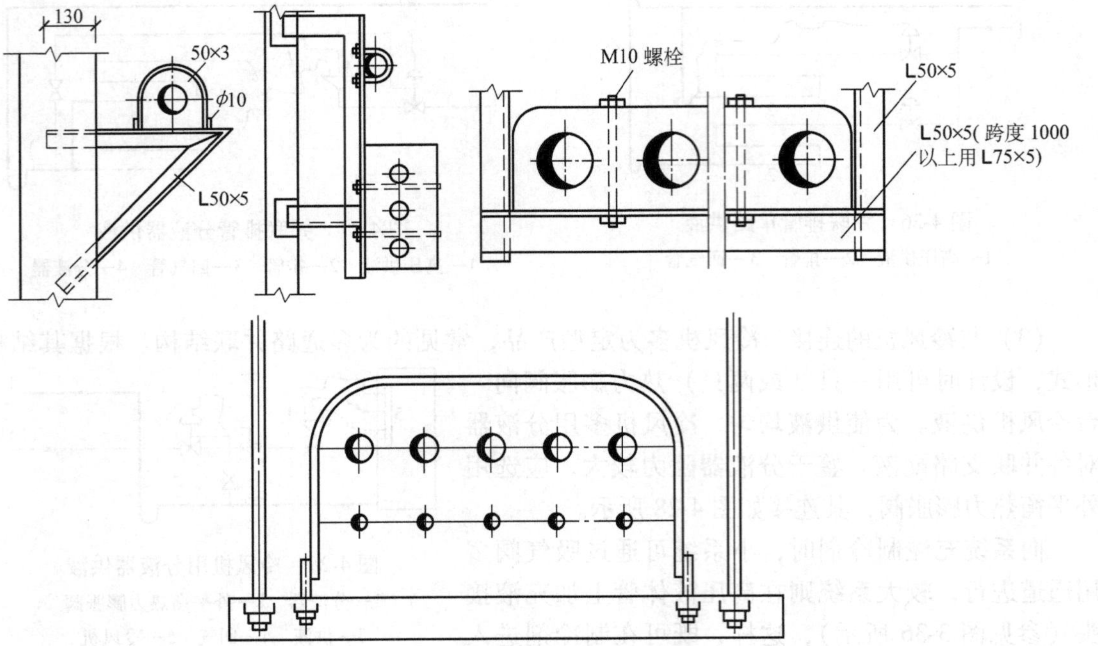

图 4-29 管道支架

表 4-15 管道支点最大间距

(外径/mm)×(壁厚/mm)	最大间距①/m			
	气体管无隔热	液体管无隔热	气体管有隔热	液体管有隔热
10×2.0	—	1.05	—	0.27
14×2.0	—	1.35	—	0.45
18×2.0	—	1.55	—	0.60
22×2.0	0.95	1.85	0.75	0.76
32×2.2	1.60	2.35	1.02	1.02
38×2.2	2.85	2.50	1.20	1.16
45×2.2	3.25	2.80	1.42	1.40
57×3.5	3.80	3.33	1.92	1.90
76×3.5	4.60	3.94	2.60	2.42
89×3.5	5.15	4.32	2.75	2.60
108×4.0	5.75	4.75	3.10	3.00
133×4.0	6.80	5.40	3.80	3.65
159×4.5	7.65	6.10	4.56	4.30
219×6.0	9.40	7.38	5.90	—
273×7.0	10.90	8.40	7.35	—
325×8.0	12.25	9.40	8.66	—

① 正常间距应为最大间距的 0.8 倍。排气管支架间距，*D*108mm 及其以上时可采用 3m，*D*108mm 以下时采用 2m，拐弯处必须有一支架。

需要隔热的管道有：中、低压气体管，中、低压液体管，高压过冷液体管，排液管，融霜用热氨管，经过低温冷却间的上、下水管等。

管道隔热的设计、选材、结构及安全等应按 GB/T 4272—2008《设备及管道绝热技术通则》及 GB/T 8175—2008《设备及管道绝热设计导则》执行。

穿过墙体及楼地板等处的隔热管道应采取不使隔热结构中断的措施。

制冷管道和设备隔热结构所选用的黏结剂、隔热材料、防锈涂料及色漆的特性应相互匹配，不得有不良的物理、化学反应，并应符合食品卫生的条件。

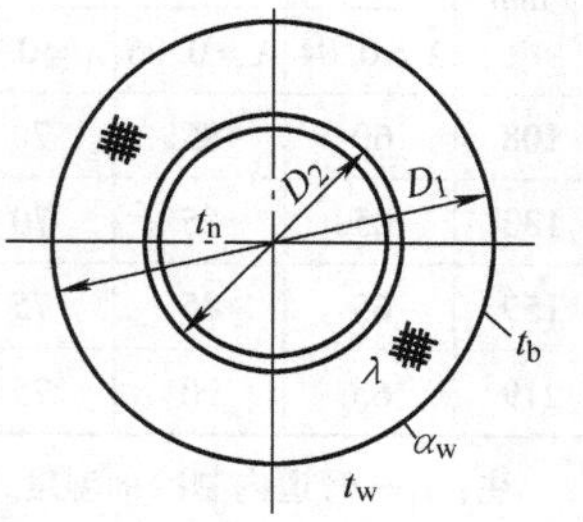

图 4-30　隔热层厚度计算参数

2. *管道隔热层厚度的确定*

管道隔热层厚度的确定是以隔热层外表面不凝露作为计算原则的，应使求得的隔热层厚度能保证隔热层外表面的温度不低于当地空气的露点温度，以防止管道外表面凝结滴水或结霜。管道隔热层厚度 δ 可按下式计算（参见图 4-30）：

$$\delta = \frac{2\lambda}{\alpha_w} \cdot \frac{t_b - t_n}{t_w - t_b} \leqslant D_1 \ln \frac{D_1}{D_2} \tag{4-2}$$

式中　t_n——管内制冷剂或载冷剂的温度，单位为℃；

t_w——隔热层外表面周围空气的温度，单位为℃；

t_b——隔热层外表面温度，单位为℃，可按日平均温度下的露点温度加 1～2℃；

λ——隔热材料的热导率，单位为 W/（m・℃）；

α_w——管外侧隔热层外表面空气的表面传热系数，单位为 W/（m^2・℃），一般取 8.141W/（m^2・℃）；

D_1——包隔热层后的外径，单位为 m；

D_2——管道外径，单位为 m。

式（4-2）是一个超越方程，只能采用近似计算法求解，详见《冷库制冷设计手册》。

在实际设计中也可根据设计的具体情况（如管径、环境温度、管道内制冷剂温度、隔热材料等），从相关设计手册的表上直接查出隔热层的厚度，见表 4-16、表 4-17。

表 4-16　管道隔热层厚度　（单位：mm）

管道外径 /mm	$t_2=30℃$						$t_2=15℃$					
	$t_1=-10℃$		$t_1=-15℃$		$t_1=-33℃$	$t_1=-40℃$	$t_1=-10℃$		$t_1=-15℃$		$t_1=-33℃$	$t_1=-40℃$
	$\lambda=0.04$	$\lambda=0.06$	$\lambda=0.04$	$\lambda=0.06$	$\lambda=0.04$	$\lambda=0.04$	$\lambda=0.04$	$\lambda=0.06$	$\lambda=0.04$	$\lambda=0.06$	$\lambda=0.04$	$\lambda=0.04$
23	45	50	50	65	85	105	40	35	50	55	70	95
32	45	60	50	65	90	115	45	40	50	60	75	100
38	50	65	55	70	90	120	50	40	55	65	80	100
57	55	70	60	80	105	130	50	45	60	70	90	110
76	55	75	60	80	110	140	55	45	65	70	95	120
89	60	80	65	85	115	145	55	50	65	75	100	125

(续)

管道外径/mm	$t_2=30℃$						$t_2=15℃$					
	$t_1=-10℃$		$t_1=-15℃$		$t_1=-33℃$	$t_1=-40℃$	$t_1=-10℃$		$t_1=-15℃$		$t_1=-33℃$	$t_1=-40℃$
	$\lambda=0.04$	$\lambda=0.06$	$\lambda=0.04$	$\lambda=0.06$	$\lambda=0.04$	$\lambda=0.04$	$\lambda=0.04$	$\lambda=0.06$	$\lambda=0.04$	$\lambda=0.06$	$\lambda=0.04$	$\lambda=0.04$
108	60	85	70	90	120	150	60	50	70	80	105	130
133	65	85	70	95	125	160	60	55	70	80	110	135
159	65	85	75	95	130	165	65	55	75	85	115	140
219	65	90	75	100	135	175	65	55	80	85	120	145

注：t_1—管道内制冷剂温度；t_2—管道周围的空气温度；λ—热导率，W/(m·℃)。

表4-17 设备隔热层厚度 (单位：mm)

设备直径/m	$t_2=30℃$						$t_2=15℃$					
	$t_1=-10℃$		$t_1=-15℃$		$t_1=-33℃$	$t_1=-40℃$	$t_1=-10℃$		$t_1=-15℃$		$t_1=-33℃$	$t_1=-40℃$
	$\lambda=0.04$	$\lambda=0.06$	$\lambda=0.04$	$\lambda=0.06$	$\lambda=0.04$	$\lambda=0.04$	$\lambda=0.04$	$\lambda=0.06$	$\lambda=0.04$	$\lambda=0.06$	$\lambda=0.04$	$\lambda=0.04$
1	80	110	90	125	125	160	55	75	65	90	105	135
0.75	80	100	90	120	120	155	55	75	65	90	105	130
0.5	75	105	85	115	115	145	50	70	60	85	100	125

注：同表4-16。

3. 管道隔热结构

确定合适的隔热层厚度是实现良好隔热、减少冷量损失的基本条件，但还应有一个合理的隔热结构才能保证其隔热效果。管道基本的隔热结构如图4-31所示。可以看出，该基本结构由防锈层、隔热层、防潮层和保护层组成，其各自的作用、做法为：防锈层是在管道的表面涂刷1~2遍防锈漆，以避免锈蚀、延长管道使用寿命；隔热层根据采用隔热材料的不同其做法也不一样，瓦、块状隔热材料需用钢丝捆扎固定，构成一完整的隔热层；防潮层多为沥青或聚乙烯薄膜，设在隔热层的高温侧，起隔汽防潮的作用；保护层用以保护隔热层、防潮层不受机械损伤，常用的保护层材料有石棉、石膏保护层，玻璃布外刷油漆保护层，覆铝箔玻璃钢保护层及金属薄板保护层等。

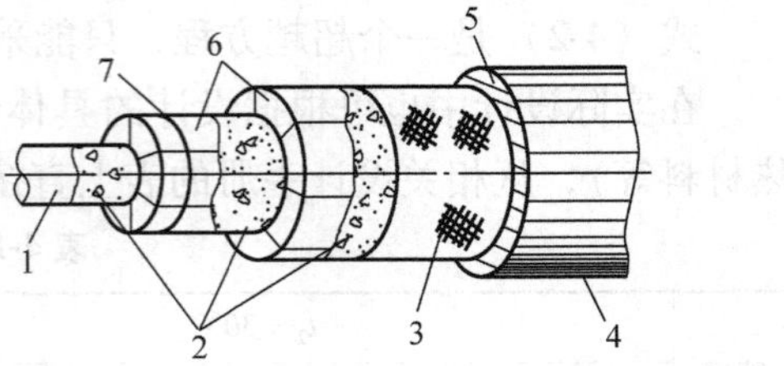

图4-31 管道隔热结构

1—管道外表面防锈层 2—防潮沥青涂层 3—20mm×20mm钢丝网 4—油漆层 5—石棉石膏保护层 6—隔热层 7—1.2mm镀锌钢丝捆扎

近年来，广泛采用聚氨酯发泡做隔热层，彩钢板做防潮层、保护层的隔热结构形式。该结构隔热层与管道、保护层结合牢固，不易松动和脱壳，密封性好，是一种较好的结构形式。

三、制冷管道及设备涂敷色漆的色标

制冷系统管道和设备经排污、严密性试验合格后，均应涂防锈底漆和色漆。冷间制冷光滑排管可仅刷防锈漆。

制冷管道及设备涂敷色漆的色标应符合表 4-18 的规定。

表 4-18　制冷管道及设备涂敷色漆的色标

管道或设备名称	颜色（色标）
制冷高、低压液体管	淡黄（Y06）
制冷吸气管	天酞蓝（PB09）
制冷高压气体管、安全管、均压管	大红（R03）
放油管	黄（YR02）
放空气管	乳白（Y11）
油分离器	大红（R03）
冷凝器	银灰（B04）
贮液器	淡黄（Y06）
气液分离器、低压循环桶、中间冷却器、排液桶	天酞蓝（PB09）
集油器	黄（YR02）
制冷压缩机及机组、空气冷却器	按产品出厂涂色涂装
各种阀体	黑色
截止阀手轮	淡黄（Y06）
节流阀手轮	大红（R03）

第五章　制冷机房设计

制冷机房是机器间和设备间的总称。机房是设置、操作及其运行制冷设备的场所。其设计布置的合理与否，关系到制冷系统运行的经济性以及操作管理人员的运行管理方便和安全可靠性。空调用制冷机房，主要包括主机房、水泵房和值班室等。冷库用制冷机房，规模小的可以用单间房屋，规模大的，按不同情况可分隔为机器间、设备间、水泵间、变电间以及值班控制室、维修贮存室等。

第一节　制冷机房设计相关要求

1. *土建方面的要求*

在冷库的总平面布置中，应将机房布置在制冷负荷中心附近，靠近冷负荷最大的冷间，但不宜紧靠库区的主要交通干道。机房在库区内宜布置在夏季主导风向的下风向，但在生产区内一般应布置在锅炉房、煤场等易发烟、尘场所的上风侧。机房还应设在冷却塔的上风向，并留出一定的距离（原要求不小于25m，现随着冷却塔质量的提高，建筑物布局和面积利用率要求的提高，该距离可适当减小）。机房四邻也不宜靠近人员密集的场所（如宿舍、幼儿园、食堂等），以免在发生重大事故时造成人身伤亡。另外除非特殊需要，一般不宜将机房布置在地下建筑内。从建筑形式来说，我国的制冷、空调机房以独立的单层建筑居多。

制冷机房面积一般可由机器、设备的布置及操作所需确定。机房的建筑形式、结构、柱网、跨度、高度、门窗大小及其分布位置，最好由工艺设计人员与土建设计人员共同商定。机房的高度要考虑到压缩机检修时装设起吊设备和抽出活塞的空间要求以及兼顾通风采光的需求。一般冷库用机房的净高不宜高于6.0m，空调用机房高度不应低于3.2m。

为了保证操作人员的安全和方便，机房内主要通道不宜过长，最好不超过12m。如需超过12m时，要有两个以上互不相邻直接通向室外的出入口。出入口门扇的大小，可视安装、检修机器设备的需要决定，其中一个门洞净宽应能进入最大的设备。

制冷机房所有的门、窗均应朝外开启，并采用手开门，禁用侧拉门，以便出现紧急情况时人员避险逃脱。氨机房的门不允许直接通向生产性车间。机房必须有良好的自然采光，其窗孔投光面积应不小于地板面积的1/7～1/6，在炎热季节里应采取遮阳措施，避免阳光经常直射。

制冷机房可与冷库主体建筑连接或分开建造，选择方案时既要考虑管道系统的简化，也要考虑机房的通风采光。如采取与冷库主体建筑连接时，要根据建筑物的沉降不同，在设计中采取防止扭裂管道的措施。

制冷机房的地面通常做成水泥压光地面。为了防止油浸污染，便于清洗，对墙裙和机座（包括周围0.5m宽的地段）可做水磨石面层或其他易于清洗的面层。压缩机基础一般参照机器说明书要求处理，应待压缩机到现场型号确定落实后再捣筑。

根据国家颁布的《建筑设计防火规范》，氨压缩机房属于乙类危险性生产建筑，应按二级耐火等级建筑物进行设计。

2. 采暖通风方面的要求

为了保证生产的正常运行，改善机房内环境条件，制冷机房内要求有采暖和通风设施。

1）制冷机房的采暖设计应符合下列要求：

①在采暖地区，制冷机房的采暖温度不宜低于16℃。

②制冷机房内严禁使用电炉、火炉等明火采暖。

2）制冷机房的通风设计应符合下列要求：

①制冷机房日常运行时应保持通风良好，通风换气次数不应小于3次/h。自然通风无法满足时应设置日常排风装置。

②氟制冷机房应设置事故排风装置，排风换气次数不应小于12次/h。事故排风口上沿距室内地坪的距离不应大于1.2m。

③氨制冷机房应设置事故排风装置，事故排放量应按183m^3/（m^2·h）计算确定，且最小排放量不应小于34000m^3/h。氨制冷机房的事故排风机必须选用防爆型，排风口应位于侧墙高处或屋顶。排风机开关要设在机房内外易于操作的地方。

3. 电气方面的要求

大型冷库、高层冷库及有特殊要求的冷库应按二级负荷用户供电，中断供电可导致较大经济损失的中型冷库应按二级负荷用户供电，不会导致较大经济损失的中型冷库及小型冷库可按三级负荷用户供电。

冷库宜设变配电间，由于制冷机房是冷库主要用电单位，所以变配电间应靠近或贴邻制冷机房布置。对于不设制冷机房的分散式制冷系统，变配电间宜靠近库区负荷中心布置。装机容量小的小型冷库，可仅设低压配电间。

在正常运行中会产生火花的压缩机起动控制装置、氨泵及冷风机等动力的起动控制设备不应布置在压缩机房内，这些装置的自控柜、自控仪表操作台等可设在机器间一侧相邻的控制室内。该室应隔声防振，以确保仪表精度。为防止氨气侵入控制室腐蚀仪表，应把用于观测机器间动态的大玻璃窗做成不可开启型。

制冷机房照明宜按正常环境设计。照明方式宜为一般照明，设计照度不应低于150lx。

制冷机房及控制室应设置备用照明，大、中型冷库备用照明照度不应低于正常照明的50%，小型冷库备用照明不应低于正常照明的10%。当采用自带蓄电池的应急照明灯具时，应急照明持续时间不应小于30min。

4. 安全方面的要求

氨制冷机房应设置氨气体浓度报警装置。当空气中氨气浓度达到100ppm或150ppm时，应自动发出报警信号，并应自动开启制冷机房内的事故排风机。氨气浓度传感器应安装在氨制冷机组及贮氨容器上方的机房顶板上。

氨制冷机房应设事故排风机，在控制室排风机控制柜上和制冷机房门外墙上应安装人工启停控制按钮。

大、中型冷库氟制冷机房应设置气体浓度报警装置。当空气中氟气体浓度达到设定值时，应自动发出报警信号，并自动开启事故排风机。气体浓度传感器应安装在制冷机房内距地面0.3m处的墙上。

氟制冷机房应设事故排风机。在机房内排风机控制柜上和制冷机房门外墙上应安装人工启停控制按钮。

事故排风机应按二级负荷供电，当制冷系统因故障被切除供电电源停止运行时，应保证排风机的可靠供电。

氨制冷机房应设控制室，控制室可位于机房一侧。制冷压缩机组启动控制柜、冷凝器水泵及风机、机房排风机控制柜、氨气浓度报警装置、制冷机房照明配电箱等宜集中布置在控制室中。每台氨制冷压缩机组控制台上应安装紧急停车按钮/开关。

氟制冷机房可不单设控制室，各制冷设备控制柜、排风机控制柜等可布置在机房内。

冷库库区及氨制冷机房（靠近贮液器处）门外应设室外消火栓。大型冷库的氨制冷机房对外进出口处宜设室内消火栓并配置开花水枪，机房贮液器上方宜设置水喷淋系统，贮液器近处稀释漏氨排水及紧急泄氨器排水应单独排出，在排入库区排水管网前应设有隔断措施，并配备事故水池、提升水泵。事故水池内稀释漏氨排水及紧急泄氨器排水应经处理达标后排入市政排水管网或沟渠。

第二节 机器间设计

机器间是安装制冷压缩机的房间。机器间内机器、设备的布置必须符合制冷原理，流向顺畅，管道连接应当短而直，确保生产操作安全和安装检修的方便，还要注意管道设备布置的美观。同时要尽可能地紧凑布置，充分利用空间，以节约建筑面积。

1. 压缩机的布置形式

压缩机在机器间内的布置应根据压缩机的台数、尺寸，机器间的平面尺寸等考虑，有下列几种布置形式。

1）单列式。压缩机在机器间内成一直线排列，其他设备则靠墙布置，如图5-1所示。该布置方式根据压缩机的具体排列又有单列、单排、对列布置之分。单排布置与单列布置相比，要求机器间长度较长、宽度较短；对列式布置压缩机是按左型和右型成对地排列，在成对的两台压缩机之间留有较宽的操作通道，目前较少采用。

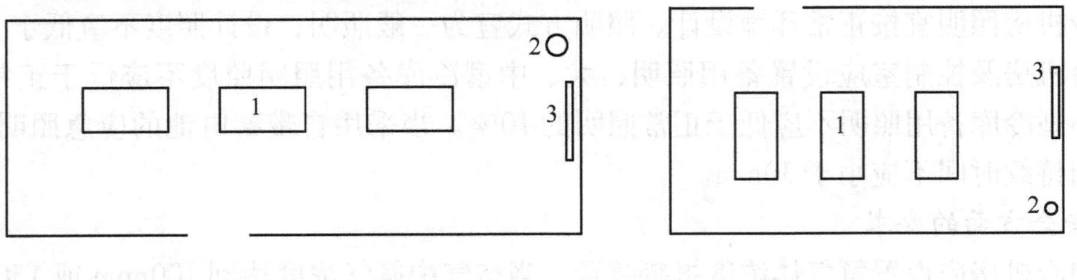

图5-1 单列式布置

a）单列式单排布置 b）单列式单列布置

1—压缩机 2—中间冷却器 3—总调节站

单列式布置适用于机器设备较少的小型冷库，其优点是操作管理方便，管道走向整齐。

2）双列式。压缩机在机器间内排成双列或双排，双列可以对面布置也可以同向布置，双排则成对面布置。双列（排）压缩机之间形成主要通道，吸排气管集中布置在中央主要通道上方，其他设备则靠墙布置。机器台数较多的大中型冷库大都采用这种布置形式，以充分利用机器间的面积，双列式布置如图5-2所示。

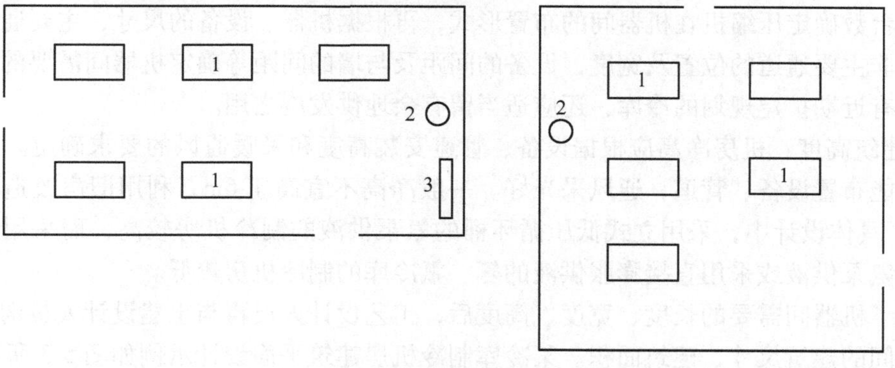

图5-2　双列式布置
1—压缩机　2—中间冷却器　3—其他辅助设备

3）三列式。压缩机在机器间内成三列布置。这种方式是近年随着冷库规模的不断扩大、压缩机台数不断增多而出现的，已在多座大型冷库中使用。

2. 机器间的布置要求

机器间的具体布置要求如下：

1）制冷机器、设备布置应符合工艺流程及安全操作规程的要求，并适当考虑机器、设备部件拆卸和检修的空间。

2）制冷机房内主要操作通道的宽度应不大于1.3m，制冷压缩机突出部位到其他设备或调节站之间的距离不应小于1m。两台制冷压缩机突出部位之间的距离不应小于1m，并有抽出压缩机曲轴的可能。制冷机与墙壁以及非主要通道不小于0.8m。设备间内主要通道的宽度应为1.2m，非主要通道的宽度不应小于0.8m。

3）制冷压缩机的仪表盘应面向主要操作通道或便于从主通道上观测到的方向。所有压力表、温度表及其他仪表，均应设于能清楚观测到的地方。制冷压缩机的吸、排气阀门应靠近主要操作通道，其手轮位置应便于操作。在布置大、中型制冷压缩机时应考虑设置检修用起吊设备。

4）总调节站及仪表屏通常布置在机器间内与设备间联系方便的地方。调节站前应留有足够的操作空间。

5）机器间内须留有适当的临时检修面积。机器间内应有冲刷地面的给水排水设施。

6）机器间的噪声应按《工业企业噪声卫生标准》执行，其噪声不应超过85dB。为了易于监听各机器运行时传动部件的正常与否，机器间、设备间内不宜设置水泵、油处理设备、搅拌器等易于产生噪声的设备。

7）在安装时设备的间距不应小于下列数值：

①需要经常操作的不小于0.8m。

②不经常操作的或不通行的不小于0.3m。

③各容器壁与墙、柱的边缘距离不小于0.2m，设备隔热层的外壁与墙面、柱边的距离应不小于0.3m。

3. 机器间建筑尺寸的确定

1）建筑面积：氨制冷机房平面开间、进深应符合制冷设备布置要求。首先根据需布置压缩机的台数确定压缩机在机器间的布置形式，再根据机器、设备的尺寸，主要通道的位置及宽度，非主要通道的位置及宽度，设备的间距及与墙的间距等确定机器间需要的长度、宽度。对于有近期扩建规划的冷库，还应适当留有余地供发展之用。

2）建筑高度：机房净高应根据设备、管道安装高度和采暖通风的要求确定。应满足工艺要求，能布置设备、管道，通风采光好。一般净高不宜高于6m，利用旧房改造的不宜小于4.5m。具体设计中，采用立式低压循环桶的氨泵供液的制冷机房较高，而采用卧式低压循环桶的氨泵供液或采用直接膨胀供液的氨、氟冷库的制冷机房较低。

确定了机器间需要的长度、宽度、高度后，工艺设计人员再与土建设计人员沟通，最终确定机器间的建筑尺寸、建筑面积。某冷库制冷机房建筑平面设计示例如图5-3所示。

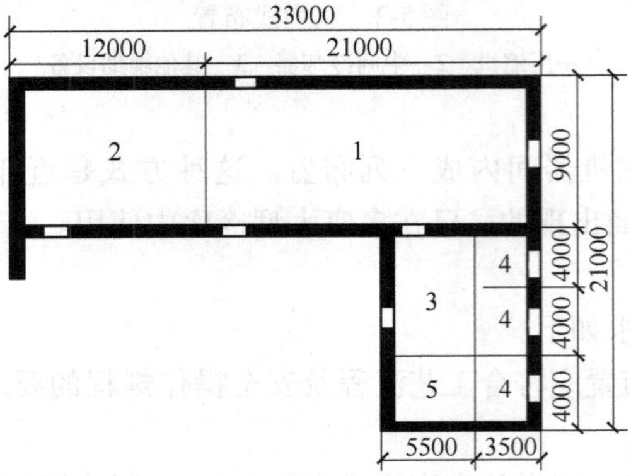

图5-3 制冷机房建筑平面设计示例

1—机器间 2—设备间 3—配电间 4—变电间 5—工具兼休息室

第三节 主要设备的布置

1. 总调节站的布置

总调节站设在机器间或设备间内便于观察、操作的地方。总调节站前是主要通道，应当留有足够的操作空间。靠墙布置的总调节站，其集管中心线与墙面的间距应便于安装和检修。总调节站阀门布置要合理，支管间距视阀门的大小而定，一般为180～220mm。为便于操作，经常操作的阀门中心离地坪高度以1.2～1.5m为宜。

2. 中间冷却器的布置

中间冷却器多设在机器间中近高压级和低压级压缩机（或单机双级机）处。一般靠墙布置，但应注意不要影响窗户的开启和采光。

中间冷却器基础露出地面的高度不宜小于300mm。中间冷却器的工作温度较低，应外包隔热层。为避免冷桥，可在其底脚下面设经过防腐处理的垫木。中间冷却器须装设液面控制器，液面高度以淹没整个蛇形管为准，一般按制造厂规定的液面高度安装浮球阀，也可以采用液位计配合电磁主阀来控制液面。中间冷却器上还须设有安全阀和压力表。

中间冷却器的朝向应便于出气管与高压机的连接。

3. 油分离器的布置

油分离器要近冷凝器布置（机组自带油分离器除外），多位于冷凝器和压缩机排气总管连接方便的地方。对于立式冷凝器、蒸发式冷凝器、布置在室外的卧式冷凝器，油分离器多随冷凝器布置在室外。由于压缩机至油分离器的排气管较长，有利于排气在进入油分离器前得到额外的冷却，减小氨气的比容，提高分离效果。对于布置在设备间的卧式冷凝器，油分离器一般也布置在设备间。专供库房冷却设备融霜用的油分离器宜设在机器间或设备间内。

油分离器的标高要求与油分离器的形式有关。洗涤式油分离器需要从冷凝器的下液管引进氨液，冷凝器出液管与油分离器进液管的相对高差约为 250～300mm，如图 5-4 所示。其他类型油分离器的标高则没有具体要求。

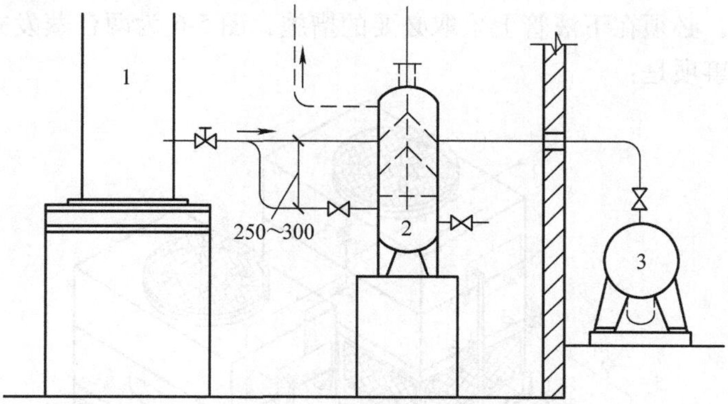

图 5-4　油分离器与冷凝器的布置

1—立式冷凝器　2—洗涤式油分离器　3—贮液器

油分离器的朝向与其形式有关，应有利于进气管、出气管的走向。

4. 冷凝器的布置

冷凝器的布置要求与冷凝器结构形式有关。

立式冷凝器应安装在室外离机房出入口较近的地方。如果利用冷却水池作为立式冷凝器的安装基础，则水池壁与机房等建筑物墙体的距离应大于 3m，以防溅水损坏建筑物。立式冷凝器的上空应留有清洗和更换管子的空间，其冷却水池呈敞开式或设人孔。为了便于操作和清除水垢，立式冷凝器一般设有钢结构的操作平台。

卧式冷凝器通常布置在设备间，布置时应当考虑在它的一端留有清洗和更换管子的空间。在冷凝器两端上空应有安装端盖起吊装置的措施。为保证出液顺畅，其出液管的截止阀至少应低于出液口 300mm。为节省占地面积，可将卧式冷凝器与贮液器上、下分层布置。图 5-5 所示为卧式冷凝器的水平布置尺寸要求及卧式冷凝器与贮液器的垂直布置示例，供设计时参考。

淋水式冷凝器宜布置在机房房顶上，其排管的布置一般和该地区夏季主导风向垂直，但在风速较大的地区，也可平行于主导风向布置，以免风把淋水吹离冷凝管道。冷凝器四周应设置挡水板。

蒸发式冷凝器多布置在制冷机房的屋顶上或周围通风良好的场所。由于制冷剂通过蒸发式冷凝器时压力损失较大，所以管道连接时必须采取措施，以保证冷凝液及时下流。一台蒸发式冷凝器布置时，下液管上的截止阀距冷凝器出液口应有不小于 305mm 的高差。多台蒸

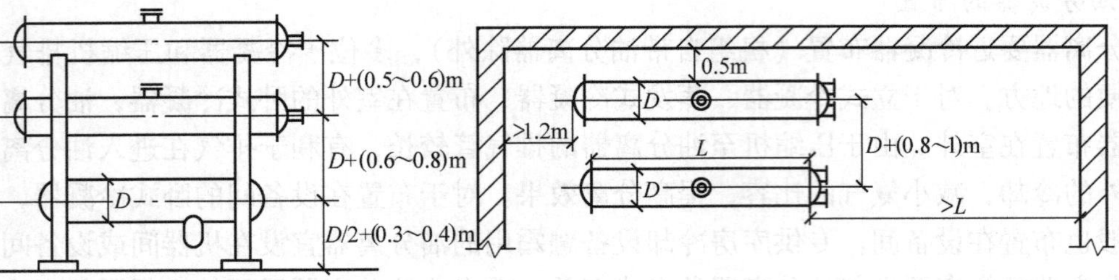

图 5-5 卧式冷凝器的布置

发式冷凝器布置时，必须在下液管上采取必要的措施，图 5-6 为两台蒸发式冷凝器并联布置配管图，应注意的事项是：

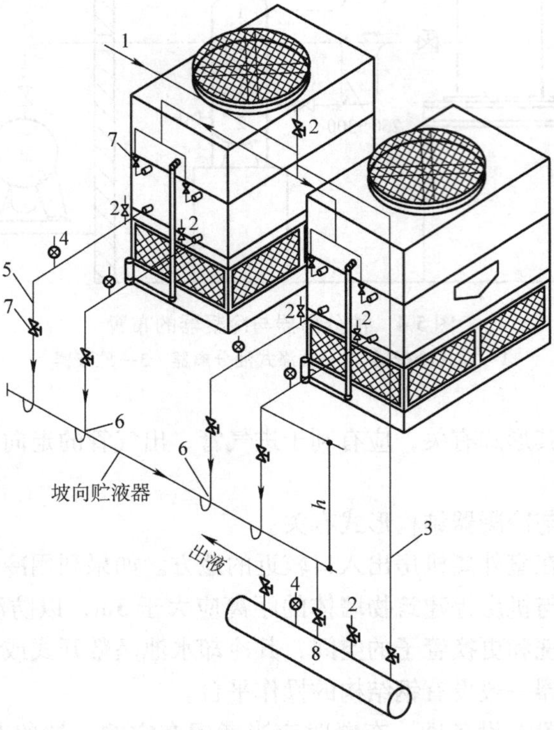

图 5-6 蒸发式冷凝器的布置

1—压缩机排气 2—放空气阀 3—均压管 4—安全阀
5—下液管 6—存液弯 7—检修阀 8—贮液器

下液管应有足够长的立管，如图 5-6 中 h，氨系统 h 应不小于 2m。

在立管下端应设存液弯，来平衡冷凝盘管出口压力的压差。如果不设存液弯，由于某种原因（盘管规格不同、配管方式的不同、波动的负荷工况等）在一个盘管中的压降比另一个盘管中的压降大，因而导致盘管出口压力不同，使得液体制冷剂被逼入最大压降的盘管中直到液体压头能克服压差。这样，减小了冷凝器的有效换热面积。在立管段设置存液弯，冷凝盘管出口压力的不同就随着改变立管段的液位来校正，而不存在把液体逼进冷凝盘管中从而降低冷凝器的运行效率。

当蒸发式冷凝器与壳管式、立式冷凝器并联时，务必要考虑到制冷剂通过不同形式冷凝器时压降的不同，否则制冷剂将充入压降最大的冷凝器中。设计中应尽量避免出现这种布置方式。

5. 贮液器的布置

贮液器一般布置在设备间，若随立式冷凝器布置在室外时应有遮阳设施。贮液器应靠近冷凝器，其安装高度应与冷凝器配合，以保证液体自流进入。贮液器与立式冷凝器、洗涤式油分离器的标高可参照图 5-4 确定。对于两个或两个以上贮液器的连接，除上部设置的气体均压管外，在其底部应设置液体均压管将贮液器连接，并在该管道上设截止阀。如两个贮液器的桶径不等，则应将小桶径的基础抬高，使两个贮液器的顶部标高相同。贮液器上必须设置压力表、安全阀，并应在显著位置装设液面指示器。贮液器的布置尺寸如图 5-7 所示。

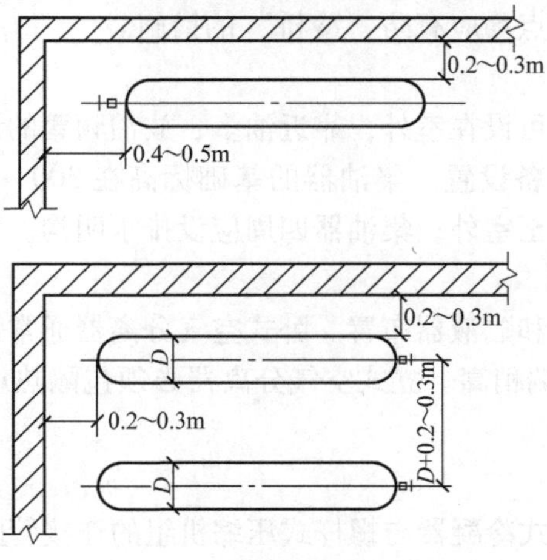

图 5-7 贮液器的布置尺寸

6. 排液桶的布置

排液桶一般布置在设备间靠近库房的一侧。如果设备间分为两层，排液桶则设在底层。排液桶的进液口不得靠近桶上降压用的抽气管，以免液体进入降压管易造成压缩机的湿行程。排液桶要包隔热层，并设加压管。若排液桶兼作机房氨液分离器的低压贮液器时，其标高应满足氨液分离器分离液体能顺畅流入排液桶。

7. 氨液分离器的布置

机房氨液分离器布置在设备间内，其高度应使分离下来的氨液能自流到下方的低压贮液器或排液桶。氨液分离器与低压贮液器之间应设气体均压管，以便于分离下来的氨液下流。应由进、出气管决定其朝向。

库房氨液分离器应设在靠近蒸发器的地方。对于单层冷库，一般设在设备间阁楼上；对于多层冷库，则是分层设置，将本层库房的氨液分离器设在上面一层，顶层库房的氨液分离器设在加建的阁楼上。库房氨液分离器标高由供液高差确定，库房氨液分离器正常液面与蒸发器最高蒸发管的高差为 1.5m 左右。氨液分离器的作用半径以不大于 30m 为宜。

8. 低压循环桶和氨泵的布置

低压循环桶是氨泵供液系统专用设备，应按不同蒸发温度分别设置，多设在设备间。其安装高度要适应氨泵正常运转的要求，低压循环桶的最低液位与氨泵中心轴线之间的高差应满足氨泵防止气蚀所要求的高度。低压循环桶多利用金属或钢筋混凝土操作平台固定，平台上面可布置分调节站，下面则可布置氨泵、排液桶、集油器等设备。

氨泵一般布置在低压循环桶的下面近处，基础稍高于地坪。安装场所要求通风、明亮，有足够的操作管理和维护保养的空间。多台氨泵布置时，两泵应留有约0.5m的间距，以便操作和检修。

氨泵四周应有排水明沟，以便氨泵在停止运行后泵体霜层的融化水排泄。

确定低压循环桶朝向的因素有：①进气管、出气管因素。因为低压循环桶的进出气管管径很大，需尽量满足进出气管的连接顺畅。②氨泵因素。氨泵布置位置与低压循环桶出液管管口位置有关联。③液面计因素。液面计应位于便于观察的地方。考虑上述因素，综合确定其朝向。

低压循环桶、氨泵固定点均应有防“冷桥”的措施。

9. 集油器的布置

集油器可设在室内，也可设在室外，靠近油多、放油频繁的设备。高、低压系统合用一台集油器时，应靠近低压设备设置。集油器的基础标高在300～400mm，以便于放油操作。设在室内时，可将放油管引至室外；集油器四周应设排水明沟。

10. 空气分离器的布置

空气分离器应近冷凝器和贮液器布置。卧式空气分离器通常设于设备间的墙上，安装高度距地坪1.2m左右，进液端稍高。立式空气分离器必须包隔热层，可固定于墙上或支承在贮液器上。

11. 辅助贮液器的布置

辅助贮液器布置在蒸发式冷凝器与螺杆式压缩机组的连接管路上，有设置在机房屋顶上的，多架空（或设平台）布置在设备间。辅助贮液器应低于蒸发式冷凝器、高于贮液器和油冷却器，布置标高应满足两个高差的要求，以保障循环的正常进行。图5-8所示为某制冷

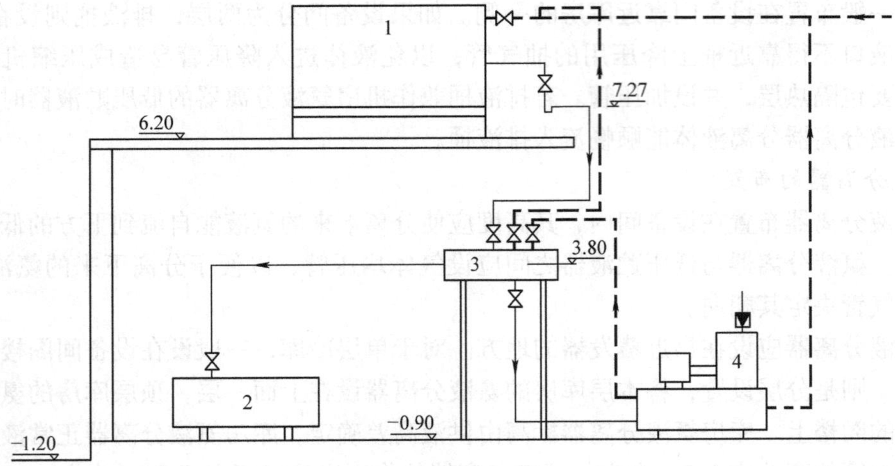

图5-8 辅助贮液器布置剖面图

1—蒸发式冷凝器 2—贮液器 3—辅助贮液器 4—螺杆式制冷压缩机组

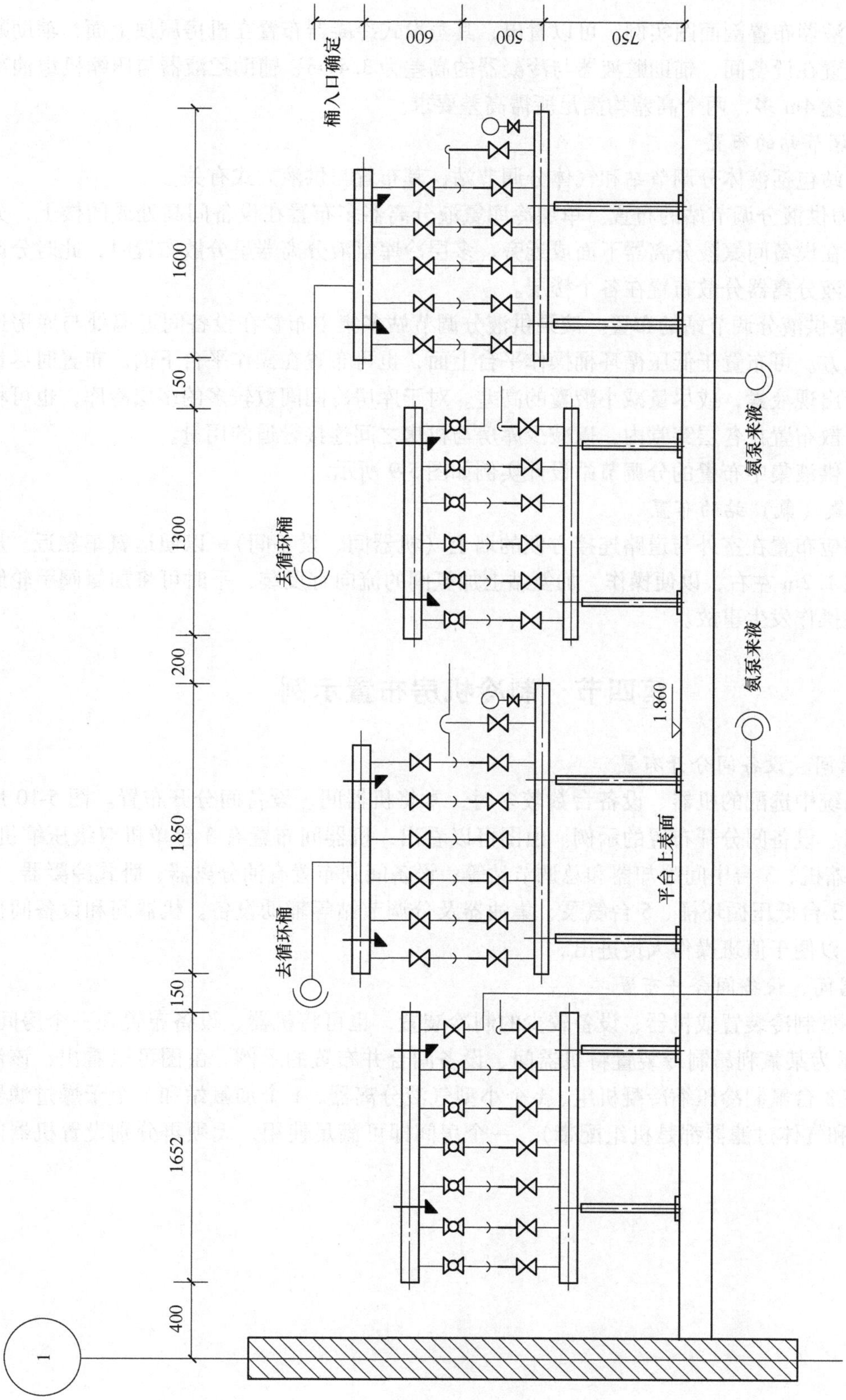

I—I分调节站布置剖面图

图 5-9 集中布置的分调节站

装置辅助贮液器布置剖面图实例，可以看出，其蒸发式冷凝器布置在机房屋顶上面，辅助贮液器架空布置在设备间，辅助贮液器与冷凝器的高差为3.47m、辅助贮液器与压缩机组油冷却器的高差达4m多，两个高差均满足所需高差要求。

12. 分调节站的布置

分调节站包括液体分调节站和气体分调节站，其布置与供液方式有关。

1）重力供液分调节站的布置。单层冷库氨液分离器多布置在设备间高处或阁楼上，分调节站布置在设备间氨液分离器下面或近旁。多层冷库氨液分离器呈分散布置时，此时分调节站也随氨液分离器分散布置在各个楼层。

2）液泵供液分调节站的布置。液泵供液分调节站多集中布置在设备间近墙处与库房连接方便的地方。可布置于低压循环桶操作平台上面，也可布置在操作平台下面。布置时尽量避免回气管出现液囊，或尽量减小液囊的高差。对于库房冷间间数较多的多层冷库，也可将分调节站分散布置在各层穿堂内，以减少库房与机房之间连接管道的用量。

某液泵供液集中布置的分调节站设计实例如图5-9所示。

13. 加氨（氟）站的布置

加氨站应布置在室外与道路连接方便的墙上（机器间、设备间），以便运氨车靠近。加氨站高度在1.2m左右，以便操作。加氨站上加氨阀的流向宜反装，平时可将加氨阀手轮卸掉，以免误操作发生事故。

第四节 制冷机房布置示例

1. 机器间、设备间分开布置

制冷系统中选配的机器、设备台数较多时，常将机器间、设备间分开布置。图5-10所示为机器间、设备间分开布置的示例。由图可以看出，机器间布置有3台单机双级压缩机、4台单级压缩机、3台中间冷却器和总调节站等；设备间则布置有油分离器、卧式冷凝器、4台贮液器、3台低压循环桶、5台氨泵、集油器及分调节站等辅助设备。机器间和设备间设有一通道，以便于值班操作人员进出。

2. 机器间、设备间合并布置

对于小型制冷装置或机器、设备较少的制冷装置，也可将机器、设备布置在一个房间。图5-11所示为某氟利昂制冷装置将机器间、设备间合并布置的示例。由图可以看出，该制冷装置只有3台氟制冷压缩冷凝机组、1个小型气液分离器、1个加氟站和1个干燥过滤器（油分离器和气体过滤器都是机组配带），一个房间即可满足使用，无须再分别设置机器间和设备间。

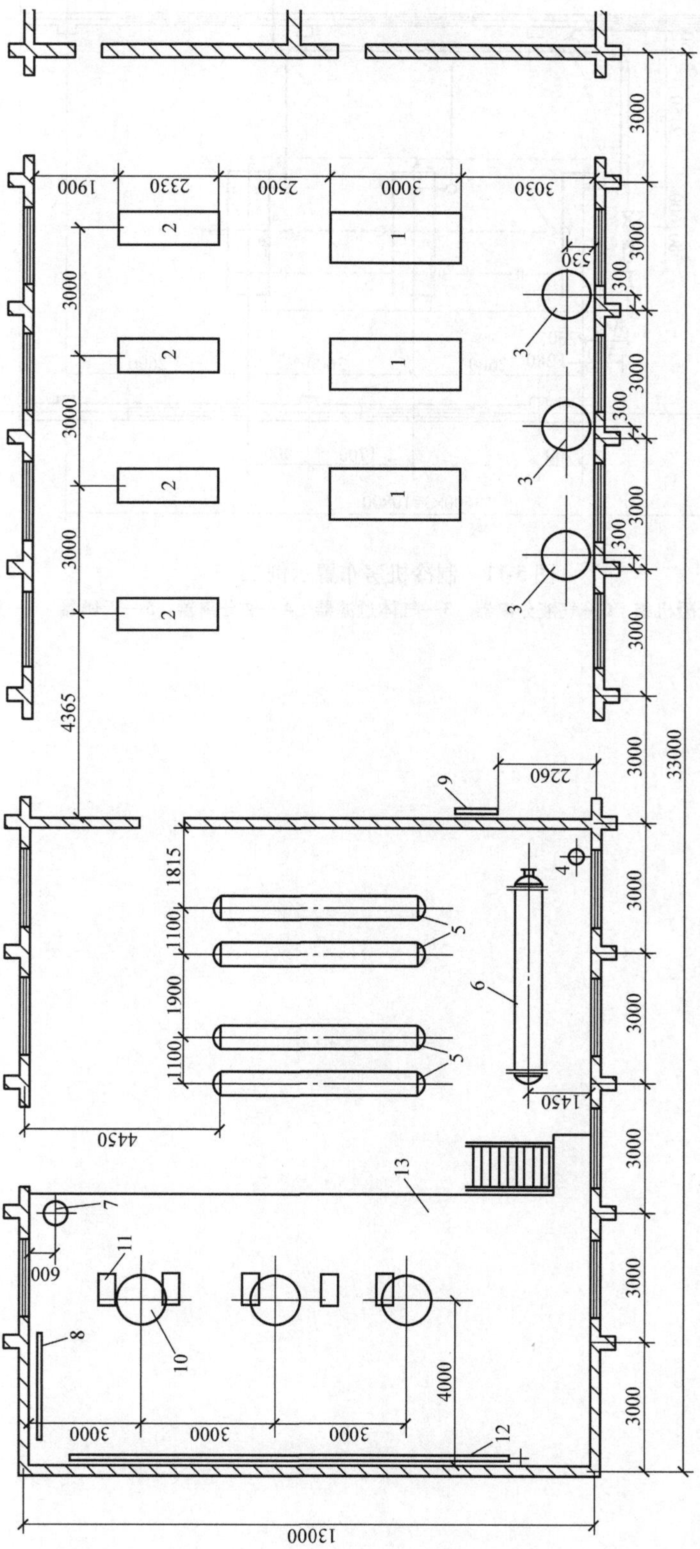

图 5-10 机房布置示例一

1—单机双级压缩机 2—单级压缩机 3—中间冷却器 4—油分离器 5—贮液器 6—冷凝器 7—集油器
8、12—分调节站 9—总调节站 10—低压循环桶 11—氨泵 13—操作平台

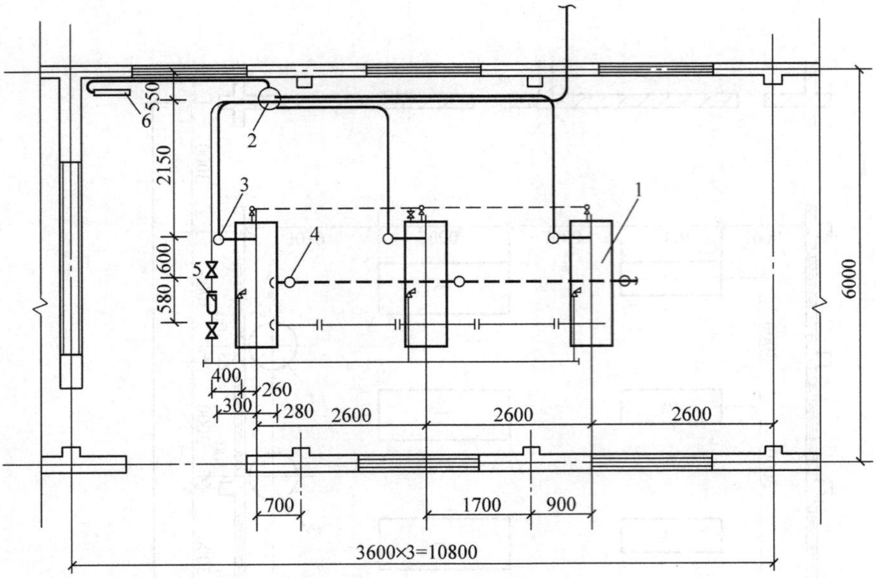

图5-11　制冷机房布置示例二

1—氟制冷压缩冷凝机组　2—气液分离器　3—气体过滤器　4—油分离器　5—干燥器　6—加氟站

第六章 库 房 设 计

库房是对食品进行冷加工和贮藏的场所。如何通过冷却设备的换热配置及合理的气流组织，创造一个均匀、稳定、符合食品冷藏设定温度要求的需冷环境，是库房设计的重点。

库房设计有以下要素：

1）在满足制冷工艺及冷藏工艺要求的前提下，必须考虑工程建设的初投资、节能及经常运转费用的合理权重。

2）设计人员要充分了解食品的物性，如热导率、比热容、含水量、形状、散热面积、密度。

3）设计人员要充分了解传热介质的性质、流动速度等因素。食品表面的表面传热系数与介质的性质、流动速度等因素有关。

4）食品与介质之间的温度差应根据各类食品冷藏工艺要求确定。

5）冷却设备应具有灵活调节库内温度、湿度的能力。

6）保证库内不同位置的风速、温度和湿度的均匀。一般最大温差≤0.5℃，湿度差<4%。

7）合理码垛。为了改善库内通风、均匀冷却库内温度、便于检查贮藏效果，码垛应间隔适宜。

8）稳定的环境温度和相对湿度。控制冷库内温度和湿度是保证取得良好冷藏效果的关键。

9）可以调节空气成分。需做到既能满足最低限度的呼吸要求，又能延长贮藏期限，至少要有补充新鲜空气的设施。

第一节 冷 却 间

冷却间是对产品进行冷却加工的房间。其特点是食品热负荷较大，既要迅速降温，又不能降得过低，使食品产生冻害。

在冷加工过程中，需经冷却的有肉类、水果、蔬菜、蛋类等。水果、蔬菜和蛋类的冷却和冷藏工序可在同一个库房内连续实施。水产品是易腐食品，为防止鲜度下降可采用碎冰或冷水保鲜。

食品冷却的方法有冷风冷却、冷水冷却、碎冰冷却、真空冷却等。设计冷却间时应根据食品的种类及冷却要求选择其适用的冷却方法。表6-1所列是冷却方法的一般使用范围。

表6-1 冷却方法的一般使用范围

冷却方法	肉	禽	蛋	鱼	水果	蔬菜	烹调食品
冷风冷却	○	○	○		○	○	○
冷水冷却		○		○	○	○	

（续）

冷却方法	肉	禽	蛋	鱼	水果	蔬菜	烹调食品
真空冷却						○	
碎冰冷却		○		○	○	○	

一、肉类冷却间

肉类冷却间主要用于猪、牛、羊等肉类胴体的冷却加工。

1. *冷却的目的*

肉类冷却的目的是迅速排除肉体表面的水分及内部的热量，降低肉体深层的温度和酶的活性，延长肉的保鲜时间，并且有利于肉体保水。

2. *冷却条件*

肉类汁液冰点为 -1.2 ~ -0.6℃。在宰杀后的肉胴体温度为39℃左右时将其送入冷却间，设计库温为 -2 ~0℃，在冷却间内把肉温降至4℃。由于空气的热容量和热导率小，增加空气流速可以增加冷却速度。但过强的空气流速并不能同比增加冷却速度，却会大大增加肉表面干缩损耗（以下简称干耗）和电耗。因此，在冷却过程中，冷间的货间风速以不超过2m/s为合适，一般采用0.5m/s以上。空气循环次数50 ~60 次/h，冷却时间10 ~20h。肉体平均干耗约1.3%。

3. *冷却方法*

目前冷却间大多采用空气冷却方式，空气流吸取肉体的热量再传至蒸发器。

肉类经屠宰、修整、检验和分级后，应立即送入冷却间。肉体在冷却间平行轨道上按“品”字形排列，保持间距3 ~5cm，以保证空气的均匀流通。不同等级种类的肉类均应分室冷却，以使全库胴体能在相近时间内冷却完毕。一般产品冷却过程中，尽量缩短进入冷却间前的停留时间，整个冷却过程不要超过24h。

国外流行两段法对肉类进行快速冷却，前后两阶段分别采用不同的温度和风速。第一阶段，温度为 -15 ~ -10℃，空气流速为1.5 ~3m/s，冷却1 ~4h，这一阶段肉体的平均焓值大约为40kJ/kg，使肉体表面形成一层冰壳，既减少了干耗，又加快了冷却过程（冰的热导率是水的4倍）。第二阶段，库温为 -1℃左右，空气流速为0.5 ~1.5m/s，冷却10 ~15h，使表面温度逐渐升高而内部温度逐渐降低，使肉体温度平衡，直到热中心温度达到4℃为止。采用该方法冷却的肉，色、香、味、嫩度俱佳，既缩短了冷却时间又可减少40% ~50%的干耗。表6-2所列为肉类快速冷却的工艺条件。

表6-2 肉类快速冷却的工艺条件

肉类	冷却阶段	空气温度/℃	空气流速/（m/s）	肉胴中心温度/℃		冷却时间/h
				开始	终止	
牛肉	第一阶段	-12 ~ -10	1 ~2	38	15 ~18	6 ~7
	第二阶段	-1.5 ~ -1	0.1 ~0.2	15 ~18	4	10 ~12
猪肉	第一阶段	-15 ~ -13	1 ~2	38	18 ~22	4 ~5
	第二阶段	-1.5 ~ -1	0.1 ~0.2	18 ~22	4	10 ~15

分析上述冷却过程，在初始阶段因冷却介质与冷却物体间的温差大、冷却速度快，在开始的四分之一时间内造成肉类表面水分的蒸发量约占总干耗量的二分之一。因此，空气相对湿度也可以分为两个阶段：在前阶段（约占总冷却过程的四分之一时间），以维持在95%以上为宜，即相对湿度越高越好，以尽量减少水分蒸发；在后一阶段（约占总冷却过程的四分之三时间），则维持在90%～95%之间，临近结束时则在90%左右。

4. 肉类冷却间的气流组织

悬挂白条肉的冷却间，气流应均匀下吹，肉片间平均风速应为0.5～1.0m/s。

目前，国内主要采用纵向配风的送风方式，设置落地式冷风机，无风道短风管，大口径圆形喷口集中送风，利用空气射流强制空气循环。

图6-1为纵向吹风冷却间布置平、剖面图。冷风机设在库房的一端，四周距墙、柱≥400mm，风在长方向循环，射程不宜大于20m。常设计成长12～18m、宽6m、高4.5～5m。室内设65mm×12mm扁钢制的吊轨，轨道不宜超过5条，有关尺寸要求见表6-3。水盘架空在地坪上，不可直接放置在地面上，以利排水和检修。

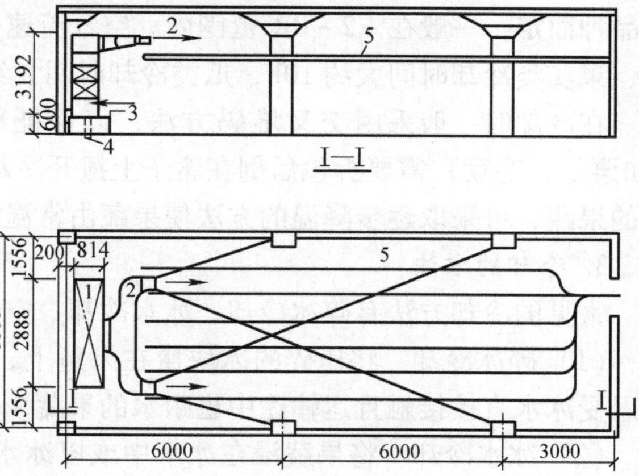

图6-1　纵向吹风冷却间布置平、剖面图

1—冷风机　2—喷风口　3—水盘　4—排水管　5—吊轨

表6-3　吊轨轨距和轨面高度　（单位：mm）

食品类别	轨距	轨面高度
猪1/2胴体（叉挡吊挂）	人工推动：750～850 机械传动：900～1000	2300～2500
牛1/2胴体 牛1/4胴体	人工推动：≥850	不宜低于3300 不宜低于2400
羊胴体（单层叉挡吊挂，每叉挡挂3只）	人工推动：≥800	不宜低于2200
鱼虾（用冻鱼车装盘）	人工推动：1000～1100	2100～2300

喷风口设计时可参照以下经验数据：喷口直径为200～300mm，渐缩角≤30°；喷口长径比取决于冷间的长度，冷间长度≤12m时，长径比$L:D=3:2$；长12～15m时，$L:D=4:3$；长15～20m时，$L:D=1:1$。喷口处气流速度采用20～25m/s，喷嘴射程为风口直径的60～100倍，射程以不超过20m为宜，喷口阻力系数0.93～0.97。当有两个或两个以上喷风口时，应设风量调节装置。

上述送风方式的射流在喷射过程中速度递减很快，但因简单易行而被广泛采用。

二、果蔬冷却间

1. 冷却的目的

产地收获后的果蔬如能迅速降温、移走果蔬的田间热，可以降低果蔬的呼吸作用、减缓失水率、有效地抑制微生物生长，对果蔬的保鲜是十分有利的。

在果蔬运输途中，目前除个别冷藏车、船外，大部分还是一般的车、船，果蔬温度会持续升高，再加上运输途中的振动、冲击、产生机械损伤，都会使果蔬的呼吸强度增加，形成恶性循环，影响果蔬的品质。因此，果蔬的运输前冷却对保持果蔬的新鲜品质、延长货架期十分有用。

2. 冷却条件

果蔬的冷却最好在专用的冷却间进行，也可在冷库的穿堂内冷却。冷却间的温度视果蔬的品种而定，一般在 -2 ~0℃范围内。空气流速一般为0.5 ~1.5m/s。叶菜类冷却时间大约5h，果实类冷却时间大约10h，瓜类冷却时间大约16 ~24h。

在冷却时一般采用交叉堆码方法，以保证冷空气流畅、加速果蔬的冷却。有些果蔬（如栗子、毛豆）需要拆包后倒在席子上摊开冷却，待冷却后再进行包装。对于直接入库冷藏的果蔬，可采取逐步降温的方法使果蔬由常温逐渐冷却冷藏。

3. 冷却的方法

常见的冷却方法有碎冰冷却、冰水冷却、空气冷却和真空冷却等方法。

（1）碎冰冷却 将压碎的冰块撒在果蔬上，装在耐水的容器中的冷却方法。它适用于能忍受冰水直接接触且运输途中也耐水的果蔬，例如青葱、部分花菜类、根菜类、茎菜类。

（2）冰水冷却 将果蔬浸在冰水中或以冰水喷洒、冲淋至果蔬表面达到降温效果的冷却方法。它适用于果菜类、根菜类和水果等真空冷却无效的产品。

（3）空气冷却

1）室内风冷。果蔬置于冷库中，以库内冷空气将田间热置换出来，因冷空气不易进入包装箱中，致使冷却速度缓慢。若改善室内空气流动的速率，可缩短冷却时间，风速每提高1 ~1.5m/s，冷却时间大约缩短5% ~10%，干耗增加0.1% ~0.2%。室内风冷适用于所有果蔬。

2）差压风冷。差压风冷是国外开发的新技术。图6-2所示为差压式冷却装置，其原理是：将食品放在吸、排风口两侧，铺上盖布，使高、低压端形成2 ~4kPa的压差，利用这个

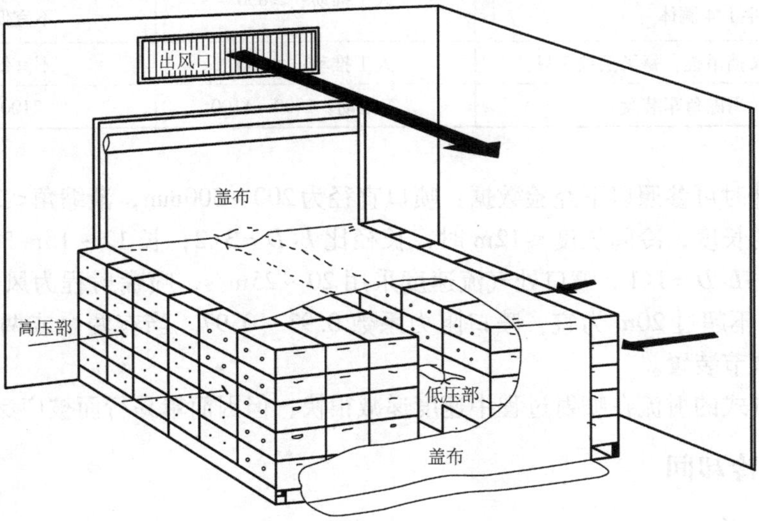

图6-2 差压式冷却装置

压差让0℃以上的冷风以0.3～2m/s的速度通过箱体上开设的通风孔，顺利地在箱体内流动，用此冷风进行冷却，短时间内可将产品温度迅速降低。差压式冷却一般需4～6h，因食品种类不同而不同。

箱体通风孔的大小和多少要根据食品的品种和箱内部充填层而定，其标准是冷风在一定时间里能顺利地在箱子内部流动。产品装入箱子后，要求每层箱子与箱子的孔必须相通。这样，冷风才能顺利地通过。堆放上一层箱子时，要相对下一层箱子调转90°，但是必须把每个箱子的孔对齐。

图6-3所示是由强制通风冷却改建的差压式冷却装置。冷风机吹出的冷风经由导风板、盖布，贴附着吹到房间另一端，进入入口空间，流经箱体上的开孔冷却食品，再经出口空间返回冷风机，如此循环。

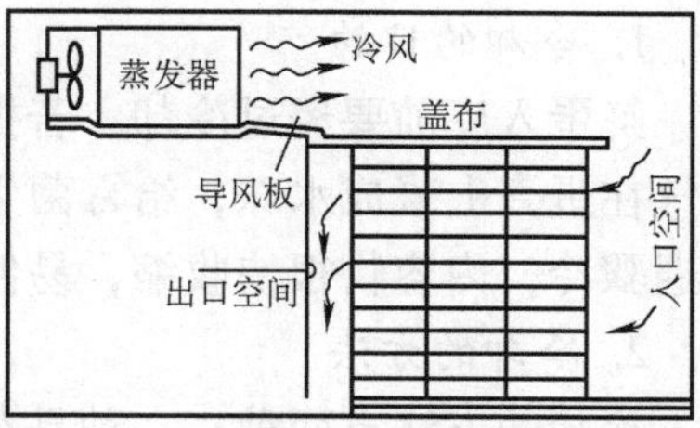

图6-3 由强制通风冷却改建的差压式冷却装置

差压冷却的特点是：能耗小、速度快、冷却均匀、冷却品种多，易于由强制通风冷却改建；食品干耗较大，箱子堆放麻烦（通风孔要对齐），冷库利用率低。差压式冷却压降与食品充填层空隙率有关，选取风机时要先计算压降。

很多差压冷却采用装配式结构，有些库容积可调，易于流动使用。

（4）真空冷却 表6-4列出了水的压力、沸点及汽化热的关系。可以看出，在正常的101.3kPa压力下，水在100℃沸腾；压力为0.66kPa时，水在1℃就沸腾。真空冷却就是利用了水在真空压力下吸收汽化热的原理，对被冷却食品进行冷却降温的。为了利用该原理进行真空冷却，必须设置真空槽及相应的设施。图6-4为真空冷却系统原理图。

表6-4 水的压力、沸点、汽化热

压力/kPa	沸点/℃	汽化热/(kJ/kg)	压力/kPa	沸点/℃	汽化热/(kJ/kg)
101.3	100	2253.8	1.2	10	2474.2
13.6	52	2374.3	0.66	1	2495.6
4.0	29	2429.5	0.61	0	2497.7

真空冷却主要用于叶菜类的冷却。蔬菜经挑选后装入打孔的塑料箱内，推入真空槽，关闭槽门，开启真空泵和制冷机。真空冷却过程分为三个阶段：第一阶段压力由101.33kPa降至2.4kPa，需要5min左右；第二阶段压力由2.4kPa降至1.3kPa，需要10min左右；第三阶段压力由1.3kPa降至0.66kPa，需要10min左右。当压力降至0.66kPa时，水在1℃沸腾，需吸收2496kJ/kg的热量，使蔬菜本身的温度迅速下降到1℃。由于冷却速度快，约20～30min，食品中水分汽化量仅2%～4%，不会影响蔬菜的新鲜饱满程度及外观。

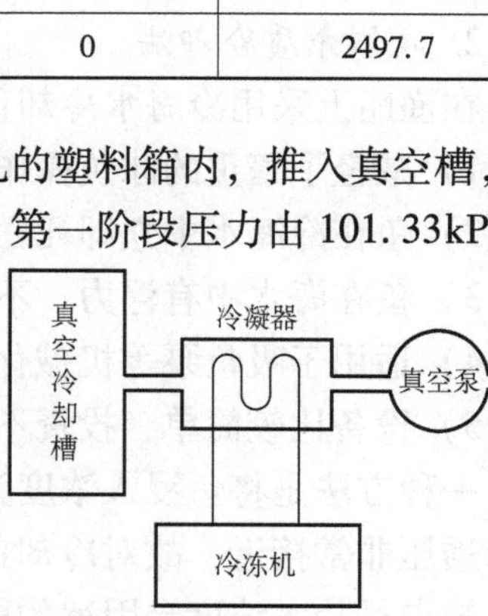

图6-4 真空冷却系统原理

系统中冷冻机不是用于直接冷却蔬菜的，而是为了保持槽内真空度而用于冷凝水蒸气的（当压力为0.61kPa、温度为0℃时，体积增大近21万倍，用真空泵抽耗电多，效果差）。真空冷却的特点是：速度快、冷却均匀、品质高、保鲜期长、损耗小、干净卫生、操作方便；

但初次投资大，运行费用高，冷却品种有限，一般只适用于白菜、甘蓝、菠菜、韭菜、菜花、生菜等叶菜类食品。

（5）冷藏间冷却　将需冷却食品放在冷却物冷藏间内冷却的冷却方法。这种冷却以冷藏为目的，库内制冷能力小、冷却速度慢，但操作简单、冷却与冷藏同时进行。此法对鲜蛋、苹果、梨等产品适用，易腐和成分变化快的水果、蔬菜不适用。

三、鲜蛋冷却间

1. 冷却的目的

鲜蛋入库前要经过冷却。若把温度较高的鲜蛋直接送入冷藏间，会使库温上升，导致水蒸气在蛋壳上凝成水珠，给霉菌生长创造了条件；另一方面，蛋的内容物是半流动的液体，若遇骤冷，内容物很快收缩，易使外界微生物随空气一同进入蛋内。

2. 冷却的方法

冷却的方法有两种：一种是在冷库的穿堂、过道进行冷却，每隔1～2h降温1℃，待蛋温降到4℃时放入冷藏间；另一种是在冷藏间附近设冷却间，冷却间温度为－2～0℃，冷却20～40h，蛋温降至4℃时转入冷藏间。

四、鱼类的冷却

1. 碎冰冷却法

碎冰冷却法是目前应用最广泛的冷却方法。

从保鲜角度来看，冷却用的冰最好是机制冰，冰块大小要均匀，以便增大鱼体与冰块的接触表面、加快冷却速度，同时也可避免鱼体变形和机械损伤。

用海水冰冷却鱼类比用淡水冰好，因海水冰的融点比淡水冰低，并有较强的抑制酶活性的作用。用海水冰保藏的鱼类可不失去天然的色泽和硬度，还能保持鱼的颜色和透明度。海水冰可在渔船出海过程中在船上自行生产，有片状、柱状、雪花状等多种。

用冰冷却的鱼不能长期保藏，一般为8～10天，最多不超过13～14天。

2. 液体介质冷却法

在渔船上采用冷海水冷却鱼类的方法最近有较大的发展。它的优点是：

1）减轻了繁重的冰鱼操作，省时省力。

2）鱼在冷海水中立即死亡，而且冷却迅速。

3）鱼在海水中有浮力，不会被压坏。

4）适用于吸鱼泵等机械化装卸。

5）设备比较简单，投资不多，安装使用方便。

一种方法是将鱼浸入浓度为2%的食盐溶液中进行冷却。这种溶液的渗透压和鱼肉汁液的渗透压非常接近，故对冷却鱼质量的不良影响很小。为了防止冰块上浮可将冰用金属网罩住。缺点是盐水浓度会因冰的融化而逐渐降低，需要定期补充食盐。

另一种方法是用冷海水冷却鱼类。冷却要用3%浓度（冰点为－2℃）的清洁海水，不能用食盐含量低于2%的或不清洁的海水。采用冷海水冷却鱼类的可由船用制冷装置实施。鱼类被打捞后立即装入加入了－1～0℃冷海水的专用舱内，鱼遇冷迅速死亡，当专用舱内装满鱼后，即密闭舱门，开动制冷装置，在5～6h内将舱内海水温度降到－1～0℃。在整个航次中，每天分几次间歇降温，保持恒温冷却，这样可减少破肚鱼。用此法冷却鱼类，保鲜期限为10～12天。

第二节 冻 结 间

冻结间是对产品进行冻结加工的冷间。冻结间应该具有的功能是：使食品迅速降温至冰点以下，将食品所含水分部分或全部转换成冰。为满足功能要求，冻结间的设定温度要足够低，并配有合适的风速使空气循环流动，以加快冻结速度、缩短冻结时间。冻结间内的温度场、速度场应尽可能均匀，使不同货位的食品在相近的时间内完成冻结过程，以提高冻品质量。

下面根据冻结间所设冷却设备的形式，分别讲述搁架排管冻结间和冷风机冻结间。

一、搁架排管冻结间

搁架排管冻结间以搁架排管作为冷却设备兼货架，它适用于分割肉、猪副产品、家禽及水产品等。分割肉等一般是装在盘内直接放在搁架排管上冻结。为了减少排管的磨损，可以在管架上铺0.6mm厚的镀锌钢板。搁架覆板不仅可起到保护管道的作用，同时还起到增加传热面积的作用。

1. 搁架排管的布置

搁架排管多用D38mm无缝钢管制作。排管管子的水平间距为100～120mm，每层的层高视冻结食品的高度或容器的高度而定，一般为220～400mm，最低一层排管离地坪宜不小于400mm。管架的层数应考虑装卸操作方便，最上层的载货排管高度不宜大于1800～2000mm。管架的宽度根据冻盘数量和操作方式而定，单面操作时，其宽度常为800～1000mm，如为两面操作，则以1200～1500mm为宜。这种冻结间的操作走道应能单向通行手推车，其净宽不小于1000mm。对于冻结量大于5t/次的冻结间，应考虑手推车空车、重车行走的路线，以提高装卸效率（见图6-5）。搁架排管冻结间的布置如图6-6所示。

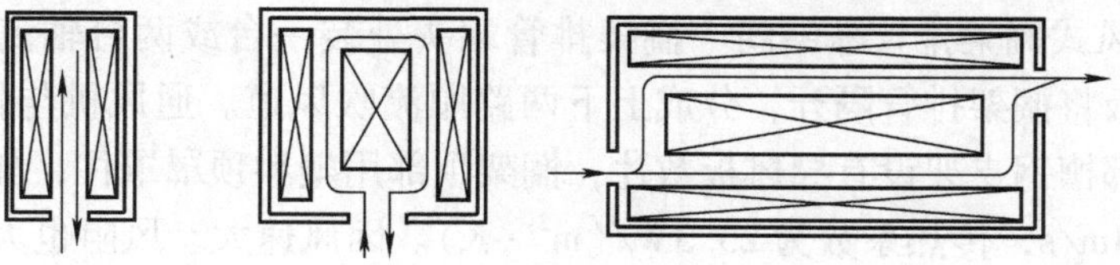

图6-5 搁架排管冻结间平面布置方案

2. 搁架排管冻结间的优缺点

搁架排管冻结间的主要优点是冻结可靠、均匀、省电，排管可以现场制作。不足处有冻结间内空气与冻结食品之间换热不良、冻品的质量也较差、冻结速度较慢、进出库劳动强度大、工作条件差。因此，仅适合小型冷库使用。搁架排管的除霜宜采用人工扫霜结合热氨融霜。

二、吹风式搁架排管冻结间

搁架排管冻结间内可增设通风机吹风，其风量可按每冷冻1t食品配风10000m^3/h计算，此时搁架排管的换热效率增大，冻结速度加快。盘装食品冻结间的气流应均匀横吹，盘间平均风速宜为1.0~3.0m/s。

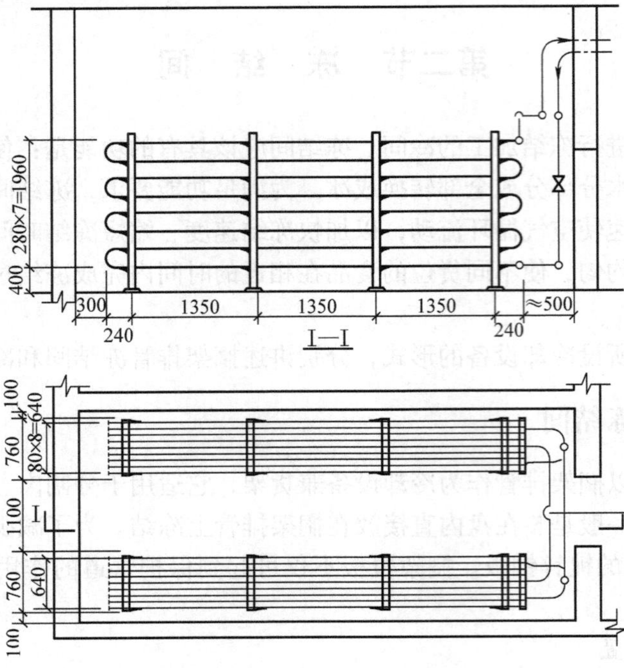

图6-6 搁架排管冻结间的布置

1. 气流组织形式

吹风式搁架排管根据气流组织形式分为蝶型流式、顺流式和直角式。

（1）蝶型流吹风式搁架排管冻结间 如图6-7所示，轴流式风机设置在两组搁架排管之间过道的上方，使风向上吹送到静压区后沿挡风板下吹经侧面导风板，气流垂直均匀流过每层排管，食品处于冷风回流区。该方式较直角式风速小。

（2）顺流吹风式搁架排管冻结间 搁架排管端头处装一台或两台轴流式风机，中部处水平方向有挡风板将搁架排管隔开，分成上下两路顺流吹风道。通风机与排管用风道连接，搁架排管两侧端部槽钢支架设有导风板数片，搁架顶部用塑料顶罩罩住，如图6-8所示。该方式风速一般为3m/s，传热系数为23.3W/(m^2·K)。因风速大、风阻也大，搁架侧面入货口有风短路回流。

（3）直角吹风式搁架排管冻结间 风机装在中央走道上方，风朝墙侧吹，遇墙后沿挡风板下吹，侧面导风板开孔，气流垂直吹过排管，回风沿对面墙回到风机。该方式风速一般为1.5~2m/s。因气流组织较合理，传热系数较顺流吹风式大，但回风侧搁架排管下层易形成死区，造成风量小、冻结慢。

2. 吹风式搁架排管的优缺点

吹风式搁架排管冻结间的优点是冻结可靠，设备容易制作，它的结构和操作比较简单，又不必经常维修，用电较省，管架的货物装载量大，且不受食品的形状和尺寸的限制，大型或形状不规则的食品可直接放在薄钢板上冻结。它的缺点是管架的液柱作用较大，不能连续进行生产，进出货搬运劳动强度大、工作条件差。

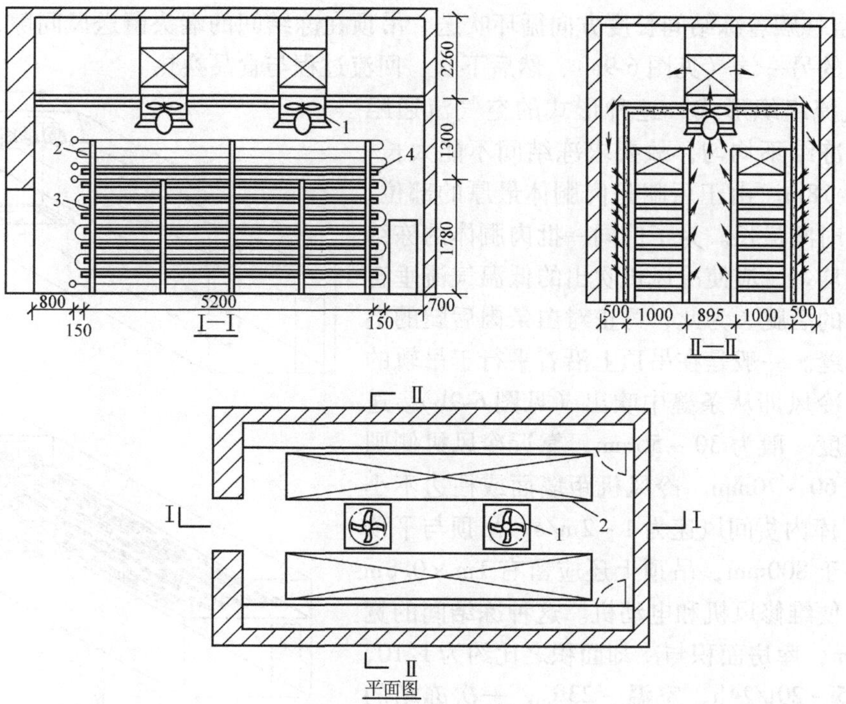

图 6-7 蝶型流吹风式搁架排管冻结间

1—轴流式风机 2—顶排管 3—搁架排管 4—出风口

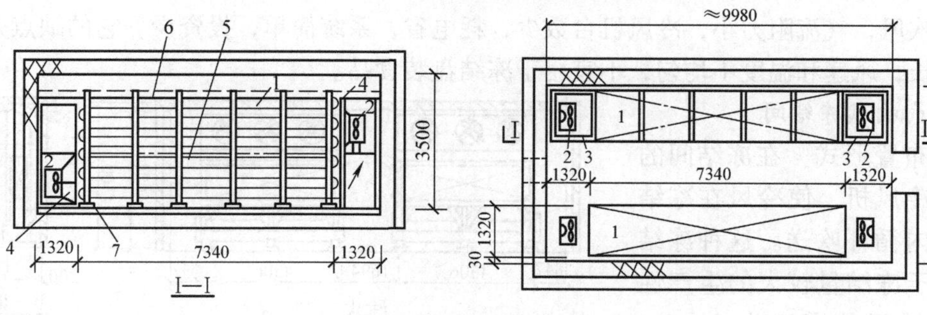

图 6-8 顺流吹风式搁架排管冻结间

1—搁架排管 2—轴流式风机 3—风机挡风板支架 4—送风口

5—挡风隔板 6—塑料顶罩 7—导风板

三、冷风机冻结间

冷风机冻结间是强制通风，具有冻结速度快、冻结时间短等优点。适用于肉类、家禽及分割肉、水产品、速冻蔬菜，也适用于调理食品如饺子、包子、春卷、烧卖、油炸食品的冻结加工。

按照气流方向、吹风部位和冷风机形式可分为纵向吹风冻结间、横向吹风冻结间、吊顶式冷风机冻结间、水产冷库的冻结间等。

1. 纵向吹风冻结间

（1）布置形式 这类白条肉冻结间多设于冻结量较小的分配性冷库内。在冻结间的一端设置落地式冷风机，在吊轨上面铺设吊顶，吊顶与平顶之间形成供空气流通的风道（通风间层），空气顺着冻结间长度方向循环吹送。吊顶在冻结间的端头留送风间隙，空气沿吊顶吹到房间的另一端（见图6-9a），然后下吹，回流过程与食品换热。

（2）气流组织形式　这种形式的空气流通距离长，食品冻结不均匀，故要求冻结间不能太长，一般为12～18m。由于后腿是肉胴体最厚的部位，故所需冻结时间最长。为了使同一批肉胴体的冻结速度尽可能均匀，应使冷风机吹出的低温气流垂直吹向白条肉的后腿。为此，可正对白条肉后腿的上方开送风条缝。一般是在吊顶上沿着平行于吊轨的方向开缝，冷风即从条缝中吹出（见图6-9b）。送风条缝的宽度一般为30～50mm，靠近冷风机侧则要大些，为60～70mm。冷风机距墙面或柱边不小于400mm，库内货间风速为1～2m/s。吊顶与平顶的间距不小于800mm，吊顶上还应留有1m×0.8m的人孔，以便维修风机和电动机。这种冻结间的宽度一般为6m，库房面积与冷却面积之比约为1:10，冻结能力15～20t/24h，室温－23℃，一次冻结的时间为20h左右。

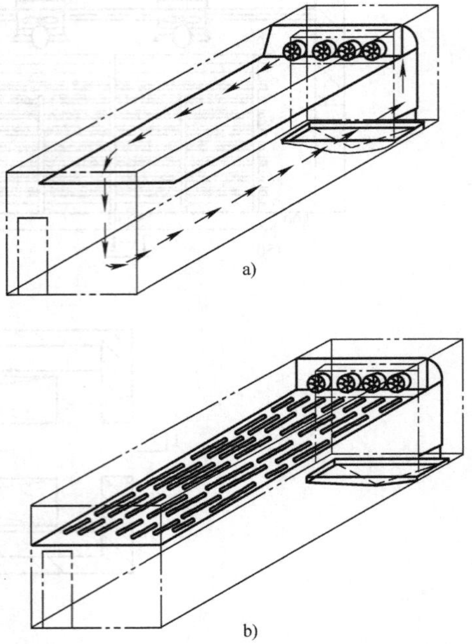

图6-9　纵向吹风冻结间出风形式示意图

（3）优缺点　该冻结间的优点是能沿吊挂的肉体方向吹风，气流阻力小，冷风机台数少，耗电省，系统简单，投资少。它的缺点是空气流通距离长，风速和温度不均匀，不宜用于冻结盘装食品。

2. 横向吹风冻结间

（1）布置形式　在冻结间的一侧设置冷风机，使冷风在冻结间横断面内循环吹送。这种冻结间大多用于冻结量较大的生产性冷库。冻结间的宽度为5～7m（通常应当尽量按建筑模数布置），长度不限，可以布置多台冷风机。冷风机距墙面或柱边约400mm，两台冷风机之间应考虑留有安装供液管和回气管余地。吊轨的布置可以参照冷却间。房间一般设5～6条吊轨，适于冻猪、羊、牛白条肉。横向吹风冻结间冷风机的布置如图6-10所示。

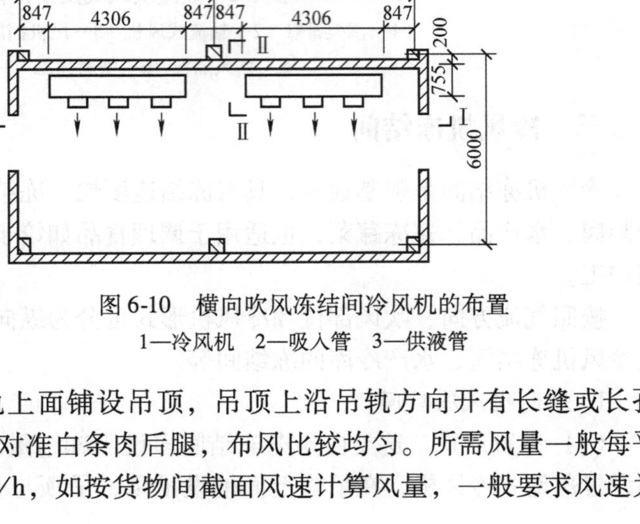

图6-10　横向吹风冻结间冷风机的布置
1—冷风机　2—吸入管　3—供液管

（2）气流组织形式　冻结间吊轨上面铺设吊顶，吊顶上沿吊轨方向开有长缝或长孔（见图6-11）。冷风可由条缝往下吹，对准白条肉后腿，布风比较均匀。所需风量一般每平方米冷风机冷却面积约配100～120m^3/h，如按货物间截面风速计算风量，一般要求风速为

0.8～1.5m/s。当冻结量较大时，应尽量采用机械传送式吊轨，并设置卸肉和回钩装置。冻结间温度为－30～－23℃，冻结时间10～20h。

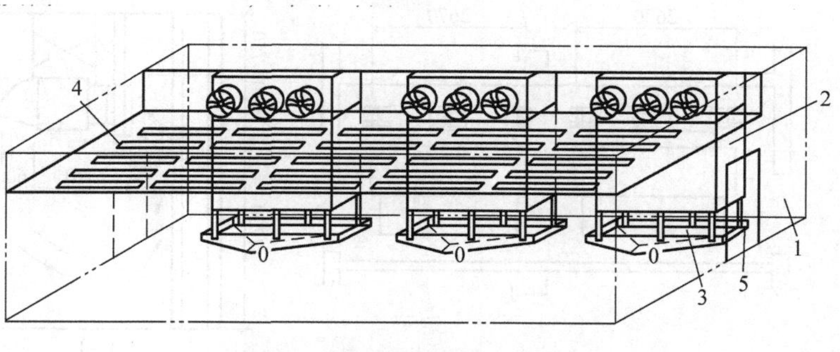

图6-11　横向吹风冻结间出风形式示意图
1—冻结间　2—冷风机　3—水盘　4—挡风板　5—门

（3）优缺点　这种冻结间的优点是空气的流通距离较短，库温均匀，冻结速度较快。缺点是风速低，往往不到1m/s，且冻结间内易形成一些死区。为了提高风速需设多台冷风机，造成库房利用率低且一次投资也大。

3. 不设吊顶的横向吹风冻结间

为了节省建材和施工安装费用、降低造价，横向吹风冻结间可不做吊顶，冻结间的宽度一般采用6m，冷风机沿冻结间的长度方向布置，设5条吊轨，如图6-12所示。布置吊轨时，应从冷风机对面靠墙一侧开始，不留走道，而在风机与最近一根吊轨之间留出1.2～1.5m的距离，尽量使吊轨及肉胴体不处于冷空气的回流区内。冷风机吹出的冷风沿冻结间上部吹至对面墙而下，再由下部经过各排肉胴体回至冷风机。

这种冻结间的冻结时间约在20h左右。在冻结间内也可设临时货架，以冻结分层搁置的盘装食品。

4. 吊顶式冷风机冻结间

（1）布置形式　这种冻结间用吊顶式冷风机作为冷却设备，一般将它吊装在冻结间平顶下，可以充分利用建筑空间，不占建筑面积。它的特点是风压小，气流分布均匀，是一种较好的吹风方式。安装时吊顶式冷风机距平顶应有一定的间隙，吸风侧距墙应大于500mm，出风侧大于720mm，以改善循环冷风的气流组织。这种冻结间宽度一般为3m或6m，长度不受限制，可以构成隧道式的冻结装置。由于吊顶式冷风机设置在冻结间的顶部，应妥善处理融霜水的排放问题，注意防止融霜水外溢和四溅。吊顶式冷风机冻结间布置示意图如图6-13所示。

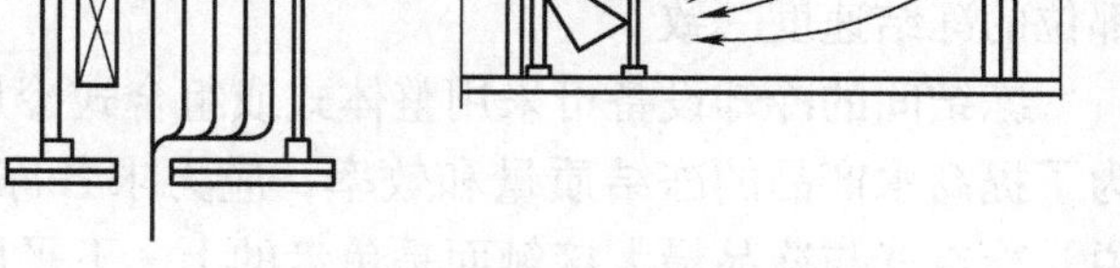
图6-12　不设吊顶的横向吹风冻结间

（2）气流组织形式　吊顶式冷风机根据送风形式可分为压入式和吸入式。对压入式，空气经过风机穿过蒸发器吹出，冷风经过蒸发器易造成配风不均匀，其局部阻力要比吸入式大5倍左右，故出口处的风压损失很大。但是压入式出风均匀，食品所处温度场稳定，冻结时间一致。这种冻结间室温为 -30 ~ -23℃，适于冻结水产品、家禽等块状食品，也可用于冻白条肉，冻结时间为 10 ~20h。

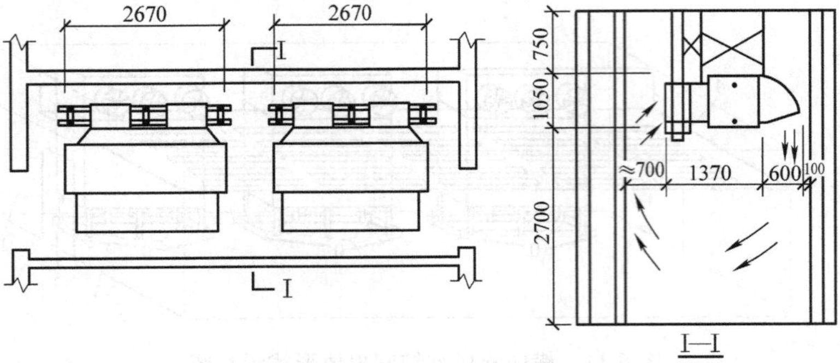

图 6-13 吊顶式冷风机冻结间布置示意图

(3) 优缺点 它的优点是冷风机不占建筑面积，库温均匀。其缺点是使用冷风机的台数较多，维修不如落地式冷风机方便，水冲霜时溅水现象还未能很好解决。

5. *水产冷库的冻结间*

(1) 布置形式 水产冷库的冻结间主要是冻鱼、虾和贝类等水产品，一般采用鱼盘和轨道吊笼（鱼车）冻结装置。房间内按纵向排列冷风机和吊笼，一间冻结间放置两列吊笼（两排鱼车），吊笼外形尺寸为 880mm × 720mm × 1780mm，共分 10 格，鱼盘放在鱼笼上冻结。吊笼悬挂在轨道上，采用双扁钢轨道和双滑轮悬挂吊相配合形式。

冻结间的宽度应满足冷风机、吊笼、导风板的布置和布置间距的要求，又需考虑土建结构及建筑模数的要求；因为横向吹风，冻结间长度方向没有限制，可根据吊轨长度及冷风机的尺寸及安装需要确定。

设计时，为了减少两列吊笼在冻结过程中的不均匀性，可设机械调向装置进行换位，但因初投资大，且在低温高湿的条件下，难以长期、稳定运行，故应用的实例不多。

(2) 气流组织形式 按风机和吊笼的位置可分为上吹风式和下吹风式两种。设计时，应正确选择风机的风量、风压以及组织好气流，使气流沿各层托盘的上、下两面作水平流动。一般要求通过冻结区有效断面的水平流速为 1 ~3m/s，争取前后排吊笼和同一吊笼不同部位的冻结速度一致。

冻结间的冷却设备可采用整体式或组合式冷风机，循环冷风的气流组织多为横向气流。为了提高水产品的冻结质量和效率，应力求各冻结部位空气流速均匀。对于盘装的冻品来说，冷空气与冻品最大接触面是鱼盘的上、下平面，因此平行于鱼盘作水平流动的气流比较理想。

1) 上吹风式。图 6-14 是上吹风式冻结间的示意图。在冻结间放置两列吊笼，采用组合式冷风机，把蒸发器的回风口高度提高到与吊笼高度一致。这种冻结间的温度为 -30 ~ -23℃或更低一些，冻结时间为 8 ~10h。

该冻结间的优点是空气的流动是吸入式，利用出风导向板能组织好水平气流，库温均匀，冻结速度较快，流动阻力损失较小。缺点是较其他方式多一层挡板且冻结间空间较高。

2) 下吹风式。图 6-15 是下吹风式冻结间的示意图。由于下吹风式风机直接向吊笼吹风，布置时要使风机的中心高度与吊笼中心高度相近，使吊笼上下布风均匀。为使风机吹出的气流能有一个扩散过程并减少涡流损失，应使吊笼距风机的距离大些，一般可取 1.2 ~ 1.3m，以 1.5m 为佳。为防止融霜水溅到风机上造成风机叶片冻住、电动机进水等事故，可在风机和蒸发器之间设一个进风斜管。下吹风冻结间的温度为 -23℃及以下，设计冻结时间为 10 ~ 18h。

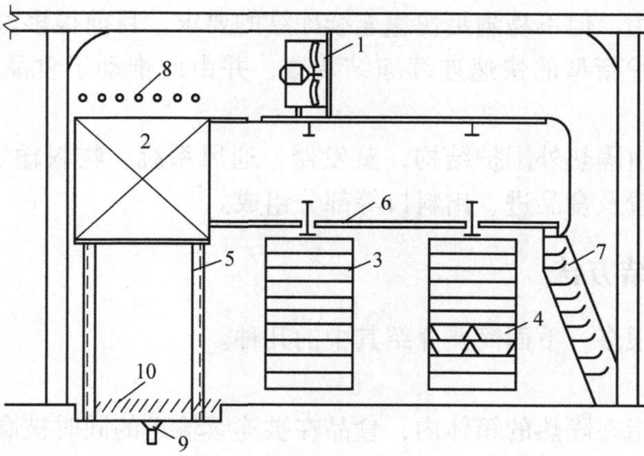

图 6-14　上吹风式冻结间的示意图

1—风机　2—蒸发器　3—吊笼　4—鱼盘　5—支架　6—吊顶

7—导向板　8—冲霜水管　9—排水　10—反溅板

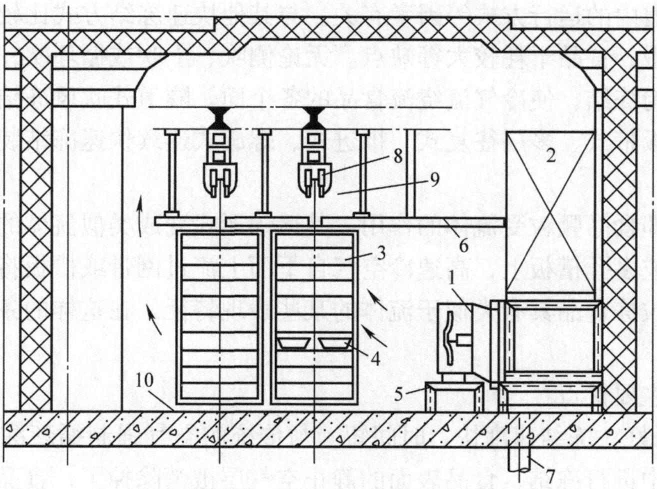

图 6-15　下吹风式冻结间的示意图

1—风机　2—蒸发器　3—吊笼　4—鱼盘　5—支架　6—吊顶

7—冲霜排水　8—滑轮　9—100mm × 14mm 双扁钢导轨　10—挡风木条

这种冻结间的优点是可降低空间高度，风机维修方便和少一层挡板。缺点是风机靠前排吊笼较近，在风机与前排吊笼之间会产生涡流损失，前、后排吊笼之间风速明显不均匀。为了进一步改善配风，加大冻结间宽度是可选方案之一。

用鱼车代替吊笼时，不需布置吊轨，两排鱼车在冻结间的布置方式同上。需要注意的是，对于盘中加水的水产品冻结间，不宜采用鱼车式方案。

第三节 快速冻结装置

随着冷冻食品消费量的迅速增长，花色品种逐渐增多，库房式冻结间虽具有投资少、维修方便等优点被广泛采用，但不易满足快速连续冻结的要求。目前很多国家已从庞大的库房式冻结间演变为使用各种新型的快速连续冻结装置，并由此推动了食品冷冻工艺的巨大变革。

食品快速冻结装置由隔热外围护结构，蒸发器，通风系统，物料输送系统，调速装置，自控装置，清洗消毒装置及食品进、出料口等部分组成。

一、食品快速冻结方法

食品快速冻结方法很多，下面简要介绍其中的几种。

1. 隧道式吹风冻结

隧道式吹风冻结是指在隔热的箱体内，食品在被连续输送的同时被高速冷风逐渐冻结到中心温度为-18℃的冻结方法。空气温度一般低于-35℃，风速为4~6m/s。吹风方式分侧吹、上吹、循环吹等几种。这种冻结方法特别适用于调理食品如饺子、包子、春卷、烧卖、油炸食品及分割肉、水产品等食品的冻结加工。

为了保证冻结质量，必须提高冻结速度。吹风冻结速度与温度，风速，食品的厚度、含水量以及食品在隧道内的运行方式等因素有关。与其他快速冻结方式比较，隧道式吹风冻结方法具有冻结速度慢、食品干耗较大等缺点。无论侧吹、上吹或循环吹，必须获得均匀的气流组织，以保证均匀冻结，使冷气流绕流食品的各个面。隧道式吹风冻结装置按物料输送系统分为网带式、钢板带式、多层往复式、推进式、螺旋式连续快速冻结装置。

2. 流态化冻结

所谓流态化，即食品颗粒受流体的作用，其运动形式变成类似流体的状态。被冻食品在开孔率较小的网带或多孔槽板上，高速冷空气自下而上流过网带或槽板将被冻食品吹起，呈悬浮状态，使固态被冻食品具有类似于流体的某些表现特征。在这样的条件下进行冻结，称为流态化冻结。

流态化冻结的主要优点：

1）热交换效果好，冻结速度快、时间短。与传统的空气强制循环冻结法比较，由于食品呈悬浮状在空气中进行冻结，食品表面的静止空气层被消除掉了，食品表面与空气之间的表面传热系数α值约可提高4倍，有效换热面积可增加3~5倍。如冻青豌豆时，在冷空气温度-30℃左右时约6~8min即可从15℃降到-18℃。

2）冻品脱水损失少、质量高。根据瑞典对草莓、蘑菇等的实验结果，其脱水损耗比传统冷风机冻结间可减少50%。

3）可实现单体快速冻结（IQF）。采用流态冻结技术可使小体积食品如青豌豆、虾仁等实现单体快速冻结。

4）可进行连续生产化，劳动强度低。

流态化冻结主要适用于颗粒状、条片状食品的冻结。

3. 接触式快速冻结

接触式快速冻结方法早在1924年就应用于食品的冻结加工，其原理是将食品置于金属板一侧，而另一侧流动着制冷剂或低温载冷剂，即把金属板直接作为蒸发器，通过金属板传递热量，从而完成食品快速冻结。这种方法特别适用于有规则的食品或糊状食品。对于不规则、较厚、不能挤压或颗粒状食品不宜采用这种方法。

接触式冻结方法的优点有：①传热效率高。传热系数为93.4～139.56W/（m^2·℃），因而冻结时间短，冻结速度快。②由于无须装设风机，可以节省能耗。③设备体积小，占地面积少。④食品干耗小。

制冷温度、载冷剂流速、金属板材质、表面光洁程度及接触程度等是影响冻结效果的主要因素。采用氨做制冷剂，蒸发温度应为－45～－40℃或载冷剂应为－40～－35℃。铝合金板的传热效果比普通钢材好，冻结时间缩短大约30%。食品与金属板间的接触程度越紧密，传热效果也越好；若存在空隙将大大影响冻结速度。经验表明，食品与金属板间增加1mm空隙，食品冻结时间将增加40%。这种方法对于冻结50～110mm厚的食品最有利。

4. 沉浸式和喷淋式快速冻结

沉浸式和喷淋式快速冻结方法即食品与冻结剂或载冷剂直接进行热交换。就冻结质量和冻结速度而言，这种方法是目前最好的方法。

食品完全浸入到冻结剂或载冷剂中的方法称为沉浸式冻结方法。冻结剂或载冷剂直接喷淋在食品上的冻结方法称为喷淋式冻结方法。

二、冻结装置的特点

冻结装置与普通冻结间相比有以下特点：

1）它是食品冷冻加工生产线中的一种设备，不像冻结间那样是冷库的一个组成部分。

2）冻结时间短，生产效率高，干耗少，产品质量好。

3）结构紧凑，在厂区平面布置比较灵活，能有效地利用场地。

4）可以布置在一般厂房内，工人能在常温下操作维修，改善了劳动条件。

5）安装方便。

6）便于实现生产过程的连续化和自动化，节省了劳动力等。

三、不同类型的冻结装置

1. 钢带连续式冻结装置

钢带连续式冻结装置是由不锈钢薄钢带、传动轮（主、从动轮）、调速装置、冷风机、隔热外壳等组成，如图6-16所示。

该冻结装置具有热交换效果好、冻结速度快、半接触、半送风传热的特点。被冻食品放在传送带上，－35℃左右的冷风平行或垂直吹向被冻食品（平行吹风效果更好），实现连续冻结。该冻结装置适用于水产品、调理食品、肉食制品等的单体冻结。冻结时间随冻品的种类、厚度不同而异，一般在8～40min。

为了加快冻结速度，在钢带的底部加设盐水蒸发器，利用低温盐水冷却钢带底面，热交换效果比单独钢带要好，因为食品在钢带上部由冷风对流热交换传递热量，下部由低温盐水冷却钢带，故冻结速度快。但这种形式的结构比较复杂。

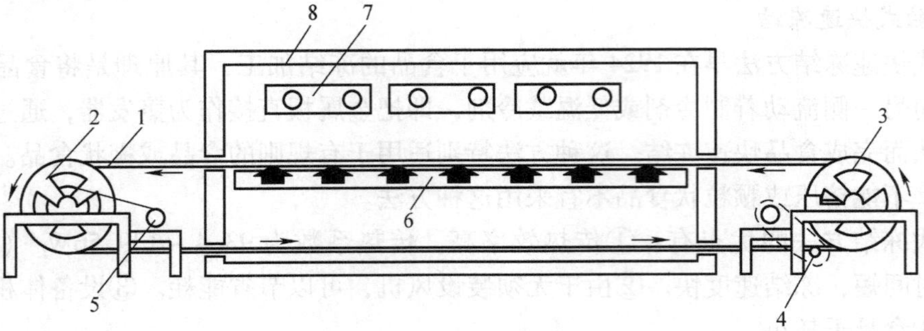

图6-16 钢带连续式冻结装置

1—不锈钢传送带 2—主动轮 3—从动轮 4—钢带清洗器 5—调速装置
6—平板蒸发器 7—冷风机 8—隔热外壳

用户在选用时，首先要知道冻品的堆放量和冻结时间。堆放量可通过实测得出，冻结时间的数据由厂方提供。一般厚度为20mm的鱼片（初温20℃、终温-20℃），冻结时间约为25min。此类冻结装置，其长度一般在20m左右。

2. 螺旋冻结装置

螺旋冻结装置也是一种连续式冻结装置，主要部件由转筒、不锈钢网带、网带清洗器、变频调速装置、冷风机、隔热外壳等组成，如图6-17、图6-18所示。传送带沿圆周方向作螺旋式旋转运动，而不是水平式，避免了水平方向传动占地面积大的缺点。螺旋冻结装置传送带的一侧紧靠在转筒上，靠摩擦力和转筒的传送动力随转筒一齐运动。网带的速度由变频调速装置进行无级调速，冻结时间在20~90min范围内可调，故可适应各种冻品的要求。从食品原料到各种调理食品都可冻结，冻结能力在500~5000kg/h，发展前途很大。

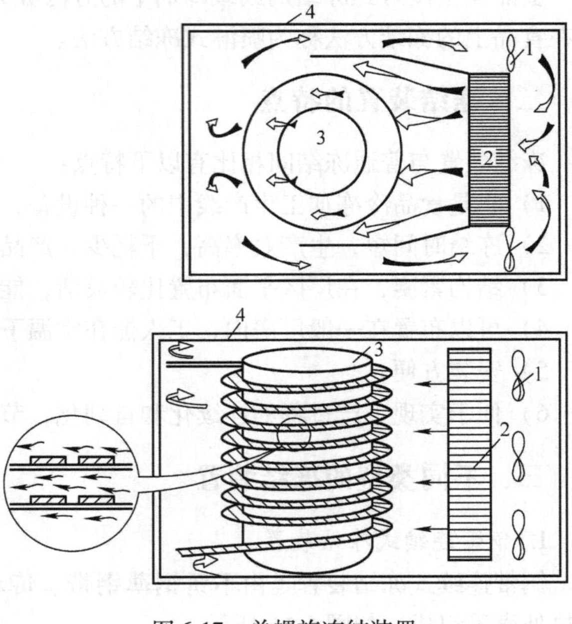

图6-17 单螺旋冻结装置

1—风机 2—翅片管蒸发器 3—螺旋带转盘 4—隔热外壳

图6-17所示为单螺旋冻结装置，冻结装置很高，操作不方便，冻品冻好后落下时容易造成机械损坏，故出现了双螺旋结构，使冻品进、出都处于低位置，操作使用方便。双螺旋冻结装置的传送带示意图如图6-18所示。

3. 流态化冻结装置

流态化冻结装置有多种形式，其中以带式流态化冻结装置使用最广泛。现在都采用两段式结构，即将被冻物料分成两区段进行冻结。第一区段为表层冻结，将被冻物料进行快速冷却，使表层温度很快达到冻结点并冻结，使颗粒间或颗粒与传送网带间成离散状态，彼此互不粘结；第二区段为深度冻结，冻结至热中心温度达到 -18 ~ -15℃。

这种装置的传送带可采用变频调速装置进行无级调速。蒸发器可由铝合金管与铝翅片组成，变片距结构，风机多为轴流式风机，风压较大，一般在 490 Pa（50mmH_2O）以上。图 6-19 所示为加拿大 AERO 公司生产的带式流态 IQF 冻结装置。

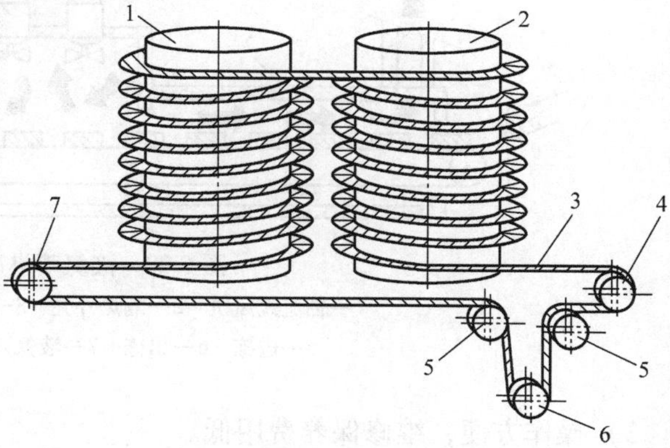

图 6-18 双螺旋冻结装置传送带示意图

1—上升螺旋筒 2—下降螺旋筒 3—传送带 4—出料链轮 5—固定轮 6—张紧轮 7—进料链轮

4. 液氮喷淋冻结装置

液氮喷淋冻结装置是一种高效、快速、低温速冻装置，它由三个区段组成：冷却段、液氮喷淋段和冻结均衡段，如图 6-20 所示。

被冻食品在不锈钢带上与氮气呈逆向流动，在冷却段内进行冷却及表层冻结，然后进入液氮喷淋段，喷出的液氮在 -196℃下蒸发，吸收被冻食品的热量，使食品快速冻结，最后在冻结均衡段内冻结到热中心温度 -18℃。

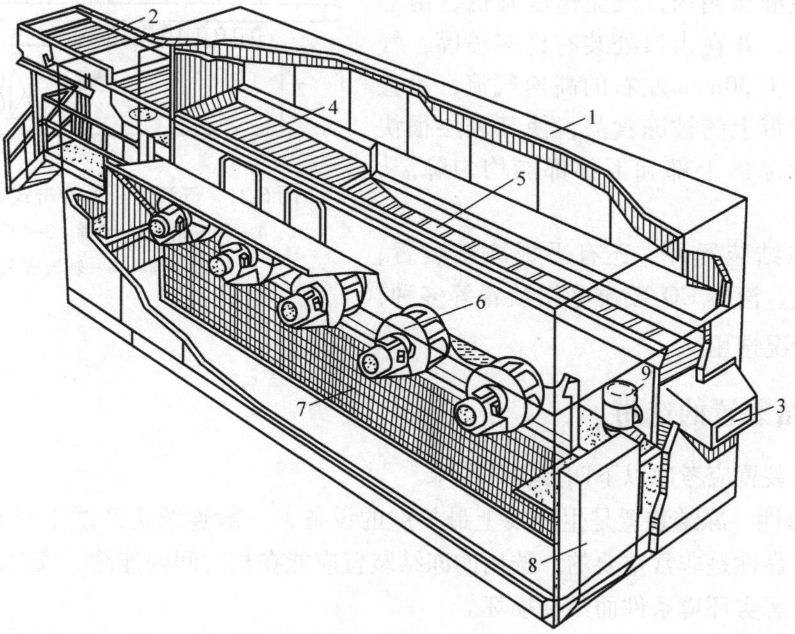

图 6-19 带式流态 IQF 冻结装置

1—隔热外壳 2—振动布料进冻口 3—出冻口 4—表层冻结段 5—深度冻结段 6—离心式风机 7—蒸发器 8—自控及显示器 9—网带传动电动机

该冻结装置的主要特点是：

1）冻结速度快，比平板冻结装置快 5 ~ 6 倍。冻品脱水损失很少，冻品质量高。

2）冻结设备简单，不需制冷压缩机等设备。

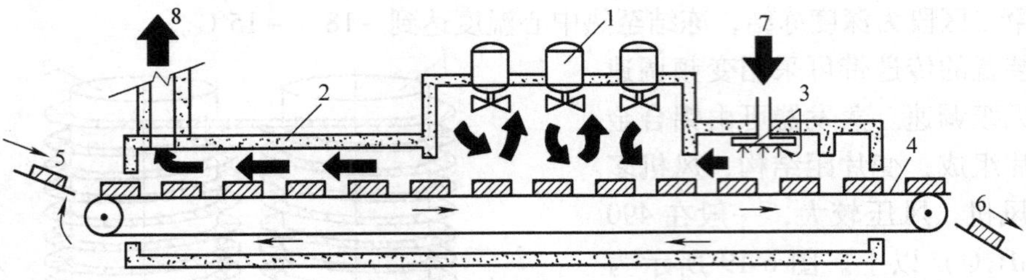

图6-20 液氮喷淋冻结装置

1—轴流式风机 2—隔热外壳 3—液氮喷嘴 4—传送带

5—进冻 6—出冻 7—液氮入口 8—氮气出口

3）操作方便，维修保养费用低。

4）冻结装置功率消耗很少。

5）液氮不能回收，消耗量大（一般每千克冻品的液氮消耗量约为0.9～2.0kg），故其冻结成本比一般空气鼓风冻结装置高几倍。

5. 气流上、下冲击式冻结装置

气流上、下冲击式冻结装置如图6-21所示。由冷风机吹出的高速冷空气分别进入上、下两个静压箱。在静压箱内，气流速度降低，由动压转变为静压，并在出口处装有许多喷嘴，气流经喷嘴后产生30m/s左右的高速气流，垂直吹向不锈钢网带上的被冻食品，使其表层很快冷却。被冻食品的上部和下部都能均匀降温，达到快速冻结。

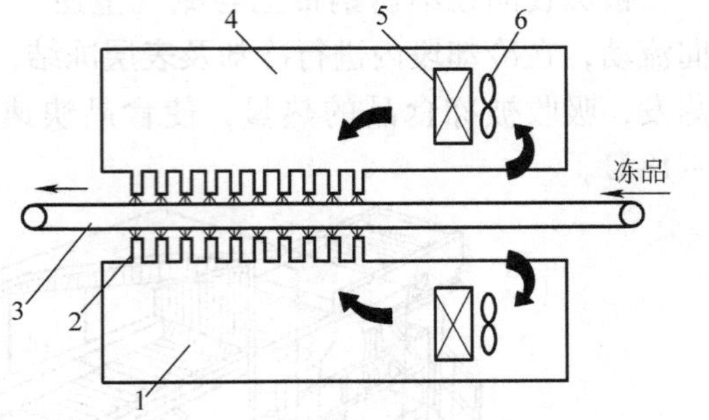

图6-21 气流上、下冲击式冻结装置

1、4—静压箱 2—喷嘴 3—不锈钢网带

5—蒸发器 6—轴流式风机

除上述冻结装置外，还有平板冻结装置、隧道冻结装置、液体CO_2喷淋冻结装置等多种，可根据实际情况选用。

四、冻结装置的选用

选用冻结装置应考虑以下四方面的要求。

（1）可靠性 冻结装置是生产线上最关键的设备，一般连续生产线上只有一套冻结装置，故它的可靠性是非常重要的。选用的冻结装置应能在长时间内连续、安全地工作，材料要能长期经受恶劣环境条件而不会损坏。

（2）卫生要求 冻结装置的清洁、卫生与工作可靠性同样重要。与食品接触的部件要用耐腐蚀、对食品安全的材料制作。要有手动或自动化的清洗系统，这对冻结熟食品或半熟食品尤为重要。

（3）冻品质量 冻品质量与冻结速度关系密切，应按照被冻食品的要求选择快速、中速或慢速冻结设备。

（4）经济性 冻结装置是生产线上投资最大的设备之一，但冻结电耗仅占总费用的3%～5%，包装费用有时比冻结费用大几倍。质量损失的大小也是主要因素，一般与冻结费用相等。对价廉食品影响不明显，但冻结贵重食品时质量损失就很重要。冻结过程中的质量损失由机械损伤与干耗组成，这些与冻结装置的类型有密切关系。主要冻结装置的应用范围与特性见表6-5。

表6-5 主要冻结装置的应用范围与特性

冻结装置名称	应用范围	主要特性
流态化冻结装置	颗粒状、条片状食品、蔬菜、虾仁等单体快速冻结	1. 连续化作业、冻结能力大 2. 冻结速度快，可实现单体速冻 3. 冻品脱水损失小
螺旋式冻结装置	单体食品、易碎食品、调理食品	1. 连续作业、冻结能力大 2. 紧凑，占地面积小 3. 自动化程度高，冻结时间可调（20～150min） 4. 速度快，干耗少 5. 小批量、间歇式生产时能耗大，成本高
钢带连续式冻结装置	鱼片、虾仁、水产品、调理食品、厚度较小的食品	1. 具有导热与对流换热两种热交换方式，速度快 2. 连续化作业，操作方便 3. 占地面积大
平板冻结装置	块或单体冻水产品，鱼片、虾仁等；肉类小包装食品；调理食品	1. 间歇作业 2. 冻结速度快
液氮喷淋式冻结装置	块状、球状肉类、禽类食品；珍贵果蔬类	1. 连续化作业，占地面积小，冻结能力大 2. 冻结速度快，可实现IQF冻结 3. 干耗小（0.6%～1%） 4. 液氮消耗量大，冻结成本高
气流上、下冲击式冻结装置	青豌豆、刀豆、玉米；油炸土豆条；块状肉类；对虾、贝肉、鱼片；较薄食品（25mm以下）	1. 冻结速度快，可进行IQF冻结 2. 干耗少 3. 连续化作业

五、冻结装置选型步骤

1. 确定冻结食品品种及其属性

冻结食品品种确定后应着手对其属性进行分析，其属性包括食品形状定性尺寸、含水率、密度、堆积密度、比热容、热导率、食品焓值、食品潜热、食品单重等。

为了简化计算，一般选择一种食品作为基础计算，如要满足不同食品的冻结，还应考虑到其他条件，如有效冻结面积、调速范围、蒸发器冷却面积、风量、风速、冷负荷等。

2. 确定主要技术参数

主要技术参数一般指原始数据，即冻结装置的冻结能力（kg/h）、温度参数等。对于流态化冻结装置还应确定床层空隙率。

（1）冻结能力（kg/h） 冻结能力又称生产能力，是衡量冻结装置的重要参数。设计前首先应设定其值，以便在以后的设计计算中确定其他参数。

（2）温度参数

1）蒸发温度 t_z：

采用 R717 $t_z \leqslant -45℃$。

采用 R502 $t_z \leqslant -55℃$。

采用 R22 $t_z \leqslant -45℃$。

2）冻结温度：

采用 R717 $t_0 = -35℃ \pm 5℃$（一般取 $-35℃$）。

采用 R502 $t_0 = -45℃ \pm 5℃$（一般取 $-45℃$）。

采用 R22 $t_0 = -35℃ \pm 5℃$（一般取 $-35℃$）。

3）食品初温。食品初温越低越有利于冻结。一般取 5～15℃，最高不高于 15℃。

4）食品终温。被冻结食品终了温度，一般指温度中心点，取 -18℃ 为宜。对于要求较高或较低中心温度的食品应按实际予以确定并考虑经济因素，即较高终温耗能低，较低终温耗能高。

（3）确定装置的结构形式　对于不同食品应该选择不同结构形式。

1）对于颗粒状食品应选择流化床结构；软嫩易冻粘连的食品应采用振动机构、两段式和气流脉动装置等；较硬的食品采用传送带结构；对于像大米饭、肉丁这样的食品应采用打孔不锈钢托盘振动机构，使托盘往复运动，形成均匀冻结。

2）对于块状食品或带包装食品，冻结时间较长的（100min 以上）应选择多层往复式结构或螺旋结构；冻结时间较短的（100min 以下）宜采用宽网结构。

3）调理食品等因其冻结时间短，宜采用宽网结构或小型螺旋、小型往复式等结构。

4）水产品的单体冻结应采用宽网结构或钢带结构。

5）优质高价食品或要求快速冻结的食品采用液氮冻结方式。

6）大块且形状规则的食品采用平板冻结方式。

7）液体或半流体食品采用喷雾冻结结构或平板冻结方式。

（4）设计计算　上述参数和结构形式确定后应进行以下计算：

1）换热计算。

2）冻结时间计算。

3）传送机构有关参数计算。

4）确定装置主体尺寸。

5）有关参数计算（对于流态化冻结）。

6）冷负荷计算。

7）蒸发器冷却面积计算。

8）空气流量、流速计算。

9）空气压力损失计算（对于流态化冻结）。

10）风机选择计算。

11）各项参数修正，确定最终结果。

第四节　冷却物冷藏间

冷藏间冷藏温度的高低直接影响果蔬的贮藏质量与贮藏期。温度过高，呼吸强度高，果蔬容易变质腐烂，不耐贮藏，同时也有利于微生物的生长繁殖，使果蔬发生病害；但温度过低又会使果蔬冻伤。不同的果蔬要求不同的冷藏温度，所以要尽量做到分库冷藏。例如，南方产的柑橘和北方产的苹果耐寒力不同，不能在同一库房内冷藏。

冷藏间的相对湿度对冷藏果蔬也有影响。湿度过小，果蔬的干耗增大；但湿度过大，又容易引起果蔬的腐烂。

因此，贮藏果蔬的冷却物冷藏间既要保持适宜的温度和相对湿度，且其温度和湿度又要保持稳定。对于无冷却间的冷藏库，较高温度的果蔬不经冷却直接入库会引起库温的升高和大幅度的波动，影响果蔬的贮藏质量，因此要求一次的进货量不得超过一定的限定。

一、设计要点

冷却物冷藏间主要用作新鲜水果、蔬菜、鲜蛋等鲜活食品的贮藏。其设计要点是：

1）库内空气分布力求均匀。各个货位上的温度、相对湿度、空气成分和气流速度基本一致。

2）库内空气循环要通畅。由于鲜活食品在贮藏期间仍将继续进行呼吸作用，同时放出呼吸热量，为不使局部冷藏环境条件恶化，要求库内空气呈循环流动状态。

3）设通风换气设施。提供果蔬呼吸所需的新鲜空气，排出食品生化过程产生的有害气体。

4）采用冷风机做冷却设备。冷风机做冷却设备的优点是既可实现库内空气的循环流动，又可避免使用排管时会有霜层融化滴水而不利于货物的贮存。

二、均匀送风道的设计计算

均匀送风道由水平送风主管和喷风口组成，有圆锥形、条缝形风口两种常见形式。无论采用哪种，为使其送风均匀，必须做到通过每个风口的风量相等、风速相同、送风方向垂直于送风道的轴线。为此，要求送风道多截面的静压相等，且静压大，动压小。计算时，均匀送风道内空气流速首段采用 8～12m/s，末段采用 1～2m/s，这样，用逐段降低流速的方法来降低动压，以弥补沿程摩擦阻力消耗的静压，使得整个风道的静压一致。在设计时，可把风道看成是一个各个断面上静压分布基本相等的“静压箱”，使所有出风口截面积之和小于风道进口截面积。下面介绍带圆锥形喷风口的均匀送风道的设计。

（1）风道形式　风道采用矩形截面，使其沿长度方向的高度相等，而宽度渐缩，圆锥形喷风口分布于风道两侧或一侧。

（2）风道尺寸　高度：风道高度可采用 450～500mm；宽度：由风量、流速求出。

（3）喷风口风速　每个喷风口的风速采用 12～19m/s，风量为 400m³/h。

（4）喷风口形式　对无梁楼板，喷风口的轴心与楼板水平面成 17°角，形成贴附射流；有梁时，喷风口成水平布置，如图 6-22 所示。

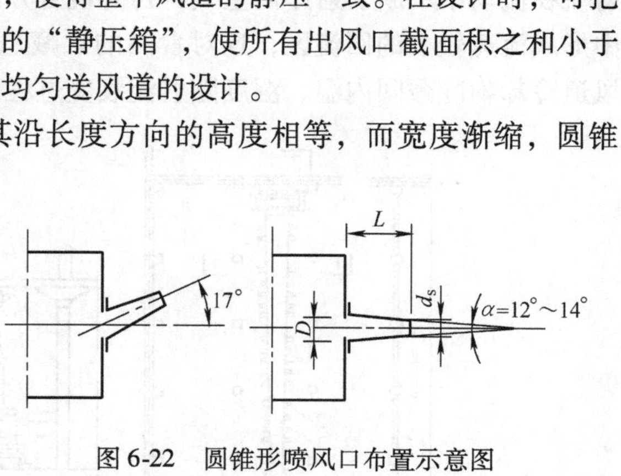

图 6-22　圆锥形喷风口布置示意图

（5）经过喷风口的空气阻力损失

$$\Delta p_c = \frac{w^2 \rho}{2\xi} \tag{6-1}$$

式中　Δp_c——喷风口空气阻力损失，单位为Pa；

w——喷风口空气流速，单位为m/s；

ρ——空气密度，单位为kg/m^3；

ξ——喷风口有效系数，一般为0.95。

（6）水平射程计算

$$Y=\frac{d_s}{A}\left(0.266\frac{w}{w_P}-0.145\right) \tag{6-2}$$

式中　Y——喷口至射流终端水平距离，单位为m；

d_s——喷口直径，单位为m；

A——喷口湍流系数，圆柱形为0.076；

w_P——回流平均风速，单位为m/s。

三、冷却设备的布置

冷却物冷藏间冷却设备主要指冷风机和送风道。

冷藏间应设专用冷风机，不宜多个冷间合用。冷风机宜布置在靠近门的一侧，便于操作管理与维修。

均匀送风道的布置如图6-23所示。可以看出，冷风机布置在冷间一端，距墙留有适当的距离（约300~400mm）。均匀送风道应布置在中央走道的上方，风道离顶不小于50mm。其优点是：① 风道两侧射程相等，便于简化喷风口设计；② 走道上不会堆放货物，所以，即使风道表面有冷凝滴水现象，也不会滴到货物上；③ 可利用中央走道做回风通道，增大库房利用率。当库房宽度小于12m时，风道设在冷间一侧。喷风口应均匀地布置在面向置货区风道的一侧，喷风口间距一般为1m左右，但应注意避开柱帽。这样，从均匀送风道喷风口出来的多股平行贴附射流在离喷口约1.8m处汇合，形成一股厚度渐次增大的扁形射流，贴着楼板，沿货堆上部空间吹至墙面，然后折向货堆，换热后从主通道回流至冷风机。射流在流动中不断引射库内空气，与之混合并迅速进行换热，同时其流速不断下降，在库房中形成流速较小的回流区，这对食品的贮藏是适宜的。图6-24所示是多喷风口矩形均匀送风道冷却物冷藏间内温、湿度随射流衰变过程图。

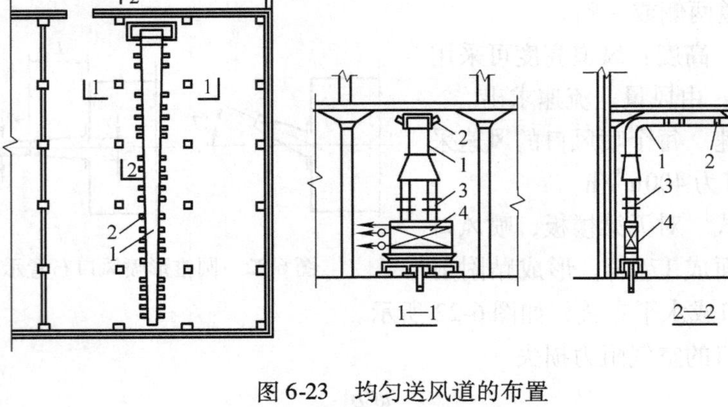

图6-23　均匀送风道的布置

1—风道　2—喷嘴　3—轴流式通风机　4—冷风机

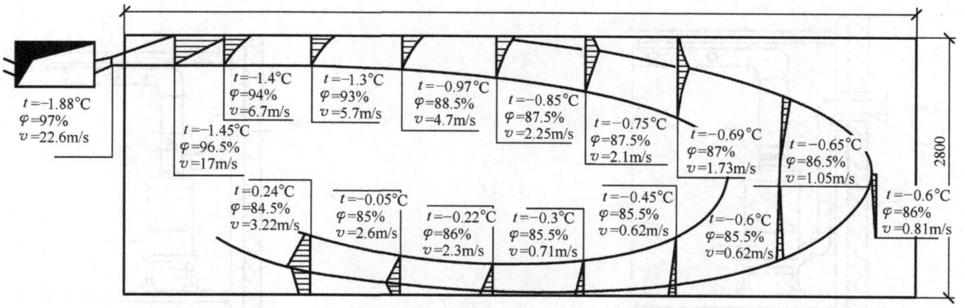

图 6-24　库内温、湿度随射流衰变过程

为使气流顺畅，货堆与地坪之间应顺空气流向垫垫木。货堆距墙、顶均要有 300 ~ 400mm 的间距，货堆也应错缝堆码。

四、通风换气与加湿

1. *冷却物冷藏间通风换气相关要求*

1）冷却物冷藏间宜按所贮货物的品种设置通风换气装置，换气次数每日不宜少于 1 次。

2）面积大于 $150m^2$ 或虽小于 $150m^2$ 但不经常开门及设于地下室、半地下室的冷却物冷藏间，宜采用机械通风换气装置。进入冷间的新鲜空气应先经冷却处理。

3）当冷间外新鲜空气的温度低于冷间内空气温度时，送入冷间的新鲜空气应先经预热处理。

4）新鲜空气的进风口应设置便于操作的保温启闭装置。

5）冷间内废气应直接排至库外，出风口应设于距冷间内地坪 0.5m 处，并应设置便于操作的保温启闭装置。

2. *通风换气设施*

（1）进气设施　向库内送入新鲜空气，可通过冷风机的通风机作为吸进新鲜空气的设备，也可设专用的送新风系统。

1）利用冷风机的通风机进行通风换气的，其新风管与冷风机的连接有两种方式，如图 6-25、图 6-26 所示。前者将新风管接在冷风机蒸发器的进风端，新风经冷却和去湿后再送入库内，这样，可避免库内温度发生较大的波动和产生“雾气”。但应注意，由于风管、阀件的阻力，将使新风较库内空气难以进入冷风机。且蒸发器上新风进入部位结霜较多，除霜时应予以注意。采用该方案时，应合理减少新风管的长度及阀件等，以减少新风阻力。后者是将新风管接在蒸发器之后的轴流式风机的吸入管段上。该方案可以解决由于新风管阻力大而难吸入新鲜空气的问题，但是，新风不经处理直接进入，易使库温产生较大波动，甚至产生雾气或凝结水等。

2）设专用的送新风系统。此方法可以满足不开冷风机时随时进行换新风。换新风时，应选择适宜的时间，不应因换新风而造成库温过高或过低。不可避免时，应采取措施加以解决。如冬季气温很低的地区，应先将室外空气加热后再送入库内等。

（2）排气设施　排气设施较简单，可在送新风后稍开库门，以借助库内、外形成的压差排放污浊空气。也可在库内墙上近地面处设带隔热的排气小门开门放气。

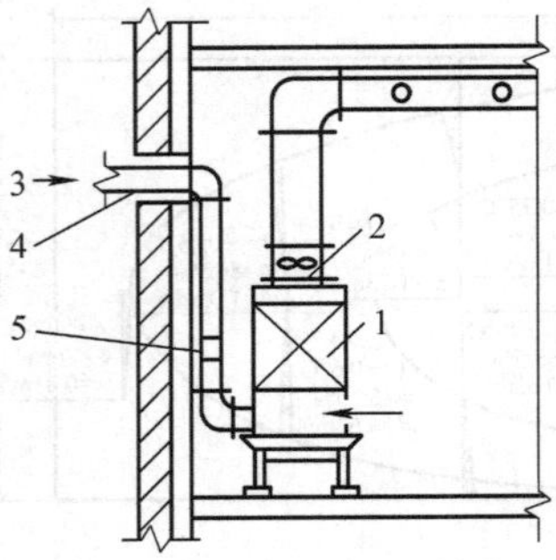

图 6-25 新风管接法之一

1—冷风机 2—轴流式风机 3—新风入口
4—新风管 5—插板阀

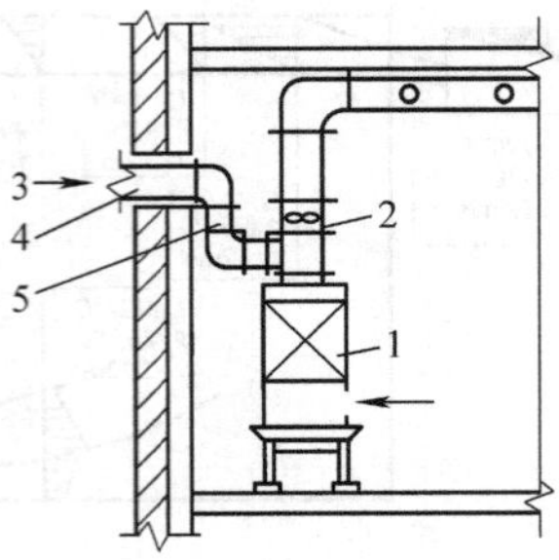

图 6-26 新风管接法之二

1—冷风机 2—轴流式风机 3—新风入口
4—新风管 5—插板阀

新风入口和排风口不宜同侧布置。必须同侧布置时，排风口应在进风口下方。两者垂直距离不小于2m，水平距离不小于4m。

设于冷库常温穿堂内的冷间新风换气管道，在其紧靠冷间壁面的管段的外表面，应用隔热材料进行保温，其保温长度不小于2m；对于设于冷库穿堂内的库房排气管道应将其外表面全部用隔热材料进行保温。

冷间通风换气的排气管道应坡向冷间外，进气管道在冷间内的管段应坡向冷风机。

3. 加湿设施

为减少食品的干耗，保证库内一定的相对湿度，可采用加湿装置对库房加湿，加湿装置有高压水喷雾加湿器、蒸汽加湿系统、超声波加湿器等。

五、其他形式的冷却物冷藏间

冷却物冷藏间内设置冷风机配均匀送风道是目前国内外应用最多的形式。随着冷却设备性能的改进、不同食品冷加工工艺需要的不同、用户对冷却物冷藏间设计要求等因素，国内冷库建设中也出现了其他形式的冷却物冷藏间。

1. 有冷风机、无送风道式冷却物冷藏间

在冷间内设置吊顶式冷风机或落地式冷风机，不设送风道，冷风机应保证有足够的气流射程，并应在冷间货堆的上部留有足够的气流扩展空间，同时应采取技术措施使冷空气较均匀地布满整个冷间。采用吊顶式冷风机、无送风道式冷却物冷藏间的配置方案已在许多冷库中使用。

2. 顶排管式冷却物冷藏间

新疆有一部分冷库冷却物冷藏间采用顶排管作为冷却设备，库温 -1 ~ 1℃，贮存香梨（香梨用纸箱包装）。该库制冷系统采用自动控制方案。压缩机的开、停受吸气压力的控制，冷风机供液电磁阀受库房温度的控制。顶排管平时结霜，只要设定好温度控制器和压力控制器，保持库温在设定值，就不会出现顶排管化霜、滴水的现象。该类冷库目前使用正常。

河北也有个别冷库冷却物冷藏间采用顶排管作为冷却设备，贮存板栗，板栗用麻袋包装。据用户介绍，较常规使用冷风机的冷却物冷藏间相比减少了食品的干耗。

顶排管式冷却物冷藏间库内空气呈自然循环，对换热是不利的。但其最大的特点恰恰也是库内空气呈自然循环，使得贮存食品的干耗很小。冷却物冷藏间采用顶排管作冷却设备作为特例介绍，是说什么事情都不是绝对的，在气候干燥的新疆（特殊环境）、对于麻袋包装的板栗（特殊食品——呼吸强度较低、稍有滴水不怕），又特别注重减少食品干耗的情况下，是可以尝试的。

第五节 冻结物冷藏间

冻结物冷藏间（简称冻藏间），是用来较长期地贮藏冻结食品的库房。对于冻结食品来说，冷藏温度越低，冻品高质量贮藏期也越长，但要考虑到日常运转费用的经济性。根据T·T·T研究成果，认为-18℃的冻藏温度对大多数冻品来说是最经济的。为了减少冻品在贮藏期间的干耗和冰晶的长大，要求库内相对湿度维持在95%左右，库温波动不大于1℃。

随着市场需求的变化，现行国内一般冻藏间的设计温度为-20～-15℃，水产品冻藏间的设计温度为-25～-18℃。国外已逐渐趋向低温化，达-30～-25℃，贮藏金枪鱼的冷间温度甚至达到-60℃。

冻藏间设计包括的内容有建筑尺寸的确定、冷却设备的设计、冷却设备的布置、冷却设备的固定及管道连接等。

一、建筑尺寸设计

1. 平面面积

根据计算吨位利用式（6-3）可以方便地求出平面面积：

$$A = 1000G/H\eta\rho_s \tag{6-3}$$

式中 A——冷间面积，单位为m^2；

H——冷间净高，单位为m；

ρ_s——食品的计算密度，单位为kg/m^3，见表1-4；

η——冻藏间的容积利用系数。

2. 平面形状

求得平面面积后，可根据需要进行合理分间并确定房间的平面形状，此时需考虑的因素包括以下几点：

从传热的角度考虑，希望围护结构的外表面积小，既节省土建投资，又可减少通过围护结构的热流量。

从有效利用面积考虑，希望房间的利用率大。如冷库走道的布置一般每10m留1条走道，平面形状的确定直接影响着利用率的大小。

例6-1 对净高5m、平面面积为$400m^2$的冷间进行平面形状的确定。

解：该例可有很多方案，我们以其中2个方案进行比较。方案1为长40m、宽10m的矩形，方案2为长20m的正方形。

围护结构的外表面积：方案1的外墙面积为$(40+10)m\times2\times5m=100m\times5m=500m^2$，方案2的外墙面积为$(20+20)m\times2\times5m=80m\times5m=400m^2$（此处外墙高度忽略了地坪、楼板的厚度），方案1比方案2多了25%。

走道布置对有效利用率的影响：方案1把走道布置在冷间的一侧，若走道宽1.5m，则走道占地面积为40m×1.5m=60m^2；方案2可把走道布置在冷间的中间，走道占地面积为20m×1.5m=30m^2。若方案1在短方向布置2条走道，虽走道占地面积与方案2相同，但需要布置2个冷库门（《冷库设计规范》规定，面积不大于1000m^{2}的冷藏间可只设1个冷藏门）。

由上例看出，方案2明显优于方案1。实际设计中，如冷库只有1个冻藏间，其平面形状可设计成正方形或长宽比较小的矩形。如冷库由多个冻藏间组成，从总体布局看，一般是由多个长宽比较小的矩形冻藏间组成。

3. 建筑高度

冷间建筑高度与堆货条件、包装规模、托盘大小、机械化程度等有关。原国内冷库设计中多层冷库多为4.6m左右，单层冷库为不小于5m。近年来，随着机械化程度的提高和堆码方式的变化，冷间建筑高度在逐渐增加，单层冷库的建筑高度达7~8m的已不少见。

据资料介绍，美国冷库主要是单层钢结构，采用固定货架、托盘叉车装卸，平均高度（272座冷库）变化情况为：20世纪50年代为5.7m，70年代为7.2m，90年代为10.8m。现在已有高达15m的单层冷库。

据此，冷间的建筑尺寸长、宽、高度可定。

二、冷风机冻藏间

冻藏间采用冷风机作冷却设备，其优点是：钢材耗量少、投资少；安装方便，可加快施工进度；易于除霜，减轻了劳动强度，简化了操作管理；容易实现制冷系统自动控制。

冷风机冻藏间应根据库房建筑尺寸和用途，贮存食品的种类和温、湿度条件，冷风机的性能，采用不带风道和带风道（均匀送风道）的空气分配系统。

冷风机无风道的空气分配系统应用于装有分区作用的吊顶式或落地式冷风机的冻藏间，保证有足够的气流射程，并在货物上方留有0.6~1m的气流扩散空间。无风道冻藏间中，其吊顶式冷风机应设导流板，落地式冷风机应设喷嘴，以利于库房分区间空气分配。

冻藏间内的气流组织，要求库内各处空气流速要均匀，货间平均风速不宜大于0.25m/s。库房的墙面、顶要平整。在冷风机出口可设置均匀送风道或送风管，冷风机送出的冷空气沿冻藏间平顶贴附射流到对墙，引射混合后形成了一个很大的回流漩涡，货物应处于循环冷空气的回流区，如图6-27所示。

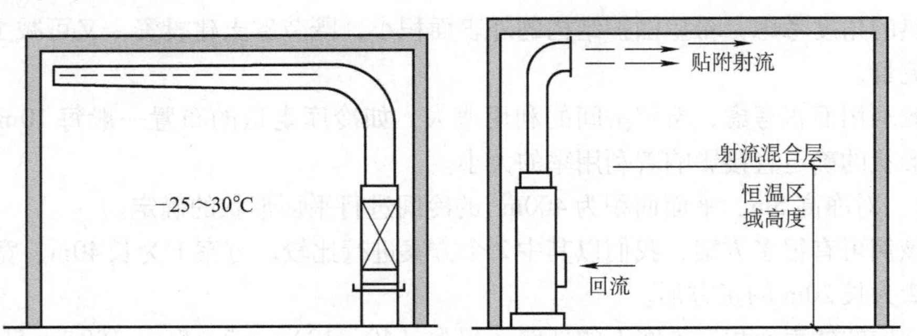

图6-27 冻结物冷藏间气流组织形式

a）采用均匀送风道 b）采用送风管

冷风机冻藏间适于贮藏包装完好的冻品。为了减少无包装冻品的干耗，可以采用镀冰衣、盖冰帘等措施。对无包装冻品的冻藏间，应将制冷剂蒸发温度与冷风机进出空气平均温度的温差控制在6～8℃以内，冷风机进出风温差控制在2～4℃以内，以尽量减少冻品在冷藏过程中的干耗。

三、光滑排管冻藏间

冻藏间采用光滑排管作为冷却设备，其特点是：排管制作简便，耗电少，冻品在贮藏期间的干耗小。金属耗量大，制冷剂充注量大，排管制作期长，在高位单层库内安装有一定难度，且库温不易均匀。

1. 排管形式的选择

排管的构造、性能详见《制冷机器与设备》。在确定排管形式时，除了要考虑其传热性能外，还要考虑便于安装制作和除霜操作。对于液泵供液和重力供液系统，采用集管式排管比较合理，因为这种排管每组通路数较多，管内流动阻力小。而盘管式排管由于其通路少，管内流速大，适用于直接膨胀供液和液泵供液系统。

2. 排管的设计

排管设计顺序为：确定排管的形式，根据该冷间冷却设备负荷计算所需排管的冷却面积，将计算所得冷却面积折算为管子的长度（氨系统以*D*38mm无缝钢管为多），再依据冷间尺寸、位置等将管长分组，最后确定1组排管的根数、管间距、组宽、组长，得到具体的排管。

为便于排管制作、安装及排管的阻力相同，应尽量使排管的形式、组长、组宽、根数、弯头尺寸、管子间距等一致。

3. 排管的布置

1）根据热流进入库房的方位和热量的多少来布置排管。开门的侵入热流冲向正对库门的上方，此处应布置顶排管；单层库及多层库的顶层，宜将排管铺开布置，以便均匀吸收屋顶传入的热量；多层库的其他各层库房，为了能将融霜水集中于走道上，宜将排管布置于走道上方。

2）墙排管应布置在外墙的一侧，外墙布置不下时也可布置于内墙上。墙排管位置要高些，最好在墙面2/3高度以上，这样既可避免倒垛对排管的冲击及运输机械的碰撞而发生事故，又可强化库内空气的自然对流。

3）排管的安装尺寸。冷间内排管与顶板或梁底的净距离不宜大于250mm，与墙面的净距离不应小于150mm。

4. 排管的连接

一个冷间设置多组排管时，应考虑供液的均匀性。

1）多组顶（或墙）排管采用并联连接时，应采用同程连接方式，即先进后出，以免出现液体走短路使部分排管供液不足的现象。同程连接示意图如图6-28所示。

2）多组蛇形墙排管连接时，液泵供液可采用串联连接，俗称“一条龙”供液，如图6-29所示。也可采用同程连接。重力供液宜采用并联连接，采用串联连接时，应注意通路长度问题。

3）同一冷间设有顶排管和墙排管时，为了保证均匀供液，顶、墙排管应分别供液；当库房较小时（库房面积为200～450m²），可分别供液、合用回气管；对于较小的冷库，也可用一根管供液、一根管回气，但必须注意满足供液均匀的要求。

5. 排管固定

排管制作时，一般用 ϕ8mmU 形管卡把管子固定在角钢上，然后依靠预埋在屋顶及墙面的预埋件加以连接，如图6-30所示。库内不宜采用预埋钢板然后焊接支架的做法，以免焊接时产生的高温对接触部位的混凝土产生影响，导致其强度降低甚至酥脆，成为工程的隐患。一般采用预埋螺栓，吊点的预埋螺栓直径不小于 ϕ16mm。吊点的间距要适当，光滑顶排管吊点间距见表6-6。

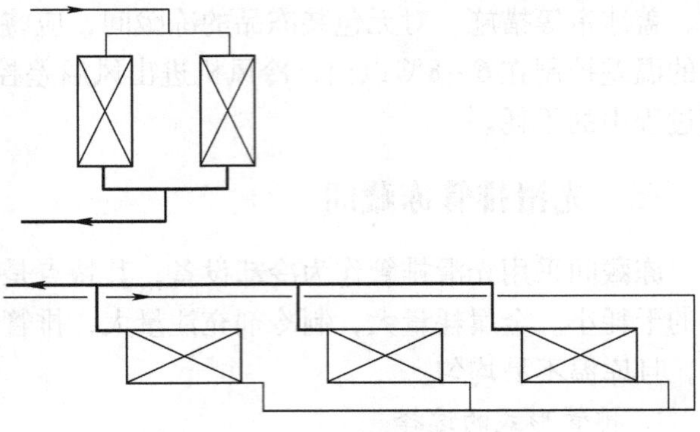

图6-28 排管的同程连接

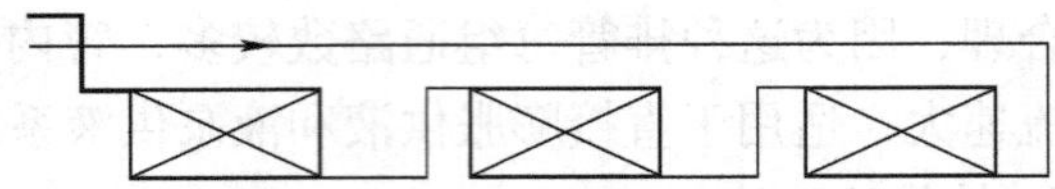

图6-29 排管的串联连接

预埋件及预埋点应尽量设计成简单而有规律，以便检查校正和便于施工。预埋件的定位尺寸由制冷工艺专业提出二次条件，然后由土建专业设计预埋件布置施工图。

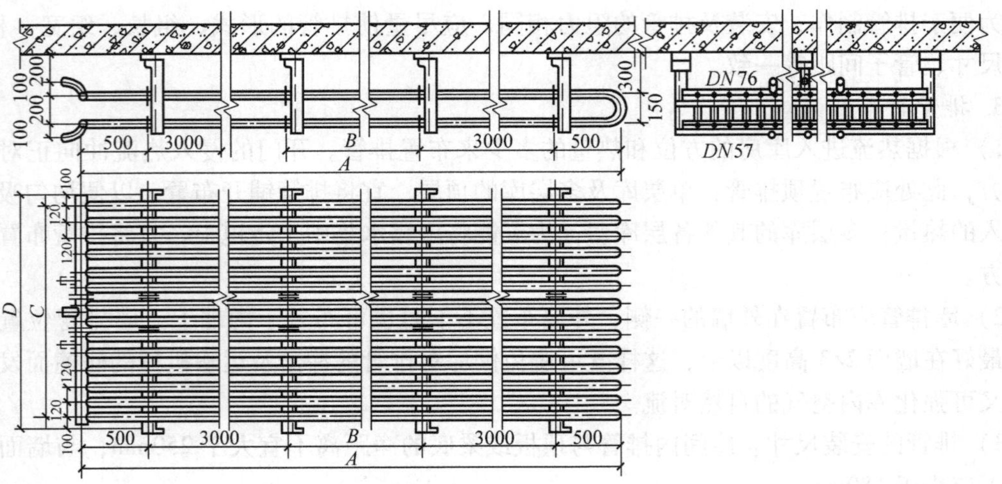

图6-30 U形光滑顶排管的固定

表6-6 光滑顶排管吊点间距

规格/mm×mm	最大允许吊距/m	正常吊距/m	q/(kg/m)
ϕ32×2.2	3.85	3.10	2.4
ϕ38×2.2	4.35	3.50	3.1
ϕ57×3.5	5.80	4.60	6.7

注：正常间距应为最大间距的0.8倍；q包括1cm厚霜层及100%充氨量。

四、铝排管冻藏间

冻藏间采用铝排管作为冷却设备。与光滑排管冻藏间相比可大大减少金属耗量和制冷剂充注量，铝排管还可在工厂加工成组且运输方便、吊装简单，缩短了安装周期。

如第二章第二节所述，铝排管是一种新型冷却设备，目前在氟利昂冷库、氨冷库中都有应用。铝排管作为冷却设备在冻藏间的作用与光滑排管是一样的，下面以氟系统为例，仅就铝排管形式、安装使用注意事项做简要介绍。

1. 铝排管形式

1）蛇形排管。蛇形排管是铝排管最常见的形式，在氟利昂直接膨胀供液系统中几乎全部采用蛇形排管。铝排管可以在厂家将多根翼片管焊接成组（定型产品），再集中运往工地现场直接吊装；也可以单管出厂，用户在现场自行将单管、弯头组装焊接成组。蛇形铝排管如图6-31所示。

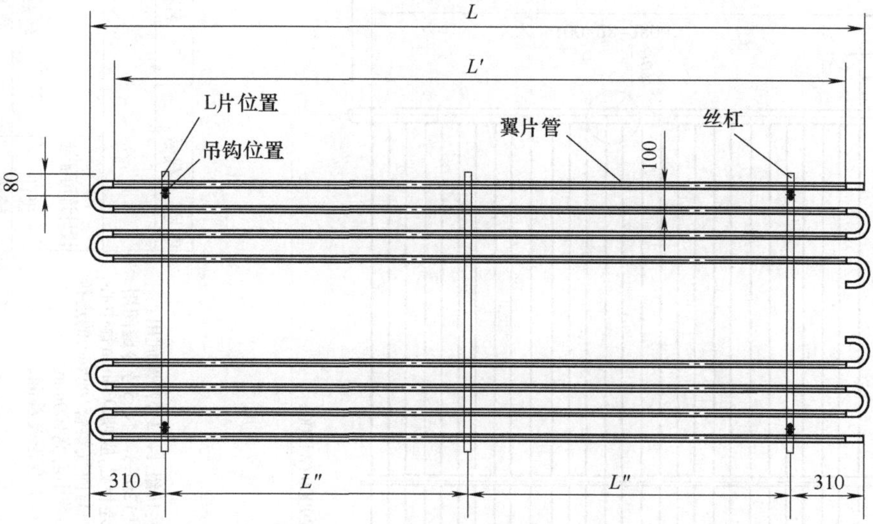

L /m	L' /m	L'' /m	丝杠数量 /根	L片数量 /套	吊钩数量 /套
4.2	4	1.79	6	4	4

图6-31 蛇形铝排管

2）集管式排管。集管式排管可用于氟泵供液系统。集管式排管没有定型产品，一般需根据施工图现场制作。图6-32为某冷库冻藏间用铝排管制作安装图。

2. 铝排管的连接

1）通路长度。由于常用铝排管的管径较小，所以其通路长度不宜过大。某厂管径为$D21$mm的铝排管每个回路制冷量约为1.5～2.0kW，即通路长度限定为45～60m。$D25$mm的铝排管每个回路制冷量约为2.0～3.0kW，相当于通路长度为60～90m。

2）铝排管的连接。铝排管在冻藏间都布置成顶排管，几组顶排管之间主要采用并联连接。为了供液均匀，设计中可采用分液器和集液器，分液器安装时莲蓬头垂直向上，保持制冷剂液面水平，以利分液均匀。

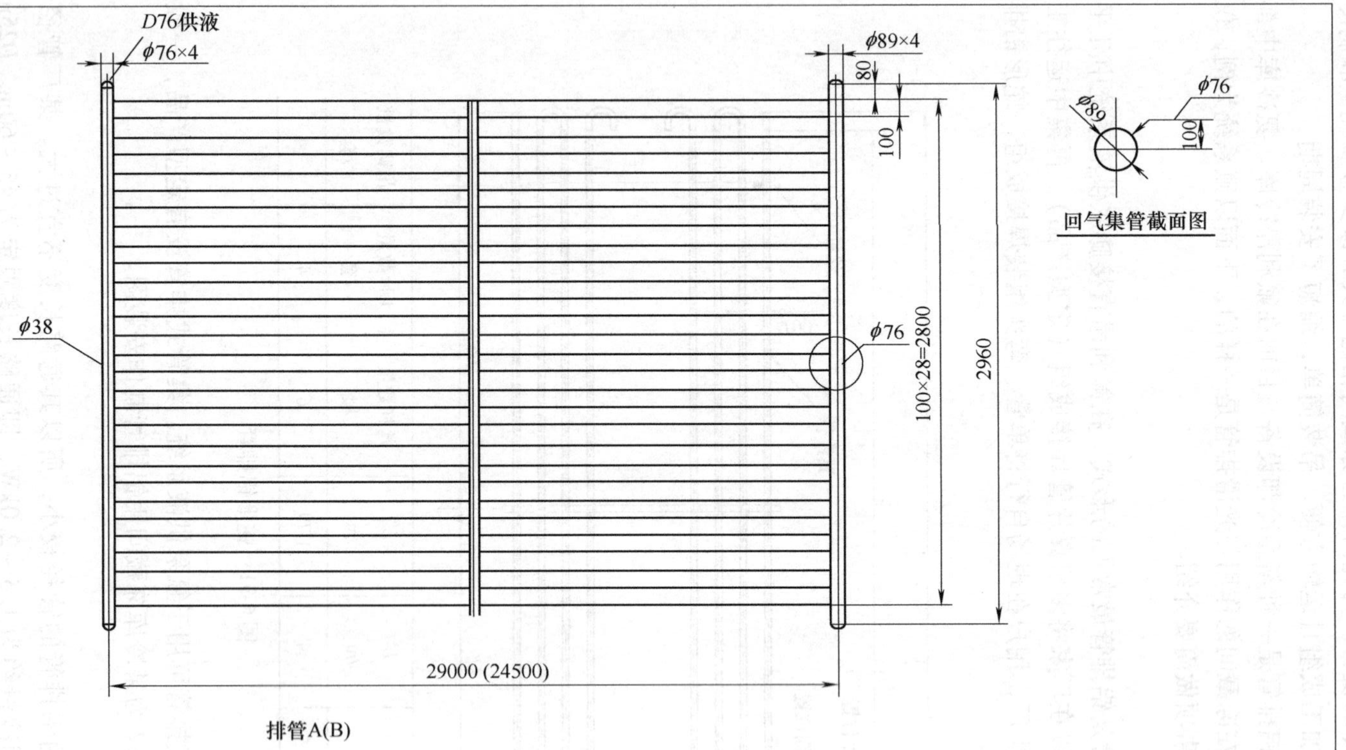

说明:

1、排管A每组由29根φ25mm铝排管组成,共10组,1、2号冷藏间用。
2、排管B每组由29根φ25mm铝排管组成,共12组,3、4、5号冷藏间用。
3、排管供液管D38mm与供液集管D76mm连接处,应使D38mm管中心比D76mm管中心低5mm;回气管D76mm与回气集管D89mm的连接参见大样图,使D76mm管中心比D89mm管中心高100mm。
4、排管应吹除干净,试压:气压1.7MPa,不得有变形及渗漏。

序号	代号	名称		数量	附注
			工程名称	****食品有限公司冷库	
设计许可证号			图样名称	吊顶铝排管制作安装图	
设计		技术负责人		图号	
校核		总工程师		比例	
审核		日期	2013-07-22	设计编号	

图6-32 铝排管制作安装图

3. 铝排管的吊装

铝排管的重量是无缝钢管的1/6左右，所以比光滑顶排管吊装简单，多采用吊钩吊于库顶，铝排管与库顶板间留100mm的间距。吊装件包括吊钩、L片、吊卡。吊钩有150mm、250mm、350mm三种长度，吊装时穿钢梁或穿库板使用；L片用于吊在丝杠的两端，紧固牢固；吊卡用于库内部有槽钢或钢梁的时候，可免去在钢梁上打孔。

对于冻藏间冷却设备的选择问题（冷风机还是排管），国内20世纪70~80年代建的冷库冻藏间主要使用排管做冷却设备，而美国公用冷库中普遍采用冷风机，这种现象与两国冻藏食品的包装情况不无关系。近年来，随着外贸食品的增加和对食品包装重要性认识的提高，国内冷库冻藏间采用冷风机的现象日益增多。2001年、2010年两次颁布的《冷库设计规范》中都规定："冻结物冷藏间的冷却设备，宜选用空气冷却器（冷风机）。当食品无良好的包装时，可采用顶排管、墙排管"，强调了对冷风机的选用。在实际设计中应结合具体情况综合分析决定。如排管冻藏间，尤其是铝排管冻藏间采用小温差、大冷却面积的措施可以大大降低贮藏食品的干耗，仍受到很多用户的青睐。

第六节 气调冷库

一、气调冷库的相关知识

采用人工调控气体成分和温、湿度的保鲜货物的建（构）筑物称为气调冷库。

1. 气调贮藏的原理

气调贮藏是指在通过技术措施形成的特定气体环境中贮存食品的一种冷藏方法，目前主要用于果蔬的保鲜。

果蔬的贮藏是活体贮藏，果蔬采摘后进行的各种生理活动，只能消耗自身的营养物质，从而引起果蔬品质、质量和形状的变化，使其逐渐由成熟走向后熟和衰老。造成这些变化的主要因素是果蔬的呼吸作用、蒸发作用和微生物作用。

低温贮藏可以减弱果蔬的呼吸作用，减少水分的蒸发，抑制微生物的生长繁殖，有利于果蔬的贮藏保鲜。但若辅以贮藏环境中气体环境的调节，则会有更好的效果。气调贮藏就是在低温贮藏的基础上，调节贮藏环境中氧、二氧化碳及一些特殊气体（如乙烯、一氧化碳）的含量，以达到更好地贮藏果蔬的目的。如降低贮藏环境中氧的含量，可以有效地抑制果蔬的呼吸作用和微生物的生长繁殖，也间接影响蒸发，并且可以延缓叶绿素的分解，对水果还有保硬效果。适当高的CO_2含量可以减缓呼吸作用，同时可使水果的内源乙烯合成速度减缓。乙烯是一种果蔬催熟剂，能激发呼吸强度上升，加快果蔬成熟过程。控制或减少乙烯含量，对推迟果蔬后熟是有利的。

果蔬的气调贮藏是目前果蔬贮藏最先进的方法之一，具有保鲜效果好、贮藏损失小、无污染等特点。

2. 气调冷库的特点

气调冷库是在普通冷却物冷藏间的基础上发展起来的，既具有冷却物冷藏间的低温功能，又具有调节气体成分的功能。与普通冷却物冷藏间相比较，具有如下特点：

（1）气密性　气调冷库要求在果蔬贮藏期间始终维持特定的环境（气体成分），所以气调库房必须具有较严格的气密性，以此作为调控库内气体成分的先决条件。

（2）安全性 气调冷库是一种密闭式冷库，随着库内、外温度的变化，库内、外两侧就会产生压差。若不把压差及时消除或控制在一定的范围内，将对库体产生危害。设计时必须考虑这种情况。

（3）单层建筑 气调冷库一般采用单层建筑。果蔬在库内运输、堆码、贮藏时，地面要承受很大的荷载，若采用多层建筑，一方面气密处理复杂，另一方面在气调冷库的使用运行中易破坏气密层。所以，气调冷库的建造形式多为地面上的单层建筑。

（4）单间容积小 气调贮藏要求果蔬入库速度快，尽快装满、封库和调气，以便果蔬在尽可能短的时间内进入气调贮藏状态，达到良好的贮藏效果。出库时，最好能一次出完或在短期内出完。为满足快进整出的要求，气调库房一间的容积都比较小，一般在150～300t/间。

3. 气调冷库的平面组合

一个完整的气调冷库主要由冷却间、气调间、常温穿堂、技术穿堂、站台、整理间、制冷机房、气调机房、配电室、控制室等组成。

与普通冷库相同，气调冷库也需要根据果蔬冷加工工艺的货流路线，考虑各工序各房间之间的相互关系，做出气调冷库的平面组合。如果蔬的进货工序是从卸货、整理、冷却直到冷藏，平面组合应便于进货工序的进行。同时，平面组合还应考虑到气调间与制冷机房、气调机房之间制冷管道、气调管道、电气控制线路、给水排水管道等的连接。鉴于气调冷库果蔬冷加工工艺比较单一，所以气调冷库平面组合方案比较简单。图6-33所示为气调冷库平面组合方案例，可供设计参考。

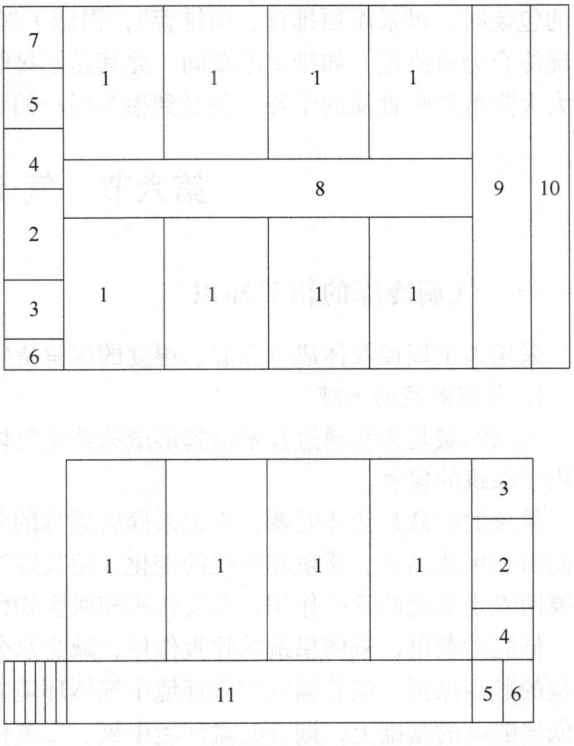

图6-33 气调冷库平面组合方案例

1—气调冷间 2—制冷机房 3—配电间 4—气调机房 5—控制室 6—值班室 7—泵房 8—穿堂 9—整理间 10—站台 11—站台兼整理间

4. 气调冷库的气密性

气调冷库的气密性是气调冷库在建筑要求方面区别于普通冷库的最大特点。气调冷库不仅要求围护结构有良好的隔热性，减少外界热量对库内温度的影响，还要求围护结构具有良好的气密性，以减少或消除外界空气对库内气体成分的影响，保证在果蔬气调贮藏中较长时间地维持所要求的气体成分。

气调冷库围护结构的气密性是依靠气密材料构成的气密层来实现的。气密层是气调冷库特有的建筑结构层，也是气调冷库建筑设计和施工中一个非常重要的环节。

（1）气密材料要求 气密层材料应符合下列要求：

1）应有良好的气密性。

2）耐腐蚀、无异味。

3）机械强度应能满足因温度波动等引起结构基层应变的要求。

4）便于施工，并与基层牢固地粘结。

5）抗老化、抗微生物侵蚀和具有良好的耐候性。

（2）围护结构的气密措施 根据围护结构的结构形式气调冷库分土建结构和装配式结构两种。

1）土建结构气调冷库的气密措施。在传统的土建结构气调冷库中，需采用整体式气密层结构，即连续不断地用气密层覆盖整个围护结构的所有表面。

从气体渗漏的角度来看，墙与屋顶、地面的连接处，建筑物框架的凸起处，立柱等地方均是容易发生泄漏的薄弱环节。因此，在气密层施工之前，应将所有的缝隙、凹坑等地方用水泥砂浆填平抹光，将墙与墙相连接的墙角、墙与地面相连接处的墙角、墙与屋顶相连接处的墙角，都做成半径不小于50mm的圆弧形，并用1∶2.5水泥砂浆抹光，最后清除表面所有污物，待表面干燥。

图6-34所示为土建结构气调冷库围护结构气密处理示意图。由图看出气密层、保温层在围护结构四周形成一个连续、不间断的体系。气密材料可用聚氨酯涂膜，厚度一般为0.8~1.0mm；保温材料采用聚氨酯泡沫塑料现场喷涂。现场喷涂的聚氨酯泡沫塑料不仅保温性能优越、强度高、整体气密性好、粘着力强、施工方便，而且具有无缝连续的构造，在基层上形成闭孔的防水层，同时具有保温和防水两种功能。在气调库中施工时，为达到很好的效果，一般喷涂次数不得小于4次。

图6-34所示的护墙4是一道高1.5~2m的砖墙，用于保护保温层。

2）装配式气调冷库的气密措施。装配式气调冷库宜采用局部贴缝式气密层。

库板与库板交接处的气密处理：由于装配式冷库所用的库板本身具有良好的隔气防潮和隔热功能，所以只要处理好板缝处的密封即可。连接时，在夹芯板的接缝处现场压注发泡填充密实，然后在库内侧的接缝表面涂上密封胶，再平整地贴一层无纺布，如图6-35所示，使库体的围护结构连成一个没有间断的气密隔热整体。

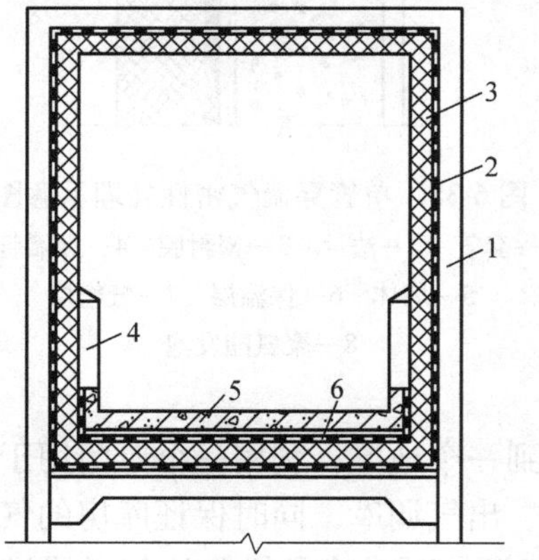

图6-34 土建结构气调库围护结构气密处理示意图

1—主墙体 2—气密层 3—保温层 4—护墙 5—钢筋混凝土地面 6—防水层

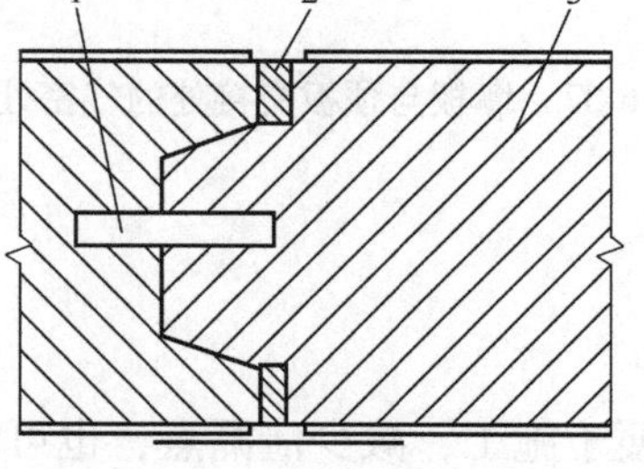

图6-35 嵌入式夹芯板的连接方法

1—嵌入板 2—现场发泡气密材料 3—隔热层

库板与地坪交接处的气密处理：由于装配式气调冷库的地坪承受的荷载较大，不能采用彩钢夹芯库板，须将地坪进行气密处理。图6-36所示为装配式气调库地坪气密处理示意图。

墙板与顶板交接处的气密处理：墙板与顶板拼接时，应留出50mm宽的预留槽，待顶板全部定位后，用聚氨酯现场发泡填充预留的间隙，并在库房内侧的接缝表面涂上密封胶，平整地铺设一层无纺布，再涂上密封胶，如图6-37所示。

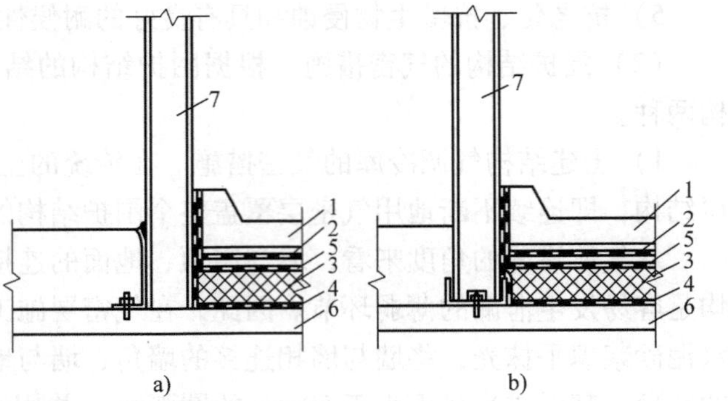

图6-36 装配式气调库地坪气密处理示意图

1—钢筋混凝土地面 2、4—气密层 3—保温层
5—防水层 6—基础地面 7—彩钢夹芯库板

3）穿墙管线的气密措施。根据设计要求，气调库内需要通入各种管线，如制冷、气调、加湿、配电、控制等管线，这些管线引入口处必须进行密封处理，一般在围护结构处通过对带法兰的钢制套管或硬质聚氯乙烯套管进行气密性处理来实现。具体做法是：采用聚氨酯泡沫塑料现场发泡填充密实管套与管线的环形间隙，而后将各种管线通过管套引入库内，再用密封胶填充管套的两端。图6-38为单管穿墙气密性处理示意图。

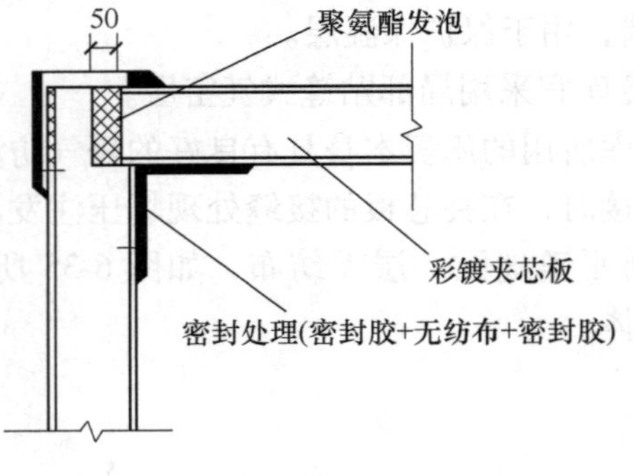

图6-37 墙板与顶板交接处的气密处理

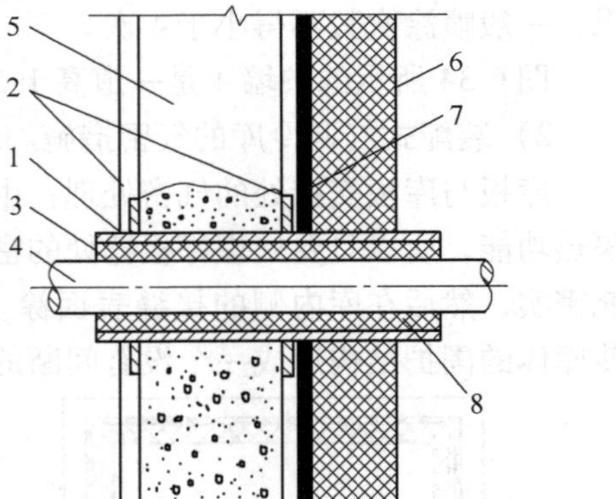

图6-38 单管穿墙气密性处理示意图

1—套管 2—法兰 3—密封胶 4—穿墙管线
5—墙体 6—保温层 7—气密层
8—聚氨酯发泡

为便于施工，减少泄漏点，也可将多根管线集中到一个地方，利用一个专门用于管线连接的、埋入到围护结构内的连接件，实现多根管线进、出气调库，同时保证库房的气密性。

4）围护结构方案选择的影响。一般气调间内不宜设吊顶式冷风机和均匀送风道。这是因为气调间内不宜设置冷却设备、送风道等的支承吊点，支承吊点若固定在围护结构上，设备运转时产生的振动易破坏围护结构的气密层。不加风道的结果，是易导致气调间内的温度场不均匀。常采用的补救措施是：库内屋面采用现浇钢筋混凝土，支承屋面的横梁做成倒梁式，如图6-39所示；另外，气调间的面积应适中，长度不宜定得过长。实践证明，上述措施基本上能满足气调间内温度场的均匀性。

气调间宜采用落地式冷风机，高位安装。可采用两种安装方式。一是利用建筑物本身的结构支承，二是利用支架固定，如图6-40所示。

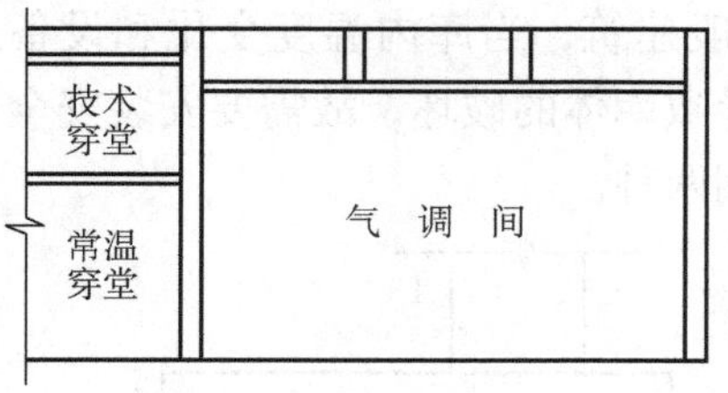

图6-39　围护结构方案示意图

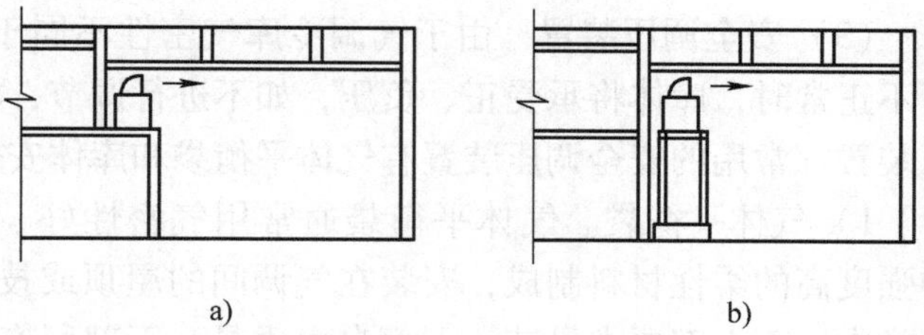

图6-40　冷风机安装方式示意图

(3) 气调冷库的气密标准　库房围护结构的气密性决定着气调冷库的优劣。由于库门、墙孔、沉降、温度变化引起的库内外气压差等原因，使气调冷库很难达到绝对的气密。实际上，绝对的气密又是不必要的。一般情况下，当果蔬呼吸的耗氧量大于库外氧气渗入量时，可以认为围护结构是充分气密的。对于气密性的测试，得到广泛应用的测试方法是正压力测试法，所采用的气密标准是用实验压力变化到1/2时所需的时间来衡量，称为“半压降时间”。不同国家库体的气密性测试标准见表6-7。SBJ 16—2009《气调冷藏库设计规范》中对气调冷库的气密标准做了如下规定：空库检验初始压力为196Pa（20mmH_2O），检验压降时间20min，检验结束压力大于等于78Pa（8mmH_2O）为合格。

表6-7　国外气调库的气密测试要求

国　家	气密测试要求
英国	1）库内限压从200Pa至半压降，时间≥7min。该标准用于O_2含量在2.5%以上的气调库 2）库内限压从200Pa至半压降，时间≥10min。该标准用于O_2含量<2.5%的气调库
美国	1）库内限压从250Pa至半压降，时间≥20min。该标准用于O_2含量在3%以上的气调库 2）库内限压从250Pa至半压降，时间≥30min。该标准用于O_2含量<2%的气调库
意大利	库内限压从300Pa至半压降，时间≥30min
法国	库内限压100Pa，30min后压力≥35Pa为气密性好；30min后压力为10～35Pa为气密性合格；30min后压力<10Pa为气密性不合格

5. 气调冷库的特有设施

(1) 气调库门　一般冷藏门达不到气密要求，必须设专用的气调库门。

1）气调库门门扇应符合下列要求：①应满足隔热保温的要求；②面层材料应满足气密要求，并应连续无缝包封；③门扇周边与门框结合部位应设置保证门闭合时气密的密封条；④门扇关闭时，应设使密封条与门框紧贴的机械装置。

2）气调库门门框应符合下列要求：①门框构造应尽量避免冷桥；②门框与墙体连接部位必须确保气密层的连续性。

为防止运输车进出库时碰撞门扇、门框，破坏气调库的气密性，可在门洞内、外设置防撞柱。

(2) 观察窗　观察窗分为气调库门上的观察窗和气调冷藏间货物上部观察窗两种。

设于气调库门门扇上的观察窗，主要是为观察、取样和进人维修而设定的观察小窗。其尺寸以满足观察、取样和进人维修为准，不宜过大。其气密要求与门扇相同。

设于货物顶部的观察窗，主要用于观察顶部货物表面和设备运行情况，该观察窗通常镶嵌在技术穿堂内的气调间外墙上。

（3）安全调压装置　由于气调冷库气密性不同于一般建筑，当库内温度变化和设备运行不正常时，库体将承受正、负压，如不进行调节，将导致库体的破坏，故需要安装安全调压装置。常用的安全调压装置有气体平衡袋和库体安全阀两种。

1）气体平衡袋。气体平衡袋通常用气密性好、拉伸强度高的柔性材料制成，安装在气调间的屋顶或技术穿堂内。其上部要求吊装，下部自由垂悬，下部留有一管口，用管道与库内相连通。当库内压力稍高于大气压力时，库内部分气体会进入气体平衡袋；反之，气体平衡袋内的气体便自动补入气调间。气体平衡袋把库内压力的变化转换成气体平衡袋内气体体积的变化，以消除或缓解压差对围护结构的作用力。气体平衡袋的容积可按气调间公称容积的1%～2%确定。

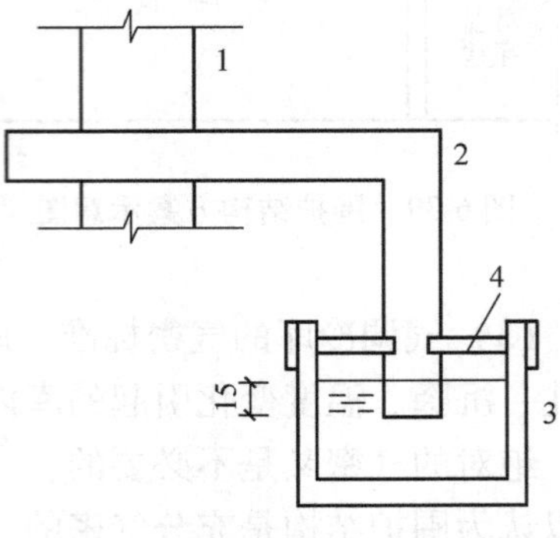

图6-41　水封卸压装置的结构示意图

1—墙体　2—ϕ150mm 塑料管

3—ϕ200mm 塑料帽　4—黄铜木螺钉

2）库体安全阀。库体安全阀可以防止库内产生过大的正压和负压，使建筑结构及其气密性免遭破坏。水封式库体安全阀具有结构简单、工作可靠的特点，广泛应用于保鲜气调库中。图6-41所示为水封卸压装置的结构示意图，一般水封柱高调节在20～25mmH_2O较为合适。

二、气调设备

气调设备主要有制氮设备、CO_2脱除设备和乙烯脱除设备等。

1. 制氮设备

制氮设备在气调设备中利用率最高，以碳分子筛制氮机和中空纤维制氮机使用的较为普遍。

（1）碳分子筛制氮机　碳分子筛制氮机是利用碳分子筛的吸附、分离作用制取氮气。即以碳分子筛作为吸附材料，以空气作为原料，利用变压吸附原理进行氧氮分离，以制取较高纯度的氮气。

碳分子筛制氮机的制氮工艺流程如图6-42所示。其工作过程为：大气或库内气体由空压机1压缩后送往水冷却器2冷却，经过滤器3除水、除油、除尘，再经调压阀4将气体压力降至0.3MPa，通过进气阀组5进入吸附塔6或7进行吸附分离，碳分子筛将氧吸附，富氮气体则经排气阀组8进入缓冲气罐9，再经调压阀10减压后送入气调库。同时，另一吸附塔脱附，由真空泵

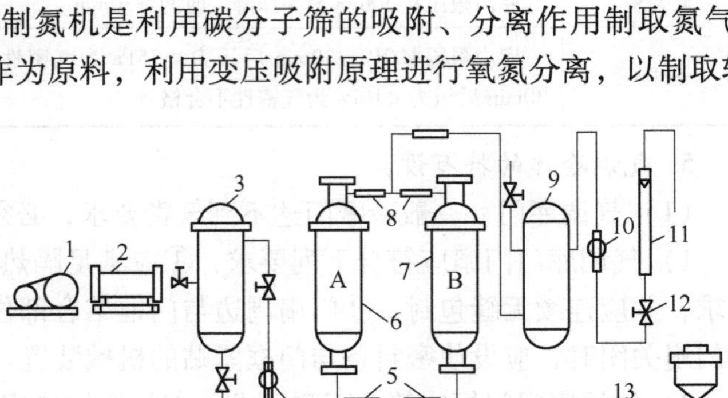

图6-42　碳分子筛制氮机工艺流程图

1—空压机　2—水冷却器　3—过滤器　4、10—调压阀

5—进气阀组　6、7—吸附塔　8—排气阀组　9—缓冲气罐

11—流量计　12—流量控制阀　13—真空泵

13 减压，吸附在碳分子筛上的氧气被脱附下来，然后排放到大气中。如此两塔交替工作，可连续获取富氮气体供给气调库降氧。

碳分子筛制氮机的产气量是以空气为原料气设计的，气调贮藏中只有开始的瞬间原料气含氧量为21%，随着制氮机的运行，原料气含氧量逐渐下降，产品气含氧量也相应降低。为了简化计算，原料气中含氧量按21%的不变值考虑。

设备选型时，所需制氮机的产气量可按下式计算：

$$V_n = \frac{V_q(21\% - \varphi_1 + \varphi_2)}{t} \tag{6-4}$$

式中 V_n——所需制氮机产气量，单位为 m^3/h；

V_q——气调库内实际气体所占体积，单位为 m^3；

21%——初始空气含氧量；

φ_1——终了空气含氧量，常取5%；

φ_2——产品气的含氧量，取5%；

t——开机时间，常取24h。

表6-8 所列为 PSA 碳分子筛制氮机的主要技术性能指标，供选型时参考。

表6-8 PSA 碳分子筛制氮机的主要技术性能指标

型号	产氮量 / (m^3/h)	最大出口压力 /MPa	能耗 / (kW/h)	外形尺寸$\left(\frac{长}{m}\times\frac{宽}{m}\times\frac{高}{m}\right)$
PSA-G-1	1.0	0.75	0.8	1.0×0.8×1.1
PSA-G-5	5.0	0.75	3.5	2.0×1.2×1.2
PSA-G-10	10.0	0.75	7.0	2.2×1.4×1.4
PSA-G-20	20.0	0.75	13.0	2.5×1.7×1.8
PSA-G-50	50.0	0.70	32.0	3.0×2.3×2.5
PSA-G-100	100.0	0.65	50.0	3.5×2.6×2.8
PSA-G-300	300.0	0.60	135.0	6.5×3.5×4.0
PSA-G-500	500.0	0.60	200.0	7.5×4.1×4.9

(2) 中空纤维制氮机 利用气体对膜的渗透系数不同进行气体分离，进而制取氮气。中空纤维制氮机的结构如图6-43 所示，由钢壳和中空纤维管束组成，中空纤维管的管壁即为起分离作用的膜。不同种气体透过膜时，渗透速率有差异。压缩空气从一端进入中空纤维管内，氧气很快从管内透过管壁，富集在管间隙和管与钢壳间隙内，由于两端的管间隙被封死，富氧气体只能从中部的出口排出。而氮气则穿过中空纤维管，由另一端富氮口输出，送回气调库。

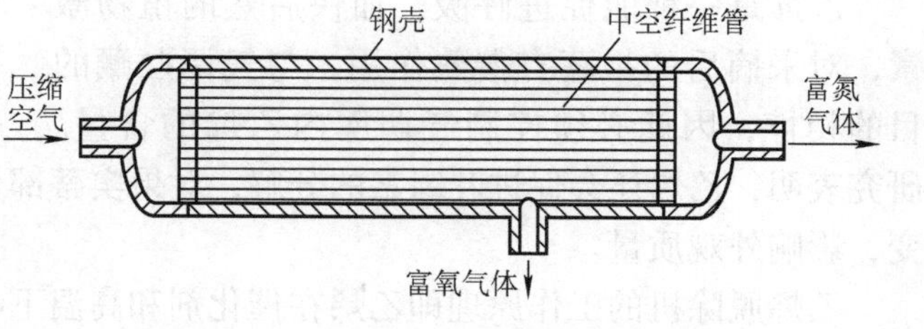

图6-43 中空纤维制氮机的结构

图6-44 为中空纤维制氮机制氮工艺流程图，空压机1将气调库内气体升压送入高效过

滤器2去除油、水、杂质等，再由电加热器3加热，以保证膜良好的渗透系数和分离系数所要求的温度，防止残留水分凝露影响分离效果。压缩干燥空气进入中空纤维膜分离器4，出来的富氮气体经水冷却器5降温，再由恒压阀6减压返回气调库。

《气调冷藏库设计规范》指出：所选降氧设备的能力，首次气调降氧结束时，氧的浓度宜取所贮货物的控制上限值，但不宜低于5%，有特殊低氧要求的品种按需取之；所选降氧设备的平均每天的总能力，应满足气调冷库每天最大进货量所装满气调冷间的总公称体积。

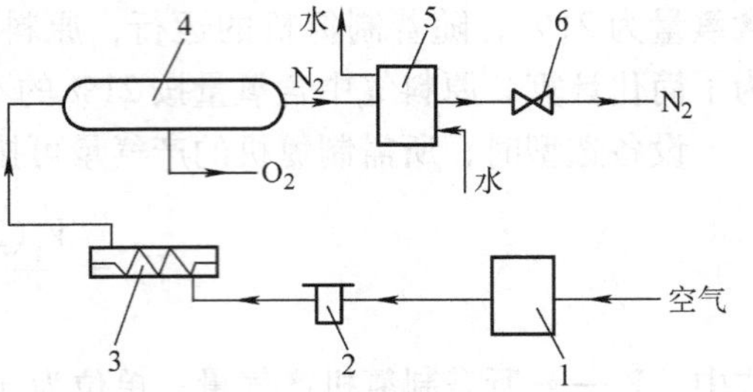

图6-44 中空纤维制氮机制氮工艺流程图
1—空压机 2—高效过滤器 3—电加热器 4—中空纤维膜分离器 5—水冷却器 6—恒压阀

2. 二氧化碳脱除机

适当的二氧化碳浓度有益于果蔬的贮藏，但浓度过高会对果蔬产生伤害。所以，果蔬贮藏需脱除过量的二氧化碳。

利用二氧化碳脱除机脱除二氧化碳是常用方法之一。二氧化碳脱除机一般是利用活性炭作为吸附剂，通过吸附、脱附交替工作完成连续脱除气调库内过量的二氧化碳，其工艺流程如图6-45所示。脱除机运行时，风机8抽出库内二氧化碳含量较高的气体经阀门9、6送入吸附罐B，二氧化碳被活性炭吸附，二氧化碳含量低的气体经阀门3、10返回库内。同时，A罐被风机5经阀门2送入的库外新鲜空气脱附，重新获得了二氧化碳吸附能力。A、B罐交替进行吸附、脱附过程。

二氧化碳脱除设备在设计浓度下的单位时间脱除量，应满足所贮货物的二氧化碳单位时间生成量，并除以设备运行系数（0.75~0.85）再乘以余量系数（1.05~1.10）后的要求。

二氧化碳脱除机的选型可依据相关公式进行，也可按检验数据选型（一般300t以下的气调库，用1台TXF-100A型脱除机）。

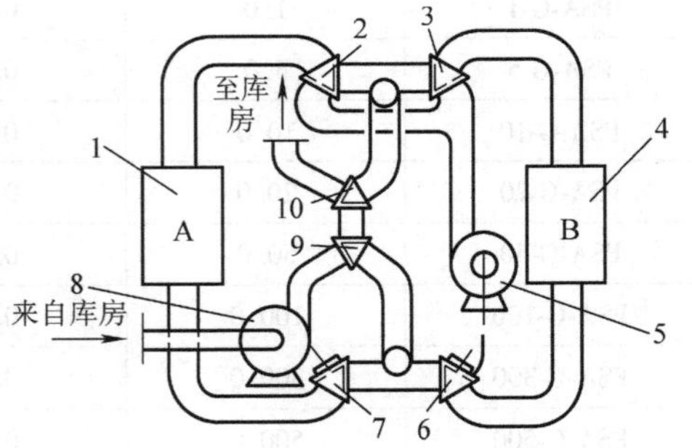

图6-45 二氧化碳脱除机工艺流程图
1、4—活性炭吸附罐A、B 5、8—风机
2、3、6、7、9、10—阀门

3. 乙烯脱除机

乙烯是一种能促进呼吸，加快后熟的植物激素，对采摘后的果蔬有催熟作用，与气调贮藏的目的相悖，因此必须控制气调库内乙烯的含量。研究表明，乙烯还会促进叶绿素的分解，对果实蒂部分有分离促进作用，往往造成蒂落后褐变，影响外观质量。

乙烯脱除机的工作原理即乙烯在催化剂和高温下与氧气反应生成二氧化碳和水。

使用乙烯脱除机，能有效地清除和控制库内的乙烯含量。如在苹果库内，乙烯浓度控制在1~5ppm，柑橘和梨控制在0.1~0.5ppm，猕猴桃则需控制在0.02ppm以下。

乙烯脱除设备根据货物特性要求配置，在设计浓度下的单位时间脱除量，应满足所贮货物的乙烯单位时间生成量，并除以设备运行系数（0.75~0.85）再乘以余量系数（1.05~1.10）后的要求。

三、气调冷库系统组成

除气调库体外，气调冷库系统主要由制冷系统、气调系统和加湿系统等组成。

1. 制冷系统

针对气调冷库的特殊性，其制冷系统在冷负荷计算、机器设备配置等方面与普通冷库相比有下列特殊要求：

1）制冷系统货物热量计算，按货物入库冷却阶段的每天最大进货量确定（货物品种有特殊要求除外）；未经冷却的货物进满一间气调间并降至贮藏温度不宜超过 5 天，经过冷却的不宜超过 2 天。

2）未经冷却的货物直接进入气调间时，冷却设备的选择应按货物入库冷却阶段和气调贮藏阶段分别计算，取其中较大值为选型依据，并考虑气调贮藏阶段应采取小温差换热措施。

3）冷却间的入库冷却阶段结束后，宜转为气调贮藏间使用。冷却设备的选择应按货物入库冷却阶段和气调贮藏阶段分别计算，取冷却阶段为选型依据，并考虑气调贮藏阶段应采取小温差换热措施。

4）库房的冷却设备宜选用直接蒸发或载冷剂间接冷却的冷风机。其传热温差宜按表 6-9 取值。

表 6-9 传热温差取值

冷却方式	入库预冷阶段/℃	气调贮藏阶段/℃
直接蒸发冷却	$\Delta t=5\sim9$	$\Delta t=2\sim4$
间接冷却	$\Delta t_m=5\sim9$	$\Delta t_m=2\sim4$

注：Δt 为冷藏间空气与冷风机制冷剂蒸发温度之差；Δt_m 为冷藏间空气与冷风机载冷剂对数平均温差。

5）用于冷却间或气调冷间的冷风机，选用宜考虑可调节风量的措施。冷风机不宜采用电热除霜。

6）冷风机的布置应满足库内货物处于其气流的回流区内。

7）多间气调冷间的制冷系统宜采用集中供冷方式，使用单台制冷机组独立供冷形式的，宜选用多机头压缩机组或具有多级能量调节。这是因为气调冷间在果蔬入库预冷阶段几天内冷负荷较大，而在正常的气调贮藏阶段冷负荷又相对较小，如果每间都按最大负荷单独配置 1 台制冷机组，则在正常气调贮藏阶段的绝大部分时间内制冷机组处于部分负荷状态运行（约 10% ~30%）。这样，无论从投资、设备利用率和运行效率上都是很不经济的。采用多机头、集中供冷的方案，小负荷时可少开机器，既提高了机器运行效率，几台机器之间又可互为备用，提高了运行的可靠性。

8）对于采用氟制冷系统的冷风机，其回气管负荷要考虑到大、小负荷变化时回油的问题，通常可用双上升回气立管。

2. 气调系统

（1）气调系统的概念　气调系统是为实现气调冷库内气体成分调节所配置的降氧、二氧化碳脱除和乙烯脱除系统的统称。

（2）气调系统的组成　气调系统是由气调设备（制氮机、二氧化碳脱除机、乙烯脱除机等）、检测仪器、控制系统、供回气管、取样管、阀件等组成。从功能的角度分析，气调系统又是由气体循环系统和气体分析系统组成。气体循环系统包括气调设备、供气管道及阀门、回气管道及阀门等。气体分析系统包括取样管道及阀门、气泵、气体分析仪、回气管道及阀门等。

(3) 气调系统工艺流程　图6-46所示为气调系统方案例一，其工艺流程为：气调设备处理的气体通过供气调节站送往各个气调间，回气经回气管、回气调节站返回气调设备。取样分析时，在气泵的作用下，取样的气体通过取样调节站、取样管、气泵进入气体分析仪，再经回气管、取样调节站返回取样房间。该方案各气调间供气、回气有单独的回路，适于各气调间贮藏不同品种果蔬的气调库。

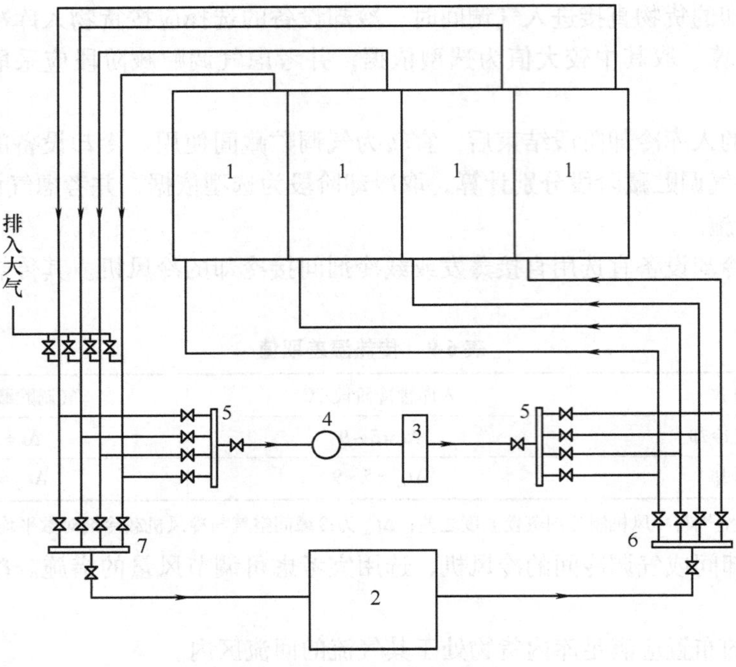

图6-46　气调系统方案例一

1—气调冷间　2—气调设备　3—气体分析仪　4—气泵

5—取样调节站　6—供气调节站　7—回气调节站

图6-47所示为气调系统方案例二。可以看出，该方案各气调间共用回气总管，适于各气调间贮藏相同品种果蔬的气调库。

若采用气体成分自动分析仪，需把取样调节站相关阀门换成电磁阀，如图6-47所示。

(4) 气调系统管道设计、安装注意事项

1) 气调系统的水平管道坡向气调冷间，坡度不小于0.5%。

2) 制氮机的富氧排出管、二氧化碳排出管应引至室外安全地带。

3) 二氧化碳和乙烯脱除设备的进、出气连接管，应从分配站集管或系统总管上部连接。二氧化碳脱除设备的空气入口应朝下，并处于无空气污染的环境。

4) 采用闭式循环系统时，供、回气管各自总阻力不宜大于5kPa。

5) 气调系统管道（空压机至制氮机除外）、手动阀、电磁阀及连接法兰，宜采用相同、防腐、无毒材质。供、回气管道一般采用硬质聚氯乙烯塑料管；取样管可采用直径为8~10mm的铜管或聚氯乙烯管。

6）各气调冷间气体采样管应伸到货间，并装有过滤器。库外管不宜过长，若经室外应有保冷措施。

7）管道连接。直线段采用加热法套接，套接深度应在80mm以上；其余管段可采用涂抹黏结剂后进行承插或焊接。

8）单间空库降氧时间设计值宜取72~96h。有特殊要求时按要求取值。

3. 加湿系统

加湿系统是为满足冷间内相对湿度的要求由加湿设备所建立的系统。与普通果蔬冷库比较，气调贮藏果蔬的贮藏期较长，果蔬的水分流失较多。为了减少果蔬的干耗和保持果蔬的鲜脆，气调间内的相对湿度要求较高，一般为90%~95%。随着气调间冷风机运行时的去湿，气调设备运行时造成的水分流失、果蔬水分蒸发等，将会使气调间的相对湿度降低。因此，需不断地对气调间进行加湿。

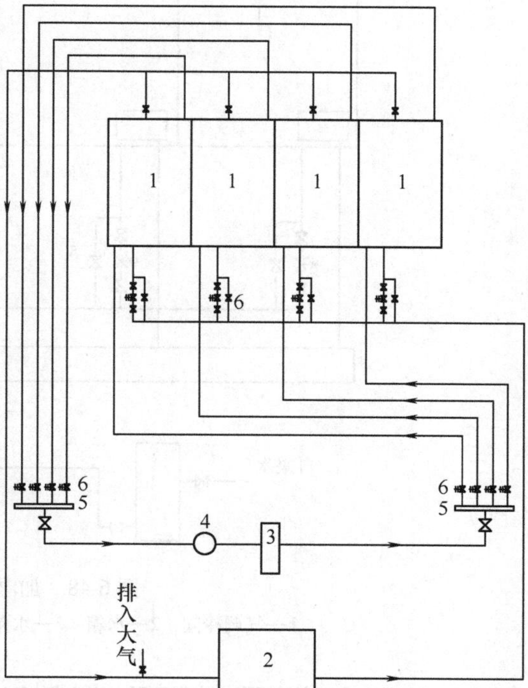

图6-47 气调系统方案例二

1—气调冷间 2—气调设备 3—气体分析仪 4—气泵 5—取样调节站 6—电磁阀

气调间的加湿方法有加湿器加湿、地面充水加湿、冷风机集水盘充水加湿等，常规设计中多用加湿器加湿。

采用专用加湿器，不得将加湿器喷雾方向朝向（或直接扩散到）冷风机吸风面。应将加湿器安装在冷风机出风口处，对冷风机的出风进行加湿，借助空气的流动将雾化水汽送到库内各个角落，形成一个较为均匀的湿度场。图6-48为加湿器加湿系统图，在水泵的作用下，水箱中的水被送往加湿器对气调间加湿。消耗掉的水由自来水经过电子水处理仪处理后送进水箱作为补充。

气调冷间加湿设备宜采用超声波加湿器，同时应满足相应的给水水质要求。加湿器的给水应具备持续给水条件。气调冷间给、排水电磁阀宜分散就近布置。

加湿器溢流管、排水管应接至本间冷风机水盘或冷风机除霜排水管的水封之前，其坡度不得小于1%，坡向排水点。

四、气调冷库实例

1. 概况

某果蔬气调冷库总容量为800t/次（按苹果计），单层地面建筑，装配式冷库结构。库体为150mm厚阻燃聚苯乙烯夹芯板，地坪为XPS硬质聚苯乙烯板150mm隔热。库内净高4.5m，气调设备全部引进意大利某公司的主要产品和技术。

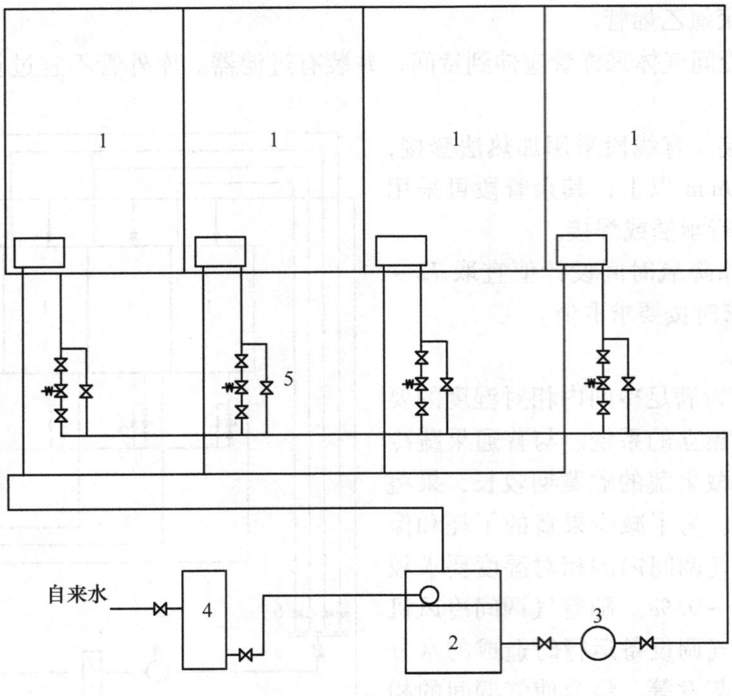

图6-48　加湿器加湿系统图

1—气调冷间　2—水箱　3—水泵　4—电子水处理仪　5—控制阀

图6-49为气调冷库平、剖面图，气调冷库由8个气调间、一个恒温穿堂和机房、气调机房、仪表房及封闭式站台等组成。气调设备设在气调机房，计算机控制设备置于仪表房内。气调冷库设计温度为0～4℃，恒温穿堂及站台设计温度为5～7℃。

2. 制冷系统主要设备

（1）制冷压缩机组

1）每间气调间配有3DF—1200（RG）半封闭式制冷机组1台（水冷式），当t_z = -9.4℃、t_l = 37.8℃时制冷量为25.7kW，电动机功率9kW。

2）恒温穿堂、封闭站台各配有风冷半封闭式制冷机组一台，型号分别为3DB-1000（RG）和2DD—0500（RG）。

制冷压缩机组设置在穿堂上面的机房内，机组与气调间内冷风机之间的距离很短，便于操作，又可减少阻力，提高制冷效果。

（2）冷却塔　选用30m^3/h圆形冷却塔两台，4台机组配一台，在冷却塔出水管上设管道泵，功率为4kW。

（3）供液及融霜　冷间采用分散式供冷，每间配一台R22制冷压缩机组，直接膨胀供液。冷风机采用电热融霜，电热棒功率为1～1.5kW，380V。下水管内也设有电热棒，融霜时同步接通电源。

（4）自控方式　配有WKXS制冷计算机控制装置，对每一气调间的制冷压缩机组、冷风机、融霜电热器、冷却塔、水泵等组成的回路实行计算机全自动控制。

配有XH—101型多点温度巡检仪，对相关温度采用计算机和通信技术相结合，实现温

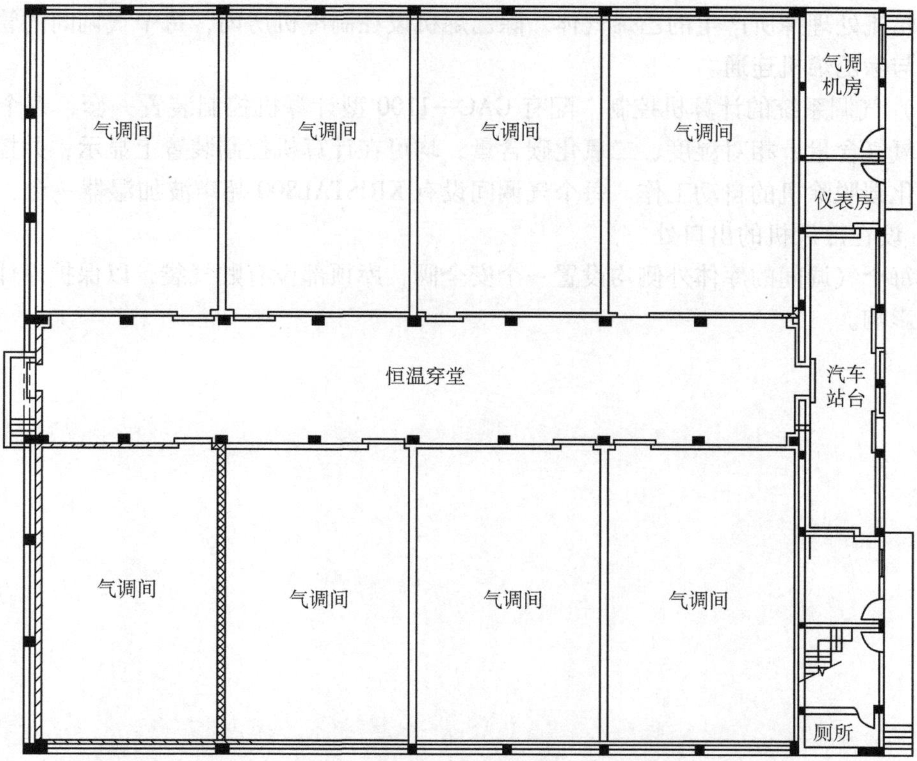

a)

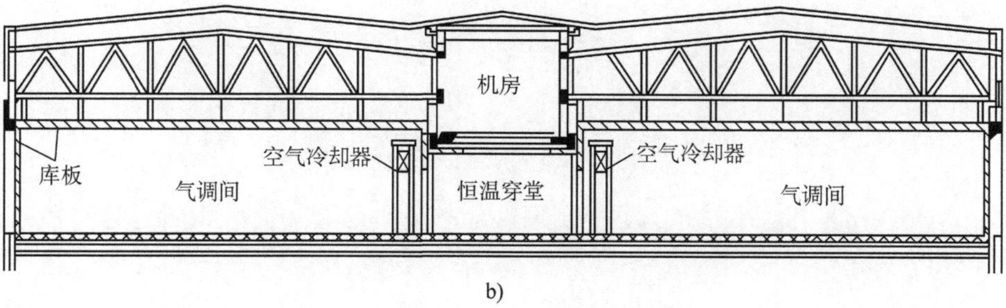

b)

图6-49　气调冷库平、剖面图

a）平面图　b）剖面图

度自动检测、显示和记录。

3. 气调系统主要设备

气调系统主要由降氧、二氧化碳脱除及除乙烯三个系统组成。

（1）降氧系统　由一套 FLGHTER400 型中空纤维制氮机组构成，制氮量为 $31m^3/h$ （97% N_2），与一台空压机相匹配。

（2）二氧化碳脱除系统　由两台 DELTA GEM 型二氧化碳洗涤机构成，每台控制 8 个气调间，轮流进行。二氧化碳脱除量当体积分数为 2% 时为 50kg/24h。每间气调间的降氧与二氧化碳脱除所需进出管道均合并在一起（降氧与二氧化碳脱除操作分开进行），设在气调机房内的降氧与二氧化碳脱除调节站，可方便地进行降氧与二氧化碳脱除操作。

（3）除乙烯系统　配有BS150型除乙烯机1台，每小时处理气体量为150m^3，可对8个气调间轮流处理掉所产生的乙烯气体。除乙烯机设在制冷机房内，每个气调间的管道从顶棚引出，与除乙烯机连通。

（4）气调系统的计算机控制　配有GAC—1100型计算机控制装置一套，每个气调间的温度、氧气含量、相对湿度、二氧化碳含量，均可在计算机控制装置上显示，并控制降氧机和二氧化碳脱除机的自动工作。每个气调间设有KRISTAL800超声波加湿器一台，加湿量为1kg/h，设在冷风机的出口处。

在每个气调间的库体外侧均设置一个安全阀，库顶部设有贮气袋，以保护库体不受压力变化的影响。

第七章　制冰与冰库

第一节　盐 水 制 冰

盐水制冰是应用较广泛、历史悠久的一种间接冷却制冰方法，制出的冰坚实、不易融化，便于贮藏和搬运，在国内渔业、食品业、运输业及医疗机构等行业中使用得比较普遍。

一、盐水制冰工艺流程

盐水制冰属于间接冷却系统。传统做法的盐水制冰池中，蒸发器盐水池和制冰盐水池合为一个制冰池，并用隔板将两者隔开，利用盐水搅拌器使盐水在两个盐水池中循环，冰桶放在制冰盐水池中。盐水在蒸发器盐水池中被降温后，在搅拌器的作用下进入制冰盐水池对冰桶降温，温度升高后的盐水由另一侧流入蒸发器盐水池再行冷却，其示意图如图7-1所示。在盐水制冰设备中，制冷剂在蒸发器内吸收盐水的热量，使盐水降温并保持在 -12 ~ -10℃。当冰桶中的水被冻结后，由起重机依次将冰桶组吊出制冰池放进融冰槽融冰，而后利用倒冰架脱冰，并经滑冰道送入冰库贮存或直接运走。脱冰后的空冰桶经注水后再放入制冰池中继续生产，如此循环。

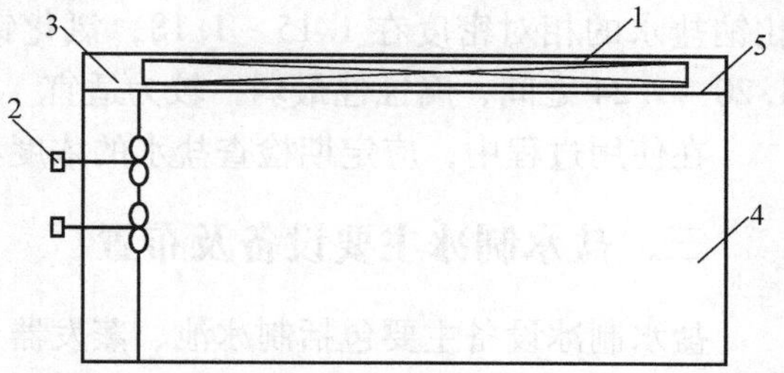

图 7-1　制冰池示意图

1—蒸发器　2—搅拌器　3—蒸发器盐水池

4—制冰盐水池　5—隔板

二、对盐水的要求

1. *有关温度的确定*

（1）盐水温度 t_y　t_y 直接影响结冰速度及冰的质量。t_y 降低，结冰速度加快，但要求蒸发温度较低，使制冷系数下降；t_y 升高，则不利于盐水与冰桶之间的换热，结冰速度减慢。一般 t_y 取 -10℃。

（2）盐水温度与蒸发温度的温差 Δt　取较大的 Δt 虽可加快盐水和制冷剂的换热，有利于盐水的降温，但随着 Δt 增大，必将要求更低的蒸发温度，会导致压缩机单位功耗的增加。因此，蒸发温度与盐水温度之差取5℃。

（3）盐水的凝固温度　要使盐水在制冰池中不断循环，就必须保证它在低温下不会冻结。如果盐水的凝固温度接近蒸发温度，盐水就有冻结的危险。但若要求盐水的凝固温度过低，则因盐水浓度的增加使搅拌器的功耗增大。因此，一般将盐水凝固温度定为比蒸发温度低6 ~ 8℃。

2. 盐水的配制

制冰常用的盐水是氯化钠或氯化钙溶液。盐水的配制既要满足制冰工艺所要求的温度，又要尽量减少对金属的腐蚀。

（1）盐水浓度的确定　盐水的温度与浓度的关系如图7-2所示。在图中共晶点 E 的左侧，盐水凝固温度随浓度增大而下降；在 E 点的右侧，凝固温度反而随浓度的增大而上升。因此可根据确定的凝固温度，由氯化钠、氯化钙溶液特性表查到对应的盐水浓度。

（2）酸碱度　盐水对金属的腐蚀性与盐水的pH值有关，一般略带碱性为好，即pH值在7～9之间。为使盐水的腐蚀作用减弱，可向其内加缓蚀剂。常用的缓蚀剂用重铬酸钠和氢氧化钠配制，其配比为每100kg重铬酸钠加27kg氢氧化钠。一般规定，每 $1m^3$ 氯化钙水溶液中加入1.6kg重铬酸钠，每 $1m^3$ 氯化钠水溶液中加入3.2kg重铬酸钠。

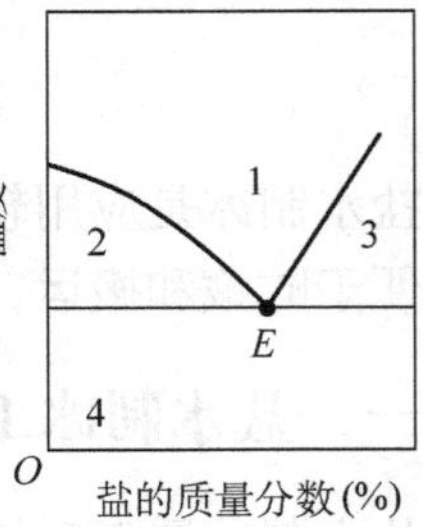

图7-2　盐水温度-浓度图
1—液体　2—液体与冰　3—液体与盐　4—固体　E—共晶点

总之，配置盐水时其浓度不应超过其共晶点。根据经验，氯化钠盐水的相对密度在1.15～1.18，氯化钙盐水的相对密度在1.20～1.24之间，腐蚀性最弱，较为适宜。

在使用过程中，应定期检查盐水的浓度和pH值。

三、盐水制冰主要设备及布置

盐水制冰设备主要包括制冰池、蒸发器、冰桶及冰桶架、融冰池、倒冰架、注水器、起重机等，可自行设计、加工，也可从生产厂家购成套设备。

1. 制冰池

制冰池用于盛装盐水溶液、蒸发器及冰桶等，一般由6～8mm厚的钢板焊接而成。在制冰池中焊有横隔板将制冰池分成放置蒸发器和制冰桶两部分。隔板上有孔，便于盐水循环流动。制冰池上部有溢水管接头，底部有泄水管接头。制冰池内有用角钢焊成的架子，用以搁置冰桶架。为了减少外部热量的传入，池底及四周敷设隔热层和隔汽层，隔热层的总热阻应大于或等于 $3m^2 \cdot ℃/W$。在制冰池底部设置通风管道或防冻加热装置，以防地坪冻鼓。制冰池面敷设50～60mm木盖板。制冰池四周应有1m左右宽的操作通道，高度应与木盖板相同。为减少盐水对金属材料的腐蚀，池壁、蒸发器及搅拌器等均涂有防锈漆。图7-3所示为盐水制冰设备的制冰池。

2. 蒸发器

常用的蒸发器有螺旋管式、V形管式、立管式等多种。根据制冰池的大小和结构，蒸发器在制冰池中有集中布置和分散布置等方式。

3. 冰桶架和冰桶

冰桶架是搁置在制冰池上的钢制框架，用于搁置冰桶和提冰。冰桶一般用1.5～2.0mm厚镀锌钢板制成，可采用焊接形式，也可采用铆钉连接形式。焊接形式的焊缝设在短边中缝处，铆接形式的铆缝设在长边、短边交接缝处。桶的上、下两端均有钢板箍加固。为了便于脱冰，应做成上大下小的矩形。冰桶架、冰桶制成及试漏后需涂刷防锈漆。常用冰桶规格见表7-1。

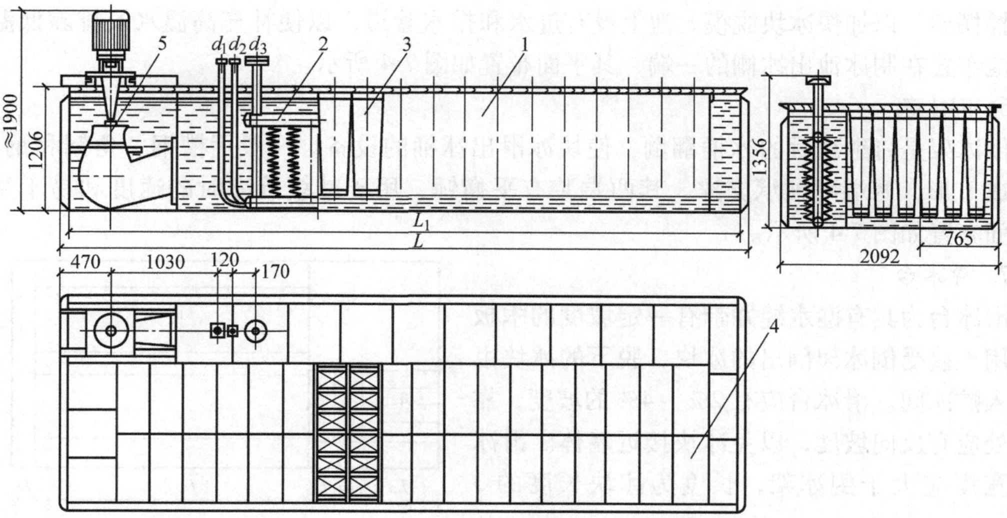

图 7-3　制冰池

1—制冰池　2—蒸发器　3—冰桶　4—盖板　5—搅拌器

表 7-1　常用冰桶规格

冰块质量/kg	冰桶内尺寸			壁厚/mm	桶的质量/kg
	上部(长/mm × 宽/mm)	下部(长/mm × 宽/mm)	高/m		
25	260 × 130	230 × 110	1. 100	1. 5	12. 0
35	342 × 115	313 × 123	1. 100	1. 5	16. 5
50	380 × 190	340 × 160	1. 100	1. 5	17. 2
100	500 × 250	466 × 216	1. 175	2. 0	34. 0
125	550 × 275	522 × 247	1. 175	2. 0	38. 6

4. 搅拌器

盐水搅拌器有立式和卧式两类。

卧式搅拌器由外壳、轴承架、轴、叶轮以及填料压盖等组成。搅拌器伸进制冰池内，由安装在制冰池一端的电动机通过带轮带动工作，因而传动轴与制冰池壁面的密封性要求高，安装维修麻烦。但卧式搅拌器工作时阻力较小。

立式搅拌器也是成套设备，它由叶轮、主轴、电动机等组成。立式搅拌器的电动机安装在制冰池一端上部，电动机与叶轮通过联轴器连接。工作时，盐水由斗型外壳的上面进入，通过叶轮搅拌，从侧面的出水口送出。出水口设置在蒸发器底板下部，使盐水全部通过蒸发器。立式搅拌器不存在传动轴与制冰池壁面的密封问题，维修较方便，但立式搅拌器工作时阻力较大。

蒸发器盐水池中盐水的流速不小于0. 7m/s，制冰盐水池中盐水的流速为0. 5m/s。搅拌器应布置在与融冰池相对应的一端，以免吊起的冰桶滴落盐水腐蚀电动机。

5. 融冰池

融冰池是用钢板焊成或用混凝土制成的长方形水池，尺寸应比冰桶架大一些。通常在池中设摇摆架，以加快冰块脱模。池上设有进水和排水管道，以便补充高温水及排除低温水。融冰池布置在制冰池出冰侧的一端，其平面布置如图7-4所示。

6. 倒冰架

倒冰架是将融冰后的冰桶翻倒，使块冰滑出冰桶的设备。一般用槽钢、角钢和钢板制作，成L形，两端用轴承支撑。其两端装有平衡锤，用于减缓倒冰时的速度和易于复位。其平面布置如图7-4所示。

7. 滑冰台

滑冰台为具有漏水缝并带有一定坡度的木板台，用于接受倒冰架倒出的冰块，脱下的冰块由此滑入贮冰间。滑冰台应有2%～4%的坡度，靠近墙处应有反向坡度，以免冰块接近墙体。滑冰台的宽度应大于倒冰架，长度为冰块长度的3倍。

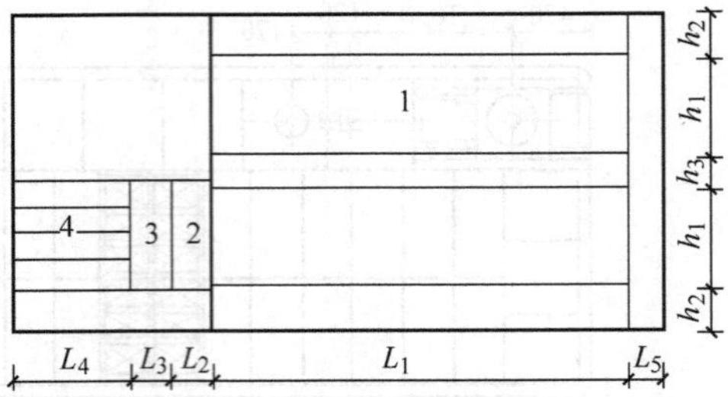

图7-4 制冰间平面图

1—制冰池 2—融冰池 3—倒冰架 4—滑冰台

8. 水预冷器

水预冷器用于制冰水的预冷，以减少制冰池内蒸发器的负荷，缩短制冰时间。水预冷器为长方体水箱，可设置在加水器上方，也可单独安装。箱内装有蒸发器，箱端有搅拌机，以加速热量传递。

9. 加水器

加水器是把自来水或预冷后的制冰水加注到冰桶的装置。加水器由与冰桶数相应的旋转水嘴、定量水箱组成，以确保向各个冰桶中同时等量加水。加水器内每个格的容量为一个冰桶容积的90%。

10. 吹气装置

吹气装置是用于制取透明冰的专用设备，主要包括罗茨鼓风机、气罐及输送管道。在制取透明冰时，罗茨鼓风机将压缩后的高压气体存贮在气罐里，通过送气管道送入冰桶中，以排出制冰水中溶入的空气，达到制取透明冰的目的。

11. 起重机

起重机为能水平和垂直移动的装置，用于冰桶出冰、加水、入池时的吊运。起重机上升速度为4～8m/min，水平速度为20～30m/min。起重机上有两根同时起落的钢丝绳，必须正对冰桶架上的两个吊环。

此外，对于大、中型制冰间还可设置冰桶架推进机构等设备，以加快冻结速度。

目前，许多生产厂家已有了制冰成套设备。某冷冻机股份有限公司制冰间设备（3t/24h、5t/24h）布置平、剖面图如图7-5所示，制冰厂平面布置如图7-6所示。

四、盐水制冰的有关计算

1. 制冰池的制冰生产能力

制冰池的制冰生产能力按下式计算：

$$m = 24m_{\mathrm{b}}n_{\mathrm{b}}/1000t_{\mathrm{j}} \tag{7-1}$$

式中 m——制冰池每日制冰生产能力，单位为t；

m_{b}——单个冰块的质量，单位为kg；

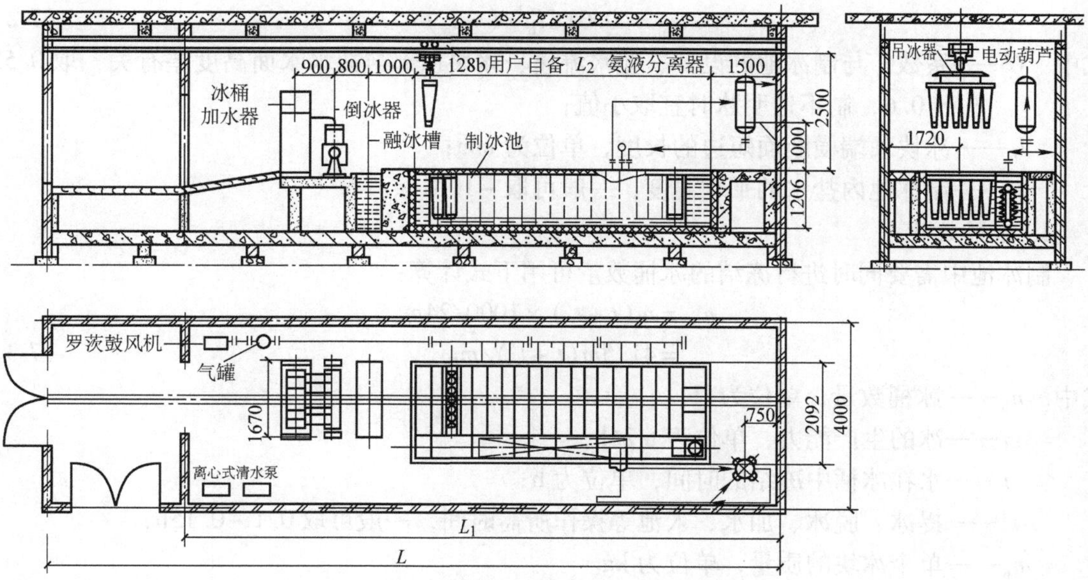

图 7-5 制冰间设备布置平、剖面图

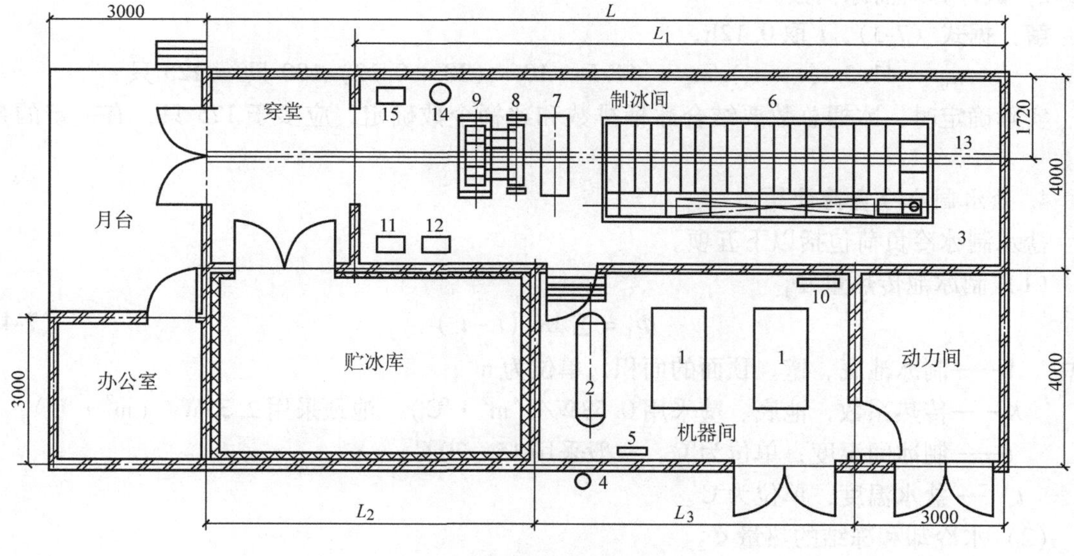

图 7-6 制冰厂平面布置

1—压缩机 2—贮液器 3—氨液分离器 4—集油器 5—空气分离器 6—制冰池 7—融冰槽 8—倒冰器 9—加水器 10—调节站 11、12—离心水泵 13—电动葫芦 14—气罐 15—鼓风机

n_b——冰桶数量；

t_j——结冰时间，单位为 h；

24——1d 换算成 24h 的数值。

2. 结冰时间

结冰时间可按下式确定：

$$t_j = 0.01Cl_b^2/(-t_y) \tag{7-2}$$

式中 C——系数，与制冰池的设计、盐水流速、冰块顶部与盐水水面高度差有关，取0.53 ~0.6，制不透明冰时宜取小值；

l_b——冰块顶端横断面短边的长度，单位为mm；

t_y——制冰池内盐水的平均温度，一般可取 -10℃。

3. 冰桶数量

制冰池中需要同时进行冻结的冰桶数量可用下式计算：

$$n_b = m(t+t')\times 1000/24m_b = 41.5m(t+t')/m_b \tag{7-3}$$

式中 n_b——冰桶数量，单位为只；

m——冰的生产能力，单位为t/24h；

t——水在冰桶中冻结的时间，单位为h；

t'——提冰、脱冰、加水、入池等操作所需时间，一般可取0.1 ~0.15h；

m_b——单个冰块的质量，单位为kg。

例7-1 已知每天制冰能力为10t，水在冰桶中的冻结时间为30h，每块冰的质量为100kg，试计算所需冰桶数。

解：据式（7-3），t'取0.12h，

$$n_b = 41.5m(t+t')/m_b = 41.5\times 10\times(30+0.12)/100\text{只} = 125\text{只}$$

实际确定时，冰桶总数要结合冰桶排数和冰桶个数确定，应多于125只，有一定的余量。

4. 盐水制冰冷负荷计算

盐水制冰冷负荷包括以下五项。

（1）制冰池传热量 Φ_1

$$\Phi_1 = \sum AK\ (t-t_y) \tag{7-4}$$

式中 A——制冰池底、壁、顶面的面积，单位为m^2；

K——传热系数，池底、壁采用0.58W/（m^2·℃），池顶采用2.33W/（m^2·℃）；

t——制冰间温度，单位为℃，一般采用15 ~20℃；

t_y——盐水温度，单位为℃。

（2）水冷却和冻结的热量 Φ_2

$$\Phi_2 = 1000m[c_1(t_s-0)+L+c_2(0-t_b)]\times 0.2778/24 = 277.8m(c_1t_s+L-c_2t_b)/24 \tag{7-5}$$

式中 m——制冰生产能力，单位为t/24h；

c_1——水的比热容，为4.187kJ/（kg·℃）；

t_s——制冰用水的温度，单位为℃；

L——水的潜热，可取334.94kJ/（kg·℃）；

c_2——冰的比热容，为2.093kJ/（kg·℃）；

t_b——冰的终温，单位为℃，一般较盐水温度高2℃；

0.2778——kJ/h 换算成W。

（3）冰桶的热量 Φ_3

$$\Phi_3 = 1000mm_{bt}(t_s - t_y)c \times 0.2778/24m_b = 277.8mm_{bt}(t_s - t_y)c/24m_b \quad (7\text{-}6)$$

式中　m——制冰生产能力，单位为t/24h；

m_{bt}——每个冰桶的质量，单位为kg；

t_s——制冰用水的温度，单位为℃；

t_y——盐水温度，单位为℃；

c——钢的比热容，单位为kJ/（kg·℃）；

m_b——单个冰块的质量，单位为kg。

（4）融冰冷负荷 Φ_4

$$\Phi_4 = 917A_b\delta\Phi_2/m_b \quad (7\text{-}7)$$

式中　917——冰的密度，单位为kg/m³；

A_b——每块冰的表面积，单位为m²；

δ——冰块融化层厚度，一般取0.002m；

m_b——单个冰块的质量，单位为kg。

（5）盐水搅拌器运转热量 Φ_5

$$\Phi_5 = 1000p \quad (7\text{-}8)$$

式中　p——搅拌器功率，单位为kW。

汇总为

$$\Sigma\Phi = (\Phi_1 + \Phi_2 + \Phi_3 + \Phi_4 + \Phi_5) \times 1.15 \quad (7\text{-}9)$$

式中　1.15——其他热损失系数。

例7-2　已知某制冰池长12m，宽4.0m，每日制冰能力为10t，单个冰块质量为100kg，制冰间温度为20℃，制冰用水温度为25℃，若盐水搅拌器的功率为2.2kW，试计算盐水制冰的冷负荷为多少？

解：（1）分别计算各项热量

1）制冰池传热量 Φ_1。据式（7-4）

$$\begin{aligned}\Phi_1 &= \Sigma AK(t - t_y) = [(12\times4.0)\times0.58\times\\&\quad(20+12) + (12\times1.4\times2 + 4.0\times1.4\times2)\times0.58\times(20+12) +\\&\quad(12\times4.0)\times2.33\times(20+12)]\text{W}\\&= (891+831+3579)\text{W}\\&= 5301\text{W}\end{aligned}$$

2）水冷却和冻结的热量 Φ_2。据式（7-5）

$$\begin{aligned}\Phi_2 &= 277.8m(c_1t_s + L - c_2t_b)/24\\&= [277.8\times10\times(4.187\times25 + 334.94 + 2.093\times8)/24]\text{W}\\&= 52824\text{W}\end{aligned}$$

3）冰桶的热量 Φ_3。据式（7-6）

$$\begin{aligned}\Phi_3 &= 277.8mm_{bt}(t_s - t_y)c/24m_b\\&= [277.8\times10\times34\times(25+10)\times0.4187/(24\times100)]\text{W}\\&= (2778\times34\times35\times0.4187/2400)\text{W}\end{aligned}$$

$$=577\text{W}$$

4）融冰冷负荷 Φ_4。据式（7-7）

$$\Phi_4 = 917A_b\delta\Phi_2/m_b = (917 \times 1.819 \times 105.7/100)\text{W}$$
$$= 1763\text{W}$$

5）盐水搅拌器运转热量 Φ_5。据式（7-8）

$$\Phi_5 = 1000p = 1000 \times 2.2\text{W} = 2200\text{W}$$

（2）盐水制冰总冷负荷。据式（7-9）

$$\Sigma\Phi = (\Phi_1 + \Phi_2 + \Phi_3 + \Phi_4 + \Phi_5) \times 1.15$$
$$= (5301 + 52824 + 577 + 1763 + 2200) \times 1.15\text{W}$$
$$= 72065\text{W}$$

5. 盐水搅拌器流量

计算盐水搅拌器流量是保证盐水制冰热交换的需要，也是为选择盐水搅拌器提供依据。其计算式为

$$q = w_y A \tag{7-10}$$

式中 q——盐水搅拌器流量，单位为 m^3/s；

w_y——盐水流速，单位为 m/s，蒸发器管间不小于 0.7m/s，冰桶之间取 0.5m/s；

A——蒸发器部分或冰桶之间盐水流经的净断面积，单位为 m^2。

某厂产立式搅拌器性能见表7-2。

表7-2 立式搅拌器性能

型号	叶轮直径/mm	转数/（r/min）	循环量/（m^3/h）	电动机功率/kW
ZLJ—250	252	960	220～320	2.2
ZLJ—300	302	960	360～480	3.0
ZLJ—340	342	960	480～600	4.0

五、制冰间建筑尺寸的确定

（1）长度 制冰间的长度与制冰池、融冰池、倒冰架、滑冰台及操作走道等有关，如图7-7所示，可按下式计算

$$L = L_1 + L_2 + L_3 + L_4 + L_5 \tag{7-11}$$

式中 L——制冰间的长度，单位为 m；

L_1——制冰池的长度，单位为 m；

L_2——融冰池的宽度，单位为 m；

L_3——倒冰架的宽度，单位为 m；

L_4——滑冰台水平投影宽度，单位为 m；

L_5——制冰池到墙壁的距离（由隔热结构情况定，一般为 1m）。

（2）宽度

$$B = nb + (n-1)b_1 + 2b_2 \tag{7-12}$$

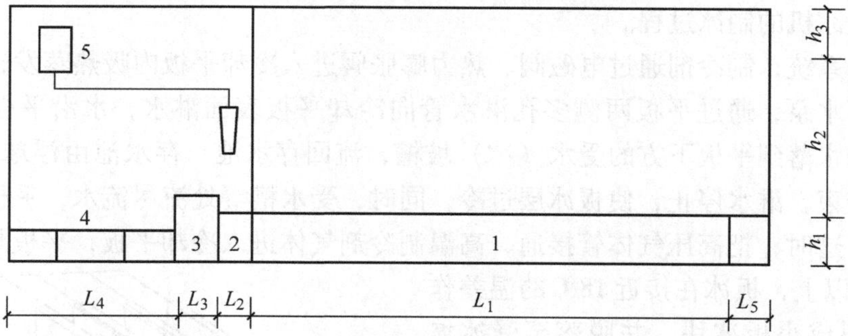

图 7-7　制冰间纵剖面图

1—制冰池　2—融冰池　3—倒冰架　4—滑冰台　5—加水箱

式中　n——横向制冰池数目，单位为个；

b——单个制冰池的宽度，单位为 m；

b_1——两邻制冰池的间距，单位为 m；

b_2——制冰池与墙壁的间距，单位为 m；

B——制冰间的宽度，单位为 m。

（3）高度　制冰间净高度应等于制冰池高度、提冰所需高度及安装起重机所需高度之和，如图 7-7 所示，由下式计算

$$H = h_1 + h_2 + h_3 \tag{7-13}$$

式中　H——制冰间净高，单位为 m；

h_1——制冰池高度，单位为 m；

h_2——提出冰桶需要的高度，单位为 m，为冰桶高度的 2.5 倍；

h_3——安装起重机的高度，单位为 m，根据起重机外形尺寸定。

六、盐水制冰间设计要求

1）制冰间应靠近机房，通风采光要好，避免阳光照射在制冰池上。

2）制冰间出冰侧应靠近冰库，冰从桶中滑出所撞到的墙面要加防撞板。

3）单层建造的制冰间的制冰池不宜直接建在地坪上，应有防止地面冻鼓的措施。

4）制冰间宜单独建造。

第二节　其他制冰装置

快速制冰方法很多。快速制冰与盐水制冰相比，具有冻结快、设备小巧、占地少、腐蚀性小、成套性强等优点，受到需求量较小且卫生性要求较强的用户的青睐。下面介绍几种快速制冰装置。

1. 板冰机

在冷却平板表面淋水结成的厚 15mm 左右的平板状冰层，经过对平板加热而脱冰，使之形成 40mm×40mm 的碎冰块，叫作板冰。板冰机由冷却平板、制冷系统、淋水系统、脱冰系统和自动控制系统组成，如图 7-8 所示。板冰机有多种形式，下面介绍冷却平板垂直放置

双面淋水式板冰机的制冰过程。

起动制冷系统，制冷剂通过电磁阀、热力膨胀阀进入冷却平板内吸热蒸发，使平板表面冷却。开循环水泵，通过平板两侧多孔淋水管向冷却平板表面淋水，水沿平板表面流下结冰，未结冰的水落到平板下方的受水（冰）坡槽，流回存水池。存水池由浮球阀控制水位。当结冰过程结束，淋水停止，使板冰层过冷，同时，受水槽等处流尽流水，平板内液体制冷剂多数汽化。这时，把高压气体管接通，高温制冷剂气体进入冷却平板，平板与板冰层界面温度升至0℃以上，板冰在接近18℃的温差作用下迅速爆裂成小板冰块，并脱落至受冰坡槽，滑过出冰栅，经过出冰口离开板冰机，完成一个制冰过程。接着再重新起动制冷机，预冷冷却平板，起动循环水泵，进行板面淋水制冰。如此周而复始进行板冰生产。这种脱冰方式必须保证供给足够数量的一定温度的气体，所以，最好是多台板冰机并联工作，或借助高压贮液器蓄能脱冰。

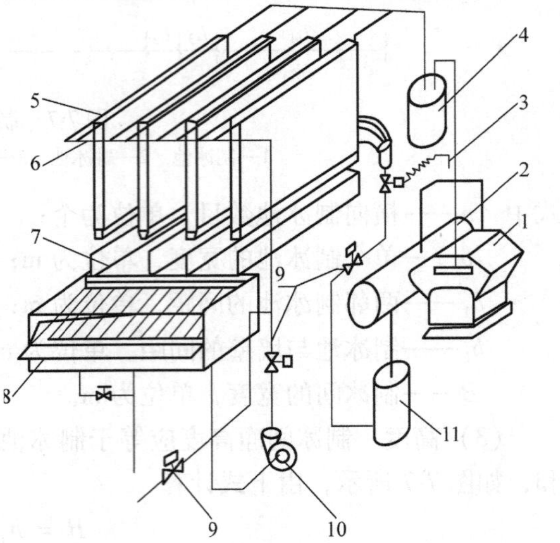

图7-8 立式板冰机示意图

1—压缩机 2—冷凝器 3—热力膨胀阀 4—气液分离器 5—冷却平板 6—淋水管 7—水槽 8—存水池 9—电磁阀 10—水泵 11—贮液器

根据原料水的不同，冰可分为海水冰和淡水冰。海水冰随其含盐量的增加，其融化温度降低，用其冷却、冰鲜可取得较快的冷却速度、较好的鲜度和色泽效果；但其融化点却小于融点为0℃的淡水冰。制海水冰制冷系统蒸发温度低，所以机器制冷能力下降，单位制冷量电耗也增加。板冰机是间歇性工作的制冰机，其运转程序所需时间可根据原料水种类、温度、冰厚等参数调整设定，实现全自动控制。板冰机的工作温度条件见表7-3（国外资料）。

表7-3 板冰机的工作温度条件 （单位:℃）

项目	船用	陆用
原料水	海水	地下水
原料水温度	20	23
冷凝温度	30	35
蒸发温度	-23	-18

板冰机在应用中应注意以下几点：

1）室外安装时要避免风吹、淋水而破坏均匀结冰。

2）确保冷却平板内不积油。

3）确保脱冰供热量，保持大温度脱冰，使板冰层爆裂迅速、均匀和减小板冰的温升。

4）需配备冰库，在过冷状态下贮冰。

2. 片冰机

在圆筒形蒸发器的冷却表面上布水，结成1～4mm厚的冰层，经冰刀刮脱后形成不规则的小冰片，叫作片冰。片冰机由结冰夹层冷却筒、制冷系统、循环布水系统、脱冰刮刀及刮刀驱动系统等部件组成。尽管片冰机的结构类型和产品种类繁多，其工作原理却大同小异，生产的片冰也无太大差别。图 7-9 所示为立式圆柱形冷却筒外壁淋水转筒式片冰机，其工作原理为：节流后的制冷剂通过供液管进入圆柱形冷却筒夹层，进行蒸发制冷，使筒的外壁冷却，吸热蒸发后的制冷剂气体进回气管被压缩机吸走。布水系统的循环水泵自冷却筒下方水池中吸水，送到冷却筒上方带孔的淋水环形管，向筒的冷却外表面淋水并结冰。未能结冰的水落到水池中，循环使用。水池中的水位由浮球阀控制，及时供给原料水。原料水最好预冷到 4℃ 以下。圆柱形冷却筒在可调的驱动机构驱动下，围绕中立轴以 1 ~ 3r/min 的转速旋转，生产的片冰厚度在 1 ~ 4mm 之间。刮冰刀固定在机架上，刀口平行于冷却筒外表面，并与筒面保持适当的间隙，既可刮下冰层，又不妨碍冷却筒的转动。出冰口设在刮刀下方，片冰借助重力通过出冰口滑出机体。淋水管需在刮冰刀之前留下一段不淋水距离，以便冰层得到过冷，使冰层脆性增加并保持干燥，有利冰的脱离，又不使淋水落到出冰口上。片冰机就是在上述的制冷系统、布水系统、驱动系统及刮冰刀的运行下实现连续制冰的。

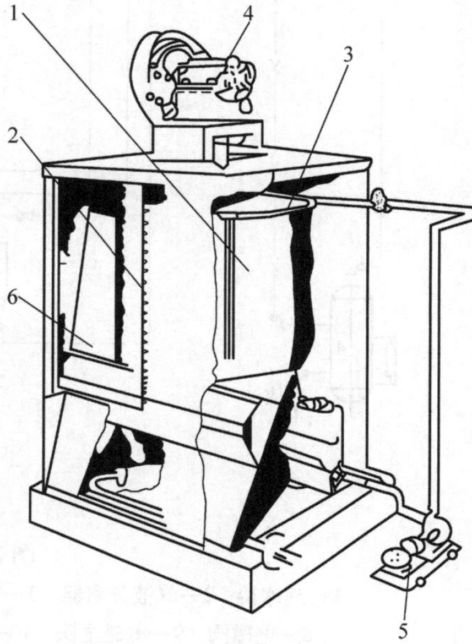

图 7-9　立式圆柱形冷却筒外壁淋水转筒式片冰机

1—冷却圆筒　2—刮冰刀　3—淋水管　4—驱动机构　5—循环水泵　6—出冰口

3. 管冰机

在高约 4m 的立式壳管式蒸发器中的冷却管内表面淋水，水沿冷却管内表面结成空心管状冰，在脱冰过程中用切冰刀切割成高约 50mm 左右的管状冰柱，叫管冰。管冰机由立式壳管满液式蒸发器、制冷系统、高温气体排液脱冰系统、给水循环系统及管冰切割机构等部件组成，如图 7-10 所示。

管冰机的工作原理是：高压液体制冷剂节流后进入气液分离器，气液分离器内的饱和低压液体经下液管道借重力流入立式壳管式蒸发器的下部供至壳管之间，通过立管管壁吸热蒸发，使管内壁冷却到接近于蒸发温度（ - 15℃），蒸发的气体返回气液分离器。气液分离器的液位由低压浮球阀或液位控制器控制，使供液与回气保持平衡。气液分离器通过下液管、回气管与立式壳管蒸发器构成低压系统。管冰机下部蓄水池由浮球阀供给原料水和控制水位。水泵将水从蓄水池供到管冰机上部的配水箱，水通过每根冷却管上口的布水器形成敷壁水膜，沿接近蒸发温度的冷却管内壁连续下流而结成冰层，未能结冰的水流入蓄水池，循环使用。约 15min 后，冰层增厚至 8 ~ 15mm，此时停止供水。延时过冷管冰，然后关闭回气阀，开通高压气体管，将壳管蒸发器内的低温液体制冷剂经下液管排至气液分离器，借助排液管上的排液捕气器，当液体排光后即断流。再利用高压高温气体的热量使冷却管内壁温度升高，使冰管外表面稍微融化，在冰管借助重力下落的同时，切冰刀转动，将冰管切割成高约 50mm 的管冰。管冰在重力及切冰刀切割时产生的离心力的作用下自出冰口流出，完成制冰过程。整个制冰脱冰过程是自动进行的，脱冰约需 12min，脱冰完成后即恢复制冰过程。

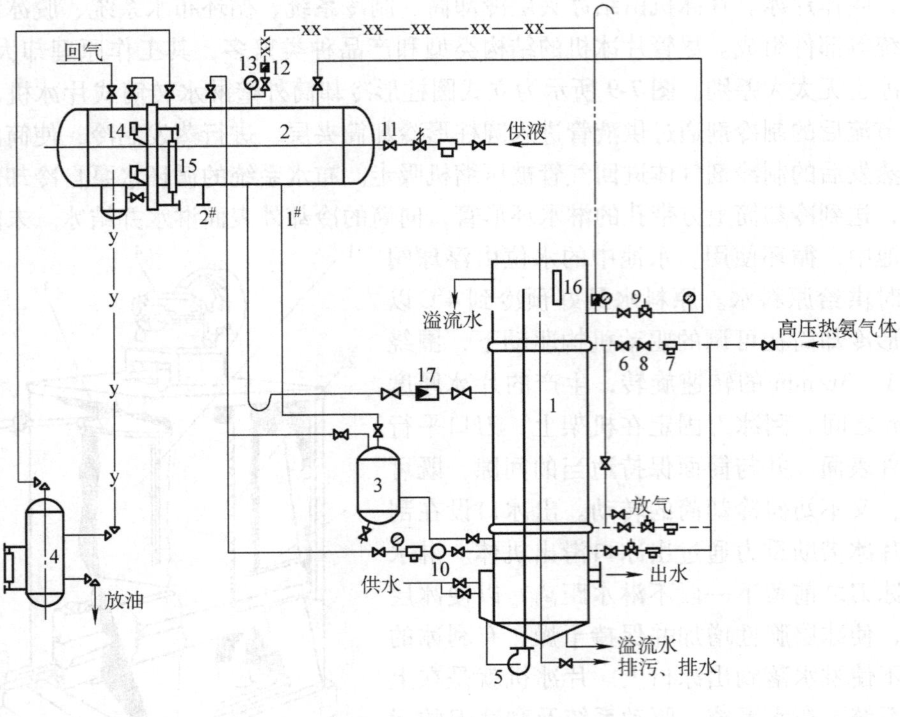

图 7-10 管冰机原理图

1—制冰器 2—气液分离器 3—气罐 4—集油器 5—水泵 6—截止阀 7—过滤器 8—电磁阀 9—电磁主阀 10—视液镜 11—节流阀 12—安全阀 13—压力表 14、16—浮球液位控制器 15—液面计 17—止回阀

第三节 冰库设计

冰库是用于贮存冰的冷间，又称贮冰间。其设计与冻结物冷藏间相近，下面简要介绍相关要求。

1. 冰库容量的确定

冰库容量根据冰的生产和使用情况确定，短期贮存一般可取 3 ~ 7 天制冰量，长期贮存则可取 15 ~ 30 天制冰量。板冰、片冰、管冰等是直接蒸发冷却制冰，可随时制冰随时使用，不宜作长期贮存。设计时，要根据具体情况进行确定。

2. 冰库容量的计算

冰库容量的计算方法及计算式见第一章及式（1-3）。

3. 冰库的设计要求

（1）库温　冰库温度与冰的种类有关。盐水制冰的冰库温度可取 $-6 \sim -4$℃；贮存片冰、管冰的冰库库温可取 -15℃。

（2）冷却设备　冰库一般采用光滑顶排管作冷却设备，不宜采用墙排管，以免冰垛倒塌以及装卸时冰块的碰撞而损伤墙排管。需增设墙排管时，应将其布置在冰垛以上的高度，也不宜采用不便于除霜的翅片管。据资料介绍，国内有采用以冷风机为主、辅以高位墙排管的单层高位冰库，该库管材耗量少，便于安装，操作管理方便。但应注意，高位堆冰、空气流通不好时，容易出现上、下区域温差过大，使底层的冰融化的现象。

（3）建筑要求　冰库的墙壁要设护壁。由于冰块很滑且块重较大，在搬运和堆码时很容易碰到墙壁，因此要在内壁上作护壁。常用 35mm × 10mm 的竹片钉在 75mm × 50mm 的木龙骨架上形成栅状护板，高度以堆冰高度为准。

（4）堆冰高度　人工堆装，以不超过 2.4m 为宜；地面机械提升，不超过 4.4m；起重机提升，不超过 6.0m；碎冰，不宜超过 3.0m。

（5）冰库的地面标高　冰库与制冰间同层相邻布置时，进冰洞应与制冰间的滑冰台直接相通，冰库地面标高应低于滑冰台。进冰洞口下表面应是向内倾斜的斜面，高差不小于 20mm。进、出冰共用一个洞口时，冰库地面标高与进冰洞口最低点取平。采用机械设备进出冰时，标高不受限制。

（6）冰库的建筑净高　参考库内堆冰高度确定。冰堆上表面距顶排管应有 1.2m 的空间，以便操作。

层高较高的冰库，可上、下设置库门，当库内冰块堆至一定高度时，从上面门出入。

第八章　制冷工艺设计文件及施工图

第一节　工程设计程序

随着我国改革开放的深入进行，在加速发展本国经济建设，与国际市场接轨的同时，又要确保工程建设的设计质量，以满足加工、生产出先进、合格的产品。如制冷装置设计，要采用先进的技术管理，履行必要的规程、规范、技术标准和各种法律、法规，严格执行设计程序，使制冷装置发挥出应有的经济效益。下面简述冷库制冷装置的设计程序，其他制冷装置的设计程序可参照进行。

一、设计依据

根据需要，或引入外资、个人集资、国家投资建设新的冷库制冷装置或对原制冷装置进行改建、扩建时，均需由有关部门、单位及投资者进行建设的可行性调查，提出建设计划，编制计划任务书（也叫项目建议书），报请上级主管部门审批。

获准下达的计划任务书，是进行制冷装置设计的主要依据。

1. 可行性研究报告

冷库工程可行性研究报告大体包含以下内容：

（1）工程项目的提出和研究工作的依据

（2）建设规模

1）食品业务经营情况、牲畜存栏数、货源情况及社会供求情况。

2）现有冷库能力。

3）建设规模指标的确定。分别进行屠宰能力、冷藏容量、冻结能力等的计算。

（3）库址条件和提出库址的选择方案

1）地理位置。交通运输（公、铁、水路等）、地址、水源、供电、环保、城市规划、防疫卫生、消防等各种条件，并与有关部门制定协议文件或获取相应的批文。

2）当地有关气象资料。

3）库址条件比较。

4）库址选择意见。

（4）建设内容和设计方案　主要生产项目，设计方案及设备材料，绘制总图方案。

（5）其他内容　对环境保护、生产组织、劳动编制、人员培训计划、项目实施进度、设计周期、投资估计、资金筹措、经营效率及投资偿还能力提出建议。

2. 项目建议书的编制

在可行性研究报告中有充分建设理由的基础上，编制项目建议书。计划任务书的主要内容应包括：建库的必要性，确定冷库性质、规模的依据，进行建设的可能性，建成后的经济效益，工程投资的估计金额等。

3. 项目建议书的报批

工程建设的计划任务书应根据投资额的大小呈报相应级别的审批部门审批；外商投资应经开发区、保税区或相应的外事部门办理；个人投资不在此例，可进行意向并双方签订项目合同书，经公证后共同履行。

获准下达的计划任务书是进行制冷工艺设计的主要依据。

二、设计阶段

冷库设计必须委托具有正式设计执照及相应资质的设计单位进行。

设计工作可分为三个阶段进行，即初步设计、技术设计和施工图设计。为简化设计程序可合并为两阶段设计，即扩大初步设计（把初步设计、技术设计合在一起进行，简称“扩初设计”）和施工图设计。小型工程也可由一个阶段完成，即技术施工设计。一般冷库工程设计多采用两阶段设计。

1. 扩大初步设计

计划任务书获准后，由建设单位委托设计单位进行工程设计，双方签订委托设计协议书（委托书）。委托设计协议书上规定了设计项目、设计规模、设计深度，技术交底时间、分项设计交底时间，设计费付款方式，双方在设计、施工期间应负的责任和义务，出现意外情况的处理方法等，直到验收合格投产，达到设计要求为止。

委托设计协议书签订后，由设计单位组织人员进行工程设计，提出设计方案。

扩大初步设计一般包括以下内容：

1）提出总平面布置图。根据食品冷加工工艺流程的需要，结合现场的具体情况提出总平面布置方案图，包括建筑形式、各房间的建筑尺寸、平面组合、建筑物的间距等。总平面布置方案图需征求建设方的意见并获得同意。

2）做出制冷机房、库房的平面图和剖面图。通过机房、库房平面图和剖面图，基本反映出机房、库房等建筑物的建筑尺寸和标高等。

3）做出制冷系统原理图及设备材料表。通过制冷系统原理图可以反映制冷系统的基本情况，如制冷系统的压缩级数、供液方式、自动化程度等；通过主要设备材料表可以反映出主要机器、设备的型号和数量，阀件、管材的规格和数量。

4）编制扩大初步设计概算。根据概算定额、费用定额和相关图样，编制出扩大初步设计概算，写出设计文字说明书，呈报上级批准。

2. 施工图设计

施工图设计是把上级审批了的扩大初步设计中的内容按施工图要求按图样的形式表达出来，供施工安装用。施工图的设计深度、设计图样张数与制冷工程的复杂程度和施工单位的技术水平有关，要保证施工单位能根据施工图样进行施工安装。

施工图设计是工程设计的最后阶段，其内容包括确定工程尺寸、机器设备、材料、做法等全部工种的施工图样、设计说明书和计算书。在施工图设计中，如果不对扩大初步设计进行重大变动，则不必再行报批。

做出工程预算。预算金额超过概算金额时则应申请增加投资。

3. 技术交底

施工图设计完成后，要召开技术交底会。技术交底会由设计单位向建设单位、安装施工单位交代设计意图、技术措施、特殊要求等，施工、安装单位则可以对设计图样质疑、提出建议及在施工过程中可以预见的困难。交底会一般由建设单位或筹建单位召集，除设计、施工、安装单位必须参加外，也可请当地城建部门，建行以及供水、供电部门参加，以广泛征求意见。

4. 设计变更通知书

在施工、安装过程中，往往会遇到一些原先估计不足或技术措施考虑不周到等问题，引起施工、安装困难，需要设计单位到现场解决。当无法维持原设计方案时，则要对原方案提出修改，由设计单位向施工安装单位发出"设计变更通知书"，经会签的设计变更通知书和施工图具有同等效力，而原设计图样作废。

5. 竣工验收及工程决算

施工单位按照设计文件要求完成施工任务后，即可进行竣工验收。竣工项目在验收前，建设单位要首先组织设计、施工等单位进行初验，向主管部门提出验收报告，并系统整理技术资料和绘制竣工图。竣工图应由施工单位提供施工修改实际情况资料，由设计单位据实进行绘制。竣工图一方面作为工程的技术档案备查，另一方面在今后使用、管理、维修、扩建和工程改造时作为依据，在竣工验收时移交生产单位保存。

工程竣工后，由筹建机构组织召开竣工验收会议，建设、设计、施工三方会同有关主管部门参加，负责对全部工程进行验收。经过试运转证明符合设计要求后，会签验收文件，最后交付使用。此时应由施工、安装单位做出工程决算。

第二节　制冷工艺设计文件的编制

一个完整的冷库工程设计，通常由土建、结构、制冷工艺、电气、给水排水、暖通等部分组成。下面介绍冷库制冷工艺设计文件的编制。

一、扩大初步设计阶段

1. 设计计算书

设计计算书内容包括：

1）设计依据。主要指货源情况，气象水文资料，冷库规模、性质及其平面布置图等。

2）制冷负荷计算。

3）主要机器设备的选型计算。

2. 设计说明书

设计说明书内容包括：

1）设计依据。计划任务书的批复文件、生产指标、冷加工对象、设计基础资料等。

2）冷加工工艺简介。

3）制冷方案概述。主要指制冷剂、蒸发回路的划分、制冷系统的供液方式、融霜方式、自动化程度及冷却用水方式等。

4）主要机房、库房设备简介。

5）库房特性表。包括温、湿度条件，冷却设备面积，制冷负荷以及蒸发面积的配比等。

3. 主要设备、材料明细表

列出主要设备及材料（也可附在说明书中）。

4. 设计图样

主要有制冷系统原理图，机房平、剖面图，库房平、剖面图等。

二、施工图设计阶段

1. 设计计算书

主要内容包括：

1）各冷间冷加工能力、库容量的计算。

2）制冷负荷计算。包括冷间热流量计算，制冰冷负荷计算和机器、冷却设备负荷计算等。

3）制冷机器、设备的选型计算，管道、阀门的选型计算。

4）制冷设备、管道隔热层厚度的确定。

5）制冷系统制冷剂充注量的计算。

施工图阶段的设计计算书，要求公式正确，步骤清楚，选取参数恰当，计算精确，选用设备合理。需要说明的是，施工图阶段的设计计算书是存档资料，不和其他施工图等设计资料一样发出。

2. 设计说明书

主要内容为：

1）设计依据。

2）设计参数。

3）冷间特性。包括冷加工能力、库容量、冷间温度和用途等。

4）冷负荷汇总表。包括机械负荷和冷却设备负荷汇总表。

5）制冷剂的选择、蒸发回路的划分、压缩级数的确定。

6）主要机器、设备的选配。包括压缩机、冷凝器、冷却设备等的形式、型号及数量，冷间冷却设备冷却面积与冷间地坪面积的比值等。

7）制冷系统方案。包括制冷系统供液方式、冲霜方式、自动控制方案等。

3. 施工图样

1）主要工艺图样，包括制冷系统原理图、制冷设备平（剖）面布置图、库房平面布置图、制冷系统透视图等。

2）设备、管道安装图，表述设备安装的具体要求。

3）非标设备制作图、安装图，表达调节站、加氨站、排管等非标准设备制作的具体要求。

4）通用、标准图样。

5）向土建提出的条件图：其中有一次条件图（机器、设备基础图，机器、设备平面布置图）以及二次条件图（建筑物上的预留孔、预埋件图）。

6）其他图样，如大样图、隔热层图及套用的通用图样等。

4. 制冷工艺安装说明书

制冷工艺安装说明书是指对本工程机器、设备、管道、阀门等安装有特殊要求的文件，它与施工图具有同等效力。对于比较简单的工程或安装单位对制冷工艺比较熟悉的，也可不写安装说明书，而以附注的形式列在施工图上。

5. 设备、材料规格表

列出设备、材料的名称、规格、型号、数量及生产厂家等。

三、设计文件的排列顺序

1）目录。

2）设计说明书。

3）设备及主要材料表。

4）施工图样。按主次排列，如制冷系统原理图，平、剖面图，系统透视图，制作图、大样图及通用图等。

第三节 制冷工艺施工图的绘制

一、制冷工艺图样绘制的一般规定

1. 制图线条

1）外专业部分可画细线条以突出制冷工艺部分。如设备平面布置图建筑物轮廓线（属土建专业图样）可用 $b/3$ 细实线画，制冷机器设备基础轮廓线用粗实线 b 画（也有不区别的）。

2）制冷管道要按制冷专业常用的“统一图例”画（统一图例见表3-1，单线式管线图例见表8-1）。若不按统一规定画，需在图样上标注图例。

表 8-1 单线式管线图例

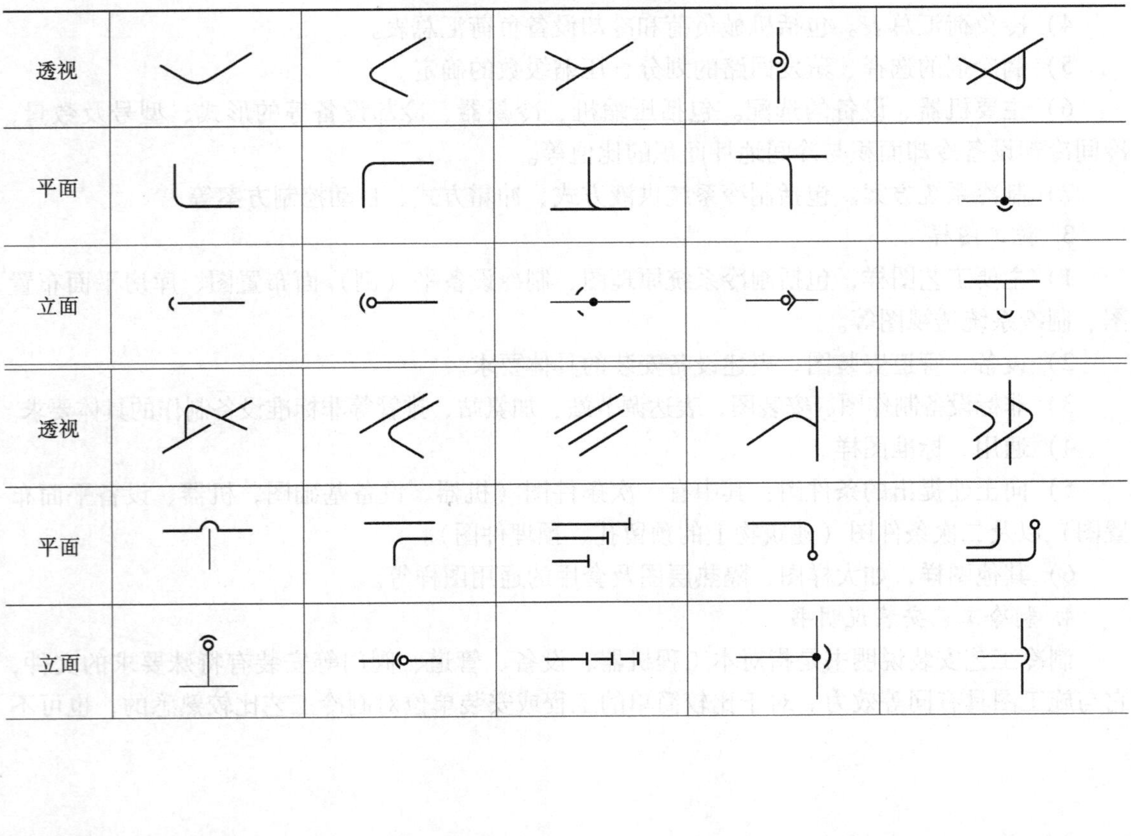

（续）

透视	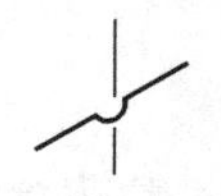	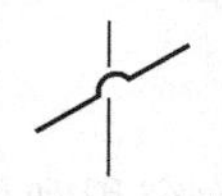		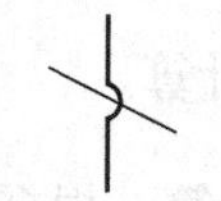	
平面			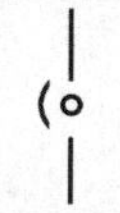		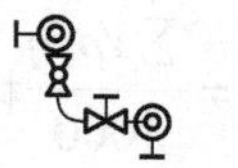
立面	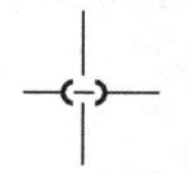				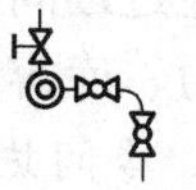

3）引注线、尺寸线用 $b/4$ 线条画。引注线要排列整齐、协调，其长短要与文字多少相适应，尽量不与别的线条相交。

2. 图样比例

一般采用缩小的比例，如 M1∶2，M1∶20、M1∶25、M1∶50，M1∶100 等。如果一张图样上采用同一比例，则填写在图样标题栏“比例”一格，并省略字母 M；若一张图样上采用两种或两种以上比例，则在各视图名称下方注明其比例，如

$$\frac{A\text{—}A\ 剖面图}{\text{M1:20}} \qquad \frac{B\text{—}B\ 剖面图}{\text{M1:50}}$$

3. 建筑轴线

制冷工艺设计图中的建筑轴线号要与土建图样中的建筑轴线号一致，当有分图或与某些图样有关时，应画出有关轴线号。

4. 文字及符号

图样中涉及数量的数字均用阿拉伯数字表示，计量单位采用国家规定的法定计量单位符号。

5. 辗转呼应、引见

每张图样的内容应尽量保持完整性和独立性，避免辗转呼应或引见。有必要呼应时，应注明有关图号。与其他专业图样相呼应或引见的内容，也必须注明与其他专业有关的图号。

二、制冷工艺设计计算书

设计计算书内容主要包括：确定冷间生产能力、库容量；计算冷间热流量、制冷机械负荷和冷却设备负荷；根据计算所得负荷选配合适的制冷机器与设备；再根据需要选配管道管径和阀件等。编制设计计算书，可以培养学生进行制冷装置冷负荷计算，并根据计算结果选配该制冷装置需要的制冷机器与设备，以及使用《冷库设计规范》和相关规范、规定的能力。

1. 冷加工能力、库容量的计算

1）吊轨式冷加工间冷却、冻结能力的计算。根据冷加工间所设吊轨的长度、冷加工食品的品种和冷加工时间按式 $G_{\mathrm{d}}=\dfrac{lg}{1000}\cdot\dfrac{24}{\tau}$ 计算。

2）搁架排管冻结间冻结能力的计算。根据搁架排管的尺寸、容器所占面积、冷加工时间按式 $G_g = \frac{NG'_g}{1000} \cdot \frac{24}{\tau}$ 计算。

3）冷间库容量的计算。根据库房的公称容积、公称容积利用系数、贮藏食品的密度按式 $G = \frac{\sum V\rho_s \eta}{1000}$ 计算。

经过逐间计算，可以求得每个冷间的冷加工能力或库容量，汇总整理得出该冷库的冷加工能力、库容量，得知该冷库的建设规模。

2. 冷间热流量计算

1）围护结构热流量 Φ_1 计算。根据冷间建筑结构、建筑尺寸求得围护结构的传热面积、传热系数，根据库址所在地和冷间用途确定室外计算温度、库房温度，按式 $\Phi_1 = KAa(t_w - t_n)$ 计算出各冷间围护结构热流量。

2）货物热流量 Φ_2 计算。根据冷间特性、进货量、进出库温度、冷加工时间、包装情况等按式 $\Phi_2 = \frac{1}{3.6}\left[\frac{m(h_1 - h_2)}{t} + mB_b \frac{C_b(t_1 - t_2)}{t}\right] + \frac{m(\Phi' + \Phi'')}{2} + (m_z - m)\Phi''$ 计算出货物热流量。

3）通风换气热流量 Φ_3 计算。贮藏水果、蔬菜、鲜蛋的冷却物冷藏间和操作人员较多且长期停留的加工间、包装间等需要定期进行通风换气的冷间，按式 $\Phi_3 = \Phi_{3a} + \Phi_{3b} = \frac{1}{3.6}\left[\frac{(h_w - h_n) nV_n\rho_n}{24} + 30n_r\rho_n(h_w - h_n)\right]$ 计算通风换气热流量。

4）电动机运转热流量 Φ_4 的计算。根据冷间冷却设备等实际配置电动机功率的大小，按式 $\Phi_4 = 1000\sum P_d \xi b$ 计算电动机运转热流量。

5）操作热流量 Φ_5 计算。冷却物冷藏间、冻藏间、贮冰间等冷间因电灯照明、开门、操作工人引起的热流量按式 $\Phi_5 = \Phi_d A_d + \frac{1}{3.6} \cdot \frac{n'_k n_k V_n (h_w - h_n) M\rho_n}{24} + \frac{3}{24} n_r \Phi_r$ 计算。

冷间热流量都是逐间计算。经过以上计算，可以求得各冷间每一部分热流量的大小，为后续的机械负荷、冷却设备负荷计算打下了基础。

3. 机械负荷、冷却设备负荷计算

1）机械负荷 Φ_j 的计算。以计算得到的冷间热流量为基础，把同一个蒸发回路的各个冷间的负荷进行合并整理、修正，按式 $\Phi_j = (n_1\sum\Phi_1 + n_2\sum\Phi_2 + n_3\sum\Phi_3 + n_4\sum\Phi_4 + n_5\sum\Phi_5)R$ 计算。机械负荷按蒸发回路计算，计算结果用作该回路选配制冷机器的基础数据。

2）冷却设备负荷 Φ_s 的计算。以计算得到的冷间热流量为基础，对货物热流量进行修正，按式 $\Phi_s = \Phi_1 + P\Phi_2 + \Phi_3 + \Phi_4 + \Phi_5$ 逐间计算，求得每个冷间的冷却设备负荷，用作该冷间选配冷却设备的基础数据。

3）冷负荷汇总表。把冷却设备负荷 Φ_s、机械负荷 Φ_j 的计算结果汇总、整理，分别做出冷却设备负荷 Φ_s 汇总表（样例见表1-19）、机械负荷 Φ_j 汇总表（样例见表1-20），也可把冷却设备负荷 Φ_s 和机械负荷 Φ_j 汇总在一个表上，构成冷负荷汇总表，见表8-2。设计选型时，可以方便地利用表中 X_1、X_2、X_3、X_4 为各冷间选配各自的冷却设备，利用 Y_{12} 为

－10℃蒸发系统选配压缩机，利用 Y_{34} 为－33℃蒸发系统选配压缩机。

表 8-2　冷负荷汇总表

系统	库名	Φ_1/W	n_1	Φ_2/W	n_2	P	Φ_4/W	n_4	Φ_5/W	n_5	R	Φ_s/W	Φ_j/W
－10℃系统	冷却物冷藏间											X_1	Y_1
	冷却物冷藏间											X_2	Y_2
	$\sum\Phi_j$/W											Y_{12}	
－33℃系统	冻结间											X_3	Y_3
	冻结间											X_4	Y_4
	$\sum\Phi_j$/W											Y_{34}	

4. 制冷压缩机的选型

由第二章第一节可知，压缩机的选型方法有理论输气量法、性能曲线法、性能表法、制冷量法等多种。其中理论输气量法计算较准确，性能曲线法和性能表法具有直观、快捷的特点。在选型计算中各个方法都可采用，这在第二章已有详细介绍。以下针对求得理论输气量或设计制冷量后，如何参照选机原则、结合冷负荷特性选配具体的压缩机的型号和台数问题加以讨论，以增加学生解决实际问题的能力。

已知计算得到的－15℃蒸发系统的机械负荷为 460kW，有以下同系列压缩机可供选择，其中甲机器设计工况制冷量为 500kW；乙机器为 250kW；丙机器为 125kW；丁机器为 85kW。

可以知道，该选型方案有多种。如方案 1：甲机器 1 台；方案 2：乙机器 2 台；方案 3：丙机器 4 台；方案 4：丁机器 6 台。还可选配出多种搭配方案。这种情况下具体选用哪种方案，就应考虑选机原则、冷负荷特性问题。

若该冷库是冷藏间，常年负荷随季节变化，没有空库现象，且仅此一个蒸发系统。方案 1 应首先被排除（不符合选机原则中用机总台数问题）。方案 2 应为首选，满负荷工作开 2 台，冬季或负荷较小时可开 1 台，2 台机器还可互为备用。

若该冷库是由 8 间冷却间组成，负荷变化季节性很强，旺季需 8 间全部工作，淡季则仅需要 1～2 间工作，此时方案 3 优于方案 2。若 1 间工作的时间较长，选用乙机器 1 台、丙机器 1 台、丁机器 2 台大小搭配的方案则可能成为首选。

由于各个冷库的用途、组成、大小、生产淡旺季节等的不同，各个冷库都有各自的冷负荷特性。所以，都应按各自的冷负荷特性选配适合自己的压缩机，而不能简单地按求得的理论输气量、制冷量的“数字”去配机。

5. 主要设备的选型

1）冷凝器的选型。根据制冷装置的规模、制冷剂的种类、冷却水量的多少、气象参数等因素选择冷凝器的形式。蒸发式冷凝器需用冷凝器排热量选型；其他形式的冷凝器则可利用式 $A = \dfrac{\Phi_1}{K\Delta t_d} = \dfrac{\Phi_l}{q_l}$ 计算冷凝器的冷却面积，再根据冷却面积并考虑一定的余量来选择冷凝器的具体型号和台数。

需要说明的是，冷凝器的大小应与所配备的制冷压缩机的制冷量相适应。

2）冷却设备的选型。根据冷间的用途和特性选择冷却设备的形式，再利用式 $A=\frac{\Phi_{\mathrm{s}}}{K\Delta t}$ 计算每个冷间冷却设备所需冷却面积。若是冷风机，可根据求得的冷却面积选配冷风机的型号和台数；若是排管，则需根据冷却面积去设计排管，最终排管实际的冷却面积应不小于计算得到的冷却面积。

冷却设备的配置宜留有一定的余量。

3）中间冷却器的选型。用高压机的理论输气量 V 按式 $d_{\mathrm{zj}}=0.0188\sqrt{\frac{\lambda V}{w}}$ 计算所需中间冷却器的桶径，再根据蛇形盘管的冷却负荷按式 $A=\frac{\Phi_{\mathrm{zj}}}{K\Delta t_{\mathrm{d}}}$ 计算所需蛇形盘管的传热面积，最后根据计算所得的桶径、冷却面积选择中间冷却器，使所选中间冷却器同时满足两个参数的需要。

4）油分离器的选型。油分离器也有形式的选择，如洗涤式、离心式等，选定其形式后，则可按式 $d_{\mathrm{y}}=0.0188\sqrt{\frac{\lambda V}{w}}$ 计算所需油分离器的桶径，再按计算结果选择油分离器的型号和台数。

5）贮液器的选型。贮液器按经验公式 $V=\frac{\varphi}{\beta}v\Sigma q_{\mathrm{m}}$ 计算贮液器的体积，按所需体积选择其型号、台数。注意尽量不选不同直径的贮液器。

6）低压循环桶的选型。按式 $d_{\mathrm{d}}=0.0188\sqrt{\frac{V\lambda}{w\xi n}}$ 计算桶径，以满足气液分离所需；再根据上进下出、下进上出供液方式，分别采用式 $V=\frac{1}{0.5}(\theta_{\mathrm{q}}V_{\mathrm{q}}+0.6V_{\mathrm{h}})$ 和式 $V=\frac{1}{0.7}(0.2V_{\mathrm{q}}'+0.6V_{\mathrm{h}}+t_{\mathrm{b}}q_{\mathrm{v}})$ 计算所需体积。最后根据计算所得桶径和体积选择低压循环桶的型号和台数。

对于负荷波动大、工况不稳定的制冷系统，应适当加大低压循环桶的桶径，以适应蒸发温度升高时所需。

7）氨液分离器的选型。按照作用分机房、库房氨液分离器，按式 $d=0.0188\sqrt{\frac{\lambda V}{w}}$ 计算其桶径，再根据所需桶径选型。

8）氨泵的选型计算。按式 $q_{\mathrm{v}}=n_{\mathrm{x}}q_{\mathrm{z}}v_{\mathrm{z}}$ 计算氨泵流量，根据供液阻力最大一路计算管道阻力确定氨泵的扬程。所选氨泵应满足流量和扬程的要求。

9）排液桶的选型。排液桶按经验公式 $V=V_1\phi/\beta$ 计算排液桶的体积，再以计算所得体积选型。

10）辅助贮液器的选型。辅助贮液器根据压缩机的理论输气量选型。实际设计中可多台压缩机共用1台辅助贮液器，以简化系统。

11）集油器的选型。集油器选型不需计算，小型制冷系统配1台，大型制冷系统可配2台，分为低压系统、高压系统各配1台。集油器的型号不宜过小。

12）空气分离器的选型。一般一个制冷系统只需选配1台，自动控制系统空气分离器需选用立式空气分离器。

6. 管径的确定

用公式法或线算图法分别按液体管、排气管、回气管的具体情况确定管径。也可参照机器、设备的管接头确定管径。特别要注意氟系统上升回气立管及相关管道的管径确定，以满足系统回油的需要。

7. 制冷系统充液量计算

根据设备、管道体积和充液百分比计算出整个系统的充液体积，再根据制冷剂液体的密度求得制冷系统充液量。此处需注意，不同制冷剂的密度对充液质量的影响很大，对于充液体积同为 $5m^3$ 的制冷系统，按 15℃ 计算，氨液充液量为 3090kg，氟利昂 22 充液量为 6150kg，氟利昂 22 比氨要多 1 倍。

由以上内容可以看出设计计算书的重要性。设计计算书做好后由设计单位存档备查。

三、制冷工艺设计说明书

在每一套施工图里都有一份不是绘制图样而又与绘制图样起等同作用的文件——制冷工艺设计说明书，它是施工图中不可缺少的重要内容之一。制冷工艺设计说明书的编制形式没有统一格式，下面以国内××工程设计研究院编制的“××食品有限公司加工厂制冷工艺设计说明书”为例，介绍制冷工艺设计说明书的编制方法、形式与内容，供学习参考。

1. 设计依据

1）建设工程设计合同 2008—04。

2）××食品有限公司有关技术要求。

2. 设计参数

室外计算温度：	26℃
室外计算相对湿度：	84%
冷间温度：	
冷却物冷藏间	0～3℃
冻结物冷藏间	-25℃
蒸发温度：	
冰水、空调系统	-10℃
低温冷藏系统	-35℃
速冻系统	-45℃
冷凝温度：	38℃

3. 设计冷加工能力

速冻机	300kg/h，共 3 台
冷却物冷藏间	243t/间，共 2 间
冻结物冷藏间	264t/间，共 3 间
蓄冰水箱蓄冰量	2000kg，共 3 台
蓄冰水箱蓄冰量	15000kg，共 1 台

4. 冷间简介

一层冻结物冷藏间储存经冻结加工的鱼类产品。

二层冷却物冷藏间储存野菜，日进货量为冷藏量的10%。

三、四、五层加工间每层设置速冻机1台、2t 蓄冰水箱1台。

5. 制冷系统及机器选用

1）制冷系统采用氨作制冷剂，速冻机、冷却物冷藏间、冻结物冷藏间采用电子膨胀阀直接膨胀供液方式，蓄冰水箱采用满液式供液方式。

2）一、二层冷库和三、四、五层加工间除放油、排液外，均为分别独立的制冷系统。一、二层冷库分为2个蒸发温度系统，$t_z=-10℃$系统机械负荷为124kW，选用2台Z2AV—12.5单级压缩机组，当$t_z=-10℃$、$t_l=38℃$时制冷量共为138kW；$t_z=-35℃$系统机械负荷为100kW，选用1台ZS4—12.5单机双级压缩机组、1台ZS8—12.5单机双级压缩机组，当$t_z=-35℃$、$t_l=38℃$时制冷量共为116kW；三、四、五层加工间空调蓄冰水箱机械负荷为520kW，选用2台Z8AS—12.5单级压缩机组，当$t_z=-10℃$、$t_l=38℃$时，制冷量共为552kW；三、四、五层加工间各层洗涤水箱机械负荷为33kW，选用1台Z2AV—12.5单级压缩机组，当$t_z=-10℃$、$t_l=38℃$时制冷量为69kW（多余的制冷量备用）；三、四、五层加工间各层速冻机机械负荷为34kW，选用1台ZS6—12.5单机双级压缩机组，当$t_z=-45℃$、$t_l=38℃$时制冷量共为34.5kW。

3）冷凝系统采用热镀锌型蒸发式冷凝器。

4）制冷系统排油采用人工操作，压缩机加油设油泵，采用手指令按钮操作。

5）制冷系统排液采用人工操作。

6. 冷间

所有冷库内均采用冷风机。冷风机采用水冲霜，冷风机外接均匀送风道。

7. 自控程度

（1）冷藏库制冷系统

1）冷藏库制冷系统采用全自动计算机控制运行。冷藏库制冷系统根据库房温度控制器自动控制压缩机及其辅助设备按程序自动开停机以及系统供液。

2）冷风机水冲霜采用手指令按钮操作，冲霜按程序自动运行，并与制冷系统正常运转实现互锁。

3）制冷系统具备自动排放不凝性气体的功能。

4）冷库冷间温度自动显示打印记录。

5）系统设置电子膨胀阀自动控制冷风机的供液量。

6）PC 接收蒸发压力、冷凝压力、中间压力、冷间温度以及故障提示信号并储存相关数据。

7）制冷系统安全保护。压缩机设有高压、低压、油压差自动保护装置；中间冷却器、氨液分离器设有高液位报警，自动停机；压力容器设有安全阀。

（2）三、四、五层加工间制冷系统

1）三、四、五层加工间制冷系统采用手指令按钮操作，系统按程序自动运行。制冷系统根据加工水产品及洗涤用冷水和空调的需要，手指令按动系统开启按钮，系统按程序自动控制压缩机及其辅助设备的运行以及系统供液。蓄冰系统自动停机，速冻机手指令按钮停机。

2）速冻机水冲霜采用手指令按钮操作，冲霜按程序自动运行，并与制冷系统正常运转实现互锁。

3）制冷系统具备自动排放不凝性气体的功能。

4）速冻机温度自动显示于PC。

5）系统设置电子膨胀阀自动控制蒸发器的供液量。

6）蓄冰水箱用氨液分离器内液位采用电子液位控制系统，自动控制液位，当液位超高时，系统报警停机。

7）PC接收蒸发压力、冷凝压力、中间压力、速冻机内温度以及故障提示信号并储存相关数据。

8）蒸发式冷凝器能量自动控制。

9）制冷系统安全保护。压缩机设有高压、低压、油压差自动保护装置；中间冷却器、氨液分离器设有高液位报警、自动停机；压力容器设有安全阀。

8. 其他事项

（1）与土建关联问题　土建施工时工艺人员要密切注意管道穿墙、穿楼板的孔洞位置和预埋吊点或加固管道用的预埋螺栓等的位置，若发现不符时应及时纠正。为了更好地加固管道，在施工中若发现有不恰当之处时，可酌情增加或更改加固点，对于机器及设备基础的地脚螺栓位置必须与实物核对后才能进行预埋。

（2）管道及设备保温层

1）包扎保温层范围见《冷藏库制冷工艺安装说明》，保温材料采用聚氨酯泡沫塑料现场发泡，外包铝合金保护壳。铝合金板厚度：管道采用0.4mm，设备及管束采用0.6mm。聚氨酯泡沫塑料的热导率不得大于0.035W/（m^2·℃）。

2）保温层厚度见附表（表8-3、表8-4）。

3）管道穿冷库和机房外墙、冷库楼板时，其保温层须贯穿、不能中断，保温管道与孔洞之间的空隙采用聚氨酯发泡填实。

4）保温管道与支架、设备与基础之间必须垫上在煤焦油中熬煮过的硬垫木。

（3）设备和管道外表涂色

1）涂色应在机器、设备、管道全部安装完成并做完保温层保护壳后进行，按规定颜色刷油漆两遍，若直接刷在金属表面上，应先刷红丹防锈漆两遍，然后再刷油漆两遍。

2）机房、库房的设备及制冷管道按《冷藏库制冷工艺安装说明》规定的颜色刷漆，保温管道铝合金保护壳外只标表示工质流向的箭头。

（4）其他注意事项　见《冷藏库制冷工艺安装说明》，该说明中若有与本次施工图不符之处，以本次施工图设计为准。

安装工程依据GB 50274—2010《制冷设备、空气分离设备安装工程及验收规范》。

9. 附表

1）管道保温层厚度表（见表8-3）。

2）设备保温层厚度表（见表8-4）。

表 8-3　管道保温层厚度表　（单位：mm）

管道外径	机房管道			库房管道
	-45℃	-35℃	-10℃	-33℃/-10℃
*D*159	100	90	60	
*D*133	100	90	60	
*D*108	90	80	60	
*D*89	90	80	50	50
*D*76	80	80	50	50
*D*57	80	70	50	50
*D*38	70	70	40	40
*D*38 以下	60	60	40	40

表 8-4　设备保温层厚度表　（单位：mm）

设备名称及规格	保温层厚度		
	-45℃	-35℃	-10℃
中间冷却器 ZLA—1.5，*D*=412			90
中间冷却器 ZLA—2，*D*=512			90
氨液分离器 AFA—800			120
氨液分离器 AFA—125		120	
氨液分离器 AFA—80	130		90
氨液分离器 AFA—65			90

注：保温材料均采用聚氨酯泡沫塑料现场发泡。

四、主要图样绘制

1. 制冷系统原理图

（1）表达内容　制冷系统原理图应能清楚表达如下内容：

1）设计采用的制冷系统方案。如供液方式：是直接膨胀供液、重力供液，还是液泵供液；压缩级数：是单级压缩、双级压缩，还是复叠式；冷却方式：是直接冷却，还是间接冷却；蒸发系统数量：是1个蒸发系统、2个蒸发系统，还是几个蒸发系统；冷凝器的形式：是蒸发式冷凝器、壳管式冷凝器，还是大气式冷凝器；冷却设备形式：是冷风机、顶排管，还是搁架排管等。

2）制冷系统选用机器、设备的型号、数量、厂家；阀件的规格、数量、阀型（安全阀、节流阀、截止阀、法兰阀、直角阀、直通阀、止回阀等）。

3）设备的供液及液位显示。如是手动供液、浮球阀供液，还是浮球液位计配电磁阀自动供液；是油包式液位计、板式液位计，还是玻璃管式液位计。

4）压缩机管路配连情况。如是单机双级，还是配组双级；蒸发系统之间有无灵活配连等。

除上述内容外，制冷系统原理图还能反映制冷装置在技术上的先进性和可行性，工艺流程的合理性，并具有指导、检查现场安装施工的作用，还是绘制设备布置图、管道安装图等的指导文件。但制冷系统原理图不表示机器设备的确切位置、设备管道的标高关系及管道的长度等。

（2）绘制要求　扩大初步设计阶段的制冷系统原理图是送审的关键图样。而施工图阶段的制冷系统原理图是在前者的基础上使之更加完整，而不应有过大的变动。下面具体说明施工图阶段制冷系统原理图的绘制要求。

1）深度要求。

①画出所有机器、设备、管道、阀门及仪表，并能形象地表示其外形。

②注明所有管道、阀门的规格，标明管内制冷剂流向。管道规格：无缝钢管用管径乘壁厚表示，如 *D*57×3.5 表示管外径为 57mm，壁厚为 3.5mm；有时省略壁厚标为 *D*57。阀门规格：*DN*50 表示公称直径（通径）为 50mm 的阀门。多个阀门集中在一起时可成批量标注，如 6×*DN*50 表示 6 个公称直径为 50mm 的阀门。

③对全部机器、设备，都应标注设备位号，并在设备一览表上注明其型号、规格、数量。一般 1 个设备 1 个位号，几个设备名称、规格、型号都相同时可用同一个位号。如 1 台 8-125 压缩机、3 台 4-125 压缩机共 4 台设备，可采用 2 个设备位号，即 8-125 标为 1 个位号，3 台 4-125 标为同 1 个位号。

④图样上应有图标、图签、图例、说明、设备一览表等，用常用图例绘图的可省略图例。

2）画法。

①图面上设备布置要尽量结合实际，且要求管道短而直、少交叉，使图面整洁、清晰。从制冷工艺流程考虑，相关设备位置靠近。如冷凝器与贮液器的布置应靠近，上下布置时应冷凝器在上、贮液器在下。低压循环桶与氨泵应靠近布置，并应上下布置。这样，既符合制冷工艺流程，管路连接又简短。

②设备外形尺寸可不按比例，但大小要适宜。

③管道可集中布置成管束形式，管线的间距尽量相同。管道之间、管道与设备之间尽量不交叉或少交叉，交叉处用断开线表示，不用跨线表示。

④多套相同设备可详绘一套，其余可用轮廓线表示或不画。

⑤设备位号引出线的倾斜度在一张图样上尽量一致，通常与水平线成 45°或 60°的角度。

某肉鸡加工厂制冷系统原理图如图 8-1 所示（见书后插页）。

从画法的角度看，该图分为 4 部分。6 台压缩机、2 台中间冷却器及配连管道集中布置在左下角部分；2 台立式冷凝器、贮液器、油分离器、集油器、空气分离器、总调节站及配连管道集中布置在左上角部分；2 台低压循环桶、4 台氨泵、4 个分调节站及配连管道集中布置在右下角部分；冷风机、顶排管、搁架排管及配连管道集中布置在右上角部分。4 部分之间通过少量管道沟通，形成一个完整的制冷系统原理图。设备、材料表及说明布置在右边。

2. 设备布置平面图

设备布置平面图是设计人员实现制冷系统原理图中制冷方案的具体构思。它能反映出机器、设备及其基础与建筑物或相互之间在平面上的相对位置和具体尺寸，是施工安装的依据。

设备布置平面图是制冷工艺向其他专业提供的第一批资料之一。只有设备布置完成后，土建、水、电等专业才能开始相关专业的具体设计。

（1）深度要求

1）画出设备基础外形和设备外形轮廓线。设备基础要画出其预留孔位置的中心线，以便反映设备的定位朝向；设备外形要画出主要管接口。外形较复杂的设备（如机器）可只画出其基础表示。

2）建、构筑物（包括楼板、墙、柱、门、窗、平台等）要按比例绘制，并和建筑施工图一致。绘制时只绘外形轮廓线，不必详绘结构。

3）建筑物各柱间的主要尺寸、总长等应按建筑图标注，并应注明该平面的层次、标高。

4）建筑物轴线号和设备位号要填写完整，并和建筑图、制冷系统原理图一致。

5）一个房间的设备布置平面图应尽量表示出与其他房间的相互关系，其他房间的轮廓线用双点画线表示。

6）必要时，平面图按不同的标高分别绘制。

（2）画法

1）选定绘图比例，一般为1:20、1:50、1:100等。

2）确定图纸的幅面尺寸。一般根据比例和建筑面积确定，机器设备较多的机器设备间一般为A1图纸。

3）在图面上合理布置视图、标题栏、设备明细表及说明的相对位置。

4）画出建筑物的定位轴线、建筑物的平面图。

5）确定机器设备的安装位置，画出机器设备的定位中心线。

6）形象地画出机器设备的外形平面轮廓线。若设备包有隔热，可按比例用虚线绘出或文字说明。

7）画出管道、阀件平面图，垂直布置的管道只画上面的。管道隔热层可省略不画，以文字说明。

8）画出管道安装吊点，吊点符号用“×”表示。

9）标注：①建筑物轴线编号和轴线距离尺寸（与土建一致）；②机器、设备与墙面或轴线之间的定位尺寸，机器、设备之间的定位尺寸；③管道间距及吊点距离尺寸；④剖面切线标志和索引标志。

在尺寸标注时，设备、建筑物以中心线和轴线为基准线（也有以边线和墙面为基准的），管道以管中心线为基准。

图8-2为某机器间布置平面图。

由图可以看出该机器间长9000mm、宽5400mm；布置2台压缩机、1台冷凝器、1个总调节站、1台贮液器（实际在冷凝器下面）；2台压缩机呈单列布置，压缩机1以基础尺寸1880mm×755mm表示其外形尺寸。压缩机定位尺寸为距6号轴线1880mm、距B轴线2600mm，2台机器的间距为1400mm；冷凝器2的定位尺寸为距B轴线900mm、距10号轴线为0；总调节站3距6号轴线400mm、距B轴线2000mm；机器间设有6个吊点固定管道，由6号轴线和B轴线的相关尺寸可以确定吊点的位置。从图上还可找到2个剖切线标志。

3. 设备布置剖面图

剖面图用来表示机器、设备、管道的立面布置情况和安装尺寸。在剖面图上可以看出机

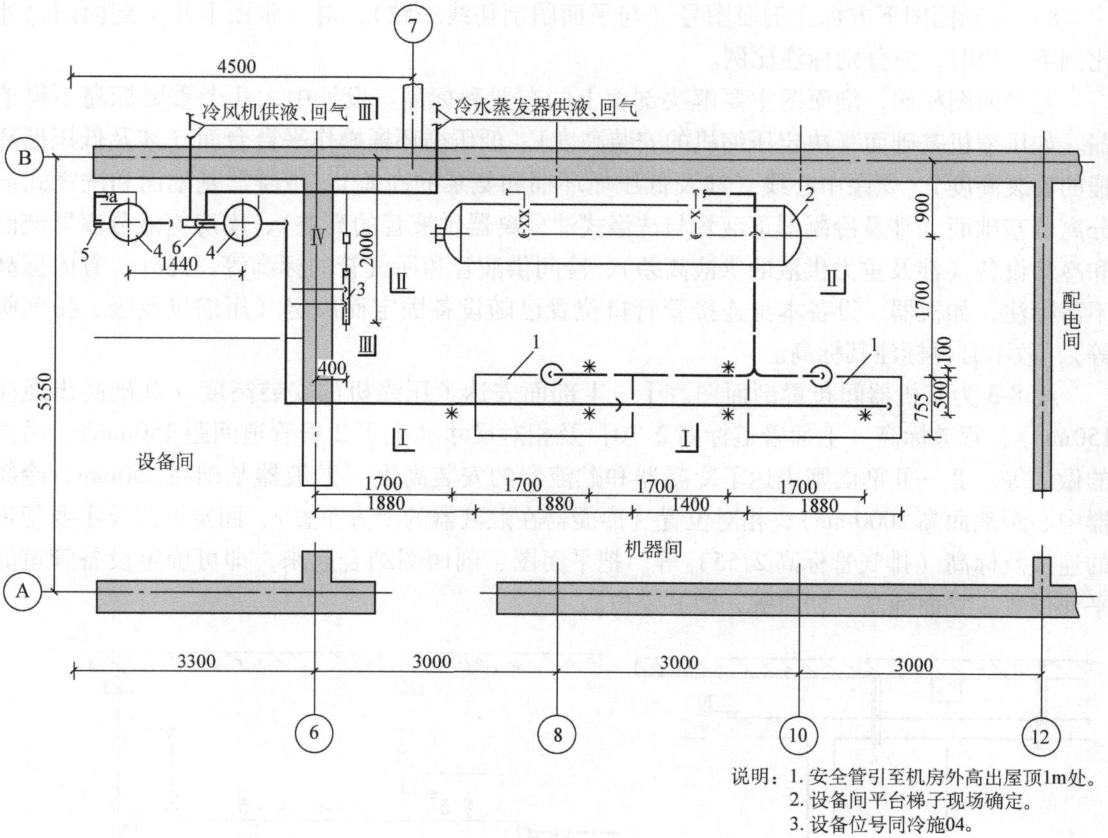

图 8-2　某机器间布置平面图

1—4AV10 压缩机　2—DWN—50 冷凝器　3—总调节站　4—AF—80 氨液分离器　5、6—气体分调节站

器、设备的基础高度以及管道的标高，还可看出机器设备与管道的连接方法、管道位置及固定方法等。剖面图一般用平面图注明的剖切线号来命名，如 I—I、*A*—*A* 剖面等。剖面图的画法为：

1）确定尺寸比例。

2）在平面图上找到剖切位置、符号和朝向。

3）在图面上合理布置剖面图的位置，一张图上可画一个或几个剖面图。

4）画出建筑物剖面图，与制冷管道安装关系不大的部位可简单表示或不画。标注轴线代号、梁（板）底标高、地面标高。其轴线代号、梁底标高、地面标高均需与建筑图一致，不得另行确定。在冷库设计中，一般以冷库底层地坪面标高为 ±0.000，室外地坪面、机器间地坪面均低于冷库底层地坪面，故其标高以负值表示。

5）确定设备定位位置，画出设备定位中心线，形象地画出设备外形轮廓线，标注设备位号。

6）连接管道，画出设备、管道的固定形式和方法。

7）画出管道的安装标高和管道之间的相互位置，标注相对位置尺寸，必要时注明管道直径和用途。

8）在剖面图下方标注剖面图号（与平面图剖切线一致），对一张图上几个剖面图尺寸比例不一致时，应分别标注比例。

与平面图相比，剖面图主要解决剖面上的布置和标高。设计中，几个重要标高不得遗漏。如压缩机基础面（决定压缩机的安装高度）、低压循环桶操作平台台面（涉及低压循环桶的安装高度）、氨泵中心线（涉及低压循环桶和氨泵的高差）、冷凝器基础面和洗涤式油分离器基础面（涉及冷凝器下液管与洗涤式油分离器供液管的高差）、库房氨液分离器液面和冷却设备（涉及重力供液的供液高差）、冷间供液管和回气管的标高等。此外，有的标高不需标注，如机器、设备本身连接管管口位置已随设备固定而决定（压缩机及吸、排气阀等），故不必再标注其标高。

图 8-3 为某机器间布置剖面图。Ⅰ—Ⅰ剖面表达了压缩机的安装高度（基础高出地面 150mm）、管道标高（上面管道标高 2.70）及相对尺寸（上下 2 根管道间距 150mm）、吊点的做法等。Ⅱ—Ⅱ剖面则表达了冷凝器和贮液器的安装高度（贮液器基础高 250mm，冷凝器中心距地面高 2000mm）、相对位置（冷凝器在贮液器的上方布置）、固定方式及主要管道的连接及标高（排气管标高 2.55）等。把平面图、剖面图结合起来，即可确定设备管道的平面位置、立面标高、朝向等，使其定位。

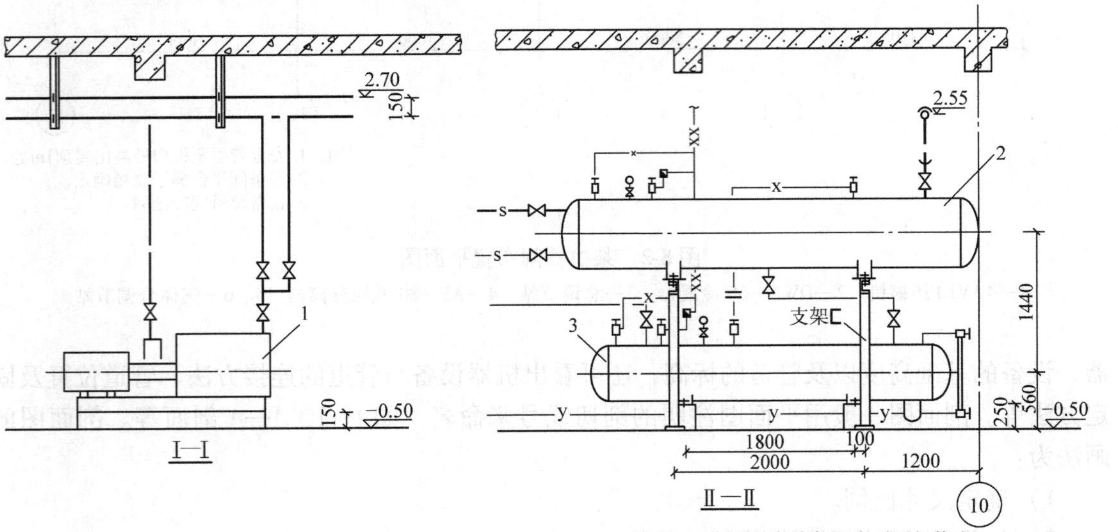

说明：1. 低温管与支架固定时需加垫木。
2. 利用安全管兼做放空管。

图 8-3 某机器间布置剖面图
1—4AV10 压缩机 2—DWN—50 冷凝器 3—ZA—1.0 贮氨器

4. 制冷系统透视图

制冷系统透视图用以表示全系统机器、设备、管道等外形、相对位置、朝向，是以平、剖面图为依据按轴测投影原理绘制的。该图立体感强，有利于看清楚整个系统管道的来龙去脉，看起来十分方便。通过系统透视图，可以很快查清各种弯头形式和数量，查清各种阀门、管道、阀件（如法兰等）的规格和数量。该图对不太熟悉制冷装置的安装人员来讲更为重要，是制冷工艺施工图中重要图样之一。

绘制方法和步骤：

1）确定尺寸比例、图幅大小。小型制冷装置的整个制冷系统可画在一张图样上；大中型制冷装置可分机器间、设备间、库房进行绘制。几张图的比例应一致，管道断开处应对应标记编号，以便查对。

2）选择透视方向。根据平面图机器、设备的布置位置及管道的复杂程度，选择透视图的视图方向。

3）在视图位置上，按比例绘制出安装设备、管道空间的立体轮廓线（可视为是辅助线条，透视图绘制近结束时再去掉该轮廓线）。制冷工程中绘制系统透视图的形式有两种，正等测和斜二测。

4）机器、设备初步定位。采用一定的比例，按平面布置的尺寸定位，在立体空间的平面上，通过纵横交叉线找机器、设备的定位中心线（该定位中心线是机器、设备的地面中心线，并不是机器、设备本身的中心线）。

5）机器、设备具体定位。根据设备的具体尺寸和标高，遵照透视图绘图原则，按比例绘制机器、设备在空间的具体位置及图形。再参照设备本身进出口的位置和尺寸，确定并画出各连接管口的位置。

6）管道连接。参照制冷系统原理图的工艺流程，根据平面图、剖面图设计的管道的具体走向，按透视图的原则连接相关管道及阀件。

7）标注：①管道、阀件规格和制冷剂流向；②机器、设备位号，与制冷系统原理图等一致；③冷风机、排管位号，并注明所在冷间的编号等。

绘图时，整个图样既应按一定比例、尺寸绘制，又可不绝对按比例、尺寸绘制。对于外形较复杂的设备，如压缩机、泵等，可以不画实际外形，只画出其安装基础位置及基础尺寸，并标记设备位号；对于设备管道集中部位，可以采用将管道断开或拉长的方法绘制，以保持图面清晰，管道断开处也应标记符号。

制冷系统透视图不表示实际尺寸。

某500t冷库制冷系统透视图如图8-4所示。

5. 排管制作安装图（简称制安图）

排管没有定型产品，需要时需对各种排管做制作安装图设计。图8-5为某冷库光滑顶排管制作安装图，该图给出了排管的长度、根数、结构、间距、形式、1组排管的冷却面积、制作排管所用主要材料及用量等（实际施工图中有排管制安大样图部分内容，此处为突出排管的结构，图中删掉了大样图内容），施工单位可据该图进行排管的制作与安装。

6. 调节站制作安装图

调节站分总调节站、液体分调节站、气体分调节站、加氨站等。图8-6所示为某冷库分调节站制作安装图，供参考。

7. 设备基础位置图、设备基础图

设备基础位置图是决定安装设备基础位置的图样，也可以说是决定安装设备具体布置位置的图样。设备基础图是描述设备基础具体尺寸、具体构造、具体做法的图样。图8-7为某冷库制冷机房基础位置图，图8-8为压缩机、设备基础图（部分）。施工人员可依据图8-7找到所安装设备基础的具体位置和数量，并依据图8-8进行安装设备基础的施工。应该注意的是，所有设备基础都需要与实物核实后再施工。

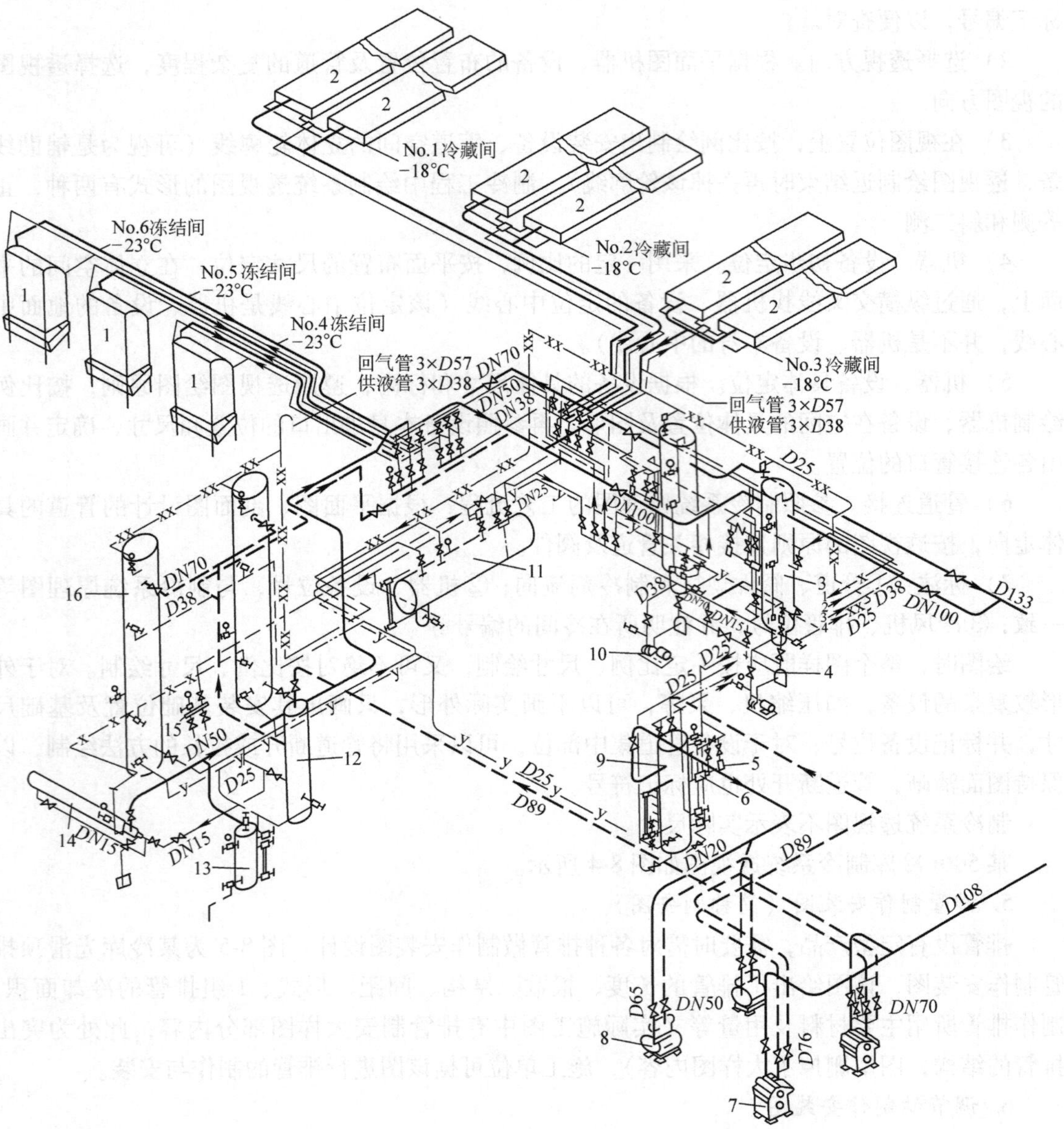

图8-4　某500t冷库制冷系统透视图

1—冷风机　2—顶排管　3—低压循环桶　4、5—氨液过滤器　6—浮球阀
7、8—压缩机　9—中间冷却器　10—氨泵　11—贮液器　12—油分离器
13—集油器　14—放空气器　15—加氨站　16—冷凝器

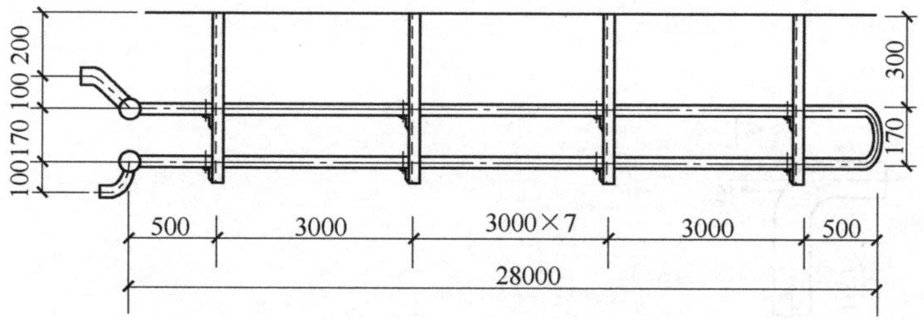

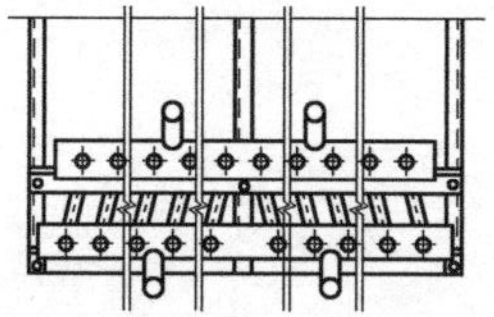

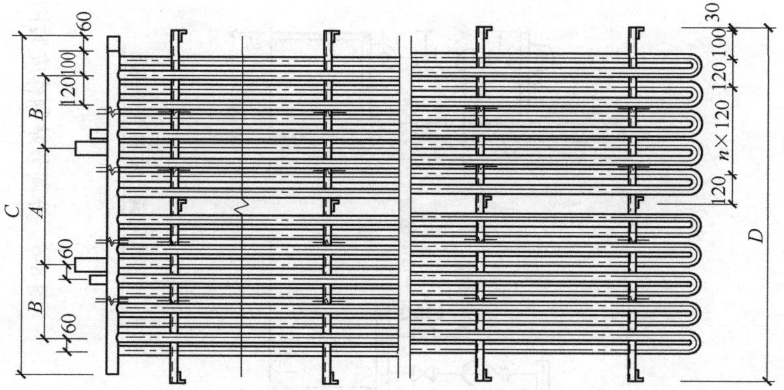

顶排管平面图 1:20

说明：

1. 顶管制成后以1.3MPa(表压)的压缩空气试压试漏。
2. 顶管的焊接全部采用气焊，焊接口应离开加固角钢，以便修理。
3. 顶管制成后需涂两道锌黄防锈底漆。
4. 集管上开孔一定要钻孔，勿用气焊割制。
5. 顶管型号XDG28×40−133:XDG表示斜型顶排管，28表示长度，40表示根数，133表示冷却面积。
6. 本材料表中所表示的材料数量为一组顶排管，共制作二十组。

编号	材料名称及规格		单位	数量	备注
	圆钢	$\phi 10$	m	47	
	钢板堵头	$\delta=10$	m^2	0.015	
	六角螺栓	M16×30 GB5-66	套	60	
	六角螺母	M8 GB41-66	个	400	
	角钢	∟50×5	m	88	
	无缝钢管	$D76\times3.5$	m	5	
	无缝钢管	$D57\times3.5$	m	0.6	
	无缝钢管	$D38\times2.5$	m	1122	

工程设计研究院				工程名称：		
院审定		专业负责人		XDG28×40−133 光滑顶排管制作安装图	日期	2008.6
审定		校对			工程编号	
项目经理		设计			图号	艺施2-14
审核		制图				

专业会签						
专业	姓名	日期	专业	姓名	日期	

图8-5 光滑顶排管制作安装图

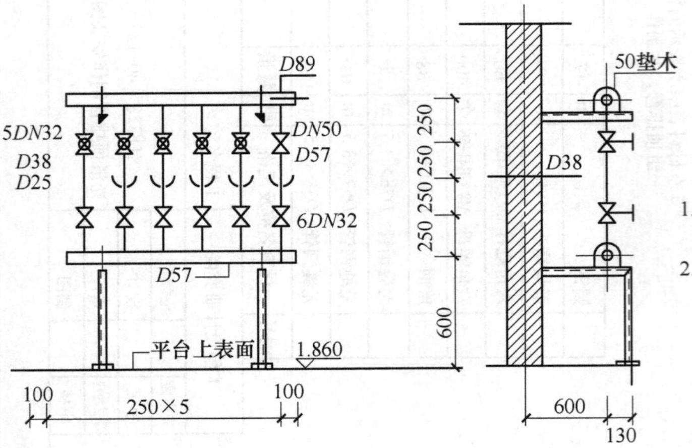

说明

1. 排液管做45°角插入集管底部，其他支管同气体调节站。
2. 注意各支管上管径、阀径的不同。

液体分调节站制作安装图

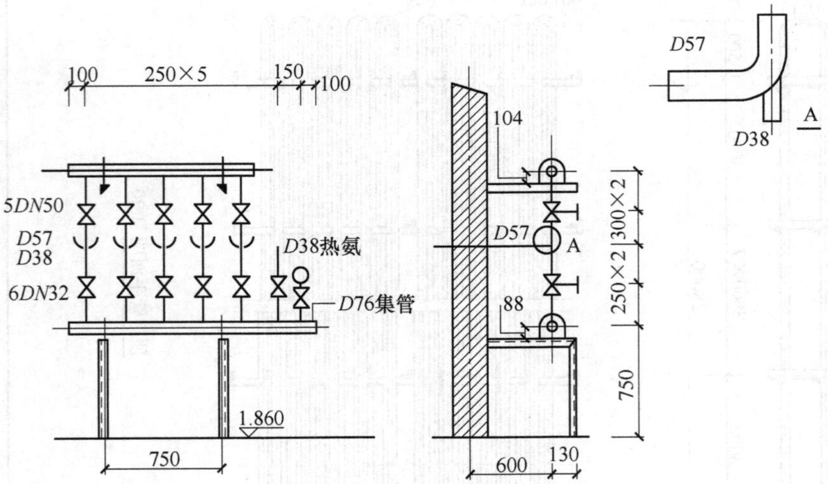

气体分调节站制作安装图

图 8-6 分调节站制作安装图

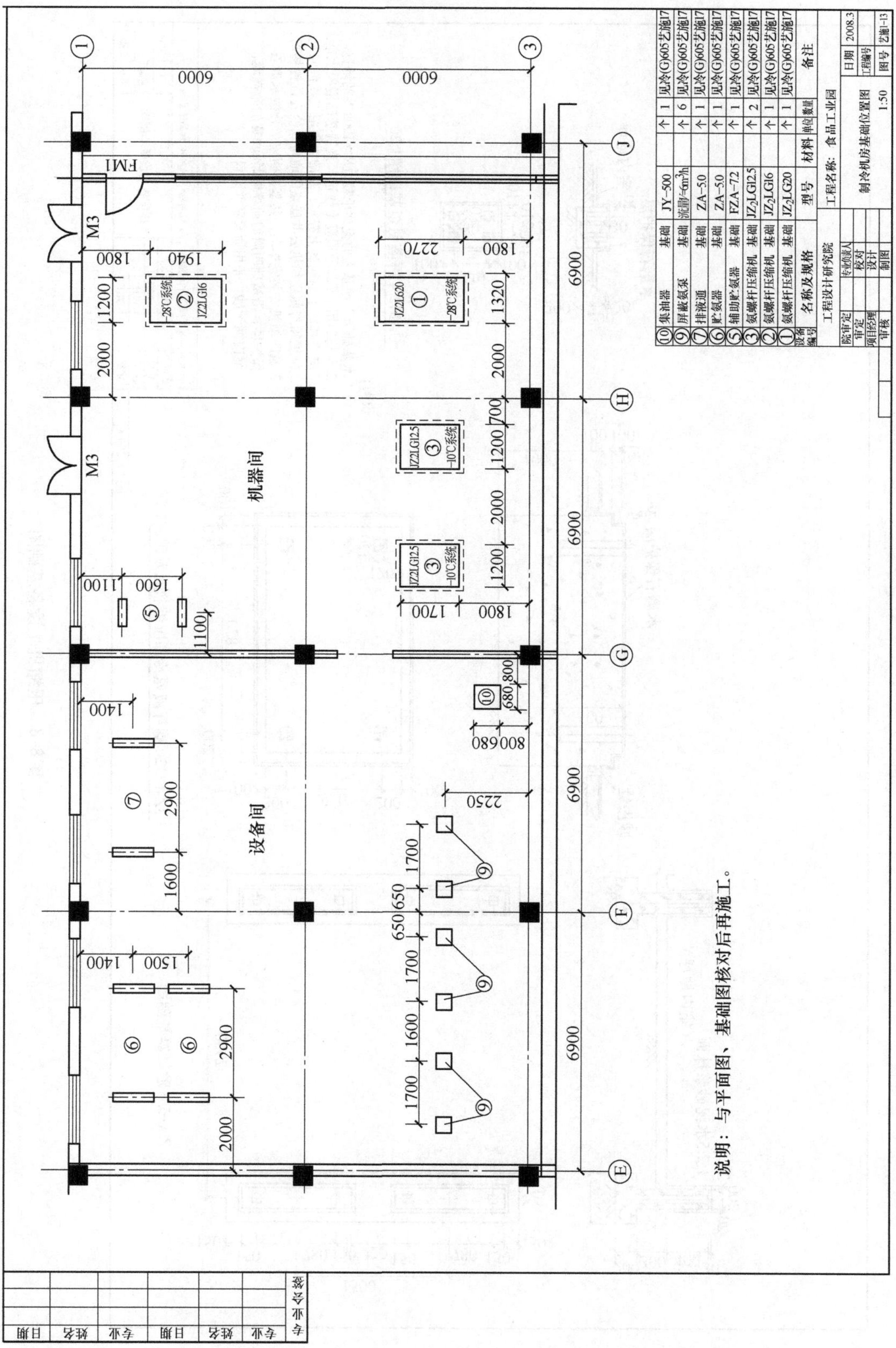

图8-7　制冷机房基础位置图

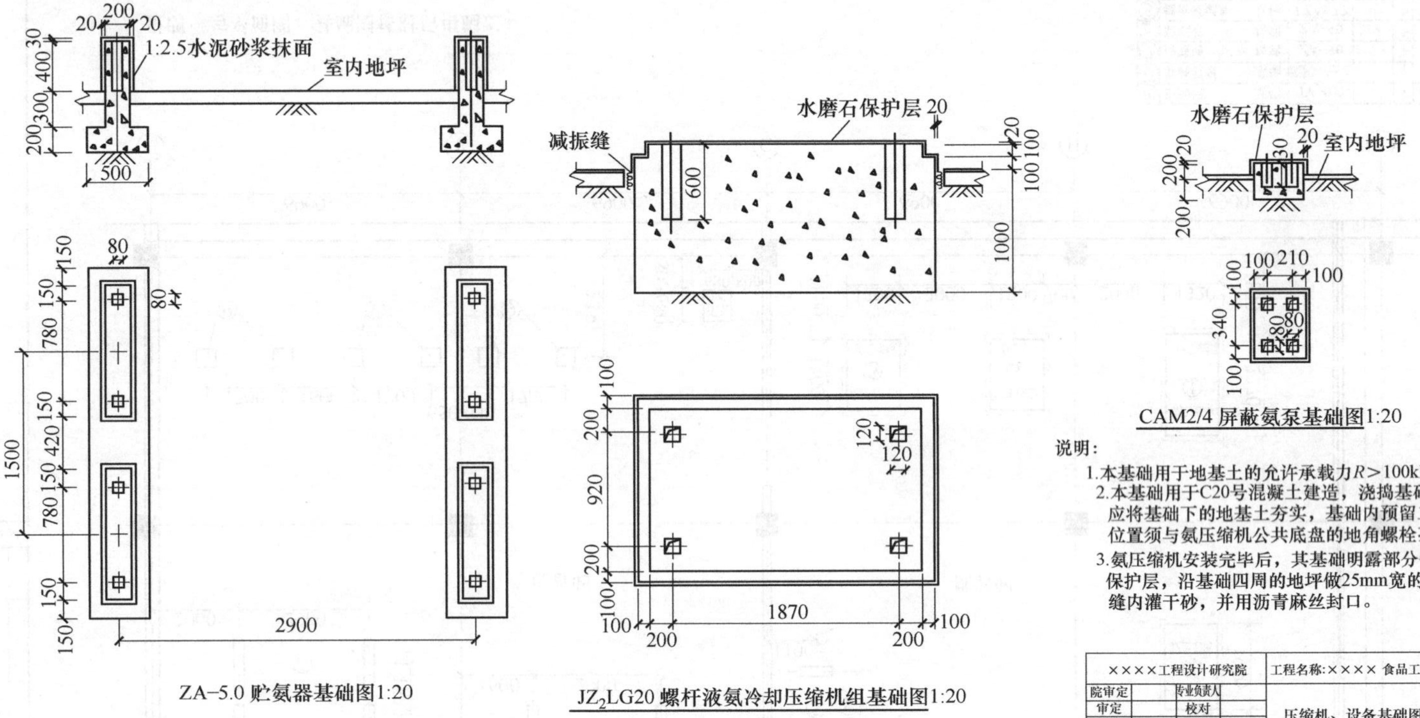

说明：

1.本基础用于地基土的允许承载力$R>100$kPa的地区。

2.本基础用于C20号混凝土建造，浇捣基础混凝土前应将基础下的地基土夯实，基础内预留二次灌浆孔位置须与氨压缩机公共底盘的地角螺栓孔位置核对。

3.氨压缩机安装完毕后，其基础明露部分做水磨石保护层，沿基础四周的地坪做25mm宽的减振缝，缝内灌干砂，并用沥青麻丝封口。

××××工程设计研究院				工程名称:×××× 食品工业园		
院审定		专业负责人		压缩机、设备基础图	日期	2008.3
审定		校对			工程编号	
项目经理		设计				
审核		制图			图号	艺施1-12

标准化审查人

图8-8　压缩机、设备基础图

第四节　制冷工艺专业与其他专业的配合

一套完整的冷库设计施工图应由土建、结构、给水排水、电气、暖通和制冷工艺各专业协同完成。制冷工艺是整个冷库工程设计的主导专业，结构、土建、给水排水、电气、暖通等其他专业都是根据制冷工艺专业所提出的要求和技术资料而开展各自的设计工作。在冷库设计过程中，各专业之间的相互关系是分工合作，其中制冷工艺设计是主导，必须先行。制冷工艺专业根据各种不同类型冷库的规模，确定各冷间的公称体积、冷加工能力及各冷间、机器间、设备间等的建筑尺寸，然后根据生产工艺流程做出平面布置方案，决定它们之间的相对位置，提出工艺设计对建筑设计（包括结构、土建）的要求。建筑设计一般尽量满足制冷工艺设计提出的平面布置方案，对于不符合建筑模式或其他见解不同的地方应与工艺设计进行沟通，协商确定最后的平面布置方案，由建筑设计做出冷库总平面布置图，工艺设计再依据建筑设计做出的总平面布置图进行制冷工艺施工图设计。同样，给水排水、电气设计等也是根据工艺要求而进行的。工艺设计根据实施制冷循环所配备的机器、设备的实际情况（如电动机功率大小、冷却水量等），对给水排水、电气设计提出要求，给水排水、电气专业做出各自专业设计，以保证制冷装置的正常运行。因此，各工种必须在设计和施工期间密切配合，互相协调，及时沟通，才能做出一个比较理想的、合乎实际的冷库设计。

制冷工艺专业要向其他专业提供的条件有：

1. 向土建专业提供的条件

1）生产工艺流程。

2）库内外运输的方式和工具。

3）冷库平面布置和竖向布置的要求。

4）机房、库房以及制冰间等建筑物的一次条件图（如设备基础图、设备布置平面图等）和二次条件图（如预留孔、预埋件等）等。

2. 向给水排水专业提供的主要条件

1）用水设备位置、用途、用水量、用水方式和对水质的要求。

2）制冰、融冰、融霜等用水的要求。

3）污水处理的要求。

3. 向电气专业提供的主要条件

1）各用电机器、设备的安装位置和用电容量。

2）自控元件和检测仪表的安装位置和用电容量。

3）机房、库房及其他车间的照明要求。

4）机房用电的特殊要求等。

附　　录

附录A　附　表

附表1　R717 饱和液体及饱和蒸气的热力性质

温度 t/℃	压力 p/kPa	比焓 /(kJ/kg)		比熵 /[kJ/(kg·K)]		比体积 /×10^{-3}(m^3/kg)	
		h_f	h_g	s_f	s_g	v_f	v_g
-60	21.99	-69.5330	1373.19	-0.10909	6.6592	1.4010	4685.08
-55	30.29	-47.5062	1382.01	-0.00717	6.5454	1.4126	3474.22
-50	41.03	-25.4342	1390.64	-0.09264	6.4382	1.4245	2616.51
-45	54.74	-3.3020	1399.07	-0.19049	6.3369	1.4367	1998.91
-40	72.01	18.9024	1407.26	0.28651	6.2410	1.4493	1547.36
-35	93.49	41.1883	1415.20	0.38082	6.1501	1.4623	1212.49
-30	119.90	63.5629	1422.86	0.47351	6.0636	1.4757	960.867
-28	132.02	72.5387	1425.84	0.51015	6.0302	1.4811	878.100
-26	145.11	81.5300	1428.76	0.54655	5.9974	1.4867	803.761
-24	159.22	90.5370	1431.64	0.58272	5.9652	1.4923	736.868
-22	174.41	99.5600	1434.46	0.61865	5.9336	1.4980	676.570
-20	190.74	108.599	1437.23	0.65436	5.9025	1.5037	622.122
-18	208.26	117.656	1439.94	0.68984	5.8720	1.5096	572.875
-16	277.04	126.729	1442.60	0.72511	5.8420	1.5155	528.257
-14	274.14	135.820	1445.20	0.76016	5.8125	1.5215	487.769
-12	268.63	144.929	1447.74	0.79501	5.7835	1.5276	450.971
-10	291.57	154.056	1450.22	0.82965	5.7550	1.5338	417.477
-9	303.60	158.628	1451.44	0.84690	5.7409	1.5369	401.860
-8	316.02	163.204	1452.64	0.86410	5.7269	1.5400	386.944
-7	328.84	167.785	1453.83	0.88125	5.7131	1.5432	372.692
-6	342.07	172.371	1455.00	0.89835	5.6993	1.5464	359.071
-5	355.71	176.962	1456.15	0.91541	5.6856	1.5496	346.046
-4	369.77	181.559	1457.29	0.93242	5.6721	1.5528	333.589
-3	384.26	186.161	1458.42	0.94938	5.6586	1.5561	321.670
-2	399.20	190.768	1459.53	0.96630	5.6453	1.5594	310.263
-1	414.58	195.381	1460.62	0.98317	5.6320	1.5627	299.340
0	430.43	200.000	1461.70	1.00000	5.6189	1.5660	288.880

（续）

温度 t/℃	压力 p/kPa	比焓 /(kJ/kg)		比熵 /[kJ/(kg·K)]		比体积 /×10⁻³(m³/kg)	
		h_f	h_g	s_f	s_g	v_f	v_g
1	446.74	204.625	1462.76	1.01679	5.6058	1.5694	278.858
2	463.53	209.256	1463.80	1.03354	5.5929	1.5727	269.253
3	480.81	213.892	1464.83	1.05024	5.5800	1.5762	260.046
4	498.59	218.535	1465.84	1.06691	5.5672	1.5796	251.216
5	516.87	233.185	1466.84	1.08353	5.5545	1.5831	242.745
6	535.67	227.841	1467.82	1.10012	5.5419	1.5866	234.618
7	555.00	232.503	1468.78	1.11667	5.5294	1.5901	226.817
8	574.87	237.172	1469.72	1.13317	5.5170	1.5936	219.326
9	595.28	241.848	1470.64	1.14964	5.5046	1.5972	212.132
10	616.25	246.531	1471.57	1.16607	5.4924	1.6008	205.221
11	637.78	251.221	1472.46	1.18246	5.4802	1.6045	198.580
12	659.89	255.918	1473.34	1.19882	5.4681	1.6081	192.196
13	682.59	260.622	1474.20	1.21515	5.4561	1.6118	186.058
14	705.88	265.334	1475.05	1.23144	5.4441	0.6156	180.154
15	729.29	270.053	1475.88	1.24769	5.4322	1.6193	174.475
16	754.31	274.779	1476.69	1.26391	5.4204	1.6231	169.009
17	779.46	279.513	1477.48	1.28010	5.4087	1.6269	163.748
18	805.25	284.255	1478.25	1.29626	5.3971	1.6308	158.683
19	831.69	289.005	1479.01	1.31238	5.3855	1.6347	153.804
20	858.79	293.762	1479.75	1.32847	5.3740	1.6386	149.106
21	886.57	298.527	1480.48	1.34452	5.3626	1.6426	144.578
22	915.03	303.300	1481.18	1.36055	5.3512	1.6466	140.214
23	944.18	308.081	1481.87	1.37654	5.3399	1.6507	136.006
24	974.03	312.870	1482.53	1.39250	5.3286	1.6547	131.950
25	1004.6	316.667	1483.18	1.40843	5.3175	1.6588	128.037
26	1035.9	322.471	1483.81	1.42433	5.3063	1.6630	124.261
27	1068.0	327.284	1484.42	1.44020	5.2953	1.6672	120.619
28	1100.7	332.104	1485.01	1.45604	5.2843	1.6714	117.103
29	1134.3	336.933	1485.59	1.47185	5.2733	1.6757	113.708
30	1168.6	341.769	1486.14	1.48762	5.2624	1.6800	110.430
31	1203.7	346.614	1486.67	1.50337	5.2516	1.6844	107.263
32	1239.6	351.466	1487.18	1.51908	5.2408	1.6888	104.205
33	1276.3	356.326	1487.66	1.53477	5.2300	1.6932	101.248

（续）

温度 t/℃	压力 p/kPa	比焓 /(kJ/kg)		比熵 /[kJ/(kg·K)]		比体积 /×10⁻³(m³/kg)	
		h_f	h_g	s_f	s_g	v_f	v_g
34	1313.9	361.195	1488.13	1.55042	5.2193	1.6977	98.3913
35	1352.2	366.072	1488.57	1.56605	5.2086	1.7023	95.6290
36	1391.5	370.957	1488.99	1.58165	5.1980	1.7069	92.9579
37	1431.5	375.851	1489.39	1.59722	5.1874	1.7115	90.3743
38	1472.4	380.754	1489.76	1.61276	5.1768	1.7162	87.8748
39	1514.3	385.666	1490.10	1.62828	5.1663	1.7209	85.4561
40	1557.0	390.587	1490.42	1.64377	5.1558	1.7257	83.1150
41	1600.6	395.519	1490.71	1.65924	5.1453	1.7305	80.8484
42	1645.1	400.462	1490.98	1.67470	5.1349	1.7354	78.6536
43	1690.6	405.416	1491.21	1.69013	5.1244	1.7404	76.5276
44	1737.0	410.382	1491.41	1.70554	5.1140	1.7454	74.4678
45	1784.3	415.362	1491.58	1.72095	5.1036	1.7504	72.4716
46	1832.6	420.358	1491.72	1.73635	5.0932	1.7555	70.5365
47	1881.9	425.369	1491.83	1.75174	5.0827	1.7607	68.6602
48	1932.2	430.399	1491.88	1.76714	5.0723	1.7659	66.8403
49	1983.5	435.450	1491.91	1.78255	5.0618	1.7712	65.0746
50	2035.9	440.523	1491.89	1.79798	5.0514	1.7766	63.3608
51	2089.2	445.623	1491.83	1.81343	5.0409	1.7820	61.6971
52	2143.6	450.751	1491.73	1.82891	5.0303	1.7875	60.0813
53	2199.1	455.913	1491.58	1.84445	5.0198	1.7931	58.5114
54	2255.6	461.112	1491.38	1.86004	5.0092	1.7987	56.9855
55	2313.2	466.353	1491.12	1.87571	4.9985	1.8044	55.5019

附表2 R12饱和液体及饱和蒸气的热力性质

温度 t/℃	压力 p/kPa	比焓 /(kJ/kg)		比熵 /[kJ/(kg·K)]		比体积 /×10⁻³(m³/kg)	
		h_f	h_g	s_f	s_g	v_f	v_g
-60	22.62	146.463	324.236	0.77977	1.61373	0.63689	637.911
-55	29.98	150.808	326.567	0.79990	1.60552	0.64226	491.000
-50	39.15	155.169	328.897	0.81964	1.59810	0.64782	383.105
-45	50.44	159.549	331.223	0.83901	1.59142	0.65355	302.683
-40	64.17	163.948	333.541	0.85805	1.58539	0.65949	241.910
-35	80.71	168.369	335.849	0.86776	1.57996	0.66563	195.398
-30	100.41	172.810	338.143	0.89516	1.57507	0.67200	159.375

（续）

温度 t/℃	压力 p/kPa	比焓 /(kJ/kg)		比熵 /[kJ/(kg·K)]		比体积 /×10⁻³(m³/kg)	
		h_f	h_g	s_f	s_g	v_f	v_g
-28	109.27	174.593	339.057	0.90244	1.57326	0.67461	147.275
-26	118.72	176.380	339.968	0.90967	1.57152	0.67726	136.284
-24	128.80	178.171	340.876	0.91686	1.56985	0.67996	126.282
-22	139.53	179.965	341.780	0.92400	1.56825	0.68269	117.167
-20	150.93	181.764	342.682	0.93110	1.56672	0.68547	108.847
-18	163.04	183.567	343.580	0.93816	1.56526	0.68829	101.242
-16	175.89	185.374	344.474	0.94518	1.56385	0.69115	94.2788
-14	189.50	187.185	345.365	0.95216	1.56250	0.69407	87.8951
-12	203.90	189.001	346.252	0.95910	1.56121	0.69703	82.0344
-10	219.12	190.822	347.134	0.96601	1.55997	0.70004	76.6464
-9	227.04	191.734	347.574	0.96945	1.55938	0.70157	74.1155
-8	235.19	192.647	348.012	0.97287	1.55897	0.70310	71.6864
-7	243.55	193.562	348.450	0.94629	1.55822	0.70465	69.3543
-6	252.14	194.477	348.886	0.97971	1.55765	0.70622	67.1146
-5	260.96	195.395	349.321	0.98311	1.55710	0.70780	64.9629
-4	270.01	196.313	349.755	0.98650	1.55657	0.70939	62.8952
-3	279.30	197.233	350.187	0.98989	1.55604	0.71099	60.9075
-2	288.82	198.154	350.619	0.99327	1.55552	0.71261	58.9963
-1	298.59	199.076	351.049	0.99664	1.55502	0.71425	57.1579
0	308.61	200.000	351.477	1.00000	1.55452	0.71590	55.3892
1	318.88	200.925	351.905	1.00335	1.55404	0.71756	53.6869
2	329.40	201.852	352.331	1.00670	1.55356	0.71324	52.0481
3	340.19	202.780	352.755	1.01004	1.55310	0.72094	50.4700
4	351.24	203.710	353.179	1.01337	1.55264	0.72265	48.9499
5	263.55	204.642	353.600	1.01670	1.55220	0.72438	47.4853
6	374.14	205.575	354.020	1.02001	1.55176	0.72612	46.0737
7	386.01	206.509	354.439	1.02333	1.55133	0.72788	44.7129
8	398.15	207.445	354.856	1.02663	1.55091	0.72966	43.4006
9	410.58	208.383	355.272	1.02993	1.55050	0.73146	42.1349
10	423.30	209.323	355.686	1.03322	1.55010	0.73326	40.9137
11	436.31	210.264	356.098	1.03650	1.54970	0.73510	39.7352
12	449.62	211.207	356.509	1.03978	1.54931	0.73695	38.5975
13	463.23	212.152	365.918	1.04305	1.54893	0.73882	37.4991
14	477.14	213.099	357.325	1.04632	1.54856	0.74071	36.4382
15	491.37	214.048	357.730	1.04958	1.54819	0.74262	35.4133
16	505.91	214.998	358.134	1.05284	1.54783	0.74455	34.4230
17	520.76	215.951	358.535	1.05609	1.54748	0.74649	33.4658

（续）

温度 t/℃	压力 p/kPa	比焓 /(kJ/kg)		比熵 /[kJ/(kg·K)]		比体积 /×10^{-3}(m^3/kg)	
		h_f	h_g	s_f	s_g	v_f	v_g
18	535.94	216.906	358.935	1.05933	1.54713	0.74846	32.5405
19	551.45	217.863	359.333	1.06258	1.54679	0.75045	31.6457
20	567.29	218.821	359.729	1.06581	1.54645	0.75246	30.7802
21	583.47	219.783	360.122	1.06904	1.54612	0.75449	29.9429
22	599.98	220.746	360.514	1.07227	1.54579	0.75655	29.1327
23	616.84	221.712	360.904	1.07549	1.54547	0.75863	28.3485
24	634.05	222.680	361.291	1.07871	1.54515	0.76073	27.5894
25	651.62	223.650	361.676	1.08193	1.54484	0.76286	26.8542
26	669.54	224.623	362.059	1.08514	1.54453	0.76501	26.1442
27	687.82	225.598	362.439	1.08835	1.54423	0.76718	25.4524
28	706.47	226.576	362.817	1.09155	1.54393	0.76938	24.7840
29	725.50	227.557	363.193	1.09475	1.54363	0.77161	24.1362
30	744.90	228.540	363.566	1.09795	1.54334	0.77386	23.5082
31	764.68	229.526	363.937	1.10115	1.54305	0.77614	22.8993
32	784.85	230.515	364.305	1.10434	1.54276	0.77845	22.3088
33	805.41	231.506	364.670	1.10753	1.54247	0.78079	21.7359
34	826.36	232.501	365.033	1.11072	1.54219	0.78316	21.1802
35	847.72	233.498	365.392	1.11391	1.54191	0.78556	20.6408
36	869.48	234.499	365.749	1.11710	1.54163	0.78799	20.1173
37	891.64	235.503	366.103	1.12028	1.54135	0.79045	19.6091
38	914.23	236.510	366.454	1.12347	1.54107	0.79294	19.1156
39	937.23	237.521	366.802	1.12665	1.54079	0.79546	18.6362
40	960.65	238.535	367.146	1.12984	1.54051	0.79802	18.1706
41	984.51	239.552	267.487	1.13302	1.54024	0.80062	17.7182
42	1008.8	240.574	367.825	1.13620	1.53996	0.80325	17.2785
43	1033.5	241.598	368.160	1.13938	1.53968	0.80592	16.8511
44	1058.7	242.627	368.491	1.14257	1.53941	0.80863	16.4356
45	1084.3	243.659	368.818	1.14575	1.53913	0.81137	16.0316
46	1110.4	244.696	369.141	1.14894	1.53885	0.81416	15.6386
47	1136.9	245.736	369.461	1.15213	1.53856	0.81698	15.2563
48	1163.9	246.781	369.777	1.15532	1.53828	0.81985	14.8844
49	1191.4	247.830	370.088	1.15851	1.53799	0.82277	14.5224
50	1219.3	248.884	370.396	1.16170	1.53770	0.82573	14.1701
52	1276.6	251.004	370.997	1.16810	1.53712	0.83179	13.4931
54	1335.9	253.144	371.581	1.17451	1.53651	0.83804	12.8509
56	1397.2	255.304	372.145	1.18093	1.53589	0.84451	12.2412
58	1460.5	257.486	372.688	1.18738	1.53524	0.85121	11.6620

（续）

温度 t/℃	压力 p/kPa	比焓 /(kJ/kg)		比熵 /[kJ/(kg·K)]		比体积 /×10⁻³(m³/kg)	
		h_f	h_g	s_f	s_g	v_f	v_g
60	1525.9	259.690	373.210	1.19384	1.53457	0.85814	11.1113
62	1593.5	261.918	373.707	1.20034	1.53387	0.86534	10.5872
64	1663.2	264.172	374.180	1.20686	1.53313	0.87282	10.0881
66	1735.1	266.452	374.625	1.21342	1.53235	0.88059	9.61234
68	1809.3	268.762	375.042	1.22001	1.53153	0.88870	9.15844
70	1885.8	271.102	375.427	1.22665	1.53066	0.89716	8.72502
75	2087.5	277.100	376.234	1.24347	1.52821	0.92009	7.72258
80	2304.6	283.341	376.777	1.26069	1.52526	0.94612	6.82143
85	2538.0	289.879	376.985	1.27845	1.52164	0.97621	6.00494
90	2788.5	296.788	376.748	1.29691	1.51708	1.01190	5.25759
95	3056.9	304.181	375.887	1.31637	1.51113	1.05581	4.56341
100	3344.1	312.261	374.070	1.33732	1.50296	1.11311	3.90280

附表 3 R22 饱和液体及饱和蒸气的热力性质

温度 t/℃	压力 p/kPa	比焓 /(kJ/kg)		比熵 /[kJ/(kg·K)]		比体积 /×10⁻³(m³/kg)	
		h_f	h_g	s_f	s_g	v_f	v_g
-60	37.48	134.763	379.114	0.73254	1.87886	0.68208	537.152
-55	49.47	139.830	381.529	0.75599	1.86389	0.68856	414.827
-50	64.39	144.959	383.821	0.77919	1.85000	0.69526	324.557
-45	82.71	150.153	386.282	0.80216	1.83708	0.70219	256.990
-40	104.95	155.414	388.609	0.82490	1.82504	0.70936	205.745
-35	131.68	160.742	390.896	0.84743	1.81380	0.71680	166.400
-30	163.48	166.140	393.138	0.86976	1.80329	0.72452	135.844
-28	177.76	168.318	394.021	0.87864	1.79927	0.72769	125.563
-26	192.99	170.507	394.896	0.88748	1.79535	0.73092	116.214
-24	209.22	172.708	395.762	0.89630	1.79152	0.73420	107.701
-22	226.48	174.919	396.619	0.90509	1.78779	0.73753	99.9362
-20	244.83	177.142	397.467	0.91386	1.78415	0.74091	92.8432
-18	264.29	179.376	398.305	0.92259	1.78059	0.74436	86.3546
-16	284.93	181.622	399.133	0.93129	1.77711	0.74786	80.4103

（续）

温度 t/℃	压力 p/kPa	比焓 /(kJ/kg)		比熵 /[kJ/(kg·K)]		比体积 /×10^{-3}(m^3/kg)	
		h_f	h_g	s_f	s_g	v_f	v_g
-14	306.78	183.878	399.951	0.93997	1.77371	0.75143	74.9572
-12	329.89	186.147	400.759	0.94862	1.77039	0.75506	69.9478
-10	354.30	188.426	401.555	0.95725	1.76713	0.75876	65.3399
-9	367.01	189.571	401.949	0.96155	1.76553	0.76063	63.1746
-8	380.06	190.718	402.341	0.96585	1.76394	0.76253	61.0958
-7	393.47	191.868	402.729	0.97014	1.76237	0.76444	59.0996
-6	407.23	193.021	403.114	0.97442	1.76082	0.76636	57.1820
-5	421.35	194.176	403.496	0.97870	1.75928	0.76831	55.3394
-4	435.84	195.335	403.876	0.98297	1.75775	0.77028	53.5682
-3	450.70	196.497	404.252	0.98724	1.75624	0.77226	51.8653
-2	465.94	197.662	404.626	0.99150	1.75475	0.77427	50.2274
-1	481.57	198.828	404.994	0.99575	1.75326	0.77629	48.6517
0	497.59	200.000	405.361	1.00000	1.75279	0.77834	47.1354
1	514.01	201.174	405.724	1.00424	1.75034	0.78041	45.6757
2	530.83	202.351	406.084	1.00848	1.74889	0.78249	44.2702
3	548.06	203.530	406.440	1.01271	1.74746	0.78460	42.9166
4	565.71	204.713	406.793	1.01694	1.74604	0.78673	41.6124
5	583.78	205.899	407.143	1.02116	1.74463	0.78889	40.3556
6	602.28	207.089	407.489	1.02537	1.74324	0.79107	39.1441
7	621.22	208.281	407.831	1.02958	1.74185	0.79327	37.9759
8	640.59	209.477	408.169	1.03379	1.74047	0.79549	36.8493
9	660.42	210.675	408.504	1.03799	1.73911	0.79775	35.7624
10	680.70	211.877	408.835	1.04218	1.73775	0.80002	34.7136
11	701.44	213.083	409.162	1.04637	1.73640	0.80232	33.7013
12	722.65	214.291	409.485	1.05056	1.73506	0.80465	32.7239
13	744.33	215.503	409.804	1.05474	1.73373	0.80701	31.7801
14	766.50	216.719	410.119	1.05892	1.73241	0.80939	30.8683
15	789.15	217.937	410.430	1.06309	1.73109	0.81180	29.9874
16	812.29	219.160	410.736	1.06726	1.72978	0.81424	29.1361
17	835.93	220.386	411.038	1.07142	1.72848	0.81671	28.3131
18	860.08	221.615	411.336	1.07559	1.72719	0.81922	27.5173
19	884.75	222.848	411.629	1.07974	1.72590	0.82175	26.7477
20	909.93	224.084	411.918	1.08390	1.72462	0.82431	26.0032

（续）

温度 t/℃	压力 p/kPa	比焓 /(kJ/kg)		比熵 /[kJ/(kg·K)]		比体积 /×10⁻³(m³/kg)	
		h_f	h_g	s_f	s_g	v_f	v_g
21	935.64	225.324	412.202	1.08805	1.72334	0.82691	25.2829
22	961.89	226.568	412.481	1.09220	1.72206	0.82954	24.5857
23	988.67	227.816	412.755	1.09634	1.72080	0.83221	23.9107
24	1016.0	229.068	413.025	1.10048	1.71953	0.83491	23.2572
25	1043.9	230.324	413.289	1.10462	1.71827	0.83765	22.6242
26	1072.3	231.583	413.548	1.10876	1.71701	0.84043	22.0111
27	1101.4	232.847	413.802	1.11290	1.71576	0.84324	21.4169
28	1130.9	234.115	414.050	1.11703	1.71450	0.84610	20.8411
29	1161.1	235.387	414.293	1.12116	1.71325	0.84899	20.2829
30	1191.9	236.664	414.530	1.12530	1.71200	0.85193	19.7417
31	1223.2	237.944	414.762	1.12943	1.71075	0.85491	19.2168
32	1255.2	239.230	414.987	1.13353	1.70950	0.85793	18.7076
33	1287.8	240.520	415.207	1.13768	1.70826	0.86101	18.2135
34	1321.0	241.814	415.420	1.14181	1.70701	0.86412	17.7341
35	1354.8	243.114	415.627	1.14594	1.70576	0.86729	17.2686
36	1389.2	244.418	415.828	1.15007	1.70450	0.87051	16.8168
37	1424.3	245.727	416.021	1.15420	1.70325	0.87378	16.3779
38	1460.1	247.041	416.208	1.15833	1.70199	0.87710	15.9517
39	1496.5	248.361	416.388	1.16246	1.70073	0.88048	15.5375
40	1533.5	249.686	416.561	1.16659	1.69946	0.88392	15.1351
41	1571.2	251.016	416.726	1.17073	1.69819	0.88741	14.7439
42	1609.6	252.352	416.883	1.17486	1.69692	0.89097	14.3636
43	1648.7	253.694	417.033	1.17900	1.69564	0.89459	13.9938
44	1688.5	255.042	417.174	1.18315	1.69435	0.89828	13.6341
45	1729.0	256.396	417.308	1.18730	1.69305	0.90203	13.2841
46	1770.2	257.756	417.432	1.19145	1.69174	0.90586	12.9436
47	1812.1	259.123	417.458	1.19560	1.69043	0.90976	12.6122
48	1854.8	260.497	417.655	1.19977	1.68911	0.91374	12.2895
49	1898.2	261.877	417.752	1.20393	1.68777	0.91779	11.9753
50	1942.3	263.264	417.838	1.20811	1.68643	0.92193	11.6693
52	2032.8	266.062	417.983	1.21648	1.68370	0.93047	11.0806
54	2126.5	268.891	418.083	1.22489	1.68091	0.93939	10.5214
56	2223.2	271.754	418.137	1.23333	1.67805	0.94872	9.98952

（续）

温度 t/℃	压力 p/kPa	比焓 /(kJ/kg)		比熵 /[kJ/(kg·K)]		比体积 /×10⁻³(m³/kg)	
		h_f	h_g	s_f	s_g	v_f	v_g
58	2323.2	274.654	418.141	1.24183	1.67511	0.95850	9.48319
60	2426.6	277.594	418.089	1.25038	1.67208	0.96878	9.00062
62	2533.3	280.577	417.978	1.25899	1.66895	0.97960	8.54016
64	2643.5	283.607	417.802	1.26768	1.66570	0.99104	8.10023
66	2757.3	286.690	417.553	1.27647	1.66231	1.00317	7.67934
68	2874.7	289.832	417.226	1.28535	1.65876	1.01608	7.27605
70	2995.9	293.038	416.809	1.29436	1.65504	1.02987	6.88899
75	3316.1	301.399	415.299	1.31758	1.64472	1.06916	5.98334
80	3662.3	310.424	412.898	1.34223	1.63239	1.11810	5.14862
85	4036.8	320.505	409.101	1.36936	1.61673	1.18328	4.35815
90	4442.5	332.616	402.653	1.40155	1.59440	1.28230	3.56440
95	4883.5	351.767	386.708	1.45222	1.54712	1.52064	2.55133

附表4 R502饱和液体及饱和蒸气的热力性质

温度 t/℃	压力 p/kPa	比焓 /(kJ/kg)		比熵 /[kJ/(kg·K)]		比体积 /×10⁻³(m³/kg)	
		h_f	h_g	s_f	s_g	v_f	v_g
−40	129.64	158.085	328.147	0.83570	1.56512	0.68307	127.687
−30	197.86	167.883	333.027	0.87665	1.55583	0.69890	85.7699
−25	241.00	172.959	335.415	0.89719	1.55187	0.70733	71.1552
−20	291.01	178.149	337.762	0.91775	1.54826	0.71615	59.4614
−15	348.55	183.452	340.063	0.93833	1.54500	0.72538	50.0230
−10	414.30	188.864	342.313	0.94589	1.54203	0.73509	42.3423
−8	443.04	191.058	343.197	0.96714	1.54092	0.73911	39.6747
−6	473.26	193.269	344.071	0.97536	1.53985	0.74323	37.2074
−4	504.98	195.497	344.936	0.98358	1.53881	0.74743	34.9228
−2	538.26	197.740	345.791	0.99179	1.53780	0.75172	32.8049
0	573.13	200.000	346.634	1.00000	1.53683	0.75612	30.8393
1	591.18	201.136	347.052	1.00410	1.53635	0.75836	29.9095
2	609.65	202.275	347.467	1.00820	1.53588	0.76062	29.0131
3	628.54	203.419	347.879	1.01229	1.53542	0.76291	28.1485
4	647.86	204.566	348.288	1.01639	1.53496	0.76523	27.3145
5	667.61	205.717	348.693	1.02048	1.53451	0.76758	26.5097
6	687.80	206.872	349.096	1.02457	1.53406	0.76996	25.7330

（续）

温度 t/℃	压力 p/kPa	比焓 /(kJ/kg)		比熵 /[kJ/(kg·K)]		比体积 /×10^{-3}(m^3/kg)	
		h_f	h_g	s_f	s_g	v_f	v_g
7	708.43	208.031	349.496	1.02866	1.53362	0.77237	24.9831
8	729.51	209.193	349.892	1.03274	1.53318	0.77481	24.2589
9	751.05	210.359	350.285	1.03682	1.53275	0.77728	23.5593
10	773.05	211.529	350.675	1.04090	1.53232	0.77978	22.8835
11	795.52	212.703	351.062	1.04497	1.53190	0.78232	22.2303
12	818.46	213.880	351.444	1.04905	1.53147	0.78489	21.5989
13	841.87	215.061	351.824	1.05311	1.53106	0.78750	20.9883
14	865.78	216.245	352.199	1.05718	1.53064	0.79014	20.3979
15	890.17	217.433	352.571	1.06124	1.53023	0.79282	19.8266
16	915.06	218.624	352.939	1.06530	1.52982	0.79555	19.2739
17	940.45	219.820	353.303	1.06936	1.52941	0.79831	18.7389
18	966.35	221.018	353.663	1.07341	1.52900	0.80111	18.2210
19	992.76	222.220	354.019	1.07746	1.52859	0.80395	17.7194
20	1019.7	223.426	354.370	1.08151	1.52819	0.80684	17.2336
21	1047.1	224.635	354.717	1.08555	1.52778	0.80978	16.7630
22	1075.1	225.858	355.060	1.08959	1.52737	0.81276	16.3069
23	1103.7	227.064	355.398	1.09362	1.52697	0.81579	15.8649
24	1132.7	228.284	355.732	1.09766	1.52656	0.81887	15.4363
25	1162.3	229.506	356.061	1.10168	1.52615	0.82200	15.0207
26	1192.5	230.734	356.385	1.10571	1.52573	0.82518	14.6175
27	1223.2	231.964	356.703	1.10973	1.52532	0.82842	14.2263
28	1254.6	233.198	357.017	1.11375	1.52490	0.83171	13.8468
29	1286.4	234.436	357.325	1.11776	1.52448	0.83507	13.4783
30	1318.9	235.677	357.628	1.12177	1.52405	0.83848	13.1205
32	1385.6	238.170	358.216	1.12978	1.52318	0.84551	12.4356
34	1454.7	240.677	358.780	1.13778	1.52229	0.85282	11.7889
36	1526.2	243.200	359.318	1.14577	1.52137	0.86042	11.1778
38	1600.3	245.739	359.828	1.15375	1.52042	0.86834	10.5996
40	1677.0	248.295	360.309	1.16172	1.51943	0.87662	10.0521
45	1880.3	254.762	361.367	1.18164	1.51672	0.89908	8.80325
50	2101.3	261.361	362.180	1.20159	1.51358	0.92465	7.70220
55	2341.1	268.128	362.684	1.22168	1.50983	0.95430	6.72295
60	2601.4	275.130	362.780	1.24209	1.50518	0.98962	5.84240
70	3191.8	290.465	360.952	1.28562	1.49103	1.09069	4.28602
80	3900.4	312.822	350.672	1.34730	1.45448	1.34203	2.70616

附表5 R134a饱和液体及饱和蒸气的热力性质

温度 t/℃	压力 p/MPa	密度 ρ_f/(kg/m^3)	比体积 v_g/(m^3/kg)	比焓 /(kJ/kg)		比熵 /[kJ/(kg·K)]	
				h_f	h_g	s_f	s_g
-103.30	0.00039	1591.2	35.263	71.89	335.07	0.4143	1.9638
-100.00	0.00056	1581.9	25.039	75.71	337.00	0.4366	1.9456
-90.00	0.00153	1553.9	9.7191	87.59	342.94	0.5032	1.8975
-80.00	0.00369	1526.2	4.2504	99.65	349.03	0.5674	1.8585
-70.00	0.00801	1498.6	2.0528	111.78	355.23	0.6286	1.8269
-60.00	0.01594	1471.0	1.0770	123.96	361.51	0.6871	1.8016
-50.00	0.02948	1443.1	0.60560	136.21	367.83	0.7432	1.7812
-40.00	0.05122	1414.8	0.36095	148.57	374.16	0.7973	1.7649
-30.00	0.08436	1385.9	0.22596	161.10	380.45	0.8498	1.7519
-28.00	0.09268	1380.0	0.20682	163.62	381.70	0.8601	1.7497
-26.00	0.10164	1374.1	0.18961	166.16	382.94	0.8701	1.7476
-24.00	0.11127	1368.2	0.17410	168.70	384.19	0.8806	1.7455
-22.00	0.12160	1362.2	0.16010	171.26	385.43	0.8908	1.7436
-20.00	0.13268	1356.2	0.14744	173.82	386.66	0.9009	1.7417
-18.00	0.14454	1350.2	0.13597	176.39	387.89	0.9110	1.7399
-16.00	0.15721	1344.1	0.12556	178.97	389.11	0.9211	1.7383
-14.00	0.17074	1338.0	0.11610	181.56	390.33	0.9311	1.7367
-12.00	0.18516	1331.8	0.10749	181.16	391.55	0.9110	1.7351
-10.00	0.20052	1325.6	0.09963	186.78	392.75	0.9509	1.7337
-8.00	0.21684	1319.3	0.09246	189.40	393.95	0.9608	1.7323
-6.00	0.23418	1313.0	0.08591	192.03	395.15	0.9707	1.7310
-4.00	0.25257	1306.6	0.07991	194.68	396.33	0.9805	1.7297
-2.00	0.27206	1300.2	0.07440	197.33	397.51	0.9903	1.7285
0.00	0.29269	1293.7	0.06935	200.00	398.68	1.0000	1.7274
2.00	0.31450	1287.1	0.06470	202.68	399.84	1.0097	1.7263
4.00	0.33755	1280.5	0.06042	205.37	401.00	1.0194	1.7252
6.00	0.36186	1273.8	0.05648	208.08	402.14	1.0294	1.7242
8.00	0.38749	1267.0	0.05284	210.80	403.27	1.0387	1.7233
10.00	0.41449	1260.2	0.04948	213.53	404.40	1.0483	1.7224
12.00	0.44289	1253.3	0.04636	216.27	405.51	1.0579	1.7215
14.00	0.47276	1246.3	0.04348	219.03	406.61	1.0674	1.7207
16.00	0.50413	1239.3	0.04081	221.80	407.70	1.0770	1.7199
18.00	0.53706	1232.1	0.03833	224.59	408.78	1.0865	1.7191

（续）

温度 t/℃	压力 p/MPa	密度 ρ_f/(kg/m³)	比体积 v_g/(m³/kg)	比焓 /(kJ/kg)		比熵 /[kJ/(kg·K)]	
				h_f	h_g	s_f	s_g
20.00	0.57159	1224.9	0.03603	227.40	409.84	1.0960	1.7183
22.00	0.60777	1217.5	0.03388	230.21	410.89	1.1055	1.7176
24.00	0.64566	1210.1	0.03189	233.05	411.93	1.1149	1.7169
26.00	0.68531	1202.6	0.03003	235.90	412.95	1.1244	1.7162
28.00	0.72676	1194.9	0.02829	238.77	413.95	1.1338	1.7155
30.00	0.77008	1187.2	0.02667	241.65	414.94	1.1432	1.7149
32.00	0.81530	1179.3	0.02516	244.55	415.90	1.1527	1.7142
34.00	0.86250	1171.3	0.02374	247.47	416.85	1.1624	1.7135
36.00	0.91172	1163.2	0.02241	250.41	417.78	1.1715	1.7129
38.00	0.96301	1154.9	0.02116	253.37	418.69	1.1809	1.7122
40.00	1.0165	1146.5	0.01999	256.35	419.58	1.1903	1.7115
42.00	1.0721	1137.9	0.01890	259.35	420.44	1.1997	1.7108
44.00	1.1300	1129.2	0.01786	262.38	421.28	1.2091	1.7101
46.00	1.1901	1120.3	0.01689	265.42	422.09	1.2185	1.7094
48.00	1.2527	1111.3	0.01598	268.49	422.88	1.2279	1.7086
50.00	1.3177	1102.0	0.01511	271.59	423.63	1.2373	1.7078
52.00	1.3852	1092.6	0.01430	274.71	424.35	1.2468	1.7070
54.00	1.4553	1082.9	0.01353	277.86	425.03	1.2562	1.7061
56.00	1.5280	1073.0	0.01280	281.04	425.68	1.2657	1.7051
58.00	1.6033	1062.8	0.01212	284.25	426.29	1.2752	1.7041
60.00	1.6815	1052.4	0.01146	287.49	426.86	1.2817	1.7031
62.00	1.7625	1041.7	0.01085	290.77	427.37	1.2913	1.7019
64.00	1.8464	1030.7	0.01026	294.08	427.84	1.3039	1.7007
66.00	1.9334	1019.4	0.00970	297.44	428.25	1.3136	1.6993
68.00	2.0234	1007.7	0.00917	300.84	428.61	1.3234	1.6979
70.00	2.1165	995.6	0.00867	304.29	428.89	1.3332	1.6963
72.00	2.2130	983.1	0.00818	307.79	429.10	1.3430	1.6945
74.00	2.3127	970.0	0.00772	311.34	429.23	1.3530	1.6926
76.00	2.4159	956.5	0.00728	314.96	429.27	1.3634	1.6905
78.00	2.5227	942.3	0.00686	318.65	429.20	1.3733	1.6881
80.00	2.6331	927.4	0.00646	322.41	429.02	1.3837	1.6855
85.00	2.9259	886.2	0.00550	332.27	427.91	1.4105	1.6775
90.00	3.2445	836.9	0.00461	343.01	425.48	1.4392	1.6663
95.00	3.5916	771.6	0.00374	355.43	420.60	1.4720	1.6490
100.00	3.9721	646.7	0.00265	374.02	407.08	1.5207	1.6093

附表6 R404A［R125/R143a/R134a（44/52/4%）］饱和状态（泡点和露点温度）热力特性

绝对压力/MPa	温度/℃		液体密度/(kg/m^3)	蒸气比体积/(m^3/kg)	比焓/(kJ/kg)		比熵/[kJ/(kg·K)]		比定压热容/[kJ/(kg·K)]		蒸气等熵指数	声速/(m/s)	
	泡点	露点			液体	蒸气	液体	蒸气	液体	蒸气		液体	蒸气
0.01000	-85.42	-84.34	1420.5	1.594	93.13	315.87	0.5354	1.7198	1.152	0.655	1.159	951	135.3
0.02000	-75.50	-74.52	1392.9	0.8336	104.65	321.89	0.5952	1.6925	1.171	0.682	1.158	895	137.9
0.04000	-64.25	-63.37	1360.7	0.4360	117.95	328.76	0.6605	1.6682	1.193	0.715	1.158	835	140.4
0.06000	-56.95	-56.11	1339.4	0.2983	126.73	333.21	0.7017	1.6555	1.208	0.738	1.160	798	141.7
0.08000	-51.39	-50.59	1322.8	0.2278	133.48	336.58	0.7325	1.6472	1.220	0.756	1.163	769	142.6
0.10000	-46.84	-46.08	1309.0	0.1847	139.06	339.32	0.7574	1.6412	1.231	0.772	1.165	747	143.2
0.10132①	-46.57	-45.80	1308.2	0.1824	139.40	339.49	0.7589	1.6408	1.232	0.773	1.165	745	143.2
0.12000	-42.96	-42.22	1297.1	0.1555	143.86	341.64	0.7783	1.6365	1.240	0.786	1.168	727	143.6
0.14000	-39.56	-38.84	1286.6	0.1345	148.10	343.67	0.7965	1.6328	1.249	0.799	1.170	710	143.9
0.16000	-36.52	-35.82	1277.0	0.1185	151.91	345.46	0.8127	1.6297	1.257	0.811	1.173	695	144.1
0.18000	-33.77	-33.07	1268.2	0.1060	155.40	347.08	0.8273	1.6271	1.264	0.822	1.175	681	144.3
0.20000	-31.24	-30.56	1260.1	0.09585	158.61	348.55	0.8406	1.6249	1.272	0.832	1.178	669	144.4
0.22000	-28.90	-28.23	1252.5	0.08752	161.60	349.91	0.8528	1.6229	1.278	0.842	1.181	657	144.4
0.24000	-26.71	-26.06	1245.4	0.08053	164.40	351.16	0.8642	1.6212	1.285	0.852	1.184	646	144.4
0.26000	-24.67	-24.02	1238.6	0.07458	167.05	352.33	0.8748	1.6196	1.291	0.861	1.186	636	144.4
0.28000	-22.74	-22.10	1232.1	0.06945	169.55	353.42	0.8847	1.6183	1.297	0.869	1.189	627	144.4
0.30000	-20.91	-20.28	1226.0	0.06498	171.93	354.44	0.8941	1.6170	1.303	0.878	1.192	617	144.3
0.32000	-19.17	-18.56	1220.1	0.06105	174.20	355.41	0.9030	1.6159	1.308	0.886	1.194	609	144.2
0.34000	-17.52	-16.91	1214.4	0.05756	176.37	356.33	0.9115	1.6148	1.314	0.894	1.197	601	144.1
0.36000	-15.93	-15.33	1209.0	0.05445	178.46	357.20	0.9196	1.6138	1.319	0.902	1.200	593	144.0
0.38000	-14.42	-13.82	1203.7	0.05166	180.47	358.03	0.9273	1.6129	1.325	0.909	1.203	585	143.9
0.40000	-12.96	-12.37	1198.6	0.04914	182.41	358.82	0.9347	1.6121	1.330	0.917	1.206	578	143.8
0.42000	-11.55	-10.97	1193.6	0.04684	184.29	359.57	0.9418	1.6113	1.335	0.924	1.209	571	143.6
0.44000	-10.20	-9.63	1188.8	0.04475	186.10	360.29	0.9487	1.6106	1.340	0.931	1.211	564	143.5
0.46000	-8.89	-8.32	1184.1	0.04283	187.86	360.99	0.9553	1.6099	1.345	0.938	1.214	558	143.3
0.48000	-7.63	-7.06	1179.5	0.04107	189.57	361.65	0.9617	1.6092	1.350	0.945	1.217	551	143.1
0.50000	-6.40	-5.84	1175.0	0.03944	191.23	362.29	0.9679	1.6086	1.355	0.952	1.220	545	143.0
0.55000	-3.49	-2.94	1164.3	0.03588	195.20	363.79	0.9825	1.6072	1.367	0.969	1.228	531	142.5
0.60000	-0.77	-0.24	1154.0	0.03288	198.94	365.16	0.9962	1.6059	1.379	0.986	1.235	517	142.0
0.65000	1.79	2.31	1144.2	0.03033	202.48	366.42	1.0089	1.6048	1.391	1.002	1.243	504	141.5
0.70000	4.20	4.71	1134.8	0.02814	205.85	367.59	1.0210	1.6037	1.403	1.018	1.251	492	140.9
0.75000	6.48	6.98	1125.8	0.02622	209.07	368.67	1.0324	1.6027	1.414	1.034	1.260	481	140.3
0.80000	8.66	9.15	1117.0	0.02453	212.15	369.68	1.0432	1.6018	1.426	1.050	1.268	470	139.7
0.85000	10.73	11.21	1108.5	0.02304	215.12	370.62	1.0535	1.6009	1.438	1.066	1.277	459	139.1
0.90000	12.72	13.19	1100.2	0.02171	217.98	371.49	1.0634	1.6001	1.450	1.082	1.286	449	138.5
0.95000	14.62	15.08	1092.0	0.02051	220.74	372.31	1.0729	1.5992	1.462	1.099	1.295	439	137.9
1.00000	16.45	16.91	1084.1	0.01942	223.42	373.08	1.0820	1.5984	1.474	1.115	1.305	430	137.2

（续）

绝对压力/MPa	温度/℃		液体密度/(kg/m³)	蒸气比体积/(m³/kg)	比焓/(kJ/kg)		比熵/[kJ/(kg·K)]		比定压热容/[kJ/(kg·K)]		蒸气等熵指数	声速/(m/s)	
	泡点	露点			液体	蒸气	液体	蒸气	液体	蒸气		液体	蒸气
1.10000	19.92	20.36	1068.7	0.01754	228.55	374.47	1.0993	1.5969	1.498	1.148	1.325	412	135.9
1.20000	23.16	23.58	1053.8	0.01595	233.40	375.70	1.1155	1.5954	1.524	1.183	1.347	395	134.5
1.30000	26.20	26.61	1039.3	0.01460	238.04	376.78	1.1307	1.5939	1.550	1.218	1.371	379	133.2
1.40000	29.07	29.47	1025.2	0.01343	242.47	377.72	1.1451	1.5923	1.578	1.256	1.397	364	131.7
1.50000	31.80	32.18	1011.3	0.01241	246.74	378.53	1.1589	1.5908	1.607	1.296	1.425	349	130.3
1.60000	34.39	34.76	997.5	0.01151	250.87	379.23	1.1720	1.5892	1.638	1.338	1.456	335	128.8
1.70000	36.86	37.22	983.9	0.01071	254.86	379.83	1.1846	1.5875	1.671	1.383	1.490	322	127.4
1.80000	39.22	39.57	970.4	0.01000	258.74	380.31	1.1967	1.5857	1.707	1.432	1.527	309	125.9
1.90000	41.49	41.83	957.0	0.00935	262.53	380.70	1.2085	1.5839	1.745	1.486	1.569	296	124.3
2.00000	43.67	43.99	943.5	0.00876	266.23	380.99	1.2199	1.5819	1.787	1.544	1.615	284	122.8
2.10000	45.76	46.08	930.0	0.00823	269.85	381.18	1.2309	1.5799	1.833	1.609	1.667	272	121.2
2.20000	47.79	48.09	916.4	0.00774	273.41	381.28	1.2417	1.5777	1.884	1.682	1.726	261	119.7
2.30000	49.74	50.03	902.6	0.00728	276.91	381.27	1.2523	1.5753	1.941	1.764	1.794	250	118.1
2.40000	51.62	51.91	888.6	0.00686	280.38	381.17	1.2626	1.5728	2.006	1.857	1.871	239	116.4
2.50000	53.45	53.72	874.4	0.00647	283.80	380.95	1.2728	1.5701	2.080	1.964	1.962	228	114.8
2.60000	55.22	55.48	859.9	0.00610	287.21	380.62	1.2828	1.5672	2.165	2.090	2.069	217	113.2
2.70000	56.94	57.19	844.9	0.00575	290.60	380.17	1.2928	1.5640	2.267	2.239	2.196	206	111.5
2.80000	58.60	58.84	829.4	0.00542	293.99	379.59	1.3027	1.5606	2.388	2.418	2.351	196	109.8
2.90000	60.22	60.45	813.3	0.00511	297.40	378.85	1.3125	1.5568	2.538	2.640	2.543	186	108.1

① 标准大气压泡点。

附表 7 R407C［R32/R125/R134a（23/25/52%）］**饱和状态**（泡点和露点温度）**热力特性**

绝对压力/MPa	温度/℃		液体密度/(kg/m³)	蒸气比体积/(m³/kg)	比焓/(kJ/kg)		比熵/[kJ/(kg·K)]		比定压热容/[kJ/(kg·K)]		蒸气等熵指数	声速/(m/s)	
	泡点	露点			液体	蒸气	液体	蒸气	液体	蒸气		液体	蒸气
0.10000	−44.04	−36.97	1383.2	0.2190	140.53	389.13	0.7643	1.8333	1.298	0.765	1.187	818	157.9
0.10132①	−43.77	−36.70	1382.3	0.2163	140.89	389.29	0.7658	1.8328	1.299	0.766	1.187	816	157.9
0.12000	−40.17	−33.18	1371.2	0.1844	145.58	391.35	0.7861	1.8258	1.305	0.778	1.189	798	158.4
0.14000	−36.78	−29.85	1360.6	0.1594	150.03	393.28	0.8050	1.8196	1.312	0.790	1.192	781	158.8
0.16000	−33.75	−26.89	1351.1	0.1405	154.02	394.99	0.8217	1.8143	1.318	0.801	1.195	766	159.1
0.18000	−31.00	−24.20	1342.3	0.1256	157.65	396.51	0.8367	1.8098	1.324	0.811	1.197	752	159.4
0.20000	−28.48	−21.73	1334.2	0.1137	161.00	397.90	0.8504	1.8058	1.329	0.821	1.200	740	159.5
0.22000	−26.15	−19.45	1326.7	0.1038	164.11	399.16	0.8630	1.8022	1.335	0.830	1.203	728	159.7
0.24000	−23.98	−17.33	1319.6	0.09552	167.02	400.33	0.8746	1.7989	1.340	0.839	1.206	717	159.8
0.26000	−21.95	−15.34	1312.9	0.08847	169.75	401.41	0.8855	1.7960	1.345	0.847	1.208	707	159.8
0.28000	−20.03	−13.46	1306.5	0.08240	172.34	402.42	0.8957	1.7933	1.349	0.855	1.211	697	159.9
0.30000	−18.22	−11.69	1300.5	0.07712	174.80	403.36	0.9053	1.7908	1.354	0.863	1.214	688	159.9
0.32000	−16.49	−10.00	1294.7	0.07247	177.14	404.25	0.9144	1.7885	1.359	0.871	1.217	680	159.9
0.34000	−14.85	−8.39	1289.1	0.06835	179.38	405.09	0.9231	1.7863	1.363	0.879	1.220	672	159.9
0.36000	−13.28	−6.86	1283.8	0.06467	181.53	405.88	0.9313	1.7843	1.368	0.886	1.222	664	159.8
0.38000	−11.78	−5.39	1278.6	0.06137	183.59	406.63	0.9392	1.7824	1.372	0.893	1.225	656	159.8

（续）

绝对压力/MPa	温度/℃		液体密度/(kg/m³)	蒸气比体积/(m³/kg)	比焓/(kJ/kg)		比熵/[kJ/(kg·K)]		比定压热容/[kJ/(kg·K)]		蒸气等熵指数	声速/(m/s)	
	泡点	露点			液体	蒸气	液体	蒸气	液体	蒸气		液体	蒸气
0.40000	-10.33	-3.98	1273.6	0.05838	185.58	407.34	0.9467	1.7806	1.376	0.900	1.228	649	159.7
0.42000	-8.94	-2.62	1268.7	0.05567	187.50	408.02	0.9539	1.7789	1.380	0.907	1.231	642	159.6
0.44000	-7.60	-1.31	1264.0	0.05320	189.36	408.67	0.9609	1.7772	1.385	0.914	1.234	636	159.5
0.46000	-6.30	-0.04	1259.5	0.05094	191.16	409.29	0.9676	1.7757	1.389	0.921	1.237	629	159.4
0.48000	-5.05	1.18	1255.0	0.04885	192.91	409.88	0.9741	1.7742	1.393	0.928	1.240	623	159.3
0.50000	-3.84	2.36	1250.7	0.04693	194.61	410.45	0.9803	1.7728	1.397	0.934	1.242	617	159.2
0.55000	-0.95	5.18	1240.3	0.04272	198.65	411.77	0.9951	1.7695	1.407	0.950	1.250	603	158.9
0.60000	1.74	7.80	1230.4	0.03919	202.46	412.97	1.0089	1.7665	1.416	0.966	1.257	589	158.6
0.65000	4.26	10.26	1221.0	0.03618	206.05	414.07	1.0217	1.7637	1.426	0.981	1.265	577	158.2
0.70000	6.64	12.58	1212.0	0.03359	209.47	415.07	1.0339	1.7611	1.436	0.997	1.273	565	157.8
0.75000	8.90	14.78	1203.4	0.03133	212.72	416.00	1.0453	1.7587	1.445	1.012	1.280	553	157.4
0.80000	11.05	16.87	1195.0	0.02934	215.84	416.85	1.0562	1.7564	1.455	1.027	1.288	543	157.0
0.85000	13.10	18.86	1187.0	0.02758	218.83	417.65	1.0665	1.7542	1.464	1.042	1.297	532	156.5
0.90000	15.06	20.77	1179.1	0.02601	221.71	418.38	1.0764	1.7522	1.474	1.056	1.305	522	156.1
0.95000	16.94	22.59	1171.5	0.02460	224.49	419.06	1.0858	1.7502	1.483	1.071	1.314	513	155.6
1.00000	18.75	24.35	1164.1	0.02333	227.18	419.69	1.0949	1.7483	1.493	1.086	1.322	504	155.1
1.10000	22.17	27.67	1149.8	0.02111	232.31	420.83	1.1121	1.7446	1.512	1.116	1.340	487	154.1
1.20000	25.37	30.77	1136.0	0.01925	237.16	421.81	1.1281	1.7412	1.532	1.147	1.359	470	153.1
1.30000	28.37	33.67	1122.8	0.01767	241.77	422.66	1.1432	1.7380	1.552	1.178	1.379	455	152.0
1.40000	31.21	36.41	1109.9	0.01630	246.17	423.38	1.1575	1.7348	1.573	1.210	1.400	440	151.0
1.50000	33.90	39.01	1097.4	0.01511	250.40	424.00	1.1710	1.7318	1.594	1.243	1.423	427	149.9
1.60000	36.46	41.47	1085.2	0.01406	254.46	424.53	1.1839	1.7288	1.616	1.277	1.447	413	148.7
1.70000	38.90	43.82	1073.2	0.01313	258.39	424.96	1.1962	1.7258	1.639	1.313	1.472	401	147.6
1.80000	41.24	46.07	1061.4	0.01230	262.19	425.30	1.2081	1.7229	1.664	1.350	1.499	389	146.5
1.90000	43.49	48.22	1049.8	0.01155	265.89	425.56	1.2195	1.7200	1.689	1.389	1.528	377	145.3
2.00000	45.65	50.29	1038.3	0.01087	269.48	425.75	1.2305	1.7172	1.716	1.431	1.559	365	144.1
2.10000	47.73	52.27	1026.9	0.01025	272.99	425.87	1.2411	1.7142	1.744	1.475	1.592	354	143.0
2.20000	49.73	54.19	1015.6	0.00969	276.42	425.91	1.2515	1.7113	1.774	1.522	1.628	344	141.8
2.30000	51.67	56.04	1004.3	0.00917	279.78	425.88	1.2616	1.7084	1.805	1.572	1.666	333	140.6
2.40000	53.55	57.82	993.0	0.00869	283.08	425.79	1.2714	1.7054	1.840	1.625	1.709	323	139.4
2.50000	55.37	59.54	981.8	0.00825	286.32	425.62	1.2810	1.7023	1.876	1.683	1.755	313	138.2
2.60000	57.14	61.22	970.5	0.00783	289.51	425.39	1.2903	1.6992	1.916	1.746	1.805	303	136.9
2.70000	58.86	62.83	959.2	0.00745	292.66	425.09	1.2995	1.6961	1.959	1.815	1.860	293	135.7
2.80000	60.53	64.41	947.8	0.00709	295.77	424.72	1.3086	1.6928	2.006	1.890	1.921	284	134.5
2.90000	62.16	65.93	936.3	0.00675	298.85	424.28	1.3175	1.6894	2.058	1.973	1.988	274	133.2
3.00000	63.74	67.41	924.7	0.00643	301.91	423.76	1.3262	1.6860	2.115	2.065	2.064	265	132.0
3.20000	66.80	70.25	900.9	0.00585	307.97	422.48	1.3435	1.6787	2.251	2.283	2.244	246	129.4
3.40000	69.71	72.94	876.0	0.00531	314.01	420.85	1.3605	1.6707	2.427	2.565	2.479	228	126.8
3.60000	72.50	75.49	849.6	0.00483	320.10	418.79	1.3775	1.6618	2.665	2.945	2.798	210	124.1
3.80000	75.18	77.91	821.0	0.00437	326.32	416.20	1.3948	1.6518	3.009	3.490	3.256	191	121.3

① 标准大气压泡点。

附表 8 R410A［R32/R125（50/50%）］饱和状态（泡点和露点温度）热力特性

压 力	温度		密度	比体积	比焓		比熵	
	沸点	露点	液体	气体	液体	气体	液体	气体
MPa	℃		kg/m³	m³/kg	kJ/kg		kJ/(kg·K)	
0.01000	−88.54	−88.50	1462.0	2.09550	78.00	377.63	0.4650	2.0879
0.02000	−79.05	−79.01	1434.3	1.09540	90.48	383.18	0.5309	2.0388
0.04000	−68.33	−68.29	1402.4	0.57278	104.64	389.31	0.6018	1.9916
0.06000	−61.39	−61.35	1381.4	0.39184	113.86	393.17	0.6461	1.9650
0.08000	−56.13	−56.08	1365.1	0.29918	120.91	396.04	0.6789	1.9465
0.10000	−51.83	−51.78	1351.7	0.24259	126.69	398.33	0.7052	1.9324
0.10132	−51.57	−51.52	1350.9	0.23961	127.04	398.47	0.7068	1.9316
0.12000	−48.17	−48.12	1340.1	0.20433	131.64	400.24	0.7273	1.9211
0.14000	−44.96	−44.91	1329.9	0.17668	136.00	401.89	0.7464	1.9116
0.16000	−42.10	−42.05	1320.7	0.15572	139.90	403.33	0.7634	1.9034
0.18000	−39.51	−39.45	1312.2	0.13928	143.46	404.62	0.7786	1.8963
0.20000	−37.13	−37.07	1304.4	0.12602	146.73	405.78	0.7925	1.8900
0.22000	−34.93	−34.87	1297.1	0.11510	149.76	406.84	0.8052	1.8843
0.24000	−32.89	−32.83	1290.3	0.10593	152.60	407.81	0.8170	1.8791
0.26000	−30.97	−30.90	1283.9	0.09813	155.27	408.71	0.8280	1.8744
0.28000	−29.16	−29.10	1277.7	0.09141	157.79	409.54	0.8383	1.8700
0.30000	−27.45	−27.38	1271.9	0.08556	160.19	410.31	0.8481	1.8659
0.32000	−25.83	−25.76	1266.3	0.08041	162.47	411.04	0.8573	1.8622
0.34000	−24.28	−24.21	1260.9	0.07584	164.66	411.72	0.8660	1.8586
0.36000	−22.80	−22.73	1255.8	0.07177	166.75	412.36	0.8743	1.8553
0.38000	−21.39	−21.31	1250.8	0.06811	168.76	412.96	0.8823	1.8521
0.40000	−20.03	−19.95	1246.0	0.06481	170.70	413.54	0.8899	1.8491
0.42000	−18.72	−18.64	1241.3	0.06180	172.57	414.08	0.8972	1.8463
0.44000	−17.45	−17.38	1236.8	0.05907	174.38	414.60	0.9042	1.8436
0.46000	−16.24	−16.16	1232.4	0.05656	176.13	415.09	0.9110	1.8410
0.48000	−15.06	−14.98	1228.1	0.05425	177.83	415.56	0.9175	1.8385
0.50000	−13.91	−13.83	1223.9	0.05212	179.48	416.00	0.9238	1.8361
0.55000	−11.20	−11.12	1214.0	0.04746	183.41	417.04	0.9388	1.8305
0.60000	−8.68	−8.59	1204.5	0.04354	187.11	417.96	0.9527	1.8254
0.65000	−6.30	−6.22	1195.5	0.04021	190.60	418.80	0.9657	1.8207
0.70000	−4.07	−3.98	1186.9	0.03734	193.92	419.56	0.9779	1.8163
0.75000	−1.95	−1.86	1178.6	0.03484	197.08	420.25	0.9894	1.8122
0.80000	0.07	0.16	1170.6	0.03264	200.10	420.88	1.0004	1.8083

（续）

压力	温度		密度	比体积	比焓		比熵	
	沸点	露点	液体	气体	液体	气体	液体	气体
MPa	℃		kg/m³	m³/kg	kJ/kg		kJ/(kg·K)	
0.85000	1.99	2.08	1162.9	0.03069	203.00	421.45	1.0108	1.8046
0.90000	3.83	3.92	1155.5	0.02894	205.79	421.97	1.0207	1.8011
0.95000	5.59	5.69	1148.2	0.02738	208.49	422.45	1.0303	1.7978
1.00000	7.28	7.38	1141.2	0.02597	211.09	422.89	1.0394	1.7946
1.10000	10.48	10.59	1127.6	0.02351	216.06	423.64	1.0568	1.7885
1.20000	13.48	13.58	1114.5	0.02145	220.76	424.27	1.0729	1.7828
1.30000	16.28	16.39	1102.0	0.01970	225.22	424.78	1.0881	1.7774
1.40000	18.93	19.04	1089.8	0.01818	229.48	425.18	1.1024	1.7723
1.50000	21.44	21.55	1078.0	0.01686	233.56	425.49	1.1160	1.7674
1.60000	23.83	23.94	1066.5	0.01570	237.49	425.72	1.1290	1.7627
1.70000	26.11	26.22	1055.3	0.01467	241.29	425.86	1.1414	1.7581
1.80000	28.29	28.40	1044.2	0.01375	244.96	425.93	1.1533	1.7536
1.90000	30.37	30.49	1033.3	0.01292	248.52	425.93	1.1648	1.7492
2.00000	32.38	32.49	1022.6	0.01217	251.99	425.87	1.1759	1.7448
2.10000	34.31	34.43	1012.0	0.01149	255.37	425.74	1.1866	1.7406
2.20000	36.18	36.29	1001.4	0.01087	258.68	425.54	1.1970	1.7363
2.30000	37.98	38.09	991.0	0.01030	261.91	425.29	1.2071	1.7321
2.40000	39.72	39.83	980.5	0.00977	265.08	424.98	1.2169	1.7279
2.50000	41.40	41.51	970.1	0.00928	268.20	424.61	1.2265	1.7237
2.60000	43.04	43.15	959.7	0.00883	271.27	424.18	1.2359	1.7194
2.70000	44.62	44.73	949.3	0.00840	274.29	423.69	1.2451	1.7152
2.80000	46.17	46.27	938.8	0.00801	277.27	423.14	1.2541	1.7109
2.90000	47.67	47.77	928.3	0.00764	280.23	422.53	1.2630	1.7065
3.00000	49.13	49.23	917.7	0.00729	283.15	421.85	1.2718	1.7021
3.20000	51.94	52.04	896.0	0.00665	288.94	420.30	1.2890	1.6930
3.40000	54.61	54.71	873.7	0.00607	294.67	418.47	1.3059	1.6835
3.60000	57.17	57.26	850.4	0.00555	300.41	416.29	1.3226	1.6734
3.80000	59.61	59.69	825.8	0.00506	306.20	413.72	1.3394	1.6624
4.00000	61.94	62.02	799.1	0.00461	312.13	410.64	1.3564	1.6503
4.20000	64.18	64.25	769.5	0.00417	318.33	406.86	1.3741	1.6365
4.79000	70.20	70.20	548.0	0.00183	352.50	352.50	1.4720	1.4720

附表 9　各主要城市及地区部分气象资料

地　　名	台站位置北纬	夏季室外计算干球温度/℃		夏季空气调节室外计算湿球温度/℃	室外计算相对湿度(%)		最大冻土深度/cm
		夏季空气调节日平均	夏季通风		最热月月平均	夏季通风	
北京市							
延庆	40°27′	26	27	24	77	62	115
密云	40°23′	29	29	26	77	62	69
北京	39°48′	29	30	26	78	64	85
天津市							
蓟县	40°02′	28	29	27	78	65	69
天津	39°06′	29	29	27	78	65	69
塘沽	38°59′	29	28	26	79	70	59
河北省							
承德	40°58′	27	28	24	72	57	126
张家口	40°47′	26	27	22	67	51	136
唐山	39°38′	28	29	26	79	64	73
保定	38°51′	30	31	27	76	62	55
石家庄	38°02′	30	31	27	75	54	54
邢台	37°04′	30	31	27	77	54	44
山西省							
大同	40°06′	25	26	21	66	48	186
阳泉	37°51′	27	28	24	71	46	68
太原	37°47′	26	28	23	72	54	77
介休	37°03′	27	28	24	72	54	69
阳城	35°29′	28	29	25	75	54	41
运城	35°02′	31	32	26	69	46	43
内蒙古自治区							
海拉尔	49°13′	23	25	20	71	47	242
锡林浩特	43°57′	24	26	20	62	44	289
二连浩特	43°39′	27	28	19	49	34	337
通辽	43°36′	27	28	25	73	55	179
赤峰	42°16′	27	28	22	65	48	201
呼和浩特	40°49′	25	26	21	64	49	143
辽宁省							
开原	42°32′	27	27	25	80	65	143
阜新	42°02′	27	28	25	76	59	140
抚顺	41°54′	27	28	25	80	64	143
沈阳	41°46′	27	28	25	78	64	148
朝阳	41°33′	28	29	25	73	56	135
本溪	41°19′	27	28	24	75	62	149

（续）

地名	台站位置北纬	夏季室外计算干球温度/℃		夏季空气调节室外计算湿球温度/℃	室外计算相对湿度(%)		最大冻土深度/cm
		夏季空气调节日平均	夏季通风		最热月月平均	夏季通风	
锦州	41°08′	27	28	25	80	65	113
鞍山	41°05′	28	28	25	76	64	118
营口	40°40′	27	28	26	78	67	111
丹东	40°03′	26	27	25	86	74	88
大连	38°54′	26	26	25	83	76	93
吉林省							
通榆	44°47′	27	28	24	73	55	178
吉林	43°57′	26	27	25	79	64	190
长春	43°54′	26	27	24	78	64	139
四平	43°11′	26	27	25	78	64	148
延吉	42°53′	25	26	24	80	64	200
通化	41°41′	25	26	23	80	63	133
黑龙江省							
爱辉	50°15′	24	25	22	79	63	298
伊春	47°43′	24	25	22	78	59	290
齐齐哈尔	47°23′	26	27	23	73	53	225
鹤岗	47°22′	25	25	24	77	62	238
佳木斯	46°49′	26	26	24	78	62	220
安达	46°23′	26	27	24	74	57	214
哈尔滨	45°41′	26	27	23	77	61	205
鸡西	45°17′	25	26	23	77	53	255
牡丹江	44°34′	25	27	24	76	57	191
绥芬河	44°23′	23	23	22	82	61	241
上海市							
崇明	31°37′	30	31	28	85	73	—
上海	31°10′	30	32	28	83	67	8
金山	30°54′	30	31	28	85	71	9
江苏省							
连云港	34°36′	31	31	28	81	67	25
徐州	34°17′	31	31	27	81	65	24
淮阴	33°36′	30	31	28	85	70	23
南通	32°01′	30	31	29	86	72	12
南京	32°00′	31	32	28	81	64	9
武进	31°46′	31	32	29	82	66	10
浙江省							

（续）

地　　名	台站位置北纬	夏季室外计算干球温度/℃		夏季空气调节室外计算湿球温度/℃	室外计算相对湿度(%)		最大冻土深度/cm
		夏季空气调节日平均	夏季通风		最热月月平均	夏季通风	
杭州	30°14′	32	33	29	80	62	—
舟山	30°02′	29	30	28	84	73	—
宁波	29°52′	30	32	29	83	68	—
金华	29°07′	32	34	28	74	56	—
衢州	28°58′	32	33	28	76	58	—
温州	28°01′	30	31	29	84	73	—
安徽省							
亳州	33°56′	31	31	28	80	61	18
蚌埠	32°57′	32	32	28	80	60	15
合肥	31°52′	32	32	28	81	63	11
六安	31°45′	32	32	28	80	63	12
芜湖	31°20′	32	32	28	80	63	—
安庆	30°32′	32	32	28	79	62	10
屯溪	29°43′	31	33	27	79	57	—
福建省							
建阳	27°20′	30	33	28	79	57	—
南平	26°39′	30	34	27	76	54	—
福州	26°05′	30	33	28	78	61	—
永安	25°58′	30	33	27	75	54	—
上杭	25°03′	30	32	27	77	57	—
漳州	24°30′	31	33	28	80	63	—
厦门	24°27′	30	31	28	81	70	—
江西省							
九江	29°41′	32	33	28	76	60	—
景德镇	29°18′	31	34	28	79	56	—
德兴	28°57′	31	33	28	79	59	—
南昌	28°36′	32	33	28	75	58	—
上饶	28°27′	32	33	29	74	—	—
萍乡	27°39′	31	33	28	76	56	—
吉安	27°07′	32	34	28	73	57	—
赣州	25°51′	32	33	27	70	54	—
山东省							
烟台	37°32′	28	27	26	80	74	43
德州	37°26′	30	31	27	76	55	48
莱阳	36°56′	28	29	27	84	66	45

（续）

地名	台站位置北纬	夏季室外计算干球温度/℃		夏季空气调节室外计算湿球温度/℃	室外计算相对湿度(%)		最大冻土深度/cm
		夏季空气调节日平均	夏季通风		最热月月平均	夏季通风	
淄博	36°50′	30	31	27	76	57	48
潍坊	36°42′	29	30	27	81	61	50
济南	36°41′	31	31	27	73	54	44
青岛	36°04′	27	27	26	85	72	49
荷泽	35°15′	30	31	28	79	62	35
临沂	35°03′	30	30	28	83	63	40
河南省							
安阳	36°07′	30	32	28	78	47	35
新乡	35°19′	30	32	28	78	49	28
三门峡	34°48′	30	31	26	71	46	45
开封	34°46′	31	32	28	79	50	26
郑州	34°43′	31	32	27	76	45	27
洛阳	34°40′	31	32	28	75	45	21
商丘	34°27′	31	32	28	81	53	32
许昌	34°01′	31	32	28	79	50	18
平顶山	33°43′	31	32	28	78	51	14
南阳	33°02′	31	32	28	80	54	12
驻马店	33°00′	31	32	28	81	58	16
信阳	32°08′	31	32	28	80	62	8
湖北省							
光化	32°23′	31	32	28	80	60	11
宜昌	30°42′	32	33	28	80	60	—
武汉	30°37′	32	33	28	79	63	10
江陵	30°20′	31	32	29	83	68	8
恩施	30°17′	30	32	26	80	58	—
黄石	30°15′	32	33	29	78	61	6
湖南省							
岳阳	29°27′	32	32	28	75	68	—
常德	29°03′	32	32	28	75	64	2
长沙	28°12′	32	33	28	75	59	5
株洲	27°52′	32	33	28	72	55	—
芷江	27°27′	30	32	27	79	60	—
邵阳	27°14′	31	32	27	75	57	5
衡阳	26°54′	32	34	27	71	54	—
零陵	26°14′	31	33	27	72	57	—
郴州	25°48′	31	34	27	70	53	—

（续）

地名	台站位置北纬	夏季室外计算干球温度/℃		夏季空气调节室外计算湿球温度/℃	室外计算相对湿度(%)		最大冻土深度/cm
		夏季空气调节日平均	夏季通风		最热月月平均	夏季通风	
广东省							
韶关	24°48′	31	33	27	75	57	—
汕头	23°24′	30	31	28	84	73	—
广州	23°08′	30	31	28	83	67	—
阳江	21°52′	30	31	27	85	73	—
湛江	21°13′	31	31	28	81	70	—
海南省							
海口	20°02′	30	32	28	83	67	—
西沙	16°50′	30	30	28	82	78	—
广西壮族自治区							
桂林	25°20′	31	32	27	78	61	—
柳州	24°21′	31	32	27	78	63	—
百色	23°54′	31	32	28	79	63	—
梧州	23°29′	30	32	28	80	62	—
南宁	22°49′	30	32	28	82	66	—
北海	21°29′	30	31	28	83	74	—
四川省							
广元	32°26′	29	30	26	76	60	—
甘孜	31°37′	17	19	14	71	50	95
南充	30°48′	32	32	27	74	58	—
成都	30°40′	28	29	27	85	70	—
宜宾	28°48′	30	30	28	82	66	—
西昌	27°54′	26	26	22	75	61	—
重庆市							
万州	30°46′	32	33	28	80	57	—
重庆	29°35′	33	33	27	75	56	—
贵州省							
思南	27°57′	31	32	26	74	59	—
遵义	27°42′	28	29	24	77	62	—
毕节	27°18′	24	26	22	78	62	—
威宁	26°52′	20	21	19	83	69	—
贵阳	26°35′	26	28	23	77	64	—
安顺	26°15′	24	25	22	82	70	—
独山	25°50′	25	26	23	84	73	—
兴仁	25°26′	25	25	22	82	66	—

（续）

地名	台站位置北纬	夏季室外计算干球温度/℃		夏季空气调节室外计算湿球温度/℃	室外计算相对湿度(%)		最大冻土深度/cm
		夏季空气调节日平均	夏季通风		最热月月平均	夏季通风	
云南省							
昭通	27°20′	22	24	20	78	61	—
丽江	26°52′	21	22	18	81	63	—
腾冲	25°07′	22	23	21	90	76	—
昆明	25°01′	22	23	20	83	64	—
蒙自	23°23′	25	26	22	79	62	—
思茅	22°40′	24	25	22	86	69	—
景洪	21°52′	28	31	26	76	59	—
西藏自治区							
索县	31°54′	14	16	11	69	51	140
那曲	31°29′	11	13	9	71	54	281
昌都	31°09′	19	22	15	64	49	81
拉萨	29°40′	18	19	14	54	44	26
林芝	29°34′	18	20	15	76	57	14
日喀则	29°15′	17	19	12	53	42	67
陕西省							
榆林	38°14′	27	28	22	62	44	148
延安	36°36′	26	28	23	72	52	79
宝鸡	34°21′	29	30	25	70	54	29
西安	34°18′	31	31	26	72	55	45
汉中	33°04′	29	29	26	81	65	—
安康	32°43′	31	31	27	75	59	7
甘肃省							
敦煌	44°09′	28	30	20	43	29	144
酒泉	39°46′	25	26	19	52	37	132
山丹	38°48′	24	25	17	52	36	143
兰州	36°03′	26	26	20	61	44	103
平凉	35°33′	24	25	21	72	54	62
天水	34°35′	27	27	22	72	50	61
武都	33°24′	28	28	24	67	51	11
青海省							
西宁	36°34′	21	22	16	65	47	134
格尔木	36°25′	21	22	13	36	26	88
都兰	36°18′	19	19	12	46	36	201

（续）

地　　名	台站位置北纬	夏季室外计算干球温度/℃		夏季空气调节室外计算湿球温度/℃	室外计算相对湿度（%）		最大冻土深度/cm
		夏季空气调节日平均	夏季通风		最热月月平均	夏季通风	
共和	36°16′	19	20	14	62	47	133
玛多	34°55′	11	11	9	68	52	—
玉树	33°01′	15	17	13	69	52	>103
宁夏回族自治区							
石嘴山	39°12′	26	27	21	58	42	104
银川	38°29′	26	27	22	64	47	103
吴忠	37°59′	26	27	22	65	—	112
盐池	37°47′	26	27	20	57	38	128
中卫	37°32′	26	27	21	66	48	83
固原	30°00′	22	23	19	71	48	114
新疆维吾尔自治区							
阿勒泰	47°44′	27	26	19	47	38	>146
克拉玛依	45°36′	32	30	19	32	29	197
伊宁	43°57′	26	27	21	58	44	62
乌鲁木齐	43°47′	29	29	19	44	31	133
吐鲁番	42°56′	36	26	24	31	24	83
哈密	42°49′	31	32	20	34	25	127
喀什	39°28′	29	29	20	40	28	66
和田	37°08′	29	29	20	40	30	67
台湾省							
台北	25°02′	31	31	27	77	—	—
花莲	24°01′	30	30	27	80	—	—
恒春	22°00′	29	31	28	84	—	—
香港							
香港	22°18′	30	31	27	81	73	—

附表10 空气的比焓 h(压力为101.325kPa)

t/℃	比焓 h/(kJ/kg)										
	相对湿度 ψ(%)										
	0	10	20	30	40	50	60	70	80	90	100
-20	-20.097	-19.929	-19.720	-19.511	-19.343	-19.176	-18.966	-18.757	-18.589	-18.380	-18.213
-19	-18.841	-18.883	-18.673	-18.464	-18.255	-18.045	-17.878	-17.668	-17.459	-17.208	-17.040
-18	-18.087	-17.878	-17.626	-17.417	-17.208	-16.998	-16.747	-16.538	-16.287	-16.077	-15.868
-17	-17.082	-16.831	-16.580	-16.370	-16.161	-15.868	-15.617	-15.366	-15.114	-14.905	-14.654
-16	-16.077	-15.826	-15.533	-15.282	-15.031	-14.733	-14.486	-14.235	-13.942	-13.691	-13.440
-15	-15.073	-14.779	-14.486	-14.193	-13.816	-13.649	-13.356	-13.063	-12.770	-12.477	-12.184
-14	-14.068	-13.775	-13.440	-13.147	-12.812	-12.519	-12.184	-11.891	-11.556	-11.263	-10.928
-13	-13.063	-12.728	-12.393	-12.060	-11.723	-11.346	-11.011	-10.677	-10.341	-10.007	-9.672
-12	-12.058	-11.681	-11.304	-10.969	-10.593	-10.216	-9.839	-9.462	-9.085	-8.750	-8.374
-11	-11.053	-10.635	-10.258	-9.839	-9.462	-9.044	-8.667	-8.248	-7.829	-7.453	-7.034
-10	-10.048	-9.672	-9.253	-8.876	-8.457	-8.081	-7.704	-7.285	-6.908	-6.490	-6.113
-9	-9.044	-8.625	-8.164	-7.746	-7.327	-6.908	-6.448	-6.029	-5.610	-5.150	-4.731
-8	-8.039	-7.578	-7.118	-6.615	-6.155	-5.694	-5.234	-4.731	-4.271	-3.810	-3.308
-7	-7.034	-6.531	-6.129	-5.485	-4.982	-4.480	-3.936	-3.433	-2.931	-2.387	-1.884
-6	-6.029	-5.485	-4.899	-4.354	-3.768	-3.224	-2.680	-2.093	-1.549	-0.963	-0.419
-5	-5.024	-4.396	-3.810	-3.182	-2.596	-1.968	-1.340	-0.754	-0.126	0.502	1.130
-4	-4.019	-3.349	-2.680	-2.010	-1.340	-0.670	0.000	0.670	1.340	2.010	2.680
-3	-3.015	-2.303	-1.549	-0.837	-0.126	0.628	1.340	2.093	2.805	3.559	4.271
-2	-2.010	-1.214	-0.419	0.377	1.172	1.968	2.763	3.559	4.354	5.150	5.945
-1	-1.005	-0.126	0.712	1.591	2.428	3.308	4.187	5.024	5.903	6.783	7.620
0	0.000	0.921	1.884	2.805	3.726	4.689	5.610	6.573	7.494	8.457	9.378
1	1.005	1.884	3.015	4.019	5.024	6.029	7.076	8.081	9.085	10.132	11.137
2	2.010	3.098	4.187	5.275	6.364	7.453	8.541	9.630	10.718	11.807	12.895
3	3.015	4.187	5.359	6.490	7.662	8.834	10.007	11.179	12.351	13.565	14.738
4	4.019	5.275	6.531	7.788	9.044	10.300	11.556	12.812	14.068	15.324	16.580
5	5.024	6.364	7.704	9.044	10.383	11.765	13.105	14.445	15.826	17.166	18.548
6	6.029	7.453	8.918	10.341	11.807	13.230	14.696	16.161	17.585	19.050	20.515
7	7.034	8.583	10.132	11.681	13.230	14.779	16.329	17.878	19.469	21.018	22.567
8	8.039	9.713	11.346	13.021	14.696	16.329	18.003	19.678	21.352	23.069	24.744
9	9.044	10.802	12.602	14.361	16.161	17.920	19.720	21.520	23.321	25.121	26.921
10	10.048	11.932	13.816	15.742	17.668	19.552	21.478	23.404	25.330	27.256	29.224

（续）

t/℃	比焓 h/(kJ/kg)										
	相对湿度 ψ(%)										
	0	10	20	30	40	50	60	70	80	90	100
11	11.053	13.063	15.114	17.166	19.176	21.227	23.279	25.330	27.424	29.475	31.569
12	12.058	14.235	16.412	18.589	20.767	22.944	25.163	27.382	29.559	31.778	33.997
13	13.063	15.366	17.710	20.013	22.358	24.702	27.047	29.391	31.778	34.164	36.551
14	14.068	16.538	19.050	21.520	24.032	26.502	29.015	31.527	34.081	36.635	39.147
15	15.073	17.710	20.348	23.027	25.707	28.387	31.066	33.746	36.425	39.147	41.868
16	16.077	18.883	21.730	24.577	27.424	30.271	33.159	36.048	38.895	41.784	44.799
17	17.082	20.097	23.111	26.126	29.182	32.238	35.295	38.393	41.491	44.380	47.730
18	18.087	21.311	24.493	27.717	30.982	34.248	37.556	40.863	44.380	47.311	50.660
19	19.092	22.525	25.958	29.391	32.866	36.341	39.817	43.543	46.892	50.242	54.010
20	20.100	23.739	27.382	31.066	34.750	38.477	42.287	46.055	49.823	53.591	57.359
21	21.102	24.953	28.889	32.783	36.718	40.654	44.799	48.567	52.754	56.522	60.709
22	22.106	26.251	30.396	34.541	38.728	43.124	47.311	51.498	55.684	59.871	64.477
23	23.111	27.507	31.903	36.341	40.821	45.217	49.823	54.428	59.034	63.639	68.245
24	24.116	28.763	33.453	38.184	43.124	47.730	52.335	57.359	62.383	66.989	72.013
25	25.121	30.061	35.044	40.068	45.217	50.242	55.266	60.290	65.733	70.757	76.200
26	26.126	31.401	36.676	41.868	47.311	52.754	58.197	63.639	69.082	74.944	80.387
27	27.131	32.741	38.351	43.961	49.823	55.684	61.127	66.989	72.850	78.712	84.992
28	28.135	34.081	40.068	46.055	52.335	58.197	64.477	70.757	77.037	83.317	89.598
29	29.140	35.420	41.784	48.148	54.428	61.127	67.826	74.106	80.805	87.504	94.203
30	30.145	36.802	43.543	50.242	57.359	64.058	71.176	77.875	84.992	92.110	99.646
31	31.150	38.226	45.218	52.754	59.871	66.989	74.525	82.061	89.598	97.134	104.670
32	32.155	39.649	47.311	54.847	62.383	70.338	78.293	86.248	94.203	102.158	110.532
33	33.106	41.073	48.986	57.359	65.314	73.688	82.061	90.435	98.809	107.008	116.393
34	34.164	42.705	51.079	59.453	68.245	77.037	85.829	94.622	103.833	113.044	122.255
35	35.169	43.961	53.172	61.965	71.176	80.805	90.016	99.646	109.276	118.905	128.535
36	36.174	45.636	55.266	64.895	74.525	84.155	94.203	104.251	114.718	124.767	135.234
37	37.179	47.311	57.359	67.408	77.456	87.922	98.809	109.276	120.161	131.047	142.351
38	38.184	48.567	59.453	69.920	80.805	92.110	103.414	114.718	126.023	137.746	149.469
39	39.189	50.242	61.546	72.850	84.573	96.296	108.019	120.161	132.722	144.863	157.424
40	40.193	51.916	63.639	75.781	88.342	100.48	113.044	126.023	139.002	152.340	165.797

附表11　冷库常用建筑材料热物理系数

序号	材料名称	规格	密度 ρ/(kg/m^3)	测定时质量湿度 W_z(%)	热导率测定值 λ'/[W/(m·℃)]	设计采用热导率 λ/[W/(m·℃)]	热扩散率 $a\times10^3$/(m^2/h)	比热容 c/[J/(kg·℃)]	蓄热系数 S_{24}/[W/(m^2·℃)]	蒸气渗透系数 μ/[g/(m·h·Pa)]
1	2	3	4	5	6	7	8	9	10	11
1	碎石混凝土		2280	0	1.510	1.510	3.33	711.76	13.36	4.5×10^{-5}
2	钢筋混凝土		2400	—	1.550	1.550	2.77	837.36	14.94	3.0×10^{-5}
3	石料									
	大理石、花岗岩、玄武岩		2800	—	3.490	3.490	4.87	921.10	25.47	2.1×10^{-5}
	石灰石		2000	—	1.160	1.160	2.27	921.10	12.56	6.45×10^{-5}
4	实心重砂浆、普通黏土砖砌体		1800	—	0.810	0.810	1.85	879.23	9.65	1.05×10^{-4}
5	土壤、砂、碎石									
	亚黏土		1980	10.0	1.170	1.170	1.87	1130.44	13.78	9.75×10^{-5}
	亚黏土		1840	15.0	1.120	1.120	1.72	1256.04	13.65	
6	干砂填料	中砂	1460	0	0.260	0.580	0.82	753.62	4.52	1.65×10^{-4}
		粗砂	1400	0	0.240	0.580	0.77	753.62	4.08	1.65×10^{-4}
7	水泥砂浆	1:2.5	2030	0	0.930	0.930	2.07	795.49	10.35	9.00×10^{-5}
8	混合砂浆		1700	—	0.870	0.870	2.21	837.36	9.47	9.75×10^{-5}
9	石灰砂浆		1600	—	0.810	0.810	2.19	837.36	8.87	1.20×10^{-4}
10	建筑钢材		7800	0	58.150	58.150	58.28	460.55	120.95	0
11	铝		2710	0	202.940	202.940	309.00	837.36	182.59	0
12	红松	热流方向顺木纹	510	—	0.440	0.440	1.40	2219.00	6.05	3.00×10^{-5}
	红松	热流方向垂直木纹	420	—	0.110	0.120	0.53	1800.32	2.44	1.68×10^{-4}
13	炉渣		660	0	0.170	0.290	1.00	837.36	2.48	2.18×10^{-4}
			900	—	0.240	0.350	0.91	1088.57	4.12	2.03×10^{-4}
			1000	—	0.290	0.410	1.25	837.36	4.22	1.95×10^{-4}
14	炉渣混凝土	1:1:8	1280	0	0.420	0.580	1.44	837.36	5.70	1.05×10^{-4}
		1:1:10	1150	0	0.370	0.520	1.45	795.49	4.65	1.05×10^{-4}
15	胶合板	三合板	540	—	0.150 ~ 0.170	0.170	0.46	1549.12	2.56	1.05×10^{-4}
16	纤维板		945	—	0.270	0.270	0.30	1507.25	3.49	1.05×10^{-4}
17	刨花板		650	—	0.220	0.220	0.42	1632.85	3.02	1.05×10^{-4}
18	聚苯乙烯	普通型	18	—	0.036	0.047	6.23	1172.30	0.23	2.78×10^{-5}

（续）

序号	材料名称	规　格	密度 ρ/(kg/m^3)	测定时质量湿度 W_z (%)	热导率测定值 λ'/[W/(m·℃)]	设计采用热导率 λ/[W/(m·℃)]	热扩散率 $a\times10^3$/(m^2/h)	比热容 c/[J/(kg·℃)]	蓄热系数 S_{24}/[W/(m^2·℃)]	蒸气渗透系数 μ/[g/(m·h·Pa)]
1	2	3	4	5	6	7	8	9	10	11
	泡沫塑料	自发性自熄型、可发型	19	—	0.035	0.047	5.52	1214.17	0.23	2.55×10^{-5}
19	乳液聚苯乙烯泡沫塑料		37	—	0.034	0.044	3.06	1088.57	0.31	—
20	聚氨酯泡沫塑料	硬质、聚醚型	40	—	0.022	0.031	1.65	1256.04	0.28	2.55×10^{-5}
21	岩棉半硬板		186	—	0.038	0.076	0.90	837.36	0.65	4.88×10^{-4}
			100	—	0.036	0.076	1.35	962.96	0.50	—
22	膨胀珍珠岩	Ⅰ类	70	5.8	0.052	0.087	2.11	1297.91	0.58	
		Ⅱ类	150	0.6	0.056	0.087～0.105	1.18	1046.70	0.81	—
		Ⅲ类	150～250	—	0.064～0.076	0.105～0.128	—	—	—	—
23	水泥珍珠岩	1:12:1.6	380	0	0.086	沥青铺砌 0.116	0.91	879.23	1.51	9.00×10^{-5}
		1:8:1.45	540	0	0.116	沥青铺砌 0.150	0.92	879.23	2.04	—
24	水玻璃珍珠岩		300	0	0.078	沥青铺砌 0.100	1.12	837.36	1.28	1.5×10^{-4}
25	沥青珍珠岩	珍珠岩:沥青(压比)								
		1m³:75kg (2:1)	260	—	0.077	0.093	0.75	1381.64	1.42	6.00×10^{-5}
		1m³:100kg (2:1)	380	—	0.095	0.116	0.55	1632.85	2.06	—
		1m³:60kg (1.5:1)	220	—	0.062	0.076	0.81	1256.04	1.12	—
26	乳化沥青膨胀珍珠岩	乳化沥青:珍珠岩=4:1 压比1.8:1	350	—	0.091	0.111	0.71	1339.78	1.73	6.90×10^{-5}
27	加气混凝土	蒸汽养护	500	0	0.116	沥青铺砌 0.152	0.93	962.96	2.02	9.98×10^{-5}
28	泡沫混凝土		370	0	0.098	沥青铺砌 0.128	0.89	837.36	1.33	1.8×10^{-4}
29	软木		170	—	0.058	0.069	0.62	2051.53	1.19	2.55×10^{-5}
30	稻壳		120	5.9	0.061	0.151	1.09	1674.72	0.94	4.5×10^{-4}

注：水泥珍珠岩、水玻璃珍珠岩、加气混凝土、泡沫混凝土设计采用的热导率为用沥青铺砌时的数值。

附表12 食品的比焓值

（单位：kJ/kg）

食品温度/℃	牛肉、各种禽类	羊肉	猪肉	肉类副产品	去骨牛肉	少脂鱼	多脂鱼	鱼片	鲜蛋	蛋黄	纯牛奶	奶油	炼制奶油	奶油冰淇淋	牛奶冰淇淋	葡萄、杏子、樱桃	水果及其他浆果	水果及糖浆浆果	加糖的浆果
-25	-10.9	-10.9	-10.5	-11.7	-11.3	-12.2	-12.2	-12.6	-8.8	-9.6	-12.6	-9.2	-8.8	-16.3	-14.7	-17.2	-14.2	-17.6	-22.2
-20	0.0	0.0	0.0	0.0	0.0	0.0	0.0	0.0	0.0	0.0	0.0	0.0	0.0	0.0	0.0	0.0	0.0	0.0	0.0
-19	2.1	2.1	2.1	2.5	2.5	2.5	2.5	2.5	2.1	2.1	2.9	1.7	1.7	3.4	2.9	3.8	3.4	3.8	5.0
-18	4.6	4.6	4.6	5.0	5.0	5.0	5.0	5.4	4.2	4.6	5.4	3.8	3.4	7.1	6.3	7.5	6.7	8.0	10.0
-17	7.1	7.1	7.1	8.0	8.0	8.0	8.0	8.4	6.3	6.7	8.4	5.9	5.0	11.3	9.6	11.7	10.0	12.0	15.5
-16	10.0	9.6	9.6	10.9	10.5	10.9	10.9	11.3	8.4	8.8	11.3	8.0	7.1	15.5	13.4	15.9	13.4	16.8	21.0
-15	13.0	12.6	12.2	13.8	13.3	14.2	14.2	14.7	10.5	11.3	14.2	10.1	9.2	19.7	17.6	20.5	17.2	21.4	26.8
-14	15.9	15.5	15.1	17.2	16.8	17.6	17.2	18.0	12.6	13.8	17.6	12.6	11.3	24.3	22.2	25.6	21.0	26.4	33.1
-13	18.9	18.4	18.0	20.5	20.1	21.0	20.5	21.8	15.1	15.9	21.4	15.1	13.4	29.3	27.2	31.0	25.1	31.4	39.8
-12	22.2	21.8	21.4	24.3	23.5	24.7	24.3	25.6	17.6	18.4	25.1	17.6	15.9	34.8	33.1	36.5	29.7	36.9	46.9
-11	26.0	25.6	25.1	28.5	27.2	28.9	28.1	29.7	20.1	21.4	28.9	20.5	18.0	40.6	39.8	42.7	34.4	43.2	54.9
-10	30.2	29.7	28.9	33.1	31.4	33.5	32.7	34.8	22.6	24.2	32.7	23.5	20.5	46.9	47.3	49.9	39.4	49.4	63.7
-9	34.8	33.9	33.1	38.1	36.0	38.5	37.3	40.2	25.6	28.5	37.3	26.4	23.5	54.1	55.7	57.8	44.8	56.6	73.7
-8	39.4	38.5	37.3	43.2	41.1	43.6	42.3	45.7	28.5	31.0	42.3	29.3	26.0	62.4	65.4	66.6	51.19	64.9	85.9
-7	44.4	43.6	41.9	48.6	46.1	49.4	47.8	51.5	31.8	34.4	48.2	32.7	28.5	72.9	77.1	78.8	58.7	75.8	101.0
-6	50.7	49.4	47.3	55.3	52.4	56.6	54.5	58.7	36.0	39.0	54.9	36.5	31.4	86.7	92.2	93.9	68.7	89.7	120.3
-5	57.4	55.7	54.5	62.9	59.9	74.2	61.6	67.0	41.5	44.8	62.9	40.6	34.4	105.6	111.9	116.1	82.1	108.1	147.5
-4	66.2	64.5	62.0	72.9	69.1	80.9	71.8	77.5	47.8	52.0	73.7	44.8	36.9	132.0	138.7	150.0	104.3	135.3	169.7
-3	75.4	77.1	73.7	88.0	83.0	89.2	85.5	93.9	227.9/57.8①	63.3	88.8	50.7	39.8	178.9	181.4	202.8	139.1	180.6	173.5
-2	98.9	96.0	91.8	109.8	103.5	111.9	106.4	117.7	230.9/75.8①	83.4	111.5	60.3	43.2	221.2	230.0	229.2	211.2	240.1	176.4

（续）

食品温度/℃	牛肉、各种禽类	羊肉	猪肉	肉类副产品	去骨牛肉	少脂鱼	多脂鱼	鱼片	鲜蛋	蛋黄	纯牛奶	奶油	炼制奶油	奶油冰淇淋	牛奶冰淇淋	葡萄、杏子、樱桃	水果及其他浆果	水果及糖浆浆果	加糖的浆果
-1	186.0	139.8	170.1	204.5	194.4	212.4	199.9	225.0	324.2/128.6①	140.2	184.4	91.8	49.0	224.6	233.4	233.0	268.2	243.9	179.8
0	232.5	224.2	211.0	261.5	243.0	266.0	249.3	282.0	237.6	264.4	319.3	95.1	52.0	227.9	236.7	236.3	271.9	247.2	182.7
1	235.9	227.5	214.9	264.8	246.4	269.8	253.1	285.8	240.5	267.7	323.0	98.0	55.3	231.3	240.1	240.1	275.7	251.0	186.0
2	238.8	230.5	217.9	268.6	249.7	273.2	256.4	289.1	243.9	271.1	326.8	101.4	58.2	234.6	243.4	243.4	279.5	254.3	189.0
3	242.2	233.8	221.2	271.9	253.1	277.0	259.8	392.9	246.8	274.4	331.0	104.8	61.2	238.0	247.2	249.7	283.2	258.1	192.3
4	245.5	236.7	224.2	275.3	256.4	280.3	263.1	296.7	250.1	277.8	334.8	107.7	64.1	241.3	250.1	250.6	287.0	261.5	195.3
5	248.5	240.1	227.1	279.1	259.8	283.7	266.5	300.4	253.1	281.6	339.0	111.5	67.5	244.7	253.9	254.3	290.8	266.5	198.6
6	251.8	243.0	230.0	282.4	263.1	287.4	269.8	303.8	256.4	284.9	342.7	114.4	70.8	248.0	257.3	257.7	294.6	268.6	201.5
7	255.2	246.4	233.4	285.8	266.5	290.8	273.2	307.5	259.4	288.3	346.5	117.7	74.2	251.4	260.6	260.6	298.3	272.4	204.9
8	258.5	249.3	236.3	289.5	269.4	295.4	277.0	311.3	262.7	291.6	350.7	121.5	77.5	254.8	264.0	264.8	302.1	275.7	207.8
9	261.5	252.6	239.2	292.9	272.8	297.9	280.3	315.1	265.6	295.0	354.5	125.7	81.3	258.1	267.3	268.6	305.9	279.5	211.2
10	264.8	255.6	242.2	296.2	276.1	301.3	283.7	318.4	269.0	298.7	358.7	129.9	85.5	261.5	270.0	271.9	309.6	282.8	214.1
11	268.2	258.9	245.5	300.0	279.5	305.0	287.0	322.2	271.9	302.1	362.4	134.1	90.1	264.8	274.4	275.7	313.4	286.6	217.5
12	271.1	261.9	248.5	303.4	282.8	308.4	290.4	326.0	275.3	305.5	366.6	138.7	95.1	268.2	277.8	279.1	317.2	289.6	220.4
13	274.4	265.2	251.4	306.7	286.2	312.2	293.7	329.3	278.6	308.8	370.4	144.1	100.6	271.5	281.1	282.8	321.0	293.7	223.7
14	277.8	268.2	254.3	310.5	289.5	315.5	297.1	333.1	281.6	312.2	374.6	149.6	106.4	274.9	284.5	286.2	324.7	297.1	226.7
15	280.7	271.5	257.3	313.8	292.9	318.9	300.8	336.9	284.9	315.9	378.8	155.4	112.3	278.2	287.9	289.9	328.5	300.8	230.0
16	284.1	274.4	260.6	317.2	296.2	322.6	304.2	340.6	287.9	319.3	382.5	161.3	118.6	281.6	291.2	293.3	332.3	304.2	233.0
17	287.4	277.8	263.6	321.0	299.6	326.0	307.5	344.0	291.2	322.6	386.7	166.8	124.9	284.9	294.6	297.1	336.5	308.0	236.3

（续）

食品温度/℃	牛肉、各种禽类	羊肉	猪肉	肉类副产品	去骨牛肉	少脂鱼	多脂鱼	鱼片	鲜蛋	蛋黄	纯牛奶	奶油	炼制奶油	奶油冰淇淋	牛奶冰淇淋	葡萄、杏子、樱桃	水果及其他浆果	水果及糖浆浆果	加糖的浆果
18	290.4	280.7	266.5	324.3	302.9	329.8	310.9	347.8	294.1	326.0	390.9	172.2	130.3	288.3	297.9	300.4	339.8	313.4	239.2
19	293.7	284.1	270.4	327.7	306.3	331.1	314.3	351.5	297.5	329.3	394.7	177.7	136.2	291.6	301.3	304.2	343.6	315.1	242.6
20	297.1	287.0	272.8	331.4	309.6	336.5	317.6	355.3	300.4	333.1	398.9	182.7	141.2	295.0	304.6	307.5	347.4	318.4	245.5
21	300.0	290.4	275.7	334.8	313.0	340.2	321.4	358.7	303.8	336.5	402.7	187.7	146.2	298.3	308.0	311.3	351.1	322.2	248.9
22	303.4	293.3	278.6	338.1	315.9	343.6	324.7	362.4	307.1	339.8	406.8	192.3	150.8	301.0	311.3	315.1	354.9	325.6	251.8
23	306.7	296.7	281.6	341.9	319.3	346.9	328.1	366.2	310.1	343.2	410.6	196.5	155.4	305.0	314.7	318.5	358.7	329.3	255.2
24	310.1	299.6	284.9	345.3	322.6	350.7	331.4	369.6	313.4	346.5	414.8	200.7	159.6	308.4	318.0	321.8	362.4	332.7	258.1
25	313.0	302.9	287.9	349.0	326.0	354.1	334.8	373.3	316.3	350.3	418.6	204.9	163.8	311.4	321.4	325.6	366.2	336.5	261.5
26	316.4	305.9	290.8	352.4	329.3	357.8	338.1	377.1	319.7	—	422.8	208.7	167.6	315.1	325.1	328.9	370.0	339.8	264.4
27	319.7	309.2	293.7	356.2	332.7	361.2	341.5	380.9	322.6	—	426.5	212.4	171.0	318.4	328.5	332.7	373.8	343.6	267.3
28	322.6	312.2	297.1	359.5	336.0	365.0	345.3	384.2	326.0	—	430.7	215.8	174.3	321.8	331.9	336.0	377.5	344.4	270.7
29	326.0	315.3	300.0	362.9	339.4	368.3	348.6	388.0	328.9	—	434.5	219.1	177.7	325.1	335.2	339.8	381.3	350.7	273.6
30	329.3	318.4	302.9	366.6	342.7	371.7	352.0	391.8	332.3	—	438.7	222.9	181.4	328.5	338.6	343.2	385.1	354.1	277.0
31	332.7	321.8	305.9	370.0	346.1	375.4	355.3	395.5	335.2	—	442.5	226.7	185.2	331.9	341.9	346.9	388.8	357.8	280.0
32	335.6	324.7	309.2	373.3	349.5	378.8	358.7	398.9	338.6	—	446.2	230.45	189.0	335.2	345.3	350.3	392.6	361.2	283.2
33	339.0	328.1	312.2	377.1	352.8	382.6	362.0	402.7	341.5	—	450.4	234.2	192.3	338.6	348.6	354.1	396.4	365.0	286.2
34	342.3	331.0	315.1	380.5	356.2	385.9	365.8	406.4	344.8	—	454.2	237.6	195.7	341.9	352.0	357.4	400.2	368.3	290.0
35	345.7	334.4	318.0	384.2	359.1	389.3	369.1	409.8	347.8	—	458.4	240.5	198.6	345.3	355.7	361.2	403.9	372.1	292.5

① 分子为冷却蛋的焓值、分母为冻蛋的焓值。

附录B 附 图

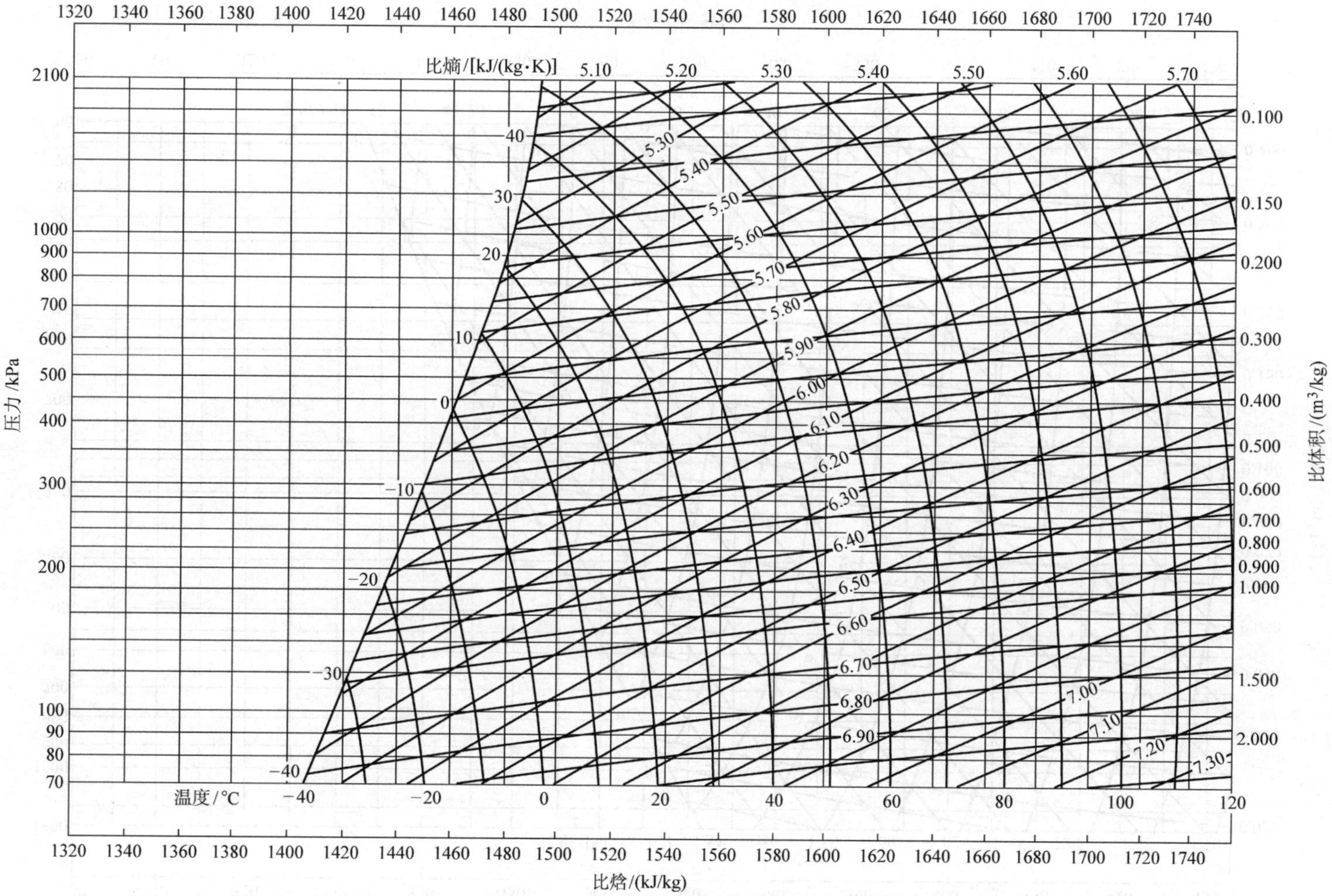

附图 1 R717 过热蒸气的压-焓图

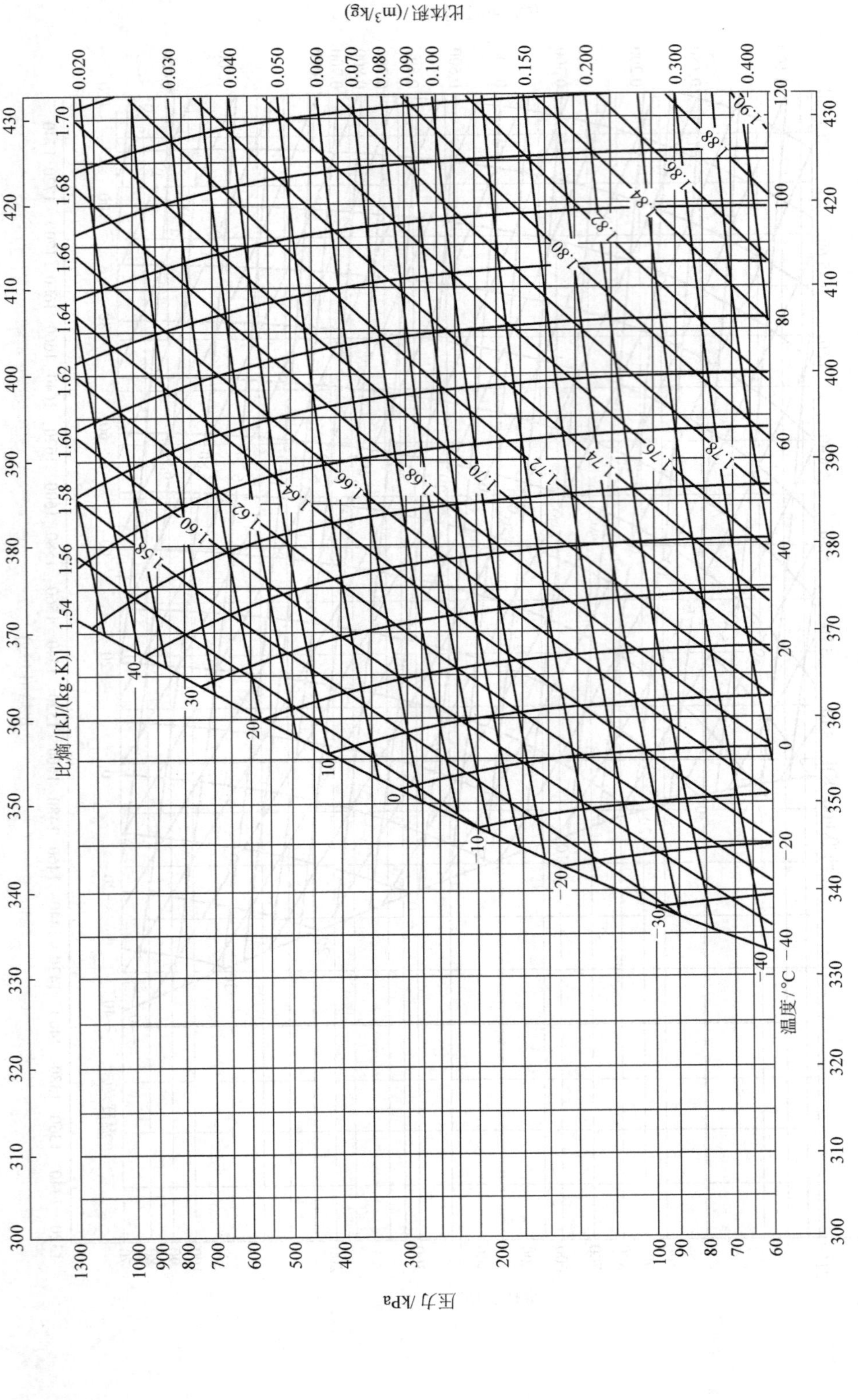

附图2 R12 过热蒸气的压-焓图

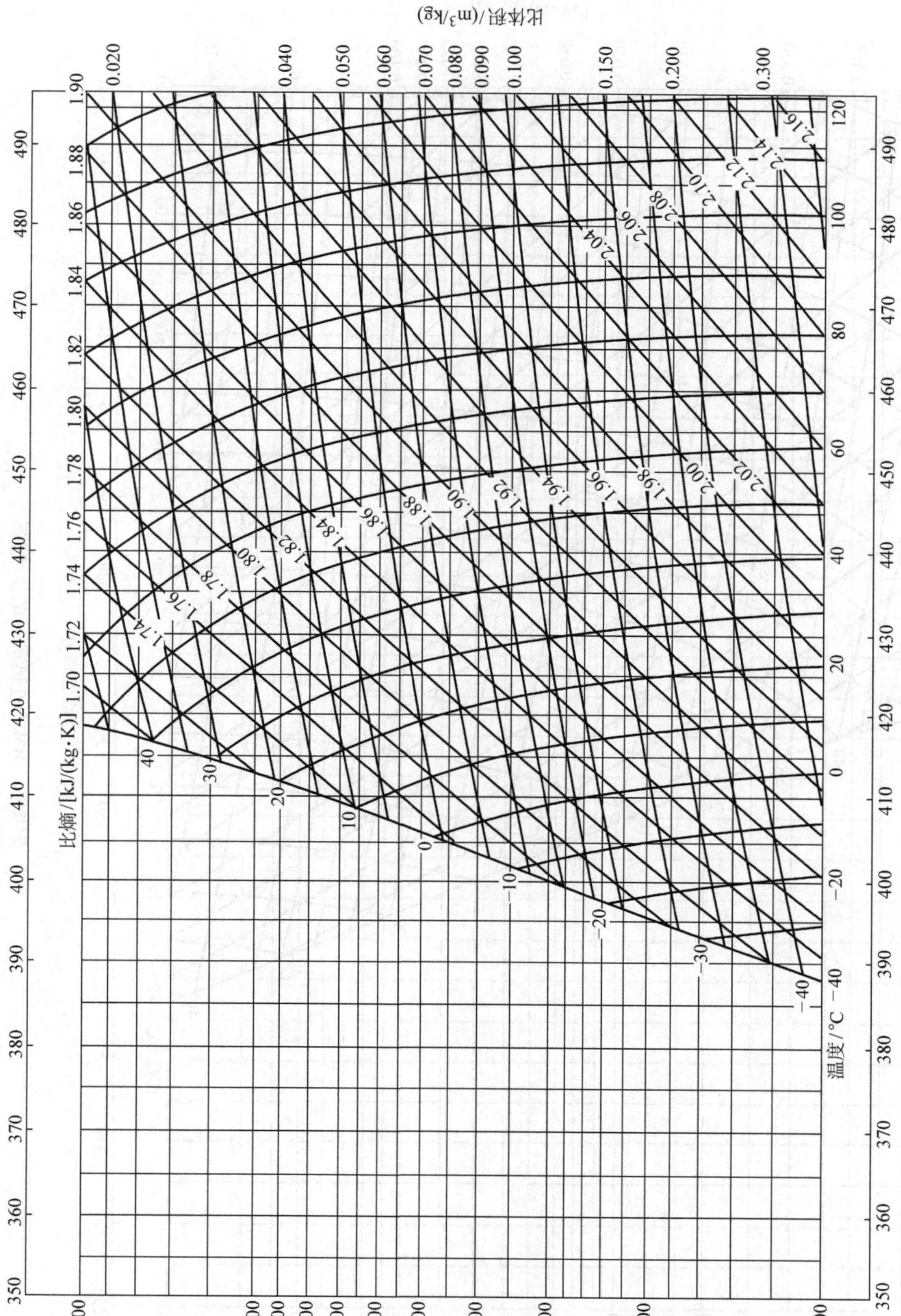

附图 3　R22 过热蒸气的压-焓图

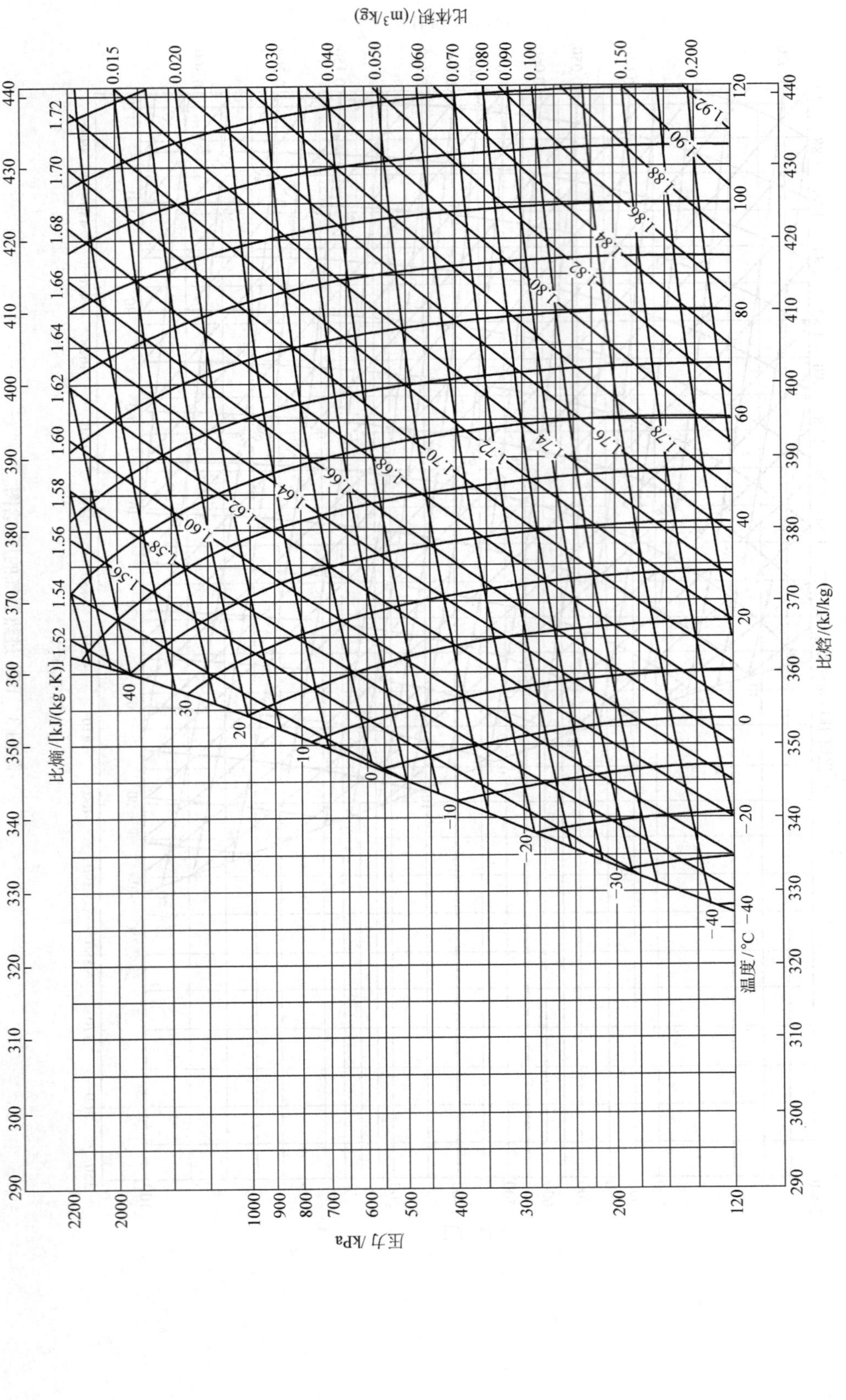

附图 4 R502 过热蒸气的压-焓图

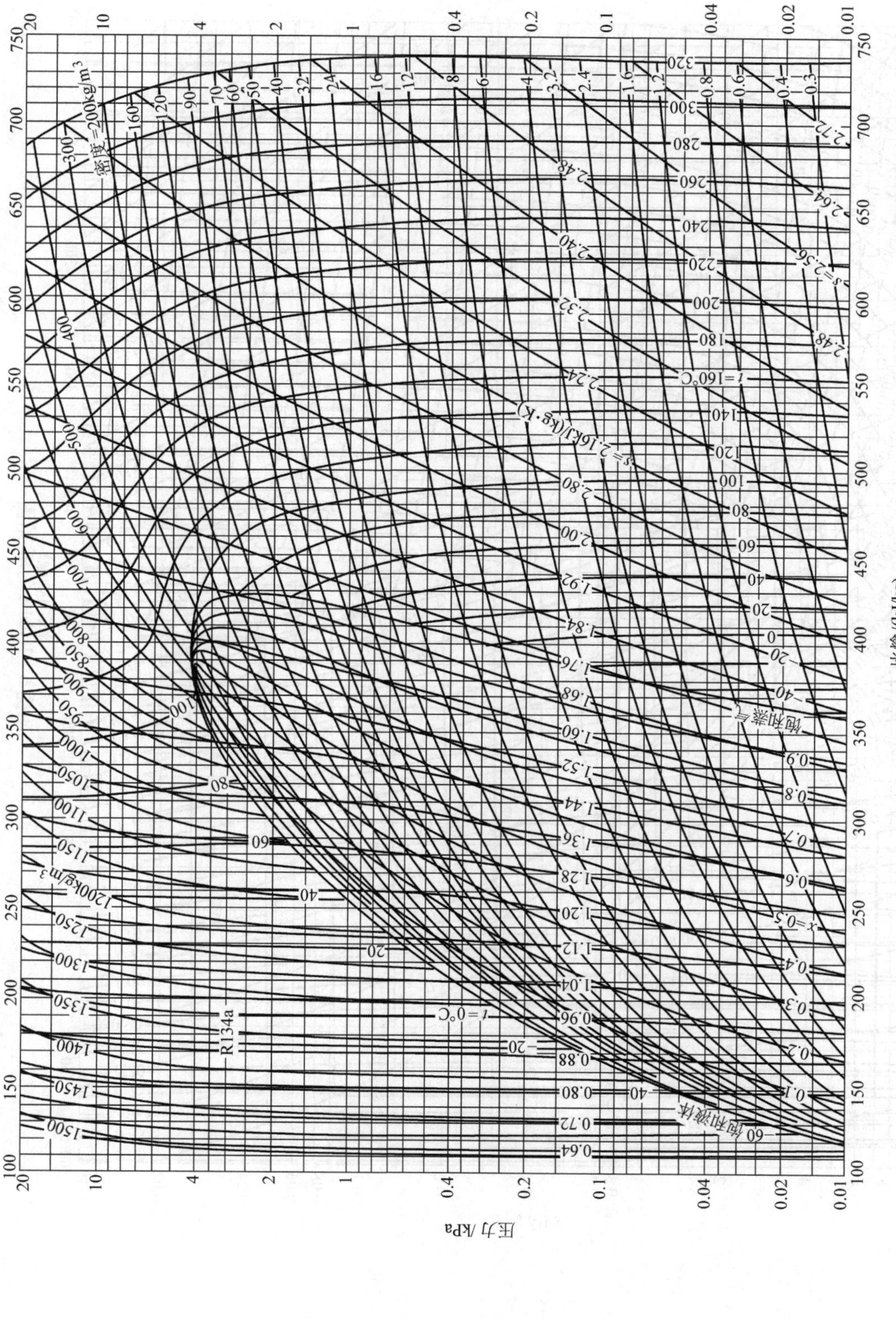

附图5 R134a 的压-焓图

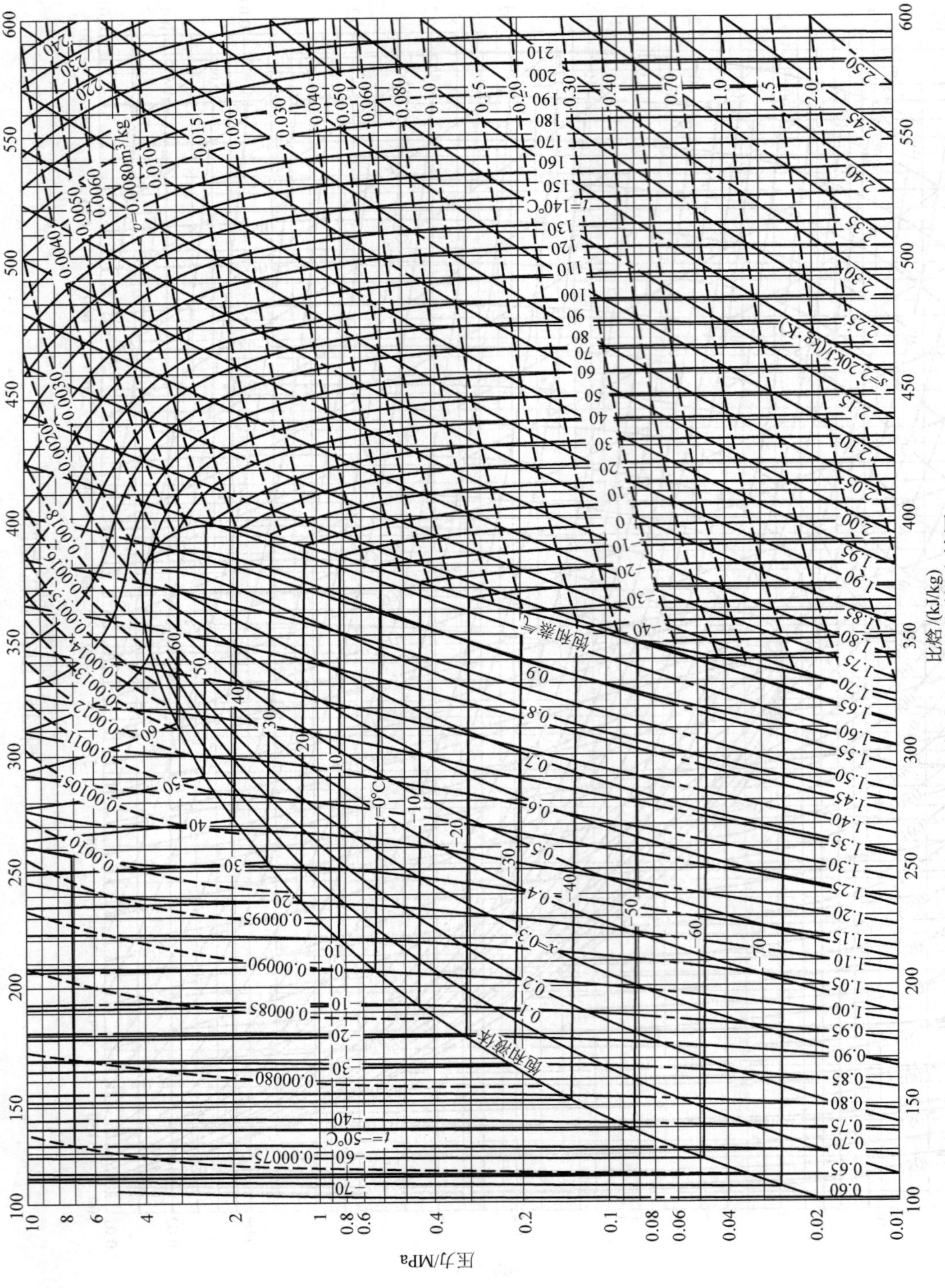

附图 6 R404A 的压-焓图

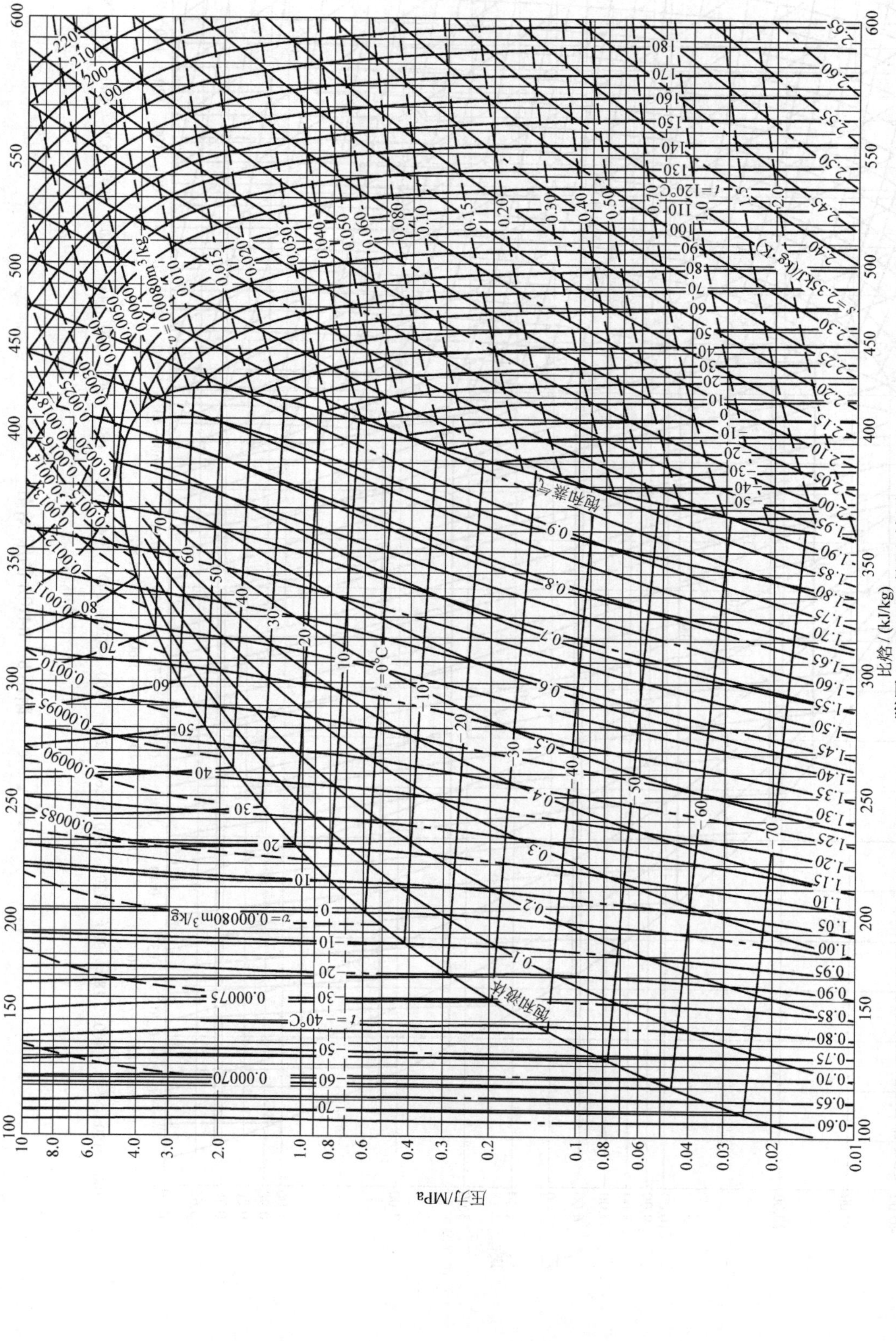

附图 7 R407C 的压-焓图

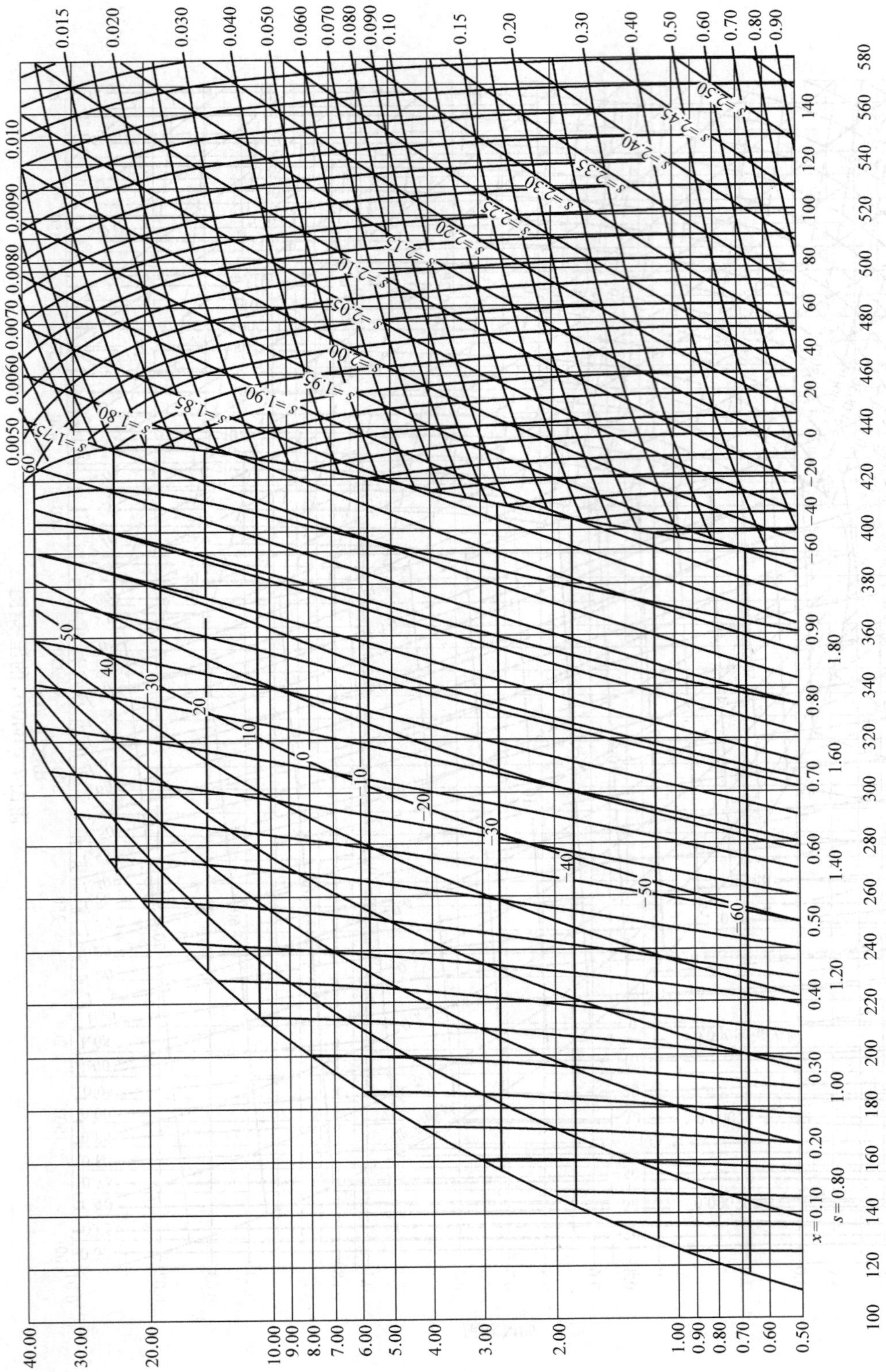

附图 8 R410A 的压-焓图

参考文献

［1］ 李建华. 制冷工艺设计［M］. 北京：机械工业出版社，2008.

［2］ 李建华，王春，等. 冷库设计［M］. 北京：机械工业出版社，2003.

［3］ 国内贸易工程设计研究院. GB 50072—2010 冷库设计规范［S］. 北京：中国计划出版社，2010.

［4］ 国内贸易工程设计研究院. SBJ 16—2009 气调冷藏库设计规范［S］. 北京：中国计划出版社，2009.

［5］ 谢晶，陈维刚，等. 制冷与空调技术［M］. 北京：中国劳动社会保障出版社，2006.

［6］ 尉迟斌，卢士勋，等. 实用制冷与空调工程手册［M］. 北京：机械工业出版社，2002.

［7］ 庄有明. 制冷装置设计［M］. 厦门：厦门大学出版社，2006.

［8］ 谈向东. 冷库建筑［M］. 北京：中国轻工业出版社，2006.

［9］ 申江. 制冷装置设计［M］. 北京：机械工业出版社，2010.

［10］ 李敏. 冷库制冷工艺设计［M］. 北京：机械工业出版社，2009.

［11］ 王振辉. 制冷工［M］. 北京：化学工业出版社，2005.

［12］ 郑贤德，等. 制冷原理与装置［M］. 北京：机械工业出版社，2001.

［13］ 邢振禧，罗南春，等. 高级制冷设备维修工［M］. 北京：机械工业出版社，2001.

［14］ 赵家禄，等. 小型果蔬气调库［M］. 北京：科学出版社，2001.